Deepen Your Mind

序言

開始教課後意識到出題比寫題難這件事,而要出有鑑別力的題目更難。正因如此,許多演算法題目其實都是修改自教科書上的例題,但對於大部份人而言需要掌握的方法與例題仍然太多,於是參考「八二法則」:80% 的題目出自 20% 的知識點上,本書挑選出這 20% 最常出現的知識點並彙集相關的題目,讓你可以先讀完基本的例題後,再看看這些演算法的變體。

我也很喜歡前諾貝爾物理獎得主 Richard Phillips Feynman 曾說過的一句話:

「*What I cannot create, I do not understand.*」

在資訊科學的領域裡,要測驗自己是不是真的理解一個概念,最簡單粗暴的方式便是看自己能不能從頭把它打造出來,所以這本書有很大的篇幅便是強調動手做,會帶你一步步打造這些常見的演算法。

雖然我過去學習演算法時就跟大多數人一樣有點懵懂又不知為何要學,但隨著求學與工作的時間長,才慢慢了解到基礎理論的重要,日常的應用工程就像是外功一樣招式甚多也千變萬化,而基礎理論像是內功一樣需要長時間穩紮穩打卻不知何時能夠真正用上。

比方說,過去在寫虛擬貨幣的自動套利程式時,我並沒有體認或使用到任何演算法,而是單純使用暴力解,直到因為授課需要重讀了 *Introduction to Algorithms* 這本演算法大學教科書,看到書上的例題後發現其實套利問題是可以用演算法中的最短路徑、檢查負環來解答的,這時候才體會到「經典之所以是經典,在於每次閱讀都能夠有不同的體悟」這件事,至於相關的套利演算法細節我寫在「14-7-3 外匯套利的應用」之中。

或是在研究時需要計算三維立體空間中的血管鈣化體積時,也是用到廣度優先搜尋來解決,因此演算法的學習只是過程,目的是讓自己擁有解決問題的能力,或許多數人跟我一樣並不是那麼享受寫題目的過程,我也認為所謂的「快樂學習」在多數時候並不存在,學習的過程往往是苦澀的,但學習的成果卻是甜美的。

✤ 本書簡介

■ 「What I cannot create, I do not understand.」- Richard Feynman

■ 本書挑選出最實用、出現頻率最高的演算法及相關例題，並以 C++ 實作，透過實作來了解每一種演算法的流程，同時每章節後皆附上 LeetCode 或 APCS 考古題與線上批改系統連結供讀者練習。

■ 本書適合
  • 修習資料結構與演算法的學生
  • 準備 APCS 或程式競試的學生
  • 準備面試或轉職成為軟體工程師者

■ 本書特色
  • 挑選出最實用且出現頻率最高的演算法，並附上每個演算法的步驟圖解與實作程式碼
  • 每章節後皆附上 LeetCode 或 APCS 考古題與線上批改系統連結供讀者練習
  • 仿照大學教材與進度編排，可做為大學課程的輔助或先修教材
  • 講解常見的 C++ STL 用法及操作原理，熟悉 C++ STL 的使用能夠使你在程式競賽或面試中脫穎而出
  • 提點程式競賽中常見的技巧及注意事項

■ 電子資源
  • https://github.com/lkm543/Algorithm

目錄

04 排序 Sort

05　搜尋 Search

08 動態規劃 Dynamic Programming

09 圖論 Graph

10 廣度優先搜尋 Breadth-First Search

11 深度優先搜尋
Depth-First Search

12 最小生成樹 Minimal
Spanning Tree

13 網路流 Flow Network

14 最短路徑 Shortest Path

01

資料結構與演算法入門

1-1 資料結構與演算法簡介

1-1-1 何為資料結構與演算法

（1）何為資料結構？

資料結構指的是「資料內容」加上「資料內容間的關聯」。比如「陣列」，便是不斷把資料（內容）放到一個「資料結構」裡，而「資料內容間的關聯」則透過存放的位置來記錄（索引值）。

至於為什麼資料結構這門學問如此重要？如果沒有事先設計好適合的資料結構，而直接讓資料隨意散在記憶體裡，之後就難以存取與處理；反之，有好的資料結構，就像圖書館裡的圖書事先經過分門別類、擺放整齊，使得日後查找更加方便快速。

以你我都學過的「陣列」為例，C／C++ 中的陣列作為一種資料結構，有幾個特點：

score[0]	score[1]	score[2]	score[3]	score[4]
4 Bytes	4 Bytes	4 Bytes	4 Bytes	4 Bytes

1. 用連續的記憶體位置去儲存資料，下一筆資料就在接續的記憶體位置
2. 每個資料佔的空間相同（比如整數陣列中，每筆資料各占 4 個 Bytes）
3. 優點
   - 儲存多筆資料時最節省記憶體的方式
   - 取用資料時只要在連續的記憶體位址間移動，方便快速
   - 把「開頭資料的位置」加上特定某筆資料的「索引值」，可以直接計算出該筆資料的存放位置

如果需要儲存全校每個人的報名順序，資料內容是每個人的名字，資料內容間的關聯則是各同學間的報名先後，陣列的處理方式便是依照報名順序依序把同學們的姓名放入記憶體中儲存，這時候陣列內的記憶體順序就記錄了資料間的關聯，日後取用資料時也只需要依照記憶體的順序把資料取出。

也就是說，應用適合的資料結構，就能以適當的形式儲存並處理資料，使得日後操作資料時變得更快更省時。

（2）何為演算法？

演算法是「一步步解決問題的方法」，在解決問題時，必須遵守特定的規則，使用電腦的語法來進行。演算法並不限於特定程式語言（C／C++、Java、Python、…），可以任選其一撰寫，而當一個演算法可以解決某一個問題的所有狀況時，我們就可以說該演算法「解決」了這個問題。

演算法的定義包含下列幾個部分：

A. 一個有限的步驟集合

B. 每個步驟被清楚的定義好

C. 每個步驟皆可被電腦執行

一般說的「寫程式」，其實結合了「資料結構」與「演算法」：在寫程式之前，要先選定資料結構，演算法則使用存在資料結構中的資料，經過特定的步驟來解決問題。

因此，寫程式時必要的「資料結構」與「演算法」是大部分資工系的必修課，這是為了確保培養出合格的軟體工程師，使他們在撰寫程式時，不僅能夠「達成目標」，還能夠「兼顧效能的考量」，在不同資料結構與演算法的搭配間選出效能最好者並採用。

（3）為什麼不使用陣列就好？

使用陣列儲存資料時，每一筆資料間的關係是透過「記憶體位置」來記錄。陣列的優點在於儲存空間最小化，但也存在許多問題，考慮幾種常見的陣列操作，以下假設陣列長度均為 n：

A. 新增/插入資料

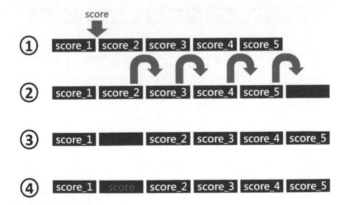

新增資料進陣列時，為了要空出空間以保持記憶體連續的特性，最多需要向後移動 n 筆資料（若新增資料位置在陣列開頭，要把原本的 n 筆資料全部往後移一格）才能空出該筆資料的空間加以插入。

B. 刪除資料

① score_1 ~~score_2~~ score_3 score_4 score_5

② score_1 score_3 score_4 score_5 score_5

③ score_1 score_3 score_4 score_5

刪除陣列中的資料時，同樣需要把被刪除的資料以後的所有資料都往前挪動，才能在刪除之後仍然保持記憶體連續的特性，這時最多需要移動 $n-1$ 筆資料（刪除開頭的資料時，要把後面 $n-1$ 筆資料都往前移）才能完成刪除的操作。

C. 搜尋資料

score_1 score_2 score_3 score_4 score_5

若要在陣列中尋找特定的資料，則需要從陣列開頭一個個往後找（這種搜尋方式叫做「循序搜尋」）因此當搜尋的目標恰巧在陣列尾端或甚至不存在陣列中時，需要進行 n 次運算。

在上面的三個例子中，為了在長度為 5 的陣列中的第一筆資料後面新增一筆資料，我們需要把該筆資料以後的 4 筆資料都往後移，而如果是想刪除第二筆資料，則需要將後面的 3 筆資料往前移。

新增或刪除一筆資料時需要移動 3、4 筆資料，乍看之下似乎不是什麼大工程，但可以想想當陣列長度膨脹至 5 萬、5 千萬、5 億筆資料時，則每次進行新增與刪除，都得耗費大量資源與時間。

（4）為什麼要研究資料結構與演算法

你可能會想，真的有研究資料結構與演算法的必要嗎？只要能夠順利達到目的，使用的資料結構或演算法不是就沒有優劣之分了？

事實上，剛提到的新增、刪除、查找資料等操作都相當常見，舉大家熟悉的網站服務為例，為回應每個使用者的操作，伺服器隨時需要進行受理註冊、確認登入、搜尋、排序等流程，這裡以登入為例來看會經過哪些操作。

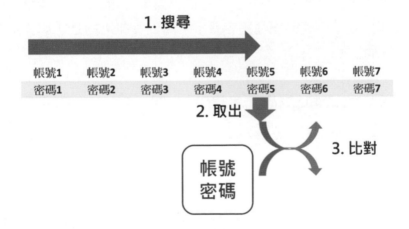

一開始，新使用者註冊的帳號密碼被放到資料庫中。

之後使用者每次為了登入而輸入帳號密碼時，都會從資料庫中搜尋使用者輸入的帳號，再取出該帳號對應的密碼，接著把資料庫中取出的密碼與使用者輸入的密碼加以比對，如果比對結果是一致的，則代表使用者驗證成

功、順利登入！但如果不一致，則代表驗證失敗，應該要求使用者重新輸入密碼。

回應每個使用者的登入動作時，都需要經過查找資料的過程。若使用「循序搜尋陣列」來進行，要從第一筆資料開始一路往後尋找，最多可能從頭到尾取出所有資料後才能找到（即搜尋目標位在陣列尾端或根本不存在）。

假設該網站至多有 100 億個帳號（畢竟在小號盛行下，有些人會辦超過一個帳號），且所有帳號密碼的配對都使用陣列儲存，那麼平均來說，要搜尋 50 億筆帳號才能決定一次登入是否成功，若同時間有數萬名使用者登入，系統就會無法負荷。

因此，在寫程式時需要考慮使用的「資料結構與演算法搭配」是否具有充分擴充性，亦即需考慮未來業務成長之後，是否可以負荷增加的流量。

（5）空間複雜度與時間複雜度
不同的資料結構和演算法有不同的「空間複雜度」和「時間複雜度」。空間複雜度指的是「耗費的記憶體容量」，時間複雜度則是「運算次數」/「花費的時間」。

1-1-2 常見的資料結構與演算法

（1）資料結構與演算法間的關係

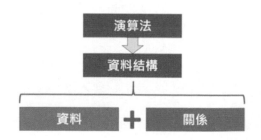

演算法在運算過程中需要去「操作」資料結構，換句話說，演算法就是使用資料的方式。若改變程式中使用的資料結構，就會連帶改變資料的使用方式；反過來說，採用某種演算法時，通常也要選擇相對應的資料結構。

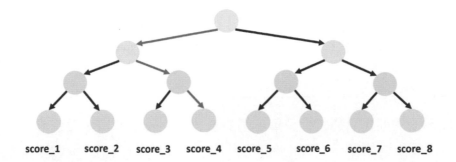

演算法在運算過程中需要去「操作」資料結構，換句話說，演算法就是使用資料的方式。若改變程式中使用的資料結構，就會連帶改變資料的使用方式；反過來說，採用某種演算法時，通常也要選擇相對應的資料結構。

以「搜尋」為例，已知使用陣列來儲存未排序的資料時，搜尋特定資料得慢慢從第一筆查找到最後一筆，是否有更合適的資料結構可供使用呢？

C++ 內建的二元樹就是一個更好的選擇，使用二元樹儲存資料時，只要經過 n 次搜尋後，即可覆蓋 2^n 筆資料，因為每筆資料都連接到「兩筆」資料上，多進行一次搜尋就覆蓋約兩倍的資料量。如上圖所示，若有 8 筆資料需要搜尋，至多只需搜尋 3 次就可以完成（$8 = 2^3$），但若使用陣列來儲存未排序的資料，日後的每次搜尋至多需要檢索 8 次資料才能夠知道結果。

因為「資料結構」和「演算法」間的關係密切，通常學習程式時會一併學習這兩門學科，但其實撰寫程式時通常不需要自己開發資料結構，因為各程式語言往往已經把常見的資料結構封裝好，像是在 C++ STL 裡已經內建了各種常用的結構，通常只需瞭解其內容，並能夠熟練使用就好，不需要重複造輪子。

（2）資料結構與演算法的搭配

下面列舉一些常見的資料結構與資料操作，在撰寫程式時隨時會使用到：

常見的資料操作	常用的資料結構
A. Sort 排序 B. Search 搜尋 C. Delete 刪除特定元素 D. Insert 插入特定元素 E. Push 放入一個元素 F. Pop 取出一個元素 G. Reversal 反轉 H. Query 查詢	A. Array 陣列 B. Linked list 鏈結串列 C. Stack 堆疊 D. Queue 佇列 E. Binary tree 二元樹 F. Undirected graph 無向圖 G. Directed graph 有向圖

對於不同的問題，通常會選擇不同的資料結構及演算法，舉例來說，在「廣度優先搜尋 BFS」中，通常使用「佇列 Queue」；在「深度優先搜尋 DFS」中，則通常使用「堆疊 Stack」。

有大量新增或刪除資料的需求時，較常使用「鏈結串列 Linked list」；需要常常存取次序資料時，則優先使用「陣列 Array」。

而常見的資料結構可以大致分為三類：

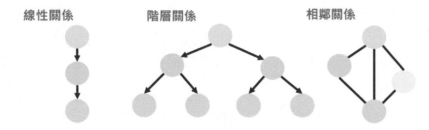

1. 線性關係：這類資料結構中，一筆資料只會連結到另外「一筆」資料，如陣列、鏈結串列、堆疊、佇列等。
2. 階層關係：一筆資料會連結到多筆資料，而且資料間有「階層」的關係，但不會形成環（比如上圖中的階層關係，最下方的綠色節點不會往上連回藍色節點而繞成一個圓圈），如各種「樹」。
3. 相鄰關係：資料結構中一筆資料向外連結到其他筆資料後，有可能會再連結回來（即可能會有環），比如圖論中的「圖」。

（3）常見的演算法

常見的演算法可以被運用在上述的各種資料結構上：

常見的演算法
A. 讀取
B. 搜尋（循序、二分、…）
C. 遞迴
D. 排序
E. 動態規劃
F. 貪婪演算法
G. 廣度優先搜尋
H. 深度優先搜尋
I. 最小生成樹
J. 網路流
K. 最短路徑

1-1-3 評估演算法的好壞

（1）為什麼需要評估演算法的好壞？

根本的原因是「資源的有限性」，雖然電腦的運算速度是人手動計算難以比擬的，但絕非無限快；同時，配置的記憶體也有容量上限，節省運算量或儲存的空間也能為我們節省大量的時間與金錢。

（2）圈圈叉叉與圍棋

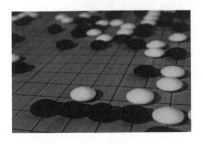

來比較圈圈叉叉與圍棋這兩種遊戲，圈圈叉叉的棋局總共只有 5,478 種不同的發展，對於電腦而言，可以根據目前局面運算出所有可能發展，也因此可以隨時計算出勝算最大的下法。

但圍棋在過去曾被稱為「人類最後的堡壘」，直到數年前 Alpha Go 被開發出來前，人類在圍棋遊戲上都能夠輕鬆輾壓電腦，這是因為根據圍棋的規則推算，完整的一局共有 10^{171} 種可能的進行結果。

10^{171} 是多大的數字呢？可以這樣理解：全宇宙的原子總數其數量級約在 10^{80}，也就是說，如果在目前宇宙的每個原子中都放入一個宇宙，並假定所有被放入的宇宙中各自存在的 10^{80} 個原子裡，都可以儲存一種棋局，這樣也只能儲存 10^{160} 種棋局，此時仍無法窮舉完所有圍棋的下法。

這使得電腦的運算能力雖遠遠超過人類，仍無法完美解決下圍棋的問題，因為情況多至電腦無法找出必勝的走法。Alpha Go 當然也不可能透過窮舉的方式來得到最佳解，而僅只能選擇它「能夠搜尋的範圍內」的最佳解答，這也叫做「局部最佳解」，因此 Alpha Go 在現在仍然可能被打敗，只是人腦要獲勝的可能性已經是微乎其微了。

從以上的例子可以理解到：在固定的資源下，演算法越有效率、能夠搜尋的範圍越大，便可以下得越精準。因為看到的範圍（視野）是有限的，用好的演算法，就像以更高的角度來看一個「棋局」、「地圖」或「環境」，對環境有更多認識，也就可能越早找到路徑走出迷宮。

當無法透過窮舉來解答某問題時，運算越快、演算法越有效率，就能夠一次看到並考量更多東西，算出來的解答也有可能會更好。

（3）演算法的評估方式

在評估演算法時，主要會考慮三個方向：

A. 耗用的資源，包括記憶體空間與 CPU 的運算

B. 寫程式時的程式碼複雜度

C. 其他人理解該程式碼的困難程度

本書中，通常關心程式執行時所需的「運算次數」，也可看成需花費的時間。

（4）評估方式的平衡

但是「平衡」也是很重要的。

美國進行人口統計時採用的是人口抽查而非普查。為何會使用人口抽查來代替普查？因為根據估算，在戶政單位有限的資源下，想挨家挨戶調查每個家戶，光是一輪普查就需要花費 7 年的時間。

這樣一來，普查根本失去了意義，因為長達 7 年的工作時間裡，許多調查對象中的小孩早已經長大，許多人也已經換工作了，因此在調查完最後一個家戶的同時，前面的資料早就已經失真。

為了避免耗時費力得到的資料沒有參考性，只能選擇一種折衷方式，也就是透過抽樣的方式來調查，這樣就能在較短的時間內完成一輪。

因為資源的有限，對於「縮短時間」的要求有時會勝過對「精準度」的要求，也就是犧牲精準度以求更快得出結果，這時候在時間與精準度間便需要加以權衡。

（5）時間複雜度與空間複雜度

至於什麼時候應該關注時間複雜度，什麼時候應該考慮空間複雜度呢？

運算時間和次數大致呈正比，如果 CPU 運算一次需要一毫秒，則算 10 次大約需要十毫秒，所以在資料結構與演算法中，通常會透過計算運算的次數來代表所需的時間。

事實上，「增加運算資源」與「增加記憶體空間」比較起來，「增加運算資源」是兩者間較困難的：要擴充記憶體空間為兩倍，只需花兩倍錢來買記憶體並插入插槽內，但要擴充 CPU 的運算速度為兩倍，往往成本會高出許多，因此通常 CPU 的運算資源會比記憶體空間來得珍貴，這也使得演算法考量的通常是時間複雜度而非空間複雜度，至於在面試或競試中，基本上會影響到分數的也幾乎都是時間複雜度。

不過這也不是鐵則，醫療影像的處理就是一種例外，因為醫療影像講求高解析度，一張影像動輒需要數十 MB 甚至 GB 的儲存空間，這時就會傾向關注「空間複雜度」，避免所需記憶體空間太大。

一般而言，處理高解析度的照片或影片時，才會有空間複雜度上的考量，文字小說等 txt 檔佔用空間不過幾 MB，這時只考慮時間複雜度即可。

（6）實際例子：交換兩變數的值（swap）

交換兩個變數的值是相當基礎的操作，下面用兩種不同的變數交換方式來直觀比較一下「注重時間複雜度」與「注重空間複雜度」所得的不同程式寫法。

寫法一	寫法二

```int a = 5, b = 3;```
 ```a += b;```
 ```b = a-b;```
 ```a = a-b;```
	```int a = 5, b = 3, tmp;```
	 ```tmp = a;```
	 ```a = b;```
	 ```b = tmp;```

耗費運算時間多，耗費記憶體空間少（時間複雜度差，空間複雜度好）	耗費記憶體空間多，耗費運算時間少（空間複雜度差，時間複雜度好）

比較寫法一與寫法二，寫法二多使用 *tmp* 這個變數，而寫法一並沒有多宣告變數，因此寫法二的空間複雜度明顯較高（占用較多空間）。

但是相較於寫法二只使用到＝（賦值 assign）運算，寫法一則多使用了加減運算，因為電腦處理賦值運算比處理加減運算快，所以寫法一花費的時間較多，時間複雜度較高（亦即需要較多時間）。

如同前述，通常我們在意的是時間複雜度，所以實踐上，多數實作交換函式（swap）時都採用寫法二，至於寫法一：考試很愛考所以你也得會。

（7）資料量大的情形

在比較不同演算法的複雜度時，有時會因為資料量的大小而得到不同結果。給定兩種算法 A、B，以下兩種情形可能同時成立：

- 資料量小時算法 A 較有效率
- 資料量大時算法 B 較有效率

因為資料量小時，總耗費時間的「差異」通常不大，所以只需在意資料量級很大時哪種算法更有效率，比方説下圖。

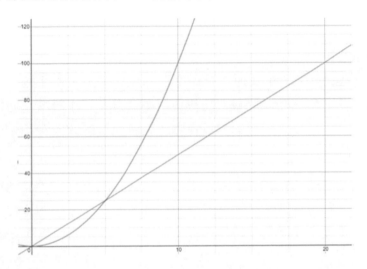

若比較兩種「耗費的時間」對「資料量 x」的函數分別為 x^2（上圖曲線）與 $5x$（上圖直線）的演算法：

$$x^2 < 5x \text{ , } for \text{ } x < 5$$

由上式，知道 $x < 5$ 時，x^2 比較好，但是一旦 $x > 5$，也就是資料量超過 5 筆時，$5x$ 就會比較好（花費的時間較少）。

$x > 5$ 時花費時間的多寡當然更需要在意，因為 5 筆資料一般來説不可能花費多久時間，處理上萬、上億筆資料時的效率才需要在意，也因此通常會傾向使用 $t(x) = 5x$ 的演算法，而非 $t(x) = x^2$ 的演算法。

1-2 效能還與哪些因素有關

1-2-1 程式碼以外的考量

（1）程式碼與程式效能

同樣的電腦上，程式的效能只受到程式碼內容的影響嗎？並非如此。

考慮兩個數字相加，當數字小時，基本運算（加減乘除）可以在常數個指令內完成，但是 CPU 單次運算可以處理的位元有限，數字過大時，就得改用軟體完成，會把一筆比較大的資料切割成很多筆小資料再做運算。這代表同樣一個程式碼，同樣的運算步驟，有時執行的效能會不太一樣（受到輸入資料的影響）。

此外，程式碼越短或程式碼上看起來的運算次數越少，不等於執行就會越快，因為編譯器常默默優化或完成許多程式碼上無法看到的事情，因此程式碼並不直接代表硬體執行時的過程，這時候查看組合語言會是較為準確的方式。

（2）實際例子

舉 strlen()空格為例，來看編譯器採用的執行方式會如何影響到程式效能：

strlen 函式

```
1    int Count_a(char str[]){
2        int counts = 0;
3        for (int i = 0; i < strlen(str); i++){
4            if (str[i] == 'a'){
5                counts++;
6            }
7        }
8        return counts;
9    }
```

上述函式會傳入一個長度為 n 的字元陣列 str，接著算出 str 裡 'a' 字元的出現次數，運算過程中，for 迴圈會重複以下操作：

1. 宣告並初始化整數變數 i 為 0（第一次進入迴圈時）
2. 檢查 i < strlen(str) 是否為真
    a. 為 true 的話執行 for 迴圈內的程式碼
    b. 為 false 的話直接跳出 for 迴圈
3. 把 i + 1
4. 重複步驟 2~3，直至 i < strlen(str) 結果為 false

在運算過程中，每執行一次 $strlen(str)$ 就需要進行 $n + 1$ 次運算，因為 $strlen(str)$ 是從 str 開頭一個一個數出字元個數直到遇見空字元，接著因為寫了一個 for 迴圈，迴圈共執行 $n + 1$ 次（i = 0~n，直至 i = n 時結束），當中每次呼叫 $strlen(str)$ 來和 i 比較時，都需要進行 $n + 1$ 次運算，所以總共大約需要進行 $(n + 1)^2$ 次運算。

但是實際測試時會發現，當資料量變為 k 倍時（比如 str 的長度變為 nk 個字元），需要的時間並沒有真的變成 k^2 倍。這是因為編譯器會默默進行優化，當它發現每次迴圈跑的過程中 $strlen(str)$ 的值不會改變，就自動將其看作常數，導致程式的執行複雜度與表面上看起來不同。

1-2-2 為什麼使用 C++?

（1）C++ 的優缺點

有些讀者可能有疑問，為什麼本書選擇使用 C++ 來討論資料結構與演算法？C++ 主要的好處如下：

1. 內建的 STL 函式庫封裝了常見的資料結構與演算法
2. 支援指標操作，寫鏈結串列 Linked list 時，用指標較有感覺
3. Python 的執行效能較差，比程式競試時可能發生超過時間限制（TLE, Time Limit Exceeded）

當然 C++ 也有壞處,最大的一點就是學習與撰寫起來不如 Python 直觀,只是若目標是比程式競試,最好還是使用 C++,因為出題教授往往都是用 C++ 作為思路,解題時需要的資料結構或演算法基本上都可以從 C++ STL 中找到。

(2)本書中許多例子可提交於評測系統,提交結果有下列幾種,略作說明:

1. Accepted(AC):通過
2. Wrong Answer(WA):執行結果是錯的
3. Time Limit Exceed(TLE):程式碼執行超過時間上限
4. Runtime Error(RE):程式執行時出錯
5. Compile Error(CE):程式在編譯過程中出錯
6. Memory Limit Exceed(MLE):超過可用的記憶體上限

(3)C++ 的一些優化方式

在撰寫 C++ 時(尤其是比程式競試的時候),有一些技巧可以使用:

萬能標頭檔:**<bits/stdc++.h> 包含目前所有 C++ 的標頭檔**,有了它你不需要再 include 任何標頭檔,可以節省回頭 include 標頭檔時需要的時間,因此競試常用,但工作/專案時建議不要使用。

```
1  #include <bits/stdc++.h>
```

輸入優化:把與 stdio 的同步設為 false,這樣每次用 cin 和 cout 後,就不會用 flush 把緩衝器清掉,當**輸入大量資料時可節省時間**,但解除同步/綁定後,cin()、cout() 不能與 printf()、scanf() 混合使用,否則輸出順序會出錯。

```
1  std::ios::sync_with_stdio(false);
2  std::cin.tie(NULL);
```

讀寫檔：讓檔案中的內容直接成為標準輸入（stdin），並讓使用 cout 輸出的內容直接寫入檔案中，以下面程式碼為例：**把 test.in 當作 cin 的來源、把 cout 的內容直接寫入到 test.out**，如此可避免繁雜的讀寫檔或輸入資料，在測試資料時好用。

```
1   freopen("test.in", "r", stdin);
2   freopen("test.out", "w", stdout);
3   string str;
4   cin >> str;
5   // test.in 中的內容會被作為輸入寫入到 str 中
6   cout << "Hello world!" << endl;
7   // "Hello world!" 會被寫入到 test.out 內
8   fclose(stdin);
9   fclose(stdout);
```

1-3 Take Home Message

1. 資料結構
   * 資料內容與資料間的關係，把資料儲存起來，演算法才能進行操作
2. 演算法
   * 操作或運算資料的方法與步驟
3. 評估程式效能的方式：主要分成「時間複雜度」與「空間複雜度」
   * 時間複雜度：運算所需的時間，通常與運算次數成正比
   * 空間複雜度：耗用的記憶體空間
4. 程式碼越短效能一定越好嗎？
   * 不一定，還需要考量運算的次數和實際編譯後的組合語言
5. 還有哪些因素會影響效能？
   * 最常見的是編譯器優化，程式實際執行不一定完全依照程式碼
   * 電機系和資工系通常會修組合語言，以了解程式實際執行的情況，也建議讀者有機會的話可以修習

02

複雜度估算 Complexity

現在我們來看如何分析特定程式碼的效能，也就是「複雜度」。

本章中首先會說明「為什麼要分析複雜度」以及「評估複雜度的方式」，再來會介紹複雜度裡最重要的符號 Big-O。之後再運用高中數學學過的「極限」來化簡 Big-O 的證明方式，並介紹除了 Big-O 以外還有哪些估計複雜度的符號。最後來看遞迴（式）的複雜度應該如何計算。

這裡會用到一些數學工具，建議讀者可以動手實際運算一次，本章的重點在於：計算迴圈的運算次數、把程式碼轉換成時間複雜度。

2-1 複雜度簡介

2-1-1 為什麼要評估複雜度

上一章中已經提到此問題的答案：電腦並非無所不能。

雖然電腦運算比人腦運算快上許多，但實際上還是有限制的，許多狀況下，即使是最先進的超級電腦也無法算出所有答案，當無法直接取得最佳解時，越有效率的算法可以找到越好的解答，正如同走迷宮時，通常只能看到眼前的路，但是如果從較高的位置望出去，就能夠看得更遠，也因此可以找到更好（更有效率）的路徑，以利更快走出迷宮。

再來，記憶體雖然很便宜，但絕非免費，特別是處理圖像或影片的時候，需要耗費許多記憶體空間，成本也可能很高昂。

（1）如何評估複雜度

在評估複雜度之前，有一些前提條件。

在檢視算法的複雜度前，首先要先看它的「正確度」與「可讀性」：如果算法缺乏正確度，即算法是「錯的」，無法被執行或達成設定好的目標，那自然沒有評估複雜度的意義；再來，程式碼要可以被閱讀，使其後續還可以被其他人維護與修改，兩者都滿足後才有評估效能的意義。

進入效能評估（Performance Analysis）的階段後，大致關注兩個方向：「時間複雜度」與「空間複雜度」。

■ 空間複雜度代表執行時會「佔用多少記憶體空間」
■ 時間複雜度代表一段程式執行所需的「運算次數與時間」

2-1-2 空間複雜度

（1）空間複雜度

可以用以下函式來代表程式所需的記憶體空間與輸入資料間的關係：

$$S(I) = C + S_p(I)$$

$S(I)$：需要的總記憶體空間

C：不論輸入資料多寡，固定需要佔用的記憶體空間

$S_p(I)$：隨輸入資料大小而變動的佔用空間

如上式，演算法需要的總記憶體空間 $S(I)$，由 C 與 $S_p(I)$ 兩部分構成。

其中，C 是常數，並不隨輸入的資料量大小不同而改變，程式碼中的常數（constant）或全域變數（global variable）佔用的空間屬於這個部分。

$S_p(I)$ 則會隨著輸入資料量 I 的大小改變：如果輸入的資料量 I 變大，$S_p(I)$ 就會隨之變大。遞迴式用到的堆疊（recursive stack space）、位於函式中的局部變數（local variable）等所佔空間屬於這部分，因為隨著資料量增加、呼叫函式的次數越多，過程中就會產生越多的局部變數。

2-1-3 時間複雜度

（1）時間複雜度

可以用以下函式來代表程式所需的運算次數或時間與輸入資料間的關係：

$$T(I) = C + T_p(I)$$

$T(I)$：需要的總運算時間

C：固定花費的時間

$T_p(I)$：花費時間中隨資料量變動的部分

所需的總時間會由兩個部分構成：不會因為輸入資料大小而改變的時間 C、會因為輸入資料大小而改變的時間 $T_p(I)$。

比較兩種和的算法：逐一計算與利用公式解。

兩種「1 到 N 的和」的算法	
算法 1	算法 2
```int sum = 0;\nfor (int i = 1; i <= N; i++)\n sum += i;```	$\text{int sum} = \dfrac{N(N+1)}{2};$
$T_p(I) \propto N$ $T(I) = C + T_p(I)$ $\quad\quad = C + kN$	$T_p(I) = 0$ $T(I) = C + T_p(I) = C$

舉例而言，上表中左右兩個程式碼都可以得到整數「1 加到 N」的和。左邊是由 1 開始加 2、加 3、...，一路加到 N；右邊則利用公式解，即面積等於「（上底+下底）乘以高除以 2」。

左邊的程式碼中，N 越大，運算的次數就越多（迴圈共執行 N 次），因此運行的時間取決於 N；公式解需要的時間則（幾乎）不會因為輸入的 N 值大小而改變，是一個常數 C。

（2）費波那契數的時間複雜度

計算費波那契數 Fibonacci (n)

```
1   int Fibonacci (int n)
2   {
3      if (n <= 2)
4         return 1;
5      else
6         return Fibonacci (n-1) + Fibonacci (n-2);
7   }
```

如果利用遞迴來運算第 n 個費波那契數，則 Fibonacci (n) 會被拆解成第 n-1 個費波那契數 Fibonacci (n-1) 和第 n-2 個費波那契數 Fibonacci (n-2) 的和，所以用如上的遞迴式來運算費波那契數時，所需運算次數取決於總共拆解出的數字個數 2^n 的大小。

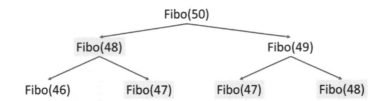

舉例來說，F(50) = F(49) + F(48)，等號右邊的前項成立 F(49) = F(48) + F(47)，後面一項成立 F(48) = F(47) + F(46)。每個費波那契數都被拆解成兩次對於函式的呼叫，簡單計算後，發現對函式的總呼叫次數接近 2^n。

函式共被呼叫 2^n 次，所以總共需要的時間一樣是一個常數 C，加上正比於 2^n 的 $T_p(I)$，也寫成 $T_p(I) \propto 2^n$。

$$T(I) = C + T_p(I)$$

$$= C + k2^n$$

從時間複雜度的公式來看，C 是一個常數，無論想得到的是第幾個費波那契數，此部分都為定值，但 $T_p(I)$ 則受資料量 I 的大小影響。

$T_p(I)$ 「大概」等於 2^n 乘上一個係數 k，表示 $T_p(I)$ 和 2^n 成正比關係。

2-2 複雜度的估計法

2-2-1 估計複雜度的前提

首先，假設「包括但不限於下列的所有運算」都花費一樣的時間：

1. 加減乘除
2. 取餘數
3. 位運算、存取記憶體
4. 判斷、邏輯運算子
5. 賦值運算子

實際上，它們所需的時間當然不一樣，此假設只是為了方便運算與統計。

在如上假設下，只要統計出整段程式總共需要的「運算次數」，看「次數」的數量級大小，就可以得出複雜度，也就可以評估執行所需的時間。也就是說，在估計複雜度時，一般假定「做 10 次運算」正好需要「做 1 次運算」的 10 倍時間，實際上這當然並不完全精確。

Step Count Table

設計一個如下的函式，它的功能是把一個陣列裡的值全部加起來。傳入值是陣列開頭的指標 *p 和一個整數長度 len，接著，用一個 for 迴圈把每一筆資料加到 sum 裡。

		Steps	Frequency	Sum
1	`int sum (int *p, int len)`	0	1	0
2	`{`	0	1	0
3	`    int sum = 0;`	1	1	1
4	`    if (len > 0){`	1	1	1
5	`        for (int i=0 ; i<len ; i++)`	1	len+1	len+1
6	`            sum += *(p+i);`	1	len	len
7	`    }`	0	1	0
8	`    return sum;`	1	1	1
9	`}`	0	1	0
		Total steps：2len+4		

怎麼計算這個函式的時間複雜度呢？首先，可以看每一行程式碼需要的「運算步數 Steps」，以及這行程式碼執行的「總次數 Frequency」，將這兩項相乘，就是這段程式碼的總運算步數（Sum）。

以第三行為例，int sum = 0 需要的步數 Step 是 1，且這行總共執行的次數 Frequency 是 1 次，所以這行得到的總步數是 1；第六行的 sum += *(p+i) 一樣需要一步，總執行次數是 len 次（i 從 0 遞增到 len-1），因此所需總步數為 $1 \times len = len$ 步。

注意到第 5 行總共執行 $len + 1$ 次，而非 len 次，因為 i 正好與 len 相等時，仍需要「比較 i 和 len」後，才能決定應跳出迴圈往下執行。

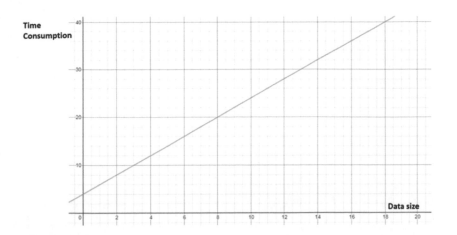

將每一行需要的步數加總，發現整段程式碼需要的總時間是 $2len + 4$ 次。把 $2len + 4$ 畫在一個圖表上，橫軸是資料大小 len，縱軸是所需時間，$T(len) = 2len + 4$ 是一個二元一次方程式。

圖中的 y 截距 4 即剛剛提到的 C，並不會跟著資料量改變；$T_p(I)$ 的部分則隨著資料量增加而變大，因此所需總時間與資料量大致呈正比關係。

2-2-2 「小時候胖不是胖」

對於一個特定的演算法而言，資料量小和資料量大時的優劣不一定相同，通常需要在意的是「資料量大」的時候演算法的表現，因為資料小的時候所耗費的時間原本就不多，所以可以不予考慮。

算法 1	算法 2

``
int sum = 0;
for (int i=1 ; i<=N ; i++)
    sum += i;
``
	int sum = N * (N + 1)/2;

以剛剛看過的程式碼而言，左邊是由 1 加到 N，右邊則是利用公式解。

兩種方法在資料量小與資料量大時有固定的優劣關係嗎？極端的情況，如 n 是 1 的時候，右邊會比左邊花費更久的時間：因為右邊的算法需要進行

乘法和除法,而左邊則只有加法而已。

也就是說,資料量小的時候,左邊比較快,右邊比較慢,但是資料量一大,很明顯的右邊的算法會比較快。

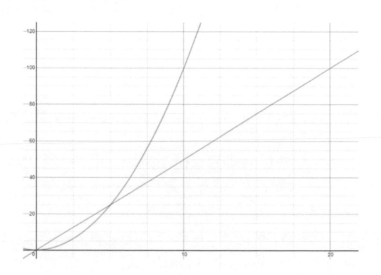

上圖(橫軸為資料量、縱軸為所需時間)可以做一個類比,當資料量小的時候,曲線表現得比較好(速度快、需要的時間短),但是資料量一大,直線就表現得比較好(速度快、需要的時間短)。因為在意的通常是資料量大的時候,所以藍線對應的演算法較佳。

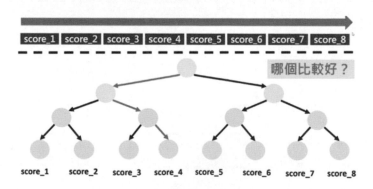

上圖比較的是搜尋陣列時的「循序搜尋」和「二分搜尋」兩種方法。

從第一個搜尋到最後一個就是「循序搜尋」，而把資料用二元樹的形式儲存，形成二元搜尋樹，每次搜尋皆可去除一半可能位置的方法，叫做「二分搜尋」。

循序搜尋中，最少需要搜尋 1 次（目標在資料開頭），最多則需要搜尋 8 次（目標在資料結尾或不存在於陣列中）；相對的，二分搜尋不管目標資料位在何處，都同樣需要進行 3 次搜尋（n 次搜尋可以找遍 2^n，$2^3 = 8$）。

也就是說，對於不同搜尋目標而言，哪一種方法比較好，可以更快找到，其實並非一定。

2-2-3 什麼才是「好」？

究竟是時間花的少，還是記憶體空間花的少更重要？亦或精準度或正確率較高才是需要關注的？

進行某些工程運算時，可以藉由犧牲部分精準度來節省運算時間，比如使用「二分搜尋法」進行根號運算的時候，如果能容忍的誤差越大，所花的時間也就可以越少。

在「速度快」、「節省空間」、「精準度高」和「開發成本低」等考量之間，隨時需要視情形加以進行「平衡」。上一章舉的例子是美國以人口抽樣代替普查，雖然抽樣的精準度比普查差，但所耗費的時間在此例中，顯然比精準度來得更重要，畢竟 7 年才做出的普查結果意義不大。

再次提醒，由於 CPU 運算資源通常更珍貴，所以大多時候更關注如何改善「時間複雜度」。

2-2-4 時間換取空間 v.s. 空間換取時間

「時間換取空間」的策略是指用 CPU 的運算時間來節省記憶體空間的使用，具體來說就是：每次運算完後都不儲存結果，當需要用到相同結果就重新再算一次。

「空間換取時間」的策略則是每次運算完都將得到的結果儲存起來，下次要用到時查表便可，當表上沒有所需的結果時，也可使用內插法。這種做法會產生一個很大的表且佔用許多記憶體空間，但是一旦建出表格後，未來就能直接把運算時間節省下來，高中數學所學的表尾差，或是本章之後會提到的動態規劃便是此例。

由於 CPU 運算資源通常更珍貴，在兩種策略中，較常使用的是以「空間換取時間」。

2-2-5 數量級與時間的比較

為了瞭解複雜度的數量級對時間的影響程度，假設處理一單位的運算需要一毫秒，分別比較資料量從 1、10、100 到 10,000、複雜度從 1、N、N^2、N^3 到 2^N。

複雜度 資料量(N)	1	N	N^2	N^3	2^N
1	1 毫秒(ms)	1	1	1	1
10	1	10	10^2	10^3	$1024 \sim 10^3$
100	1	10^2	10^4	10^6	$\sim 10^{30}$
1,000	1	10^3	10^6 (~15 分鐘)	10^9 (~12 天)	$\sim 10^{300}$
10,000	1	10^4	10^8 (~25 小時)	10^{12} (~30 年)	$\sim 10^{3000}$

從上表可以看出，當資料量從 1 變成 1,000，成長 10^3 倍時，如果演算法的複雜度是 N^2，所需時間變成 10^6 倍；如果複雜度是 N^3，所需時間則變成 10^9 倍，這代表運算總次數會隨著 N 改變而有巨幅變動。

假設一次運算需要耗費 1 毫秒（10^{-3} 秒），那麼若有 10,000 筆資料，而複雜度是 N，總共需要花費 10 秒（$10 = 10^{-3} \times 10^4$）；複雜度為 N^2 時，大約需要 25 小時；N^3 約需 30 年的時間；2^N 時更是根本算不完。

這也是描述複雜度時以「 N 的次方數」表示的原因， N 的次方數一增加，只要資料量變大一個數量級，所需的時間就會呈指數成長，但如果演算法能夠將複雜度降低一個數量級，那麼所帶來的效益更是無可計量。

2-2-6　複雜度的優劣之分

討論複雜度的時候，可以用幾種不同的等級來表達。

如果複雜度是 O(1) 或 O(logn)，就是相當好的演算法，如果是 O(n)，即需要的時間大致上與資料量 n 成正比，那可以算是「普普通通」。順帶一提，在資料結構與演算法裡的 log 如果沒有特別標示都是以 2 為底數，即 $\log_2(n)$ 。

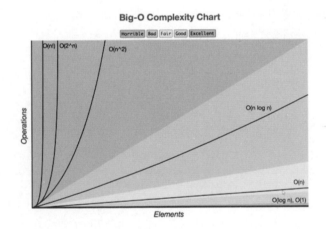

至於 O(nlogn) 大概位於可接受的邊緣，但如果複雜度到達 O(n^2)、O(2^n)，甚至 O(n!)，那麼在資料量大時，幾乎不可能使用電腦將結果算出來。

也就是説，一評估複雜度，就可以大致瞭解一個演算法的複雜度落在較好或較差的區間，也決定了資料量大時，該演算法還具不具備實用性。

在做競賽或面試題目時，通常複雜度會落在 O(nlogn)，這是因為許多常見的演算法如排序、插入、刪除等，複雜度都為 O(nlogn)。在寫題目時，可以計算一下自己的答案是不是落在 O(nlogn) 或更好的範圍，如果超過了，

比如複雜度是 $O(n^2)$ 或 $O(2^n)$，很可能代表有問題，少數狀況 $O(n^2)$ 可以接受，但只要到達 $O(n^3)$ 以上，通常就無法接受了。

2-2-7 範例與練習

Q1：計算下列程式碼「執行輸出」的次數

```
1   for (int i = 0; i < N; i++)
2       for (int j = 0; j < N; j++)
3           for (int k = 0; k < M; k++)
4               cout << i * j * k << " ";
```

- 最內層的迴圈會優先執行，k 從 0 增加到 M-1，總共執行了 M 次
- 中間這層的 j 從 0 遞增到 N-1，總共執行了 N 次
- 最外層的 i 從 0 遞增到 N-1，也是總共執行 N 次。

綜合起來，這個巢狀迴圈總共會執行輸出 $M \times N \times N = M \times N^2$ 次。

Q2：計算下列程式碼「執行輸出」的次數

```
1   for (int j = 1; j < N; j+=2)
2       cout << i << " " << j;
```

- 第一次執行時 j 是 1，第二次執行時 j = 3，第三次執行時 j = 5......
- 將迴圈目前執行的次數以 n 表示，則 j 的值可以寫成 $1 + 2(n - 1)$
- 只有 $1 + 2(n - 1) < N$ 時，才會滿足迴圈的條件而繼續執行。
- 移項後可以得到 $n < \frac{N+1}{2}$

故這個巢狀迴圈總共會執行輸出 $\left\lfloor \frac{N+1}{2} \right\rfloor$ 次，其中 $\lfloor n \rfloor$ 代表小於 n 且最接近 n 的整數，即 int(n)。

Q3：計算下列程式碼「執行輸出」的次數

```
1   for (i = M; i > 1; i/=2){
2       cout << i << endl;
3   }
```

- 迴圈從 $i = M$ 時開始執行，i 必須大於 1 才會繼續執行，且每次執行完 i 會除以 2。
- 第一次執行時 $i = M$，第二次執行 $i = \frac{M}{2}$，第三次執行時 $i = \frac{M}{4}$……
- 第 n 次執行時 $i = \frac{M}{2^{n-1}}$。
- 因 $\frac{M}{2^{n-1}}$ 要滿足大於 1 的要求，所以：

$$\frac{M}{2^{n-1}} > 1$$

$$M > 2^{n-1}$$

$$n < \log_2 M + 1$$

故這個巢狀迴圈總共會執行輸出 $\lfloor \log_2 M + 1 \rfloor$ 次

Q4：計算下列程式碼的「執行輸出」次數與空間用量

```
1   for (j = 0; j < M; j++){
2       cout << j << endl;
3   }
4   for (i = 0; i < N; i++){
5       cout << i << endl;
6   }
```

A. 空間複雜度：不管輸入的 M 和 N 是多少，都會使用同樣的記憶體空間
B. 時間複雜度：
- 第一個迴圈中，j 從 0 到 M-1，總共跑 M 次
- 第二個迴圈中，i 從 0 到 N-1，總共跑 N 次
- 上下加起來，迴圈執行總次數是 M+N。

Q5：計算下列程式碼「執行輸出」的次數

```
1    for (int j = 1; j < N; j *= 2)
2        cout << j;
```

- j 從 1 開始執行，j 需小於 N 才會繼續執行，且 j 每次執行都會乘以 2
- 執行第 n 次，此時 j 是 2^{n-1}
- 由於 $2^{n-1} < N$ 時迴圈才會執行，兩邊取 $\log_2$
  - 得到 $n < \log_2 N + 1$。

故這個巢狀迴圈總共會執行輸出 $\lfloor \log_2 N + 1 \rfloor$ 次。

Q6：計算下列程式碼「執行輸出」的次數

```
1    for (int i = 1; i < N; i++)
2        for (int j = 1; j < N; j*=2)
3            cout << i << " " << j;
```

- 內圈與剛才的例題完全相同，會執行 $\log_2(N) + 1$ 次
- 外圈的 i 則從 1 跑到 N-1，總共執行 N-1 次

內外圈結合起來，總共會執行輸出 $\lfloor (N-1)\log_2(N) + 1 \rfloor$ 次。

2-3 Big-O 的運算證明

本節來看看如何用 Big-O 描述演算法的複雜度，複雜度 Complexity 就是描述演算法「工作效率」的函數。

2-3-1 上界與下界

同一個演算法依照輸入資料散布情形的不同，處理次數也會有不同：

1. 最壞情況 Worst-case
   - 最壞的狀況下需要的時間會是最多的，因此在這種情形下需要的處理次數叫做「上界 upper bound」，實際執行時需要的時間一定不會超過這個「上界」。
2. 最好情況 Best-case
   - 最好的狀況下需要的時間會是最少的，因此在這種情形下需要的處理次數叫做「下界 lower bound」，實際執行時需要的時間不可能少於「下界」所對應的時間。
3. 平均情況 Average-case
   - 所有可能的輸入情形下平均會需要的計算次數或時間。

2-3-2　循序搜尋的上界與下界

Search

| score_1 | score_2 | score_3 | score_4 | score_5 | score_6 | score_7 | score_8 |

在這裡我們以循序搜尋來實際看 Worst-case 與 Best-case：如果要在一個長度為 Len 的陣列裡搜尋特定資料，「循序搜尋」的做法是從陣列開頭一筆一筆資料檢索與確認，此時可能會發生以下幾種不同情形：

- 最壞情況 Worst-case
  - 搜尋到最後一筆才找到所需的資料，因此共訪問了 Len 筆資料，這個 Len 就是「上界 upper bound」
- 最好情況 Best-case
  - 第一筆資料就是所需的資料，這時只要搜尋一筆資料，1 就是「下界 lower bound」
- 平均情況 Average-case
  - 平均來說需要搜尋 $\frac{Len+1}{2}$ 次。

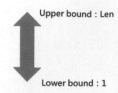

2-3-3 Big-O 的數學定義

只要知道解法在最壞狀況下的執行時間,那麼必定可以保證該問題能夠在少於或等於該時間中被解決,因此通常會想知道某一算法在「最壞情形」下的表現,也就是最差的狀況下需要多少時間,這樣才能事先留下足夠時間供其執行,也就是說,我們在意的是 Worst-case。

當資料增加時,「所需時間的成長幅度」,即 Growth rate,可以讓我們知道這個算法的未來擴充性如何,代表日後資料成長時,算法消耗的時間或資源是否可以負擔。

另外,也希望複雜度不會受到單位的影響,不管是用 Byte 還是 Bit 為單位,或者時間上以秒、分、小時為單位,都可以得到相同的複雜度。

最後,我們也不在乎小資料時的狀況(也就是前面「小時候胖不是胖」),畢竟資料量小時往往僅差幾毫秒,沒有實際影響。

將上面提到的四個要求結合起來,就能構造出 Big-O 的數學定義:

- 最壞情況 Worst-case
- 資料增加時所需時間的成長幅度
- 不受到單位影響
- 不在乎小資料時的狀況

如果寫成數學式來表達便是下式:

$$f(n) \in O\big(g(n)\big) \Leftrightarrow \exists c > 0, \exists n_0, \forall n > n_0, f(n) \le cg(n)$$

→ 存在某個 $c > 0$ 和 n_0,使得對於所有 $n > n_0$,都成立 $f(n) \le cg(n)$

其中：

- c 是一個常數，加上這個係數後，Big-O 就不受記憶體／時間單位影響
- $n > n_0$ 指的是資料量 n 大於某個數 n_0 皆會成立，排除小資料的影響
- $f(n) \leq cg(n)$ 代表 $cg(n)$ 為 $f(n)$ 的上界（upper bound），即在最壞狀況下 $f(n)$ 需要的時間必不會超過 $cg(n)$。

所以，如果説 $f(n) \in O\big(g(n)\big)$，代表上式會成立，那麼某個「所需時間可用 $f(n)$ 來表示」的演算法，它的複雜度就是 $O(g(n))$。

要證明 $f(n) \in O\big(g(n)\big)$，需要試著找到一組 c 跟 n_0，使得資料量 n 夠大（超過 n_0）的時候，$f(n) \leq cg(n)$ 總是成立。

若覺得此處的數學式不太直觀，不妨直接往下看看實例。

2-3-4　實際例子

如果想知道 $5x$ 能不能寫成 $O(x^2)$，即 $f(n) \in O(x^2)$，就要試著找到一組 c 和 n_0，使得當資料量 n 超過某個門檻（$n > n_0$）時，都滿足 $5x \leq cx^2$，這裡的 c 可以取任意值。

實際計算時可以按照如下步驟進行：

$$5x \leq cx^2$$

A. 把等號左右的 x 約掉（x 代表資料量，必定是正整數），得到 $5 \leq cx$
B. 取 $c = 1$（或任意取其它值），同時取 $n_0 = 5$
D. 根據前兩步驟，當 $x > n_0 = 5$ 時，總是成立 $5 \leq cx = x$
E. 得證 $5x \in O(x^2)$

用數學方式表達：給定 $f(x) = 5x$、$g(x) = x^2$，欲證有一組 $c > 0$、n_0，使得對所有 $n > n_0$ 時，總是滿足 $f(n) \leq cg(n)$。

A. 取 $c = 1, n_0 = 5$
B. $\forall x > 5, f(x) \leq g(x)$

因此 $f(n) \in O(g(n))$，此例中即 $5x \in O(x^2)$。

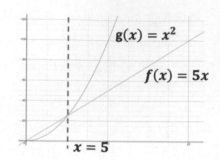

把 $f(x) = 5x$ 和 $g(x) = x^2$ 畫在上圖中，曲線是 x^2 對應的時間，直線是 $5x$ 對應的時間，當 $x > 5$，即資料量超過 5 筆時，藍線都低於紅線，代表 $5x < x^2$。

Big-O 相當於「上界」，$f(n) \in O(g(n))$ 也可以說成「$g(n)$ 是 $f(n)$ 的上界」。在上面的例子裡，資料量超過 5 筆時，x^2 是 $5x$ 的上界，不管資料量再怎麼大，一個所需時間為 $5x$ 的演算法，需要的時間都會小於 x^2。

2-3-5 範例與練習

（1）證明或否證 $5x \in O(x)$

證明過程：

A. 取 $n_0 = 0, c = 6$

B. $\forall x > 0, 5x \le 6x$（這個式子就是 $\forall x > 0, f(x) \le cg(x)$）

因為找到一組 $n_0 = 0$，$c = 6$ 滿足 Big-O 的條件，所以 $5x \in O(x)$。

（2）證明或否證 $5x^2 \in O(x)$

證明過程：

A. 目標是找到一組解滿足 $5x^2 \le cx$（也就是 $f(n) \le cg(n)$）

B. 等號左右同消掉 x，$5x \le c$

C. $x \le \dfrac{c}{5}$

這代表不等式「$5x^2 \leq cx$」只有在 $x \leq \frac{c}{5}$ 的時候才會成立，所以無論 c 取多少，都不能找到對應的 n_0（因為反過來説，$x > \frac{c}{5}$ 的時候一定不會成立），所以 $5x^2 \notin O(x)$。

（**3**）證明或否證 $100x^2 \in O(x^3 - x^2)$

證明過程：

A. 要找到一組解滿足 $100x^2 \leq c(x^3 - x^2)$

B. 取 $c = 100$，$100x^2 \leq 100(x^3 - x^2)$

C. $200x^2 \leq 100(x^3)$

D. $2 \leq x$

E. $\forall x \geq 2$，$100x^2 \leq c(x^3 - x^2)$

在 $x \geq 2$ 的情況下，c 取 100 就一定會使條件 $100x^2 \leq c(x^3 - x^2)$ 成立，這樣我們就找到一組 c 和 n_0，也就證明了 $100x^2 \in O(x^3 - x^2)$。

（**4**）證明或否證 $3x^2 \in O(x^2)$

A. 找一組 c、n_0，使 $3x^2 \leq cx^2$

B. 取 $c = 3, n_0 = 0$

C. $\forall x \geq 0, 3x^2 \leq 3x^2$

D. 得證 $3x^2 \in O(x^2)$

（**5**）證明或否證 $x \in O(\sqrt{x})$

A. $x \leq c\sqrt{x}$

B. 兩邊平方，$x^2 \leq c^2 x$

C. $x \leq c^2$

D. 反過來説，當 $x > c^2$ 時，一定不成立 $x^2 \leq c^2 x$

E. 由上可知，不管 c 取多少，都找不到 n_0 使得定義成立

F. 否證 $x \in O(\sqrt{x})$

只是使用 Big-O 的定義來求證複雜度似乎有點麻煩，稍後會介紹一種更簡便的方式。

2-4 極限的表達方式

2-4-1 用極限方法證明 Big-O

上一節中介紹了從定義上證明 Big-O 的方式：找到一組 $c > 0$、n_0，使得資料量大於 n_0 的情況下，都滿足 $f(n) \leq cg(n)$，如此一來，便可知 $g(n)$ 是 $f(n)$ 的上界。

$$f(n) \in O\big(g(n)\big) \Leftrightarrow \exists c > 0, \exists n_0, \forall n > n_0, \tag{1}$$

$$f(n) \leq cg(n) \tag{2}$$

但要找到這樣的 c 和 n_0 不一定總是很容易，所以會想另尋一種更簡便的方式。觀察 (2) 式，若將不等號左右同除以 $g(n)$，可以得到下面的(3)式。

$$\frac{f(n)}{g(n)} \leq c \tag{3}$$

因為 (1) 的條件中只要求 (2) 和 (3) 兩個不等式在「n 大於某個 n_0 時」成立，所以可以直接將 n 推到無限大（然後 n_0 取一個小於無限大的值）。如果下面的 (4) 式成立，即「n 接近無限大時，$\frac{f(n)}{g(n)}$ 收斂到一個常數 c」，那麼就可以知道 $f(n) \in O\big(g(n)\big)$。

$$\lim_{n->\infty} \frac{f(n)}{g(n)} \leq c \tag{4}$$

2-4-2 極限的複習

往下進行之前，先複習高中數學裡教過的「極限」。如果 $f(x)$ 在 x 逼近 a 時的極限為 L，可以寫成 $lim_{x->a} f(x) = L$，這就是極限的定義。

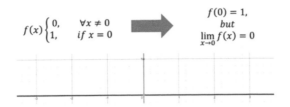

舉一個例子，在上圖中有一個 x 的函數 $f(x)$，當 $x \neq 0$ 時，$f(x)$ 的值是 0，而當 $x = 0$ 時，$f(x) = 1$，因此 $(0,1)$ 在 $f(x)$ 上。

雖然 $f(0) = 1$，但是 x「趨近於」0 時，並不會真的「到達」 0，所以 $f(x)$ 在 x 趨近於 0 時，值仍然是 0，即 $lim_{x->0} f(x) = 0$。

2-4-3 極限的運算規則

若給定下面三式，也就是當 x「趨近於」無限大時，各自的極限如下：

$$\lim_{x->\infty} f(x) = L$$

$$\lim_{x->\infty} g(x) = K$$

$$\lim_{x->\infty} h(x) = \infty$$

根據極限的定義，下面的 A 到 E 式均成立。也就是說，要得到「$f(x)$ 和 $g(x)$ 的運算」的極限，可以先將 $f(x)$ 與 $g(x)$ 個別的極限值 L、K 取出之後，再進行相應的運算。

A. $lim_{x->\infty}(f(x) + g(x)) = L + K$

B. $lim_{x->\infty}(f(x) - g(x)) = L - K$

C. $lim_{x->\infty}(f(x) \times g(x)) = L \times K$

D. $lim_{x->\infty}(f(x) \div g(x)) = L \div K$

E. $lim_{x->\infty}(\frac{1}{h(x)}) = 0$

特別注意 E 式，$lim_{x->\infty} h(x) = \infty$ 會使得 $lim_{x->\infty}(\frac{1}{h(x)}) = 0$，也就是「無限大分之一」= 0。

2-4-4 範例與練習

（1）計算 $lim_{n->\infty} \frac{3n+2}{2n+5}$

$lim_{n->\infty} \frac{3n+2}{2n+5}$ 　　　上下同除以 n，

$= lim_{n->\infty} \frac{\frac{3n}{n}+\frac{2}{n}}{\frac{2n}{n}+\frac{5}{n}}$ 　　　因為 $\frac{c}{n}$（c 是常數）的值都是 0，所以得到：

$= \lim_{n->\infty} \frac{3+0}{2+0}$

$= \frac{3}{2}$

只要計算出當 x「趨近於」無限大時 $\frac{f(n)}{g(n)}$ 的極限值，看它是不是無限大，就可以決定 $f(n) \in O(g(n))$ 是否成立。比如令 $f(n) = 3n + 2$、$g(n) = 2n + 5$，因為 $lim_{n->\infty} \frac{3n+2}{2n+5} = \frac{3}{2} \neq \infty$，所以 $f(n) \in O(g(n))$。

（2）證明或否證 $5x \in O(x)$

$$\lim_{x->\infty} \frac{5x}{x} = 5 \leq c$$

因為 $lim_{x->\infty} \frac{5x}{x}$ 的值收斂到 5，而非無限大，得證 $5x \in O(x)$。

（3）證明或否證 $100x^2 \in O(x^3 - x^2)$

$lim_{x->\infty} \frac{100x^2}{x^3-x^2}$ 上下同除以 x^3：

$= \lim_{x->\infty} \frac{100\frac{x^2}{x^3}}{\frac{x^3}{x^3} - \frac{x^2}{x^3}}$

$= \lim_{x->\infty} \frac{100 \times 0}{1 - 0} = 0 \neq \infty$

因 $lim_{x->\infty} \frac{100x^2}{x^3-x^2}$ 收斂到 0 而非無限大，得證 $100x^2 \in O(x^3 - x^2)$。

（4）證明或否證 $5x^2 \in O(x)$

$$\lim_{x->\infty} \frac{5x^2}{x} = \infty$$

因 $\lim_{x->\infty} \frac{f(x)}{g(x)} = \lim_{x->\infty} \frac{5x^2}{x}$ 等於無限大，不會收斂，所以 $5x^2 \notin O(x)$。

（5）證明或否證 $3x^3 + 5x^2 + 2x + 6 \in O(x^3)$

$$\lim_{x->\infty} \frac{3x^3 + 5x^2 + 2x + 6}{x^3} = 3$$

得證 $3x^3 + 5x^2 + 2x + 6 \in O(x^3)$。

（6）證明或否證 $f(x) \in O(x^2) \Leftrightarrow f(x) \in O(x^2 + x)$

$\Leftrightarrow$ 在數學上表示實質等價，即若：

- 左式成立時，右式必成立
- 右式成立時，左式必成立

因此這裡需要分成兩次來證明，看是否能從左式推導到右式，以及從右式推導到左式，首先試著從左式推導到右式 ($\Rightarrow$)，來看當左式成立時，右式是否成立：

假設左式成立，則 $\lim_{x->\infty} \frac{f(x)}{x^2} = c$，即 $f(x) = cx^2$，其中 $c > 0$。

此時右式是否成立？

$$\lim_{x->\infty} \frac{f(x)}{x^2 + x} = \lim_{x->\infty} \frac{cx^2}{x^2 + x} = c$$

因此右式也成立。

接著試著從右式推導到左式 ($\Leftarrow$)，來看當右式成立時，左式是否成立：

假設右式成立，則 $\lim_{x->\infty} \frac{f(x)}{x^2+x} = c$，即 $f(x) = c(x^2 + x)$，其中 $c > 0$。

此時左式是否成立呢？

$$\lim_{x->\infty} \frac{f(x)}{x^2} = \frac{c(x^2 + x)}{x^2} = c$$

因此左式也成立，兩個寫法等價。

2-5 複雜度的其他符號

緊接著來看除了 Big-O 以外，還有哪些符號可以被用來表示複雜度。

2-5-1 Big-O 存在的問題

Big-O 是上界，也就是「最壞的情況」，這代表 Big-O 裡任意放一個非常大的數字時，f(x) ∈ O(g(x)) 都會成立，比方說若 $f(x) \in O(x^2)$ 成立，則以下皆會成立：

$$f(x) \in O(x^2 + x)$$
$$f(x) \in O(3x^2 + 2x)$$
$$f(x) \in O(x^3 + 1)$$
$$f(x) \in O(2x^4 + x)$$
$$f(x) \in O(x^5 + x^2 + 2)$$

$$...$$

所以只要 $f(x) \in O(x^2)$，那 $f(x)$ 就可以寫成 $O(x^3)$、$O(x^4)$、$O(x^5)$、...，且繼續把 Big-O 中 x 的指數任意增加後都仍會成立。

這就像如果媽媽和你說：「只要你比任一個學生成績好，我就給你獎金」，那麼只要去和全班、甚至全學年成績最差的那位同學比，很容易就可以達成目標。

所以在題目裏，通常會要求你算出最 tight 的 Big-O，否則隨便寫個 $O(n^n)$ 上去老師也不能說你錯了！

而 tight Big-O 的定義是：

$$f(n) \in O\big(g(n)\big) \text{ 成立且 } g(n) \in O\big(f(n)\big) \text{ 也成立}$$

此時我們就可以說 $g(n)$ 為 $f(n)$ 的 tight bound，在上面的例子裡，若已知 $f(x) = x^2$，則 $x^2 + x$、$3x^2 + 2x$ 均為 $f(x)$ 的 tight bound，但 $x^3 + 1$、$2x^4 + x$ 皆不是 $f(x)$ 的 tight bound。

2-5-2 Big-Theta Θ

如果說 Big-O 代表上界，則接下來要介紹的 Big-Theta Θ 便是上界+下界的組合拳。

（1）**Big-Theta Θ 的定義**

$$f(n) \in \Theta\big(g(n)\big) \Leftrightarrow \exists c_1, c_2 > 0, \exists n_0, \forall n > n_0,$$
$$s.t. \, 0 \leq c_1 g(n) \leq f(n) \leq c_2 g(n)$$

Big-Theta Θ 代表 $f(n)$ 會被 $c_1 g(n)$ 和 $c_2 g(n)$ 上下包夾在一起，另一種說法是 $g(x)$ 在乘以兩個相異常數後，可以使 $f(x)$ 介在其間。

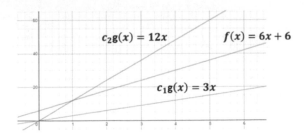

來看一個例子：$6x + 6 \in \Theta(x)$ 是否成立？

從定義來看，若取 $g(x) = x$、兩常數 c_1 與 c_2 分別為 3 與 12，由上圖可看出 $f(x)$ 在 $x > 1$ 時，被包夾在 $c_1 g(n)$ 和 $c_2 g(n)$ 之間，因此 $6x + 6 \in \Theta(x)$ 成立。

（2）Big-O 和 Big-Theta 的差異

Big-O 的 x 次方數可以不斷往上寫，Big-Theta 則要求特定 x 的最大次方數，如下表所示：

Big-O	Big-Theta
$6x + 6 \in O(x^2)$	$6x + 6 \in \Theta(x)$
$6x + 6 \in O(x^2 + x)$	$6x + 6 \in \Theta(2x)$
$6x + 6 \in O(3x^2 + 2x)$	$6x + 6 \notin \Theta(3x^2 + 2x)$
$6x + 6 \in O(x^3 + 1)$	$6x + 6 \notin \Theta(x^3 + 1)$
$6x + 6 \in O(2x^4 + x)$	$6x + 6 \notin \Theta(2x^4 + x)$
$6x + 6 \in O(x^5 + x^2 + 2)$	$6x + 6 \notin \Theta(x^5 + x^2 + 2)$
...	...

（3）使用極限證明 Big-Theta Θ

為了簡化 Big-Theta Θ 的證明，同樣我們從極限下手：

$$f(n) \in \Theta\big(g(n)\big) \Leftrightarrow \exists c_1, c_2 > 0, \exists n_0, \forall n > n_0, \qquad (1)$$

$$s.t.\, 0 \leq c_1 g(n) \leq f(n) \leq c_2 g(n) \qquad (2)$$

把上面的 (2) 式各項同除以 g(n)，可以得到：

$$0 < \lim_{n->\infty} \frac{f(n)}{g(n)} \leq c_2$$

所以，只要 $\frac{f(n)}{g(n)}$ 的極限值「不是無限大」而且「大於 0」（因為極限也需要大於 c_1），則 $f(n) \in \Theta\big(g(n)\big)$ 就會成立，如果跟剛剛的 Big-O 相比你會發現只多了左邊的 > 0。

注意：$\Theta\big(g(n)\big)$ 只跟 $f(n)$ 中的 x 的最大次方有關。

2-5-2　Big-Omega Ω

Big-O 代表上界、Big-Theta Θ 代表上界+下界，接下來要介紹的 Big-Omega Ω 則代表下界。

（1）**Big-Omega Ω** 的定義

$$f(n) \in \Omega\big(g(n)\big) \Leftrightarrow \exists c > 0, \exists n_0, \forall n > n_0,$$

$$s.t.\, 0 \le cg(n) \le f(n)$$

即 $f(n) \in \Omega\big(g(n)\big)$ 代表 $g(x)$ 是 $f(x)$ 的下界 (Big-O 則是上界)。

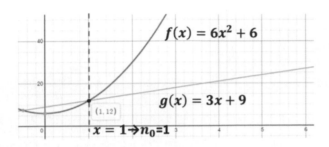

來看一個例子，在上圖中，$6x^2 + 6 \in \Omega(3x + 9)$ 是否成立？

我們取 $n_0 = 1$、$c = 1$，$f(x) = 6x^2 + 6$ 在 $x > 1$ 時都大於 $g(x) = 3x + 9$，因此 $6x^2 + 6 \in \Omega(3x + 9)$ 成立。

（2）使用極限方法證明 **Big-Omega Ω**

為了簡化 Big-Omega Ω 的證明，同樣從極限下手：

$$f(n) \in \Omega\big(g(n)\big) \Leftrightarrow \exists c > 0, \exists n_0, \forall n > n_0, \qquad (1)$$

$$s.t.\, 0 \le cg(n) \le f(n) \qquad (2)$$

上面 (2) 式中各項同除以 g(n)，

$$c \le \lim_{n->\infty} \frac{f(n)}{g(n)}$$

只要 $\frac{f(n)}{g(n)}$ 的極限值不為 0（c 可取任意大於 0 的值），則可以推斷 $f(n) \in \Omega(g(n))$，相對之下，Big-O 是要求極限值不為無限大。

2-5-3 各個符號的比較

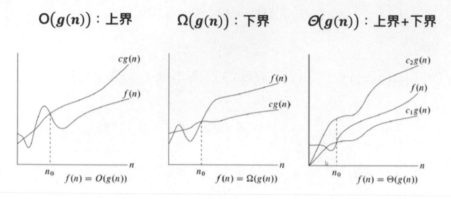

$O(g(n))$：上界　　　$\Omega(g(n))$：下界　　　$\Theta(g(n))$：上界+下界

舉例來說，如果時間複雜度 $f(x) = 3x^2 + x + 5$，Big-O 可以取 x^2、x^3、x^4、x^5、2^x、...，因為這些函數都是 $f(x)$ 的上界；Big-Omega 則是 $f(x)$ 的下界，可以取 x^2、x、1 等；Big-Theta 則是上界與下界的交集，最大次方項必須與 $f(x)$ 中 x 的最大次方項 x^2 的次方相同。

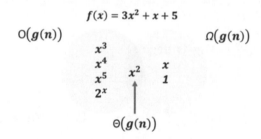

2-6 遞迴的複雜度計算

在這章的最後，我們來看看如何計算遞迴式的時間複雜度。這裡只先介紹三種方法，第四種方法「支配理論」與演算法中的「分治法」有關，留待之後再介紹。

A. 數學解法 Mathematics-based Method
- 直接以遞迴的觀念算出複雜度

B. 代換法 Substitution Method
- 猜一個數字後代入看是否成立

C. 遞迴樹法 Recurrence Tree Method
- 畫出遞迴樹後加總

實際來看個例子，計算下列遞迴式的時間複雜度：

$$T(n) = \begin{cases} T(n-1) + 3, if\ n > 1 \\ 1, otherwise \end{cases}$$

A. 數學解法：直接以遞迴的觀念算出複雜度

$T(n)$

$= T(n-1) + 3$

$= T(n-2) + 3 + 3$

$= T(n-3) + 3 + 3 + 3$

$= ...$

$= T(1) + 3(n-1)$ ∕∕ 共有 n-1 個 3，且 $T(1) = 1$

$= 3n - 2 \in O(n)$

B. 代換法：猜一個數字後代入

猜 $T(n) \in O(n)$ ，即 $T(n) = cn$，取 $c = 3$，即 $T(n) = 3n$。

代入檢驗：

$T(n) = 3n \leq c(n-1) + 3 = T(n-1) + 3$　　　　　∕∕ 不等式成立

$T(n) = 3n \leq cn - c + 3 = T(n-1) + 3$　　　　　∕∕ 不等式成立

$T(n\text{-}1)+3$ 根據假設會是 cn−c+3，又等於 3n −3+3 = 3n，$T(n) = 3n <=$ $3n = T(n\text{-}1)+3$ 成立。故 $T(n) \in O(n)$

代換法是先猜一個複雜度之後，把數字代進去檢驗，看是否產生矛盾，如果沒有矛盾則得證，通常在作答選擇題時很好用。

C. 遞迴樹法：畫出遞迴樹後加總之

$$T(n) = \begin{cases} T(n-1) + 3, if\ n > 1 \\ 1, otherwise \end{cases}$$

把上述遞迴式畫成遞迴樹如下：

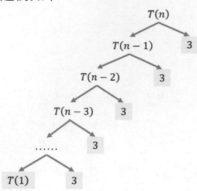

把遞迴樹畫出來後，發現每個 $T(n)$ 都可以拆成兩個部分：$T(n-1)$ 和 3，又 $T(1) = 1$，所以整顆樹中會有 1 個 $T(1)$ 與 $(n-1)$ 個 3。

$T(n) = T(1) + 3 \times (n-1)$
$= 3n - 2$，得證 $T(n) \in O(n)$。

接著試試使用任一方法計算下列遞迴式的時間複雜度

$$T(n) = \begin{cases} 2T(n-1), if\ n > 0 \\ 1, otherwise \end{cases}$$

在這裡推薦使用數學解法或遞迴樹法，兩種方式的差異其實不大，只差在是否把圖畫出來，若遞迴式較複雜時，把遞迴樹畫出會對理解有所幫助：

$T(n)$
$= 2\,T(n-1)$
$= 2^2\,T(n-2)$
$= 2^3\,T(n-3)$
$= \ldots$
$= 2^n\,T(0)$
$= 2^n \in O(2^n)$

$T(n)$ 可以被寫成 $2 \times T(n-1)$，$T(n-1)$ 又可以換成 $2 \times T(n-2)$，一直換下去，可以換成 $2^n \times T(0)$，又 $T(0) = 1$，所以 $T(n) = 2^n$，時間複雜度便是 $O(2^n)$。

習 題

1. 請由小到大排序以下函式的成長速率(growth rate)

$$x^3 \cdot 5x^2 \cdot x! \cdot \sqrt{x} \cdot \frac{2}{x} \cdot 2^x$$

2. 請問下列哪些為真？

A. $x^3 + 2x + 3 \in O(x^3)$

B. $f(x) = O(3^x) \Leftrightarrow f(x) = O(4 \times 3^{(x+1)})$

C. $f(x) = O(2^x) \Leftrightarrow f(x) = O(3^x)$

D. $f(x) = O(x^2) \Rightarrow f(x) = O(x^3)$

E. $2x^3 \in O(x^4)$

F. $x^4 \in O(2x^3)$

3. 請問下列程式碼分別會印出幾個*，請用 N 與 M 表示。

A.
```
for(int i = 1; i < 5; i++){
    for(int j = 1; j < N / 2; j += 2){
        cout << "*";
    }
}
```

B.
```
for(int i = M - 2; i > 5; i /= 2){
    for(int j = 5; j < N; j = j + 3){
        cout << "*";
    }
}
```

4. 有三遞迴式如下，請找出最靠近(Tight)的時間複雜度並用 Big-O 表示。

A. $f(x) = \begin{cases} 3, \ if \ x \le 1 \\ f(\dfrac{x}{2}) + 2x, \ if \ x > 1 \end{cases}$

B. $f(x) = \begin{cases} 3, \ if \ x \le 1 \\ f(\dfrac{x}{2}) + 2, \ if \ x > 1 \end{cases}$

C. $f(x) = \begin{cases} 3, \ if \ x \le 1 \\ 2f(\dfrac{x}{2}) + x, \ if \ x > 1 \end{cases}$

5. 有三函式如下，請分別找出最靠近(Tight)的時間複雜度並用 Big-O 表示。

A.
```
int func(int N){
   if(N < 3)
      return 1;
   else
      return 0;
}
```

B.
```
int func(int N){
   if(N < 1)
      return 0;
   return func(N / 2) + 1;
}
```

C.
```
int func(int N){
   if(N < 3)
      return 1;
   return 5 * func(N - 2) + 3;
}
```

03

P 與 NP 問題

演算法裡有一個著名的「P 與 NP 問題」，但老實說目前會去區分 P、NP、NPC、NP-hard 的演算法課程似乎越來越來少，除了走學術研究或考研究所外真的不太會用到，舉一段演算法筆記中的註腳：

「台灣的演算法課程，都是直接抄舊書，特別強調 NP-complete ，特別強調問題之間的轉換。不過職場上幾乎不會用到這些知識。學術上要解決 P = NP 問題，也不會用到這些知識。

現在比較新的教學資料，都是直接介紹多項式時間和指數時間的差異，而不是去介紹 P、NP、NP-complete、NP-hard 到底誰包含誰。」

不過我認為你還是可以把 NP 問題當作故事來讀讀，去看看以前那些學者們遇到問題時是怎麼逐步嘗試解決的，而且學者們的野心還很大，想要證明「所有」的演算法問題只要能被簡單驗證就能被簡單算出來。

至於要去區分 P、NP、NPC、NP-hard，個人也覺得除非你要考研究所不然就算了吧，本章的介紹與討論，在「學術研究」或「考研究所」時較重要，實務上較少用到。

3-1　演算法問題的分類

大抵而言，電腦科學中的「問題」可以分成兩種。

1.「決策問題 Decision Problem」
- 這類問題只需回答「是 Yes」或「不是 No」
- 若回答「是」，則隨後給出滿足要求的解
- 回答「不是」，則給出相對應的證明

「100 到 110 是不是一個含有質數的區間」就是一個這樣的「決策問題」，如果回答「是」，就要給出這個區間中的任一質數（101、103、107、109），回答不是時，則要有相應的證明。

2.「最佳化問題 Optimization Problem」
- 在有限種候選答案之中選出最佳解
- 通常問題比決策問題來得更難解決

比如說，一家公司中有許多員工，每個員工各自有某幾天想上班、某幾天不想上班，這時候如何盡量滿足員工意願排出班表呢？這就是一個「最佳化問題」，因為排班的方式是「有限的」，而在這有限個選項中選出最佳者，就是一個最佳化問題。

雖然要求候選答案數量必須是「有限的」，但數目仍可能遠遠超過想像，比如下圍棋時，想在符合規則的下法中得到一個最佳解，也屬於最佳化問題，然而解的總數高達 10^{171}，因此找到最佳解仍然相當困難。

另外，找出最佳交通路徑也是一個最佳化問題的例子，這與後續章節中「如何尋找最短路徑」的問題相關。

3-1-1　典型的決策問題

A. 分割問題 Partition Problem
給定一個正整數的集合，是否可將其分成兩個子集合，並使兩子集合中的

數字總和相等？

當 $S = \{1, 2, 4, 5, 6\}$ 時，答案為「可以」，因為此時可以將其分成兩集合 $S_1 = \{1, 2, 6\}$ 與 $S_2 = \{4, 5\}$。

因為對於一個給定的集合 S，只需根據問題要求回答「是」或「否」，因此這屬於決策問題。

B. 部分集合的和問題 Sum of Subset Problem

給定一個正整數的集合，是否存在一子集合，其和為特定常數 C？

例如當 $S = \{1, 2, 4, 5, 6\}$、$C = 15$ 時，答案為「是」，因為可以找出一個 S 的子集合 $S_1 = \{4, 5, 6\}$ 滿足條件。

3-1-2 典型的最佳化問題

A. 最小生成樹問題 Minimal Spanning Tree Problem

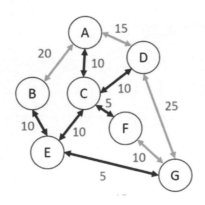

給定由頂點與邊構成的「圖」，試著從中取出部分邊與所有點讓其形成一棵樹（不會形成環），且使得該樹的權重和最小。

上面的圖中總共只有十條邊，因此選定部分邊的選擇是有限的，也就是 C_6^{10} 種，接下來在這有限種的可能裡選出一個「最佳」者，這裡被選取到的邊權重和越小就越好。

後續章節會介紹相關演算法，可以得到解中的邊有 $\overline{BE}$、$\overline{EC}$、$\overline{AC}$、$\overline{CF}$、$\overline{EG}$、$\overline{CD}$。

B. 最短路徑問題 Shortest Path Problem

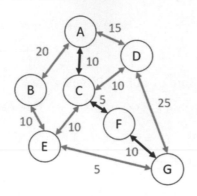

給定由頂點與邊構成的圖，找出兩點間的最短路徑。上圖中，A、G 間的最短路徑會依序經過 A、C、F、G。

3-1-3 兩種問題間的轉換

給予一個「最佳化問題」，我們均可將其轉換成對應的「決策問題」，稱為這個最佳化問題的決策版本。

以最短路徑問題為例，可分成最佳化問題與決策問題版本：

- 最佳化版本
  - 給定由頂點與邊構成的圖，試著找出兩點間的最短路徑
- 決策版本
  - 給定由頂點與邊構成的圖，以及一個常數 C，能否找出一路徑使兩點間的最短路徑 $< C$？
  - 只需回答「能」或「不能」（並給出理由），屬於決策問題。

不過在此同時，決策問題則「不一定」可以找到與之對應的最佳化問題，所以稍後提到的 NP 問題主要在分析的都是決策問題。

3-2 問題的難度

要如何描述問題對「人」的難度呢？有時候可能會說：

- 「這問題好難喔，沒有計算機我不會」
- 「這問題好難喔，不管有沒有計算機我都不會」
- 「這問題好難喔，不只我，大家都不會」。

很明顯的這些講法都不夠精確，而在電腦科學中也迫切需要有一個方法去區分問題是困難或簡單的。在演算法中，有沒有更精準的敘述方式呢？

在電腦科學中，我們會以該問題是否有一個**多項式時間複雜度**的解法來定義難或不難。

即 $f(n) \in O\left(a_0 + a_1 n + a_2 n^2 + a_3 n^3 + \cdots + a_k n^k\right) = O(n^k)$

如果可以把演算法的複雜度寫成 $O(n^k)$，那這個問題就有多項式時間內的複雜度，不能被表達成 $O(n^k)$ 的時間複雜度則為非多項式時間。

再來，要釐清問題的「難」是出在哪裡，其中一種是「問題已有一些解法，但想進一步找出最佳解法卻很困難」，另一種則是「問題本身很難找到簡單的解決方式」。

當然，也可以用上一章介紹的複雜度來描述問題的難度，這樣，問題會被分為「易解的 Tractable」和「難解的 Intractable」兩種。

3-2-1 難解的問題 Intractable Problems

難解的問題代表在最壞狀況 Worst-case 下，無法找到多項式時間的問題解法。不過目前還未找到，並不代表未來不會找到，因此一個問題是否「難解」會隨時間變動。

可以根據問題的解決難度、複雜度等定義出幾種問題（注意不要把 NP 的意思誤解成「不是 P」）：

A. P（Polynomial Time）：
- 存在多項式時間複雜度的演算法來**解決**問題

B. NP（Non-deterministic Polynomial Time）：
- 存在多項式時間複雜度的演算法來**驗證**問題的解答是否正確

C. NP-hard：
- 所有的 NP 問題都可以化成 NP-hard 問題
- 這類問題還沒有找到多項式時間複雜度的算法
- 每一組解能否在多項式時間的算法內被驗證則不一定。

D. NP-complete（NPC）：
- 所有的 NP 問題都可以化成 NP-complete 問題
- 這類問題目前還沒有找到多項式時間複雜度的算法
- 但每一組解都可以被多項式時間的算法驗證
- 因此 NPC = NP ∩ NP-hard

從定義上看，NP-Complete 問題是 NP-hard 問題中，屬於 NP 的那些。

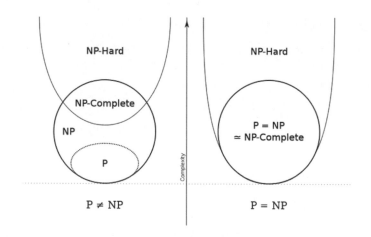

因為這些性質的命名容易混淆，盡量不要從字面上理解意思，在繼續往下解釋之前，可以先用比較簡化的方式記憶這幾個性質：

A. P 問題
- 容易解決的問題（所有容易解決的問題都容易驗證，所以 $P \subseteq NP$）

B. NP 問題
- 答案容易被驗證的問題

C. NP-hard 問題
- 所有 NP 問題可以被歸約到的問題
- 至少和所有 NP 問題一樣或更難
- 可能會失去「答案容易驗證的性質」而不再屬於 NP 問題

D. NP-complete 問題
- NP-hard 這些問題中答案仍然容易驗證的那些
- 因此也都還在 NP 範圍內

3-2-2 比較 P 問題與 NP 問題

解決問題或是驗證答案往往是不一樣的難度，比說排序，學過演算法的人都會知道目前排序的複雜度是：$O(n \log_2 n)$，但驗證一個數列是否為排序好的只需要 $O(n)$ 就可以辦到。

因此，驗證答案的難度 ≤ 算出答案的難度，根據運算與驗證答案的難度，可以用是否能在多項式時間中被解決或驗證來找出 P 問題與 NP 問題。

A. P 問題 Polynomial Time Problems
- 問題在最壞狀況 Worst-Case 下可以被多項式時間內的算法解決
- 可以視作「Easy to find」

B. NP 問題 Non-Deterministic Polynomial Time Problems
- 不確定（可能可以，也可能不可以）在多項式時間內被解決
- 最壞狀況 Worst-Case 下可以被多項式時間的算法驗證
- 注意 NP 不是 non-polynomial time，也就是說 P 和 NP 問題不互斥
- 可以視作「Easy to check」

在 Clay Mathematics Institute 裡有舉一個 NP 問題的例子：

「給定 400 位學生與一個有 100 個床位的宿舍，但同時有一份不相容的名單，名單上的學生兩兩成對，名單上的每一對學生都不能同時住宿在宿舍中，請給定一個分配宿舍的方式。」

此問題不屬於 P 問題，因為總共的分配方式有 C_{100}^{400} 種，如果名單很長，要得出符合答案的解就很困難，但是若給定任何一種解，只要按照名單依序檢查是否牴觸，就可以決定這個解是否符合條件，因此這是一個 NP 問題，也就是「容易驗證」的問題。

再次提醒必須注意 NP 並不是 not polynomial time，這是常見的誤解，簡單來說 NP 問題就是：Easy to check.

3-2-3 P 和 NP 間的關係

每個 P 問題都一定是 NP 問題，也就是說，$P \subseteq NP$。每個可以簡單找到答案的問題，一定可以簡單的驗證，因為一旦問題可以在多項式時間內被解決，它就可以在多項式時間內被驗證，只要找找看「需驗證的答案」是否在問題解決後得到的「所有答案」之中即可。

也就是說，一個問題如果「可以在多項式時間內被解決」，就「可以在多項式時間內被驗證」。

	$log_2 n$	n	$nlog_2 n$	n^2	n^3	2^n	$n!$
10	3.32	10	33.22	10^2	10^3	$\sim 10^3$	3628800
10^2	6.64	10^2	664.39	10^4	10^6	$\sim 10^{30}$	$\sim 10^{158}$
10^3	9.97	10^3	9965.78	10^6	10^9	$\sim 10^{300}$	X
10^4	13.29	10^4	132877.12	10^8	10^{12}	$\sim 10^{3000}$	X

Polynomial ←———→ Non-Polynomial

多項式時間過去在學校裡已經學過，形如 $a_0 + a_1 n + a_2 n^2 + a_3 n^3 + \cdots + a_k n^k$ 的式子就是 n 的「多項式」。

從複雜度的角度來看，有下列關係：

$$O(a_0 + a_1 n + a_2 n^2 + a_3 n^3 + \cdots + a_k n^k) = O(n^k)$$

不管 k 多大，只要能夠寫成 n^k 的形式，就還在多項式時間內。

至於為什麼 n 只能出現在「底數」，不能出現在「指數」呢？上表中，左邊的區塊（$\log_2 n$ 到 n^3 直行）屬於多項式時間 Polynomial Time，右邊兩個直行則屬於非多項式時間。

當 n 分別為 10、100、1,000、10,000 的時候，即使複雜度是 n^2 或 n^3，所需時間都還勉強可以接受，但是一旦 n 出現在指數部分，總共需要的運算次數就陡增，如果是 $n!$ 則更甚。

這也就是說，如果一個問題無法在多項式時間內被解答，以目前的電腦硬體而言，就是「難解」的問題。

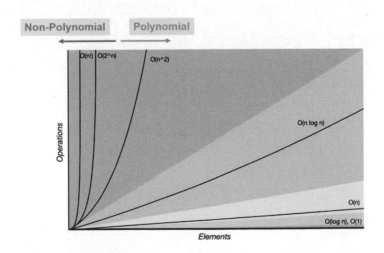

上面描述各種複雜度的圖中，一直到 n^2 為止都還屬於多項式時間，到了 2^n、$n!$ 這兩種時間複雜度，就超出了多項式時間的範疇。

（1）$P = NP$？

上面已經提過，所有的 P 問題都是 NP 問題，但是 P 問題的範圍是否與 NP 問題的範圍相等呢？也就是說，是否有一些問題，雖然容易驗證，但是絕對無法在多項式時間內解決呢（此時這個問題是 NP 問題且同時不是 P 問題，因此 $P \neq NP$）？

要注意的是，雖然顯然有一些問題是處於「目前容易驗證但是還沒找到容易解決的算法」，但是這些問題都還沒有被證明為「絕對不是 P 問題」，所以 P 是否與 NP 問題相等，至今仍未有定論。

如果證明 $P = NP$，這代表所有容易驗證的問題都必定可以被容易的解決，這會是個世紀大發現；相反的，如果證明 $P \neq NP$，那麼某些 NP 問題註定無法容易地解決，同樣是非常重大的發現。

那究竟 P 問題跟 NP 問題一不一樣呢？

（2）千禧年世紀難題

千禧年世紀難題列出了 7 個問題，解決任何一個都可以拿到 100 萬美金的獎金（不過對於解決這些問題的人來說，100 萬美金應該是個小數目）。

「P 是否等於 NP」的問題就被列在這 7 個千禧年世紀問題之中：

A. P / NP 問題
B. 霍奇猜想
C. 黎曼猜想
D. 楊-米爾斯存在性與質量間隙
E. 納維-斯托克斯存在性與光滑性
F. 貝赫和斯維納通-戴爾猜想
G. 龐加萊猜想（已被解決）

3-3 歸約與 NP-hard

講完 P 與 NP 問題後，再來講解 NP-hard 問題，要瞭解 NP-hard 問題，需要先有「歸約 reduction」的概念：

3-3-1 歸約 Reduction

歸約的定義是把某個計算問題轉換為另一個計算問題：

A. 某個計算問題 A 可以被轉換為另一個計算問題 B，寫成 $A \leq_P B$，這代表 A 問題比 B 問題簡單（或一樣難）

B. 若 B 問題有多項式時間解法，則 A 問題也同樣有多項式時間解法

3-3-2 歸約的實例

如果問題 A 可以被歸約為問題 B，那麼問題 B「至少跟問題 A 一樣難」。

舉個例子：

問題 A：判斷一個正整數是否是質數
問題 B：找出一個正整數的所有因數

因為一旦解決問題 B，就可以馬上解決問題 A（只要判斷因數是否超過兩個），所以 A 的難度小於等於 B，記作 $A \leq_P B$。

從兩個問題的難度關係，可以推論出：

A. 如果「找出因數（問題 B）」有多項式時間的解法，則「判斷是否是質數（問題 A）」也會有多項式時間的解法

B. 如果「判斷是否是質數（問題 A）」沒有多項式時間的解法，那麼「找出因數（問題 B）」也不會有多項式時間的解法

為什麼要把問題歸約呢？這是因為演算法的問題實在太多，一一解決過於麻煩，如果所有問題都被歸約成單一問題，而又找到一個多項式時間的算

法來解決它,這樣所有的演算法問題也就得到了快速的解決。

舉個例子,如果某個人相信「世界上所有的問題都只因貧富差距而生」,那麼只要解決了貧富差距,世界上就再也沒有任何問題了。

3-3-3 NP-hard 問題

歸約具有「傳遞性」,也就是說,如果問題 A 可以被歸約為問題 B,問題 B 又可以被歸約為問題 C,則問題 A 就可以被歸約為問題 C。

透過傳遞性連結眾多 NP 類問題,可以把所有的 NP 問題歸約為某幾種問題(不一定還屬於 NP 問題),這些就是所謂的 NP-hard 問題。如果這些歸約到的問題仍然具有容易驗證的特性的話,就仍然屬於 NP,而被叫做 NPC 問題。

也就是所有的 NP 問題最終可以歸約化到 NP-hard 問題

$$NP \leq_P NP\text{-hard}$$

我很喜歡用下面一張圖來解釋為什麼要進行歸約,左側可以想像成有一大堆等待被解決的演算法問題,透過歸約 (reduction) 我們可以把它變成單一問題 (NP-hard),只要能夠解決右邊這個單一問題,那麼代表左側的所有問題都能夠迎刃而解,夠不夠吸引人?

3-3-4 旅行業務員問題 Travelling Salesman Problem

旅行業務員問題便是一個典型的 NP-hard 問題:

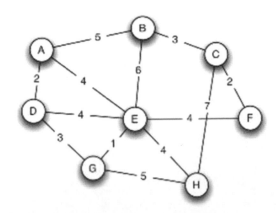

「有一個業務員需要不斷地拜訪各個城市，在每次出差中，每個城市都只能經過一次，而在拜訪完所有的城市後，他還必須回到最開始的城市。給定每兩個城市間單程所需花費的時間後，找出一個路徑讓整趟旅程花費的時間最短。」

當城市總數比較小時，可能的解的數目還不多，比如有 3 個城市時，正好是一個三角形，只有一個可能的解（除了起點外的另兩個城市中，先往哪個走，花費的時間都一樣），而有 5 個城市時，有 12 組可能的解，當有 10 個城市時，就有 $\frac{9!}{2} = 181,440$ 組可能的解了。

計算可能的解的總數：從起點往外走到第一個城市時，有 $n-1$ 種選擇，再拜訪第二個城市時，因為不經過重複的城市，所以只有 $n-2$ 種選擇，依此類推。

不過每個路徑都會變成一個環，$A\!-\!>\!B\!-\!>\!C\!-\!>\!D\!-\!>\!A$ 和 $A\!-\!>\!D\!-\!>\!C\!-\!>\!B\!-\!>\!A$ 的時間是一樣的。當有 n 個城市時，就有 $\frac{(n-1)!}{2}$ 組可能的解，若一一去計算這些解，一定無法在多項式時間內解決（$n!$ 不是 n 的多項式）。

若有 $a\!\sim\!z$ 共 26 個城市，則有 $\frac{25!}{2}$ 條路徑可供選擇，大約等於 7.75×10^{24}。假設每秒可以計算一百萬（10^6）條路徑，一年有 3.15×10^7 秒，則所需時間為

$$\frac{7.75 \times 10^{24}}{10^6 \times 3.15 \times 10^7} \approx 2.5 \times 10^{11} \text{（年）}$$

也就是兩千五百億年，這代表非多項式時間的算法常常是不實用的。

3-4 NP-complete（NPC）

本章最後，來看一下 NP-complete 問題。

3-4-1 最難解決的 NP 問題

$P = NP$ 和 $P \neq NP$ 何者是對的，目前還沒有定論，不過共識上 $P = NP$ 問題「應該」不成立，也就是說，應該至少有一個問題雖然容易驗證（屬於 NP），但是不容易解決（不屬於 P）。

NP-complete 問題是 NP-hard 問題中，仍然屬於 NP 的那些，也就是 NP 問題歸約後得到的最難的問題裡，還是容易驗證的那些。NP-complete 問題因為還在 NP 的範疇內，又比所有其他 NP 問題來得困難，所以可以看作是 NP 問題中「最難」解決的問題。

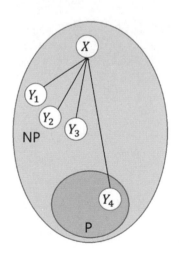

用上圖來解釋與定義 NPC 問題：

- Y 是 NP 問題
- 對所有的 NP 問題 Y，都可以歸約成另一 NP 問題 X，即 $Y \leq_P X$
- 則代表問題 X 是 NP 問題中最難的 :(

用歸約的方式來解釋，如果 Y_i 都是 NP 問題，所有的 Y_i 都可以被歸約成某個問題 X（NP-complete／NPC 問題），那麼有 $Y \leq_P X$，代表問題 X 是 NP 問題中最難的。

3-4-2 Cook-Levin 理論

1971 年 Stephen A. Cook 提出了 Cook-Levin 理論：任一個 NP 決策問題都可以在多項式時間內被轉換成同一個問題「某個布林方程式是否存在解」，也就是所有 NP 問題都能夠殊途同歸到「布林方程式是否存在解」，只要你能在多項式時間內解決「布林方程式是否存在解」，你就能在多項式時間內解決所有 NP 決策問題，藉此證明 P=NP，100 萬鎂入袋！

「布林方程式是否存在解」是第一個被找出的 NPC 問題（它是 NP-hard 問題，也仍然容易驗證，因此同時屬於 NP），隨後，又有上百個 NPC 問題陸續被發現，只要找到其中任何一個的多項式時間解法，就可以用這個解法來在多項式時間內解決所有的其他 NP 問題，代表 $P = NP$。

總結：

- 幾乎所有惱人的決策問題都是 NP 問題
- 這些問題中，可以找到多項式解的叫做 P 問題
- 這些問題中，可以找到多項式算法來驗證解的正確性的叫做 NP 問題
- 我們試圖透過歸約把眾多問題歸約成單一問題，只要能解決這個問題，就能夠解決所有難題
- 但還有一大堆問題目前還找不到多項式時間解
- 宇宙很大，人的所知真的很渺小

1. 請選出以下五個選項中，哪些必定符合多項式時間複雜度的定義？(複選)

    A. $f(x) \in O(3x + 5)$

    B. $f(x) \in O(3^x)$

    C. $f(x) \in O(x!)$

    D. $f(x) \in O\left(\dfrac{5}{x}\right)$

    E. $f(x) \in O(x^9)$

2. 請用四類問題 (P 問題、NP 問題、NP-Complete 問題、NP-Hard 問題) 來分別回答以下五個問題。

    A. 決策問題中，可以在多項式的時間複雜度內驗證，但目前還無法在多項式的時間複雜度內被解決的問題稱為？

    B. 哪類問題一定能夠在多項式時間內被解決？

    C. 哪些問題一定能夠在多項式時間內被驗證？(複選)

    D. 哪類問題最簡單？

    E. 哪類問題最難？

3. 請問下列敘述哪些為真？(可以參考 3-6 頁圖示作答複選)

    A. P 問題一定是 NP 問題

    B. NP-Complete 問題一定是 P 問題

    C. NP-Complete 問題一定是 NP 問題

    D. NP-Complete 問題一定是 NP-Hard 問題

    E. 所有的 NP 問題都可在多項式時間內歸約(reduction)成 NP-Complete 問題

    F. 所有的 NP 問題都可在多項式時間內歸約(reduction)成 NP-Hard 問題

4. 如果 A 問題是 NP-Complete 問題、B 問題可以在多項式時間內歸約 (reduction)成 A 問題，且 A 問題可以在多項式時間內歸約(reduction)成 C 問題，請問下列敘述哪個為真？

    A. B 問題一定是 NP 問題

    B. B 問題一定是 NP-Complete 問題

    C. B 問題一定是 NP- Hard 問題

    D. C 問題一定是 NP 問題

    E. C 問題一定是 NP-Complete 問題

    F. C 問題一定是 NP- Hard 問題

5. 如果 P != NP，請問下列敘述哪個為真？

    A. P 問題 = NP 問題

    B. NP-Complete 問題 = NP 問題

    C. NP-Complete 問題 = NP-Hard 問題

    D. NP-Complete 問題 = NP 問題 ∩ NP-Hard 問題

    E. NP-Complete 問題一定是 P 問題

    F. NP-Complete 問題一定是 NP 問題

6. 如果 P = NP，請問下列敘述哪些為真？ (複選)

    A. P 問題 = NP 問題

    B. NP-Complete 問題 = NP 問題

    C. NP-Complete 問題 = NP-Hard 問題

    D. NP-Complete 問題 = NP 問題 ∩ NP-Hard 問題

    E. NP-Complete 問題一定是 P 問題

    F. NP-Complete 問題一定是 NP 問題

習　題

排序 Sort

本章會先簡介何為排序問題，以及為什麼處理資料前通常會先將其加以排序，再來介紹幾種常見且重要的排序演算法：

A. 插入排序法 Insertion sort
B. 謝爾排序法 Shell sort
C. 選擇排序法 Selection sort
D. 泡沫排序法 Bubble sort
E. 合併排序法 Merge sort
F. 堆積排序法 Heap sort
G. 快速排序法 Quick sort

最後把這些排序演算法做個總結，以及看看在 C++ STL 裡應該如何把資料排序，並且做幾題排序的相關例題。

如果你是要準備 APCS 的考生的話，那麼這些排序演算法對你而言格外重要，許多觀念題都是從這些基礎演算法來挖洞考，因此務必自己動手實作這些演算法一次，但若是準備面試的話，在需要排序時直接呼叫函式即可，目前比較少直接要求你在白板上實作特定排序演算法的題目了。

4-1 排序簡介

為什麼要事先把資料排序呢？這是因為資料如果沒有事先經過整理，日後要進行操作會非常麻煩。

想像一下自己的房間裡有很多書，這些書是從小學、國中、高中、大學一路累積起來的，如果它們都被隨意擺放，沒有依據某種既定的規則來決定放在哪裡，那麼要找到一本特定的書就很花時間。

但是如果把書本依照某種規則排序，比如按照買的時間順序從小學、國中、高中、大學一路排好，之後要找到任一本書都會方便很多。

又比如下圖中，左邊的電話簿並沒有經過排序，導致要找到某個人的電話非常麻煩，一定要從開頭起一筆一筆確認；反之，像右邊一樣依據人名的開頭字母排序後，要找到一個人的電話號碼就變得比較容易，比如 John 的開頭字母 J 大約在中間，因此從中間開始看即可，可以大致知道某一筆資料會位在哪個區間，幫助我們更快找到需要的資料。

Name	Phone
Mick	34275229
David	43245832
Alexis	63498433
John	12312498
Rallod	54389232
Leo	23498534
Andrew	56908433

Name	Phone
Alexis	63498433
Andrew	56908433
David	43245832
John	12312498
Leo	23498534
Mick	34275229
Rallod	54389232

4-1-1 排序方法的種類

A. 內部排序與外部排序

各種排序方法依照是否需要額外的記憶體，可以分為「內部排序 internal sort」和「外部排序 external sort」。

內部排序在進行時，資料可以完全儲存在原本的記憶體內；相對的，外部排序在進行時，會用到外部的儲存器，比如硬碟。

顯然，內部排序演算法的記憶體效能（空間複雜度）通常較佳，且因為不需在記憶體與外部儲存器間傳輸資料，所以執行上速度通常也比較快。

B. 穩定排序與不穩定排序

另外，依照排序後「鍵值 Key」相同的資料間順序是否會被保留，又可以區分為「穩定排序 stable sort」和「不穩定排序 unstable sort」。

有時要排序的資料中好幾筆的「鍵值 Key」是相同的，所以會產生這些資料在排序後次序是否仍與原先相同的問題。

穩定排序在完成後，相同鍵值的資料間順序會被保留；不穩定排序在進行後，則不能保留相同鍵值資料間原本的順序。

Key	Value
1	Mick
2	John
2	David
1	William
2	Rallod

Origin Data

Key	Value
1	Mick
1	William
2	John
2	David
2	Rallod

Stable Sort

Key	Value
1	William
1	Mick
2	Rallod
2	John
2	David

Unstable Sort

比如上圖中，Mick 和 William 兩筆資料的鍵值都是 1，而 John、David 和 Rallod 三筆資料的鍵值都是 2。

鍵值同樣為 1 的 Mick 和 William 間，原本的順序是 Mick 出現在 William 前。經過「穩定排序」後，Mick 必定仍然出現在 William 的前面，但是若是經過「不穩定排序」，則不能確定 Mick 是否還會排在 William 前。

同樣的，穩定排序可以維持 John、David、Rallod 三筆資料間的順序，不穩定排序則不能維持這個順序。

4-2 插入排序法 Insertion Sort

插入排序法顧名思義，就是不斷的把資料放到對的位置，插入排序法屬於「穩定排序」、「內部排序」。

排序過程中，把陣列中所有的資料分成已排序和未排序兩組，依序從未排序那組抓一筆資料插到對的位置。

35	52	68	12	47	52	36	52	74	27
	A				B		C		

4-2-1 插入排序法的進行過程

要把上面的陣列排序時，一開始先把最左方的 35 放到「已排序」的組別中，接下來，從所有未排序的資料中選第一個元素 52 加入「已排序」的組別。因為 52 比 35 大，所以把 52 放到 35 的右邊（正好不用移動）。

35	52	68	12	47	52	36	52	74	27
	A				B		C		

接著，再把此時未排序組中的第一個元素 68 放到已排序組中，因為 68 比 35 和 52 都大，所以放在已排序組的最右邊（正好不用移動）。

35	52	68	12	47	52	36	52	74	27
	A				B		C		

繼續選擇 12 加到已排序組中,因為 12 在已排序組中最小,所以要放到 35 的前面。

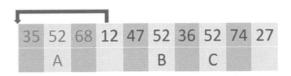

35	52	68	12	47	52	36	52	74	27
	A				B		C		

接著,因為 47 比 35 大,而比 52 小,所以會被插入到「52 前面」。

12	35	52	68	47	52	36	52	74	27
		A			B		C		

接下來,又遇到一筆 52,因為 52(B)和已排序組中的 52(A)一樣大,而比 68 小,所以被插入到「68 前面」,注意到這裡維持了 52(A) 在 52(B)前方的順序。

12	35	47	52	68	52	36	52	74	27
			A		B		C		

依此類推,每次都把未排序組中的第一個元素插入到已排序組中,就可以得到如下的結果:

12	27	35	36	47	52	52	52	68	74
					A	B	C		

4-2-2 插入排序法的複雜度

12	35	47	52	52	68	36	52	74	27
			A	B	Y	X	C		

實際執行時通常是把未排序組的第一筆資料 X 儲存起來，接著與在它左方、相鄰的已排序組的最後一筆資料 Y 做比較，如果 $X \geq Y$，不需移動，如果 Y 較大，Y 的位置往後挪，並且繼續把 X 和 Y 前面一筆資料比較。

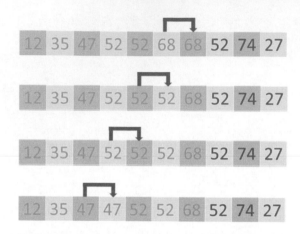

直到比 X 大的資料都被往右移動一格為止，代表此時 X 的位置已被空出，便可以將 X 插入其所屬的位置。

最好的情況 Best Case 下 ，原本的陣列就是已經排序好的陣列，這時，依序把未排序組的第一個元素 X 與已排序組的尾端元素 Y 比較後，會發現都不需要移動位置，因此共需 $O(n)$ 次比較、$O(1)$ 次移動。

	Complexity
Best	$O(n)$，comparison $O(1)$，swap
Average	$O(n^2)$，comparison $O(n)$，swap
Worst	$O(n^2)$，comparison $O(n^2)$，swap
Memory	$O(n)$
Memory (Auxiliary)	$O(1)$
Stable	True

而最差的情況 Worst Case 下，原本的陣列排序方向與目標排序方向相反，這時每筆未排序組中的資料都必須一路移動到開頭，導致比較和移動都需 $O(n^2)$ 次。

記憶體方面，因為只需原本的陣列，不需用到額外的記憶體，因此空間複雜度為 $O(n)$。

4-2-3 插入排序法的實作

範例程式碼

Chapter04/04_01_Insertion_Sort.cpp

插入排序 Insertion Sort

```
1   void Insertion_Sort(int data[], int len){
2       for (int i = 1; i < len; i++) {
3           // i is the index of X
4           int value = data[i];
5           // j is the index of Y
6           int j = i - 1;
7           // shift elements > X to right
8           while(value < data[j] && j >= 0) {
9               data[j+1] = data[j];
10              j--;
11          }
12          // insert X to its position
13          data[j+1] = value;
14      }
15  }
```

上述程式碼中的 i 即為未排序組的第一個元素 X 的索引值，j 為已排序組的尾端元素 Y 的索引值，如果 Y 的值大於 X，就把 Y 往後移一格，不斷重複直到所有在已排序組中大於 X 的資料都被往右移為止，最後 $j+1$ 即為 X 要插入的位置。

4-3 謝爾排序法 Shell Sort

謝爾排序法本身是插入排序法的改進,剛才已經提到,插入排序法對「原本就正好排序好」的資料而言,執行效率很高,只需要 $O(n)$ 就可以完成整個排序(過程中沒有任何一個元素位置被交換),但處理亂序與倒序資料時效率較差。

謝爾排序法如何進一步將其優化呢?它先把整個含有資料的陣列(長度為 n)分成 $\frac{n}{k}$ 組,每組中有 k 筆資料。對每組資料先進行插入排序法後,把每個組別連接起來,再進行一次插入排序法。

其中,同組資料的間距 $Gap = \frac{n}{k}$,間距通常從 $\frac{n}{2} -> \frac{n}{4} -> \frac{n}{8} -> \cdots$,直到 $\frac{n}{k} = 1$ 為止。

4-3-1 謝爾排序法的進行過程

35	52	68	12	47	52	36	52	74	27
	A					B		C	

上圖中,陣列中共有 10 筆資料,長度為 10。一開始間距採 $\frac{10}{2} = 5$,因此分成 5 組,每組 2 筆資料。在進行分組時,兩個索引值相距為 5 的資料會被分在同一組,比如 35 與 52(B)索引值相差 5,被分在同一組,52(A)和 36 索引值也相差 5,被分在同一組。

組內排序	35	52	68	12	47
	52	36	52	74	27

把分出來的五組、每組兩筆資料分別進行插入排序,比如 35、52(B)這組,因為原本的順序就是對的,所以不需改變,52(A)、36 這組中,則

需把兩者對調。接下來，68、52（C） 這組與 47、27 這組都需要對調，
12、74 這組則不須對調。

分別進行插入排序後，各組資料順序如下：

組內排序

| 35 | 36 | 52 | 12 | 27 |
| 52 | 52 | 68 | 74 | 47 |

實際執行時，是在原本的陣列中進行對調，因此把各組排序完後，原先的
陣列中資料順序也被改變，變成：

35 36 52 12 27 52 52 68 74 47
　　　　C　　　B　A

目前為止，只能保證 [索引值 1 的資料] < [索引值 6 的資料]、[索引值 2 的
資料] < [索引值 7 的資料]、...，但是整個陣列還未被排序好。

接下來要做的就是把間距 Gap 拉小：

$$Gap = \frac{10}{4} = 2$$

35 36 52 12 27 52 52 68 74 47
　　　　C　　　B　A

根據此時的 Gap 分成 2 組，每組 5 筆資料：

35	36
52	12
27	52
52	68
74	47

分別對兩組資料進行插入排序法後，變為：

27	12
35	36
52	47
52	52
74	68

原本的陣列變為：

27 12 35 36 52 47 52 52 74 68
              C   A B

此時，已經可以確保「索引值奇數的資料」間順序是由小到大，「索引值偶數的資料」間順序也是由小到大。

最後一輪則是典型的插入排序，此時間距 $Gap = \frac{10}{10} = 1$，亦即「分成 1 組，每組 10 筆資料」。

27 | 12 35 36 52 47 52 52 74 68
                 C   A B

過程中，一開始只有 27 在已排序組，接下來，12 插入到 27 前面。

12 27 | 35 36 52 47 52 52 74 68
                    C   A B

35、36、52（C）不需移動。

12 27 35 36 52 | 47 52 52 74 68
              C   A B

47 插入到 52（C）前面，52（A）與 52（B）不需移動，74 不需移動，68
插入到 74 前面。

12 27 35 36 47 52 52 52 68 74
C A B

注意到三個 52 間的順序和原本不同，因此謝爾排序法為不穩定排序。

4-3-2 謝爾排序法的優勢

為什麼謝爾排序法的效率會比插入排序法好呢？

因為它應用了剛才提到的特性：插入排序法對於已經排序好的數列處理較
快。剛才進行最後一輪排序時，會發現資料間已經隱約有一種由小到大的
關係，所以要進行的位置互換次數相對很少。

4-3-3 謝爾排序法的複雜度

	Complexity
Best	$O(n)$
Average	$O(n^{1.25})$，empirically
Worst	$O(n^2)$ can reduce to $O(n^{1.5})$
Memory	$O(n)$
Memory (Auxiliary)	$O(1)$
Stable	False

最佳情況 Best Case 下，一樣是處理原先符合排序的陣列，時間複雜度為
$O(n)$，最壞情況 Worst Case 則仍需要 $O(n^2)$。經驗上，平均而言時間複雜
度為 $O(n^{1.25})$。

空間複雜度方面，因為不會使用到原陣列以外的記憶體，為 $O(n)$，而謝爾排序法「不是」穩定排序法，不能保持原先同鍵值資料間的順序。

4-3-4 謝爾排序法的實作

範例程式碼

Chapter04/04_02_Shell_Sort.cpp

謝爾排序 Shell Sort

```
1    void Shell_Sort(int data[], int len)
2    {
3
4        // gap 從 len/2 開始
5        for(int gap = len/2; gap>0; gap/=2)
6        {
7            // 使用現在的 gap
8            // 依序對各組組內進行插入排序法
9            // 從 offset=0 開始這組直到 offset=gap-1 這組
10           for(offset = 0; offset < gap; offset++)
11           {
12               // 插入排序法
13               for(i=offset; i<n; i+=gap)
14               {
15                   int value = data[i];
16                   int j;
17                   for(j=i; j>=gap && data[j-gap]>value; j-
18                       =gap){data[j] = data[j-gap];}
19                   data[j] = value;
21
22               }
23
24           }
25
26       }
27
28   }
```

謝爾排序法的實作中習慣讓 *gap* 從陣列長度 ／ 2 開始，也就是讓每一組的資料個數從 2 開始逐步處理，同時每次分完組後都分別對各組組內做插入排序法，直至最後一次進行所有資料的插入排序法為止。

4-4 選擇排序法 Selection Sort

選擇排序法顧名思義，是要從未排列的資料中，選出「最大 ／ 最小的那個數字」插到已排列組。

選擇排序法屬於「內部排序」、「不穩定排序」（但根據實作方法，也可以是穩定排序）。

4-4-1 選擇排序法的進行方式

首先，從所有資料中找到最小的一筆 12，將它插到資料的最前方（跟未排序組的第一筆資料互換）。

接下來，繼續找到此時未排序組中最小的 27，把它與未排序組的第一筆資料 52（A）互換。

類似的，繼續把未排序組中最小的 35 和 68 互換。

12	27	35	68	47	52	36	52	74	52
						B		C	A

接下來未排序組中最小的 36 同樣被與未排序組的第一筆資料互換。

12	27	35	36	47	52	68	52	74	52
						B		C	A

這時未排序組中最小的 47 正好是未排序組第一筆資料，不用移動。

12	27	35	36	47	52	68	52	74	52
					B		C		A

處理到 52（B）、68 時不用往前互換。隨後，52（C）和 52（A）被往前移動，最後，68 再與 74 對調，整個數列就排序完成了。

12	27	35	36	47	52	52	52	68	74
					B	C	A		

觀察剛剛的過程中，3 個 52 間的順序被改動了，代表選擇排序是「不穩定排序」，這是剛才進行的過程中，進行了「互換 swap」造成的。

4-4-2 改用「插入」進行選擇排序

事實上，只要把互換 swap 改成插入 insert，就可以使選擇排序變為穩定排序。因為使用鏈結串列 linked list 時，「插入」操作的效能較佳，因此選擇排序常使用 linked list 實作。

35	52	68	12	47	52	36	52	74	27
	A				B		C		

一開始，選擇未排序組中最小的 12，把它「插入」到未排序組的最前方，因此 35、52（A）、68 這三筆資料都會往後移動（進行「互換」的話，中間的資料則不會移動）。

12	35	52	68	47	52	36	52	74	27
		A			B		C		

再來，把 27 插入到 12 與 35 之間，插入後，中間的所有資料往後移動。

12	27	35	52	68	47	52	36	52	74
			A			B		C	

選出 35 時，不需移動。選出 36 時，一樣插入到 35 與 52 之間，中間的資料都要往後移動。

12	27	35	52	68	47	52	36	52	74
			A			B		C	

依此類推，同樣可以把整個陣列排序完。過程中，52（B）會被往前插入到 52（A）後方，52（C）也是插入到 52（B）後方，因此同樣鍵值的資料間順序會被保留。

12	27	35	36	47	52	52	52	68	74
					A	B	C		

	Complexity
Best	$O(n^2)$，comparison $O(1)$，swap
Average	$O(n^2)$，comparison $O(n)$，swap
Worst	$O(n^2)$，comparison $O(n)$，swap
Memory	$O(n)$
Memory (Auxiliary)	$O(1)$
Stable	False (Array) True (Linked List)

4-4-3 選擇排序的複雜度

每次要選到陣列中的最小值或最大值，需要依序檢查過所有元素，需要 $O(n)$，又因為總共需要選 n 次最小值或最大值，所以比較元素間大小的動作需要進行 $O(n^2)$ 次。

最好的情況下，原本的陣列就已經剛好排序好，所以不需互換，互換的複雜度為 $O(1)$。最差的情況下，每筆資料都不在排序完後應該在的位置上，互換需要進行 $O(n)$ 次。

空間複雜度方面，一樣在原陣列中進行即可，只需 $O(n)$。根據實作方式，可能是穩定排序（通常用鏈結串列實作）或不穩定排序。

4-4-4 選擇排序的實作

範例程式碼

Chapter04/04_03_Selection_Sort.cpp

選擇排序 Selection Sort

1　　void Selection_Sort(int data[], int len)
2　　{
3　　　　for (int i = 0; i < len - 1; i++) {

```
4              // 找到 data[i] ~ data[len-1] 中的最小值
5              int minimal_index = i;
6              for (int j = i + 1; j < len; j++) {
7                  if (data[j] < data[minimal_index]) {
8                      minimal_index = j;
9                  }
10             }
11             // 把最小值跟 data[i] 互換
12             int temp = data[minimal_index];
13             data[minimal_index] = data[i];
14             data[i] = temp;
15         }
16  }
```

實作選擇排序法的過程中，必須自未排列好的資料中挑出最小/最大的資料，並依序放置，第 3 行的程式碼負責重複執行 len − 1 次的找出最小/最大值，而未排列好的資料則為 data[i] ~ data[len-1]，每次便是從 data[i] ~ data[len-1] 裡挑出最大/最小值後互換，最終得到排序好的陣列。

4-5 冒泡排序法 Bubble Sort

冒泡排序法的原理是把陣列中的元素依序「兩兩做比較」，如果該兩個元素的順序不符合目標排序，就進行對調。

冒泡排序法每輪比較完後就至少有一筆「最大 / 最小資料」可以被移動到正確的位置上，就像泡泡一樣一路上浮，同時在此過程中，冒泡排序法屬於「內部排序」與「穩定排序」。

4-5-1 冒泡排序的進行過程

35	52	68	12	47	52	36	52	74	27
	A					B		C	

假設要進行升冪排序，使資料從小到大。首先，35 和 52 比，35 在左邊，且比 52 小，因此符合規範，不需要對調。

35	52	68	12	47	52	36	52	74	27
	A					B		C	

52 和 68 也不須對調。

35	52	68	12	47	52	36	52	74	27
	A					B		C	

68 和 12 比較，因為左邊的 68 比 12 來的大，不符合左小右大的規範，因此進行對調。

35	52	68	12	47	52	36	52	74	27
	A					B		C	

對調之後，68 和 47 比較，也不符合規範，因此也要對調。

35	52	12	68	47	52	36	52	74	27
	A					B		C	

一路進行比較，68 也一直向右移動，直到和 74 比較時，符合規範不須對調。74 與 27 比較時，要進行對調。

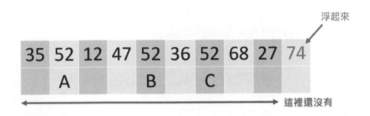

經過這一輪，整個陣列中最大的一筆資料 74 被移動到陣列的最右方，把
陣列左邊視為水底、右邊視為水面，最大的資料就像泡泡一樣上浮到陣列
尾端。

下一輪，就把 74 看作已排序，不需再理會，共需進行 N-1 輪才能把整個
陣列排序完成（N-1 筆資料移動到正確的位置時，剩下的那一筆資料自然
也在正確的位置）。

4-5-2 冒泡排序的實作

範例程式碼

Chapter04/04_04_Bubble_Sort.cpp

冒泡排序 Bubble Sort
| ```
1    void Bubble_Sort(int data[],int len){
2        // 重複 len - 1 輪
3        for(int i = 0; i < len - 1; i++){
4            // 每多做一輪就可以少做最後一筆資料
5            // 因為每一輪中剩下的最大值都會被移到最右邊
6            for(int j = 0; j < len - i - 1; j++){
7                // 如果左邊 data[j] 大於右邊 data[j+1] 就互換
8                if(data[j] > data[j+1]){
9                    int tmp = data[j];
10                   data[j] = data[j + 1];
``` |
```

```
11                    data[j + 1] = tmp;
12              }
13          }
14      }
15  }
```

從上面的程式碼，可以看出在最好狀況與最壞狀況下，都要進行 $O(n^2)$ 次比較 $(n-1)$ 次 + $(n-2)$ 次 + $(n-3)$ 次 + ... + 1 次 = $\frac{n(n-1)}{2}$ 次比較）。

空間複雜度方面，不需額外的記憶體空間，為 $O(n)$，且冒泡排序法為穩定排序。

	Complexity
Best	$O(n^2)$
Average	$O(n^2)$
Worst	$O(n^2)$
Memory	$O(n)$
Memory (Auxiliary)	$O(1)$
Stable	True

4-5-3 冒泡排序法的優化

根據上面的處理方式，即使面對一個已經排序好的陣列，仍然需要比較 $O(n^2)$ 次，並不理想。

冒泡排序法的其中一種改進方式是：當某一輪比較下來，都沒有進行任何對調，就代表數列已經排序完成，可以立刻終止迴圈。

這樣一來，對於已經排序好的陣列，只會經過第一輪的 $O(n)$ 次比較，就可以得到排序已經完成的結論而不往下執行。

只有這裡改變

實作上，給定如上圖中的起始陣列，右邊五個元素正好符合排序，進行第一輪時，只要記錄下最後進行對調的位置，就知道從後面數過來，已經有幾個元素排序完成，下一輪就不需再處理到已排序完成的部分。

但是另外一種可能是原先就符合排序的部分在陣列「左邊」，而右邊有若干元素還不符合排序，這樣上面的改進方法就不適用。

解決方式是利用「雙向的冒泡排序法」，也叫做 Shaker Sort 或 Cocktail Sort，把陣列中的資料分成已排序好和未排序好的兩組，未排序組在陣列中間，用 left 和 right 兩個變數來分別紀錄「哪裡以左」、「哪裡以右」已經排序好了。同樣的，每一輪比較後，就要記錄最後改變的位置。

4-5-4　雙向冒泡排序法 Shaker Sort 的進行過程

| 35 | 52 | 68 | 12 | 47 | 52 | 36 | 52 | 74 | 27 |

第一輪從左邊開始處理，會把 74 移到陣列最右邊。

| 35 | 52 | 12 | 47 | 52 | 36 | 52 | 68 | 27 | 74 |

第二輪則從 27 開始往左做回來，會把 12 移動到陣列最左邊。

| 12 | 35 | 52 | 27 | 47 | 52 | 36 | 52 | 68 | 74 |

第三輪從 35 開始往右做，這輪當中，最後改變的位置是把 36 與左邊的 52 對調，因此得知對調後，右邊數過來第四個元素 52 以右的部分都已經排序完成，後續不再處理。

| 12 | 35 | 27 | 47 | 52 | 36 | 52 | 52 | 68 | 74 |

第四輪從 36 開始往左做,把 27 移動到陣列最左邊。

$$\longleftarrow$$

| 12 | 27 | **35** | **36** | **47** | **52** | 52 | 52 | 68 | 74 |

第五輪從 35 開始往右做,這輪處理中沒有發生任何對調,代表整個陣列已經排序完成。

$$\longrightarrow$$

| 12 | 27 | 35 | 36 | 47 | 52 | 52 | 52 | 68 | 74 |

利用這種方式,在處理部份排序好的陣列時,就可以有效減少進行的比較次數。

	Complexity
Best	$O(n)$
Average	$O(n^2)$
Worst	$O(n^2)$
Memory	$O(n)$
Memory (Auxiliary)	$O(1)$
Stable	True

4-5-5 Shaker Sort 的複雜度

最好的狀況是處理已經排序好的陣列,利用改良的方法,只需比較 $O(n)$ 次,最壞狀況下,時間複雜度則為 $O(n^2)$。

空間複雜度方面,一樣不需原陣列以外的記憶體,為 $O(n)$。另外,Shaker Sort 也屬於穩定排序。

4-5-6 雙向冒泡排序法的實作

範例程式碼

Chapter04/04_05_Shaker_Sort.cpp

雙向冒泡排序法 Shaker Sort

```
1   void Shaker_Sort(int data[], int len){
2       // left, right 紀錄左右兩端的位置
3       int left = 0, right = len - 1, shift = 1;
4       while(left < right) {
5           // 對 left 到 right 的範圍從左到右進行冒泡排序法
6           for(int i = left; i < right; i++) {
7               // 左邊比右邊大，互換
8               if(data[i] > data[i + 1]) {
9                   int tmp = data[i];
10                  data[i] = data[i + 1];
11                  data[i + 1] = tmp;
12                  // 記錄下最後互換的位置
13                  shift = i;
14              }
15          }
16          right = shift;
17          // 對 left 到 right 的範圍從右到左進行冒泡排序法
18          for(int i = right - 1; i >= left; i--) {
19              if(data[i] > data[i+1]) {
20                  int tmp = data[i];
21                  data[i] = data[i + 1];
22                  data[i + 1] = tmp;
23                  // 記錄下最後互換的位置
24                  shift = i + 1;
25              }
26          }
27          left = shift;
28      }
29  }
```

雙向冒泡排序法的特色就是會記錄最後互換的位置，藉此便可以知道陣列中的哪一段已經排序好以避免重複運算，讓每一輪的 bubble sort 只需要處理 left 到 right 的部分，並且為了避免已排序好的區塊恰好在陣列的左邊或右邊，每一輪的 bubble sort 會分別從左到右、從右到左各做一次。

4-6 合併排序法 Merge Sort

合併排序法的原理是先把資料分成許多組，分別排序後，再融合在一起，透過融合兩個已排序好的陣列只需要 O(n) 的特色來加速排序，這也是後面章節會學到的「分治法」的應用。

4-6-1 合併排序法的進行過程

例如，要排序一個有十筆資料的陣列時，先把資料拆成兩組，各有 5 筆資料。

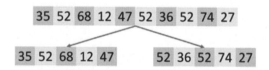

接著，再把 5 筆資料拆成 3 筆與 2 筆的兩組，依此類推，直到每一組只有一筆資料為止。

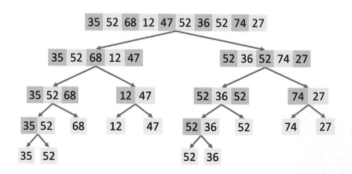

把資料切割之後，再兩組兩組「融合 Merge」在一起。比如 35 和 52 融合在一起，此時要符合排序規則，35 在 52 左邊，又如 27 小於 74，所以融合後的陣列中，27 要在 74 的左邊。

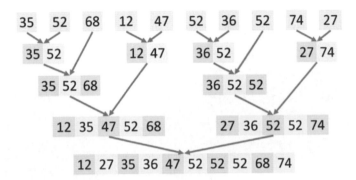

35、52、68 三個元素融合後的陣列與 12、47 這個陣列融合時，一樣要進行排序，使得到的 5 個元素的陣列符合排序。

最後，融合兩個各含 5 筆資料的陣列並排序，就得到原資料排序後的結果。

4-6-2 融合已排序的陣列

進行合併排序法的過程中，最重要的是「融合」的函式。如何融合兩個已經排序好的陣列，使融合後仍然符合排序呢？這項操作的複雜度是多少？

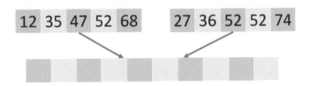

舉例來說，融合兩個已經排序好、長度為 5 的陣列時，過程如下：融合後陣列中的最小值，一定是兩個未融合陣列其中之一的第一筆元素，因此只要比較 12 和 27，發現 12 較小後，就可以把 12 放到融合後陣列的開頭。

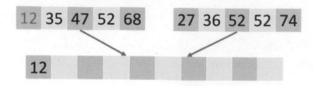

剩餘元素中最小的，一定仍然在兩個陣列的開頭（不看 12），因此比較 35 和 27 後，把較小的 27 加到融合後的陣列中。

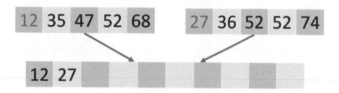

接下來，比較 35 和 36，發現 35 較小，加到融合後的陣列中。

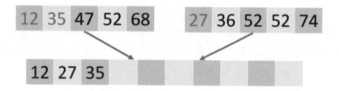

依此類推，就可以使整個融合後的陣列仍然由小到大排序。如果過程中，某一個陣列已經被拿完，則從還有元素剩下的陣列中，依序把資料填到融合後的陣列即可（也可以在要合併的兩個陣列最後都加一個無限大，最後再把無限大去掉，就不必處理邊界情形）。

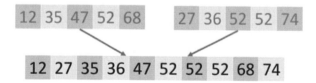

整個融合的過程中，可以發現每進行一次開頭兩數大小的比較，就可以把一個元素加到融合後的陣列裡，因此假設要融合的兩個陣列的長度皆為 n，複雜度就是 $O(n+n) = O(2n) = O(n)$。

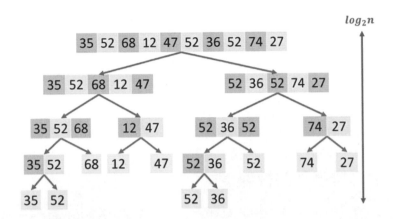

那麼在把資料打散分組的過程中，最多會形成幾層呢？因為每次都把資料變成兩組，所以如上圖所示，最多會有 $\lceil \log_2 n \rceil$ 層（n 是原陣列長度），即最接近 $\log_2 n$ 且大於 $\log_2 n$ 的整數。

合併時，也有 $\lceil \log_2 n \rceil$ 層需要合併，而每一層在合併時，要被合併的總元素數量最多是 n（原陣列長度），使得該層所有合併的總複雜度為 $O(n)$。

這樣一來，每層合併需要 $O(n)$，共有 $O(\log_2 n)$ 層要合併，所以複雜度為 $O(n \log_2 n)$。

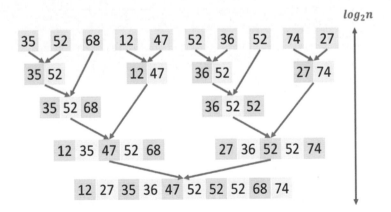

	Complexity
Best	$O(n log_2 n)$
Average	$O(n log_2 n)$
Worst	$O(n log_2 n)$
Memory	$O(n)$
Memory (Auxiliary)	$O(n)$ $O(1), with\ linked\ list$
Stable	True

4-6-3 合併排序法的複雜度

最好和最壞的狀況下，時間複雜度如上所述，皆為 $O(n \log_2 n)$。

空間複雜度方面，除了原陣列外，還需要記錄要被融合的子陣列，因此需要額外的 $O(n)$ 記憶體空間。

另外，合併排序屬於穩定排序法，這點可以從融合過程中看出。

4-6-4 合併排序法的實作

範例程式碼

Chapter04/04_06_Merge_Sort.cpp

合併排序法 Merge Sort

```
1   void Merge(int data[], int start, int finish, int middle){
2       int size_left = middle - start + 1;
3       int size_right = finish - middle;
4       // 把資料分成左右半部
5       int* left = (int *) malloc(sizeof(int) * (size_left + 1));
6       int* right=(int *) malloc(sizeof(int) * (size_right + 1));
7
8       // 把資料搬遷到暫存用的空間
9       memcpy(left, data + start, sizeof(int) * (size_left));
10      memcpy(right, data + middle + 1, sizeof(int) * (size_right));
11
12      // 在左右兩邊的最末端新增無限大
13      // 用整數的最大值代替無限大
```

```
14          left[size_left] = 2147483647;
15          right[size_right] = 2147483647;
16
17          int left_index = 0, right_index = 0;
18
19          // 把 left 與 right 兩陣列融合在一起
20          for(int i = start; i <= finish; i++){
21              if(left[left_index] <= right[right_index]){
22                  data[i] = left[left_index];
23                  left_index++;
24              }
25              else{
26                  data[i] = right[right_index];
27                  right_index++;
28              }
29          }
30          free(left);
31          free(right);
32      }
33
34  void Merge_Sort(int data[], int start, int finish){
35      if(finish > start){
36          int middle = (finish+start) / 2;
37          // 先拆左右兩半，各自做 Merge Sort
38          Merge_Sort(data, start, middle);
39          Merge_Sort(data, middle + 1, finish);
40          // 左右兩邊都做完後，再融合 (Merge) 在一起
41          Merge(data, start, finish, middle);
42      }
43  }
```

在合併排序法中會拆成兩個不同的函式：Merge 函式負責合併兩個已經排序好的陣列，並且在該函式中需要額外 O(n) 的記憶體空間。另外，合併時若在兩陣列最末端補上無限大，則可以避免處理邊界條件，也就是在合併過程中出現其中一個陣列提早用罄的狀況，在 C++ 中我們常以整數的最大值 2147483647 作為無限大。

合併的過程如同先前所述：因為兩陣列已經完成排序，因此透過不斷比較兩陣列的開頭便可以得知剩下資料中的最小值為何，再將其插入陣列最前端即可。

至於 Merge_Sort 函式則會先把輸入陣列拆解成左半部與右半部，再分別以 Merge_Sort 加以排序後，最後再把這兩個已經排序好的陣列透過 Merge 函式合併回去。

4-6-5 LeetCode #88. 合併已排序好的陣列 Merge Sorted Array

【題目】
給定兩個已排序成升冪的整數陣列 $nums1$ 與 $nums2$，且其長度分別為 m 與 n，請把這兩個陣列合併至 $nums1$，合併後須讓 $nums1$ 內的資料亦成升冪排列。

為了方便合併，一開始 $nums1$ 向量的長度即為 $m + n$，其中前 m 筆資料為 $nums1$ 的資料，後面 n 筆資料被設定成 0 可以忽略。

【出處】
https://leetcode.com/problems/merge-sorted-array/

【範例輸入與輸出】
- 範例一
  - 輸入：nums1 = [1,2,3,0,0,0], m = 3, nums2 = [2,5,6], n = 3
  - 輸出：[1,2,2,3,5,6]
- 範例二
  - 輸入：nums1 = [1], m = 1, nums2 = [], n = 0
  - 輸出：[1]

【解題邏輯】
本題主流有兩種做法：一種是先把 $nums2$ 中的資料放入 $nums1$，接著呼

叫排序函式即可，此時的時間複雜度即為排序的時間複雜度 $O((m + n) \log_2(m + n))$。

另一種做法則為利用合併排序法中的 *Merge* 函式，把兩排序好的陣列合併只需要 $O(m + n)$ 的時間複雜度，下面範例程式碼使用的便是此法。

但因把合併後的資料放入 $nums1$ 會導致 $nums1$ 原有的資料遺失，所以另外宣告一個陣列存放 $nums1$ 的原始資料。

範例程式碼

Chapter04/04_07_merge.cpp

合併已排序好的陣列 Merge Sorted Array

```
1    class Solution {
2    public:
3        void merge(vector<int>& nums1, int m,
4                    vector<int>& nums2, int n)
5        {
6            vector<int> data_1 = nums1;
7            // i, j 代表 nums1, nums2 各處理到第幾個元素
8            int i = 0, j = 0;
9            // k 代表合併到第幾個元素
10           int k = 0;
11           while(i < m && j < n){
12               // nums2[j] 的資料較小，把 nums2[j] 放入 nums1
13               if(data_1[i] > nums2[j]) {
14                   nums1[k] = nums2[j];
15                   j++;
16               }
17               // data_1[i] 的資料較小，把 data_1[i] 放入 nums1
18               else{
19                   nums1[k] = data_1[i];
20                   i++;
21               }
22               k++;
23           }
```

```
24          // 如果 data_1 還剩資料
25          while(i < m){
26              nums1[k] = data_1[i];
27              i++;
28              k++;
29          }
30          // 如果 nums2 還剩資料
31          while(j < n){
32              nums1[k] = nums2[j];
33              j++;
34              k++;
35          }
36      }
    };
```

4-7 堆積排序法 Heap Sort

在講解堆積排序法前,必須先知道什麼是二元堆疊 Binary Heap。

4-7-1 二元堆疊

二元堆疊是一種「二元樹」,每個節點最多有兩個子節點。只要把二元樹從根節點往下,每一階層內的元素從左到右排列,就可以用陣列來儲存這個二元樹,比如下面的陣列就代表了特定形狀的二元樹。

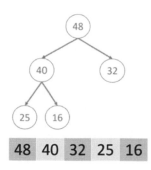

二元堆疊又可以分為兩類：

■   最小堆疊 Min-Heap：對每棵子樹而言，根節點都為最小值
■   最大堆疊 Max-Heap：對每棵子樹而言，根節點都為最大值

最小堆疊要以「最小值」作為根節點，而最大堆疊要以「最大值」為根節點。「Heapify」這個操作就是把左中右三個節點中，取「最小 ╱ 大的節點」做為根節點。

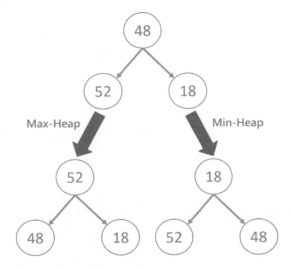

假設原先的子樹根節點為 48，兩個子節點為 52 和 18。

要把它轉成 Max-Heap，就要把三個節點中最大的 52 變成根節點；相反的，要轉成 Min-Heap，就要把三個節點中最小的 18 變成根節點。

4-7-2 建立二元堆疊 Binary Heap

如何建立二元堆疊呢？也就是說，如果把一個陣列看為對應的二元樹，如何調整陣列中元素的順序，可以使對應的二元樹符合二元堆疊的規則？

建立二元堆疊時，只對具有子節點的節點（非葉節點）進行 Heapify，原因是如果某個節點沒有子節點的話，不需處理就直接符合二元堆疊的規

則,因此在建立最大二元堆疊的過程中可以從最下面且「具有子節點」的節點開始向上處理,並且逐步選擇目前節點、左右子節點三者中「最大」者作為根節點。

在這裡我們以建立最大二元堆疊為例做個示範:

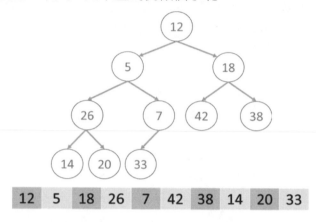

首先,處理 7 和它的子節點,因為其只有一個子節點 33,而 33 較大,所以把 33 和 7 的位置互換,完成了對 7 開始的這個子樹的處理。

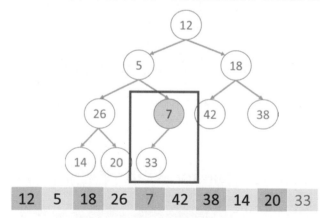

接著處理 26 和它的子節點 14、20,因為子樹中 26 最大,不需互換。

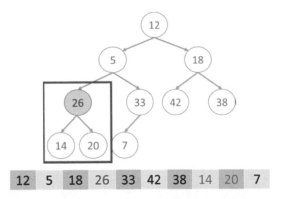

再來處理 18 和它的子節點，18、42、38 三者中 42 最大，所以把 42 和 18 的位置互換，便完成了對 18 開始的這個子樹的處理。

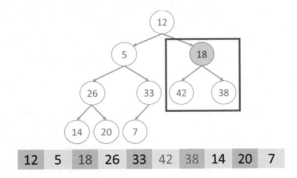

繼續處理以 5 做為根節點的子樹，5、26、33 中，33 最大，因此 5 與 33 互換。

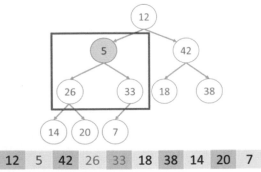

互換後成為：

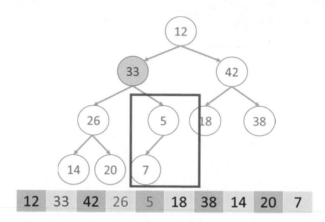

但此時你會發現紅色框起來的那棵子樹不再符合最大推疊的原則：根節點必須比左右節點還大，因此此時我們需要對這棵更動後的子樹再做一次 Heapify，也就是把 7 與 5 對調。所以，要是在 Heapify 的過程中更動了子節點的值，則必須對由該子節點往下的子樹重新做一次 Heapify。

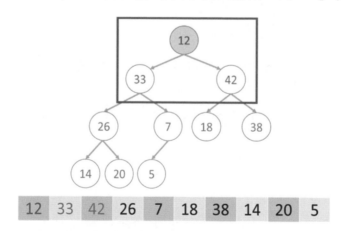

最後，處理以 12 為根節點的子樹，12、33、42 中，42 最大，因此 42 與 12 互換。

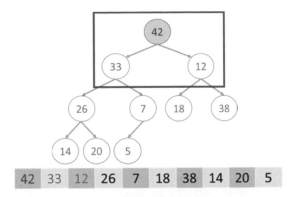

互換完後，記得對有更動到的子樹再做一次 Heapify：

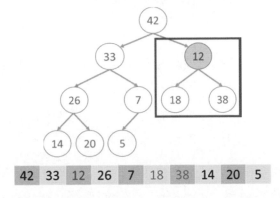

經過這輪處理後，最大的元素就會變成根節點，也就是説，此時陣列中的最大元素就位在開頭，且對於每棵子樹而言，根節點都是最大值。

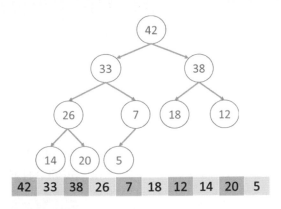

4-7-3 建立二元堆疊的複雜度

給定一陣列長度為 n，最末端的元素索引值為 $n-1$，該末端元素的父節點索引值則為 $\lfloor \frac{n-2}{2} \rfloor$，因為不需處理葉節點（沒有子節點的節點），所以迴圈中，i 是從索引值 $\lfloor \frac{n}{2}-1 \rfloor$ 的元素開始往前處理。

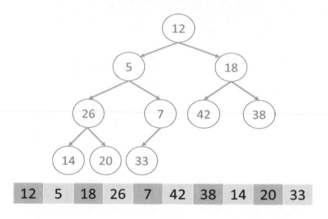

比如上圖中，最末端的元素 33 索引值為 9，只需要從它的父節點，索引值 $\frac{10}{2}-1=4$ 的 7 開始往回處理即可。

因此，Heapify 的動作總共被執行了 $\lfloor \frac{n}{2} \rfloor$ 次，而每次 Heapify 有可能連帶需要更動子節點，並對子節點重新 Heapify，因此每次的 Heapify 需要 $O(\log_2 n)$，總計是 $O(n \log_2 n)$。

但其實 $O(n \log_2 n)$ 並不是 tight 的答案，因為每個節點的高度不同，所需 Heapify 的次數自然也不同，因此如果計算每一層的節點個數再乘上需要 Heapify 的次數：

$$T(n) = \sum_{h=0}^{\log_2 n} \left\lceil \frac{n}{2^{h+1}} \right\rceil * O(h)$$

其中，$\log_2 n$ 為樹高，且高度 h 的節點至多有 $\lceil \frac{n}{2^{h+1}} \rceil$ 顆，另外，$O(h)$ 則為該節點需要 Heapify 的次數，化簡之後再利用 Big-O 的特性可以得到：

$$T(n) = O(n * \sum_{h=0}^{\infty} \left\lceil \frac{h}{2^h} \right\rceil)$$

且等比數列中：

$$\sum_{i=0}^{\infty} x^i = \frac{1}{1-x}, if\ x < 1$$

左右微分後再同乘以 x 後可以得到：

$$\sum_{i=0}^{\infty} i x^i = \frac{x}{(1-x)^2}, if\ x < 1$$

把它代回上式，即 i = 1/2：

$$T(n) = O(n * \sum_{h=0}^{\infty} \left\lceil \frac{h}{2^h} \right\rceil)$$

$$= O\left(n * \frac{\frac{1}{2}}{\left(1 - \frac{1}{2}\right)^2}\right) = O(2n) = O(n)$$

也就是說，建立最大二元堆疊的時間複雜度為 O(n)。

4-7-4　堆積排序法

方才已經介紹了如何建立最大堆疊，接下來，就要運用最大堆疊來進行（由小到大）排序。

堆積排序法的過程和選擇排序很像，每次都是選出「最大／小值」放到陣列的一端，只是使用了最大／最小堆疊來優化選出最大／小值的複雜度：在選擇排序法中，選出一次最大／小值需要 $O(n)$，而堆積排序法中利用最大或最小堆疊則只需要 $O(\log_2 n)$。

步驟如下：

A. 首先，建立最大二元堆疊
B. 把根節點（最大元素）和末端元素交換位置
C. 交換後，不再理會已排序的最後一個元素
D. 對新的根節點及其左右節點進行 Heapify，並且一路對被變動的節點進行，直到其重新成為最大堆疊
E. 重複步驟 B~D，直到陣列為空（排序完成，不再理會所有元素時）

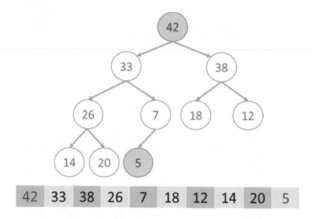

建立完最大堆疊後，我們把根節點 42 跟最末端的元素 5 互換，此時根節點的 42 即為整個陣列中的最大值，並在互換的過程中被移動到陣列的最末端。

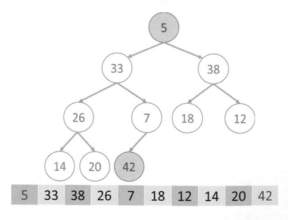

在 B 步驟進行交換後，根節點 42 被末端元素 5 取代，此時一定不會符合
最大堆疊的要求，所以要再針對根節點重新進行 Heapify（5、33、38 選一
個最大值為根節點，使得 5 與 38 對調。

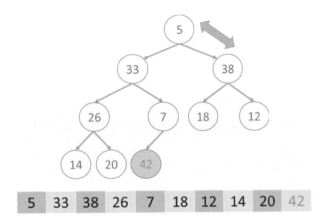

接下來，5、18、12 選最大值為子樹的根節點，5 又與 18 對調。

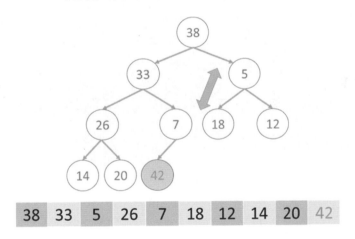

直到根節點變為剩餘資料（除了 42 的資料）中的最大值 38，整棵樹再次
變為「最大堆疊」後，才能進行下一輪的 *B~D* 步驟。

接著開始重新執行一輪，將根節點 38 與末端元素 20 對調後，接著要對
20、33、18 進行 Heapify。

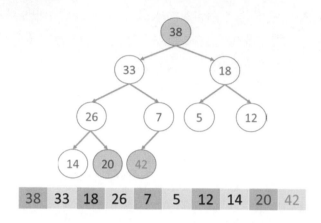

首先，20 和 33 交換位置。

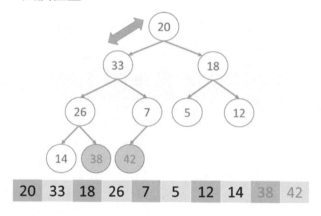

再來，20 和 26 交換位置。

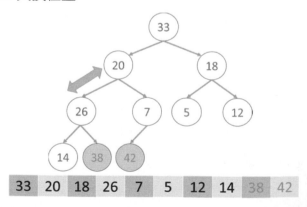

交換後，整棵樹重新成為最大堆疊，根節點為剩餘值中最大者 33。33 又可以再與末端元素 14 對調，接下來依此類推，就能完成整個陣列的排序。

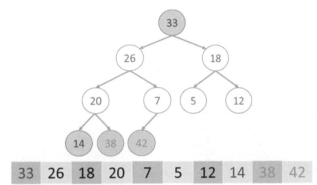

簡單整理一下中間發生的事：

A. 每次形成最大／最小堆疊時，根節點就是該二元樹的最大／最小值
B. 首項與末項對調後，最大／最小值被移到陣列後端
C. 像這樣依序取出剩餘數列中最大／最小值放到後方，即可完成排序

因此，要以升冪方式排序時，使用「最大堆疊」，要以降冪方式排序時，則使用「最小堆疊」。

4-7-5 堆積排序法的複雜度

A. 建立二元堆疊：$O(n)$
B. 每輪 heapify：$O(\log_2 n)$
C. 進行幾輪 heapify：$O(n)$
D. 總複雜度：$O(n) + O(n\log_2 n) = O(n\log_2 n)$

第一次建立二元堆疊時的複雜度如同先前推導的為 $O(n)$。

接下來的排序過程中，每次把根節點和末端元素對調後，就要把新的根節點一路向下 heapify，直到重新滿足最大／最小堆疊的要求，這樣的「一

輪」需要進行「$O(\log_2 n)$ 次」heapify，其中 $O(\log_2 n)$ 是樹的高度，因此複雜度為 $O(\log_2 n)$。每次把一個最大 / 最小值往後放之後，就要進行「一輪」heapify，所以整個排序過程中，進行了「$O(n)$ 輪」heapify。

$O(n)$（輪）$\times$ $O(\log_2 n)$（次 heapify / 每輪）$\times$ $O(1)$（次計算 / 次 heapify）

$= O(n \log_2 n)$ 次計算

與開始排序前建立二元堆疊的 $O(n)$ 複雜度一起考慮，因為 $O(n \log_2 n) > O(n)$，所以總複雜度為 $O(n \log_2 n)$。

4-7-6 堆積排序法的實作

若利用陣列儲存二元樹，對索引值為 k 的節點而言，其左節點的索引值為 2k+1、右節點的索引值為 2k+2，利用這個特性可以建立二元堆疊。

範例程式碼

Chapter04/04_08_Heap_Sort.cpp

堆積排序法

```
1   void Max_Heapify(int *data, int root, int len){
2       int left = 2 * root + 1;
3       int right = 2 * root + 2;
4
5       int largest = root;
6       // 左節點為最大值
7       if(left < len && data[left] > data[largest]){
8           largest = left;
9       }
10      // 右節點為最大值
11      if(right < len && data[right] > data[largest]){
12          largest = right;
13      }
14      // 把最大值與根節點做互換
15      if(largest != root){
```

```
16          // Swap data[root] and data[largest]
17          int tmp = data[root];
18          data[root] = data[largest];
19          data[largest] = tmp;
20          // 若有更動，須對該子樹重新 Heapify
21          Max_Heapify(data, largest, len);
22      }
23  }
24
25  void Build_Max_Heap(int *data, int len){
26      for(int i = len / 2 - 1; i >= 0; i--){
27          Max_Heapify(data, i, len);
28      }
29  }
30
31  void Heap_Sort(int *data, int len){
32      // Step 1: Make max heap
33      Build_Max_Heap(data, len);
34
35      for(int i=len-1;i>0;i--){
36          // Step 2: Swap data[i] and data[0]
37          int tmp = data[0];
38          data[0] = data[i];
39          data[i] = tmp;
40          // Step 3: Max heapify again
41          Max_Heapify(data, 0, i);
42      }
43  }
```

4-8 快速排序法 Quick Sort

快速排序法的原理是每次「隨機選出一筆資料當基準點 pivot」，比該筆資料小的，放到該筆資料左邊，比該筆資料大的，則放到該筆資料的右邊，直到每筆資料都符合排序規則為止。

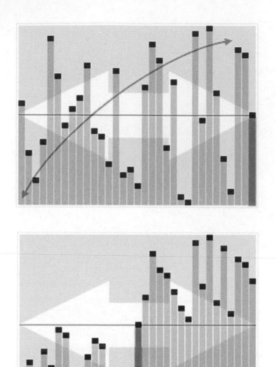

4-8-1 快速排序法的進行過程

簡單選擇基準點 pivot 的方法是選擇「最右邊的資料」，因為資料若是亂的，沒有明顯的大小順序，那麼選擇哪一筆資料都沒有實質差異。

35	52	68	12	47	52	36	52	74	27
	A				B		C		

比如上圖中，第一輪就以 27 當作基準點。選出基準點後，要把比它小的放在基準點左邊（只有 12），比它大的則放在右邊。

接著，對上一輪基準點的「左邊」和「右邊」資料進行相同的處理。

其中，左邊只有 12 一筆資料，所以直接結束處理。

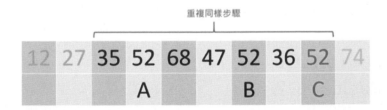

右邊則有 35 到 74 間的數筆資料，同樣選出最右邊的 74 當作基準點，因為 74 正好是 35 到 74 之間這幾筆資料中最大的，所以不移動，直接針對 74 左方的 35 到 52（C）這幾筆資料進行處理。

35 到 52（C）間一樣選最右邊的 52（C）作為基準點。

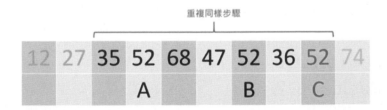

比 52 小（或相等）的放在 52（C）左邊，比 52（C）大的（只有 68）則放到 52 右邊。

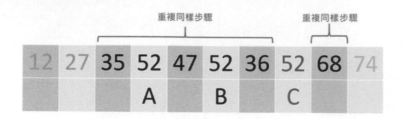

同樣的,接下來要對 52 (C) 的左邊和右邊未處理的資料分別進行處理,左邊選到 36 作為基準點,較小者放左邊,較大者放右邊。

接下來,對剩餘的區間繼續進行,每次剩餘區間只剩下一筆資料時,就視為該區間已經處理完成。最後,就可以把整個陣列排序完成。

簡單來說,每次選出一個基準點後,把比它小或相等的資料放到其左邊,比它大的資料則放到其右邊,接下來,再對比基準點小的和比基準點大的兩組資料分別進行一樣的處理。

因為同樣的流程進行了許多次,只有處理的區間不同,所以會採用「遞迴」來完成,屬於後面會學到的「分治法」的一種應用。

每次挑出一個基準值 pivot 後,比其小或相等的資料放左邊,比其大的資料放右邊,這個過程叫做 partition。

4-8-2 Partition 的實作

Partition 的過程中,要把資料分成比 pivot 小和比 pivot 大的兩組,可以使用兩個索引值變數 i 和 j,指向兩組資料的交界點。

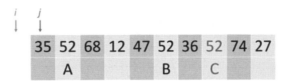

j 會從開頭資料一路往後移動，過程中，如果發現 $data[j] < pivot$，就把 $data[i + 1]$ 跟 $data[j]$ 互換，且把 i 也往後移動一格（如果沒有互換，則 i 不會移動），如下方例子所示：

假設選出的 pivot 為 52（C），j 一開始指向 35，而 35 小於 52（C），因此 $data[i + 1]$ 和 $data[j]$ 要互換（此時兩者正好都是 35，所以沒有變動）。

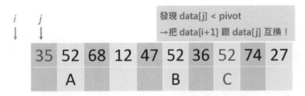

接下來，j 往後移動指向 52（A），i 也往後一格移到 35，因為 $j = 52$ 並沒有比作為 pivot 的 52（C）「小」，所以 i 不移動，只有 j 往後移動繼續處理。

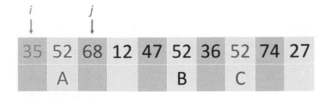

j 指到 68 時，因為同樣沒有比 52 小，所以 i 不移動。

j 繼續往後指到 12 時，因為比基準點 52 小，所以同樣根據規則把 $data[i+1]$ 和 $data[j]$ 互換，也就是把 52（A）和 12 互換，因為進行了互換，所以 i 要往後一格指到互換後的 12 所在位置。

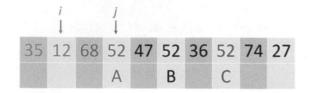

接下來，j 往後一格，指到的 47 也比 52 小，因此把 47 和索引值 $i+1$ 的 68 對調，並把 j 和 i 都往後移動一格。

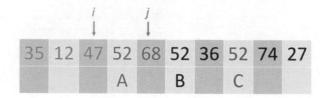

從上面的過程可以看出，j 每次都往後一格可以確保每一筆資料都被處理到。而 i 的位置則記錄了目前「比基準點的值小的資料填到陣列的哪裡」，也就是說，i 以左的資料一定都比 pivot 小，每次 j 遇到比 pivot 還小的數字，就把它與 i 的下一格互換，並把 i 往右移動一格，這兩個動作確保了 i 以左仍然都是比 pivot 還小的資料。

接下來一路往後執行，j 指到 36 和 27 時都會與索引值 i+1 的資料互換，並使 i 往後移動一格。j 跑完所有資料後，就會發現 partition 順利完成。

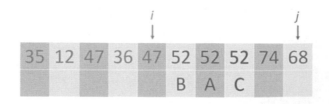

因為希望 pivot 盡量接近中間，所以還要把 pivot 與 i+1 再做交換（要接近中間的原因馬上會提到）。

過程中，因為與 pivot 相同的值也會變成要互換的對象，比如 52（A）被與 36 互換，所以快速排序並不是穩定排序。

4-8-3 快速排序法的複雜度

（1）Best case

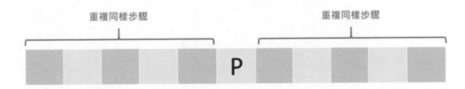

最好的情況下，選到的 pivot 會把資料正好切割成左右各半，因為每次 partition 的複雜度是 $O(n)$（j 從資料開頭移動到尾端），而一輪完成後，要對左右兩邊的資料各進行一次同樣步驟，所以可以列出下列遞迴式：

$$T(n) = 2T\left(\frac{n}{2}\right) + O(n)$$

其中 $2T\left(\frac{n}{2}\right)$ 是遞迴往下處理的部分，而 $O(n)$ 是本輪 Partition 耗費的運算次數。

利用之前學過的數學解法或遞迴樹法（也可以使用第六章中會教的支配理論 master theorem），可以得到 $T(n)$ 屬於 $O(n\log_2 n)$。

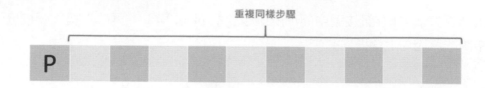

（2）Worst case

但在最壞的情況下，選到的 pivot 每次都正好是最大或最小的資料，導致 partition 完成後，還要針對其中一邊的 n-1 筆資料繼續進行 partition。

這樣一來遞迴式變成：

$$T(n) = T(n-1) + O(n)$$

可以算出此時 $T(n)$ 的複雜度為 $O(n^2)$。

	Complexity
Best	$O(n log_2 n)$
Average	$O(n log_2 n)$
Worst	$O(n^2)$
Memory	$O(n)$
Memory (Auxiliary)	Depends (Recursion)
Stable	Depends

也就是説，對於「正好符合排序的陣列」來説，每次都取陣列結尾元素的方法並不理想，因為會持續取到最大或最小值。

這種情形可以透過修改 pivot 的取法來改善，比如隨機取其中一筆資料，或者取陣列中「第一、中間、最後這三個值的中位數」（取全部資料中位數的話，複雜度會太高）。

此外，當區間長度太短時，則可以選擇停止遞迴，改採 insertion sort，因為此時 insertion sort 效能反而較佳。

4-8-4 快速排序法的實作

範例程式碼

Chapter04/04_09_Quick_Sort.cpp

快速排序法 Quick Sort

```
1   int Partition(int data[], int start, int finish){
2       // 選擇區間最右邊的值做為 Pivot
3       int pivot = data[finish];
4       // 把比 Pivot 小的值依序移動到左側
5       int p = start;
6       for(int i = start; i < finish; i++){
7           if(data[i] < pivot){
8               int tmp = data[i];
9               data[i] = data[p];
10              data[p] = tmp;
11              p++;
12          }
13      }
14      int tmp = data[finish];
15      data[finish] = data[p];
16      data[p] = tmp;
17      // 最後回傳 Pivot 所在的 index
18      return p;
19  }
20
21  void Quick_Sort(int data[], int start, int finish){
22      if (start < finish) {
23          // 取出 Pivot 後，會回傳 Pivot 最後所在的 index
24          int pivot = Partition(data, start, finish);
25          // 對 Pivot 的兩端再進行下一輪的 Quick Sort
26          Quick_Sort(data, start, pivot - 1);
27          Quick_Sort(data, pivot + 1, finish);
28      }
29  }
```

4-9 C++ STL 中的排序

接下來來看如何利用 C++ STL 直接進行資料的排序。

多數時候需要排序，並不會實作前面提到的各種演算法，而是選擇呼叫 STL 中提供的排序函式，語法如下：

sort (起點迭代器, 終點迭代器, 函式指標);

使用時必須注意：

- 需 #include <algorithm>
- 起點、終點的資料型態都是迭代器 iterator
- sort 函式的回傳資料型別為 void
- 函式指標可以為空（不傳入值），若為空預設是由小到大，或是使用：
  - greater：由大到小
  - less：由小到大（預設）
- 適用對 container 裡的資料排序

在使用迭代器時要記得「前閉後開」的原則，也就是說，起點 begin() 指向容器中的第一筆資料，但是 end() 則是指向容器中最後一筆資料的「下一筆」，因此 end() 所指的內容並不在容器內。同樣的，呼叫 sort 時，如果要對整個容器排序，則起點是容器的第一筆資料，但是終點則在容器外（最後一筆資料的下一筆）。

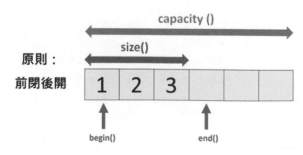

傳入的區間會依據函式指標來排序，如果沒有傳入該引數，預設是
less()，也就是從小到大排，如果使用 greater()，則會由大到小排。

4-9-1　sort 的函式模板

sort 的函式模板
1　// 起點、終點的型態同為 T1 2　template<class T1> 3　void sort(T1 first, T1 last); 4 5　// 起點、終點的型態同為 T1，函式指標的型態為 T2 6　template<class T1, class T2> 7　void sort(T1 first, T1 last, T2 pointer);

4-9-2　內觀排序 introsort

STL 中採用的排序法是一種融合多種排序方法的「混合排序法 hybrid
sorting algorithm」：內觀排序，內觀排序原則上使用快速排序法 Quick
sort，不過，它也會監控 Quick sort 中遞迴的深度，當太深導致效能很差
時，就會改用堆積排序法 Heap sort，但若區間的長度降到一定長度以下
時，還會改採此時效能較佳的 Insertion sort。

本章的最後會再補充該排序的設計精神及原因。

4-9-3　在 C++ 中進行排序

範例程式碼
Chapter04/04_10_STL.cpp

在 C++ 中進行排序
1　#include <iostream> 2　#include <vector>

```
3    #include <algorithm> // for sort
4
5    using namespace std;
6
7    int main()
8    {
9        vector<int> data = {8,-5,-1,4,-3,6,2,-2,3,4};
10
11       // 預設由小到大排
12       sort (data.begin(), data.end());
13
14       // 印出排序後的資料
15       for (int i=0 ;i < data.size() ; i++){
16          cout << data[i] << " ";
17       }
18
19       return 0;
20   }
```

若要由大到小排，則要加入第三個引數 greater<int>()，這是內建的函式模板，其中 <int> 代表要生成的是處理整數的 greater 函式。

4-9-4　自訂排序規則

範例程式碼

Chapter04/04_11_STL_Customization.cpp

自訂排序規則

```
1    #include <iostream>
2    #include <vector>
3    #include <algorithm> // for sort
4    using namespace std;
5
6    // 自訂的排序規則的函式
7    bool compare(int a, int b){
```

```
8        return a>b;
9    }
10
11   int main()
12   {
13       vector<int> data = {8,-5,-1,4,-3,6,2,-2,3,4};
14
15       // 傳入自訂的排序規則
16       sort (data.begin(), data.end(), compare);
17
18       // 印出排序後的資料
19       for (int i = 0; i < data.size(); i++){
20          cout << data[i] << " ";
21       }
22       return 0;
23   }
```

自訂函式的規則是排序後,「從左到右」會符合該設定條件式,當條件為 $a > b$ 時,會由大到小排,$a < b$ 則是由小到大排,如果條件設為 $a > 0$,則正數會被放在前面。

4-9-5 函式指標

平常變數都會有記憶體位置,因此可以用指標去指。而函式也會被載入記憶體中,因此透過記憶體位置,同樣可以用指標來操作函式。

(1) 函式指標的宣告

回傳資料型態 (*指標名稱)(引數型態);

函式指標的宣告
1   `int sum (int a, int b){`
2   `return a+b;`
3   `}`
4
5   `int (*fp)(int,int) = sum;`

上面的宣告中，fp 是函式指標，指向的是 sum 函式。注意指標名稱需要用小括號括起來 (*fp)，否則會變成函式的宣告，如：

　　　　回傳資料型態 *指標名稱(引數型態);　　　// 這是函式宣告

要呼叫函式指標指到的函式時，可以不使用間接取值運算子 *，比如要呼叫 fp 指到的函式 sum 時，下列兩種寫法的意義相同：

- (*fp)(20, 10);
- fp(20, 10);

（2）typedef

也可以用 typedef 來把指標名稱當作某一種「資料型態」，語法為：

　　　　typedef 回傳資料型態(*指標名稱)(引數型態);

使用 typedef

1　// fp 代表傳入兩個 int，回傳一個 int 的資料型態
2　typedef int (*fp)(int, int);
3
4　int sum(int a, int b){
5　　　return a+b;
6　}
7
8　void test(int a, int b, fp func){
9　　　cout << func(a,b);
10　}

（3）decltype

C++11 之後，可以用 decltype 來取得某個函式的資料型態，而不用由開發者判斷，語法為：

　　　　decltype(函式名稱) 引數名稱

使用 decltype

```
1   int sum(int a, int b){
2       return a+b;
3   }
4
5   // 自動取出 sum 函式的資料型態，作為傳入的 func 的資料型態
6   void test(int a, int b, decltype(sum) func){
7       cout << func(a,b);
8   }
```

（4）using

C++11 也可以使用 using 來替代函式指標的資料型別：

$$using \text{ 指標名稱} = \text{回傳資料型態}(*)(\text{引數型態});$$

使用 using

```
1   // fp 是傳入兩個整數，回傳一個整數的資料型態
2   using fp = int (*)(int,int);
3
4   int sum(int a, int b){
5       return a+b;
6   }
7
8   void test(int a, int b, fp func){
9       cout << func(a,b);
10  }
```

（5）函式參考

另外，也存在「函式參考」，記得參考一定要被初始化：

$$\text{回傳資料型態} (\&\text{參考名稱})(\text{引數型態}) = \text{被參考函式名稱};$$

使用函式參考

```
1   int sum(int a,int b){
2       return a+b;
3   }
4   int (&fp)(int,int) = sum;
```

4-10 實戰練習

接下來看看三題題目,這三題都可以在線上評測系統上繳交並作答。

4-10-1 LeetCode #912. 排序陣列 Sort an Array

【題目】

給定一個整數陣列,把該陣列由小到大排序。

【出處】

https://leetcode.com/problems/sort-an-array/

【範例輸入與輸出】

- 範例一
  - 輸入:nums = [5,2,3,1]
  - 輸出:[1,2,3,5]
- 範例二
  - 輸入:nums = [5,1,1,2,0,0]
  - 輸出:[0,0,1,1,2,5]

【解題邏輯】

本題不能選擇實作 bubble sort 或 selection sort,因為這兩種排序演算法的時間複雜度太大,不會通過測試,而 merge sort、heap sort、quick sort 都是可以選擇的排序方式。

本題不另外實作程式碼,可自行選擇上述排序方式之一。

4-10-2 LeetCode #274. H 指數 H-Index

【題目】

給定一個整數陣列 *citations*，其中 *citations*[*i*] 代表某個研究者的第 *i* 篇公開論文被引用的總次數，請回傳該研究者的 H 指數。

根據維基百科，H 指數的定義如下：如果有一個研究者，他的所有 *n* 篇公開論文中至少有 *h* 篇個別至少被引用 *h* 次，且另外 *n* − *h* 篇被引用次數都不超過 *h* 次，那這個研究者的 H 指數就是 *h*。

如果有數個值符合 *h* 值的定義，H 指數是其中最大的值。

【出處】

https://leetcode.com/problems/h-index/

【範例輸入與輸出】

- 範例一
  - 輸入：citations = [3,0,6,1,5]
  - 輸出：3

  因為有三篇論文被引用 3 次以上（分別被引用 3、6、5 次），而另外兩篇的被引用次數不超過 3 次，因此 H 指數為 3。

- 範例二
  - 輸入：citations = [1,3,1]
  - 輸出：1

【解題邏輯】

首先把文章的引用數從大到小排，完成後，再從開頭一個一個檢視，因為 H 指數的定義是至少要有 *h* 篇論文引用數 ≥ *h*，所以如果陣列中索引值 index 的元素值大於等於 index 本身，就代表符合條件，若小於 index 本身，則代表已經不符合條件。

上圖中，$index = 0$ 時資料是 6，代表「有一篇論文被引用數為 6」，因為「至少有一篇論文被引用數 $\geq index + 1 = 1$」，所以繼續往下處理。

$index = 1$ 時資料是 5，代表「至少有兩篇（$index + 1 = 2$）論文被引用數為 5」，因為「至少有兩篇論文被引用數 $\geq$（$index + 1 = 2$）」，繼續往下處理。

$index = 2$ 時資料是 3，代表「至少有三篇（$index + 1 = 3$）論文被引用數為 3」，因為「至少有三篇論文被引用數 $\geq$（$index + 1 = 3$）」，繼續往下處理。

$index = 3$ 時資料是 1，代表「至少有四篇（$index + 1 = 4$）論文被引用數為 1」，因為沒有符合「至少有四篇論文被引用數 $\geq$（$index + 1 = 4$）」，所以不符合條件，回傳處理上一筆資料時確認的「H 指數 $= 3$」。

範例程式碼

Chapter04/04_12_hIndex.cpp

H 指數 H-Index
| ```
1  class Solution{
2  public:
3      int hIndex(vector<int>& citations){
4          // 把 citations 由大到小排
5          sort (citations.begin(),
6                citations.end(),
``` |
```

```
7              greater<int>());
8
9        // 從第一篇,最多 citation 的論文開始檢查
10       for (int i = 0; i < citations.size(); i++){
11           // i+1 => 高於目前引用數的論文數
12           // citations[i] => 目前論文的引用數
13           // 根據題述條件,citations[i] >= i+1 才要繼續迴圈
14           if (i+1 > citations[i]){
15               return i;
16           }
17       }
18       // 如果中間都沒有不符合條件而回傳,則回傳論文總篇數
19       return citations.size();
20   }
21 };
```

4-10-3 APCS：物品堆疊 (2017/10/18 P4)

【題目】

某個自動化系統中有一個存取物品的子系統,該系統將 N 個物品堆在一個垂直的貨架上,每個物品各佔一層。

系統運作的方式如下:每次只會取用一個物品,取用前必須先將在其上方的物品貨架升高,取用後,必須將該物品放回,然後將剛才升起的貨架降回原始位置,才會繼續進行下一個物品的取用。

每一次升高某些物品所需要消耗的能量以這些物品的總重來計算,忽略貨架本身的重量以及其他消耗。

現在有 N 個物品,第 i 個物品的重量是 $w(i)$,而需要取用的次數為 $f(i)$,如何擺放這些物品,可以使消耗的能量最小?

舉例來說,若有兩個物品 $w(1) = 1$、$w(2) = 2$、$f(1) = 3$、$f(2) = 4$,代表物品 1 的重量是 1,需取用 3 次,物品 2 的重量是 2,需取用 4 次。

【範例輸入與輸出】

■ 輸入格式：

  ● 第一行是物品件數 N

  ● 第二行有 N 個正整數，依序代表各物品重量 $w(1)$、$w(2)$、...、$w(N)$，重量皆不超過 1,000 且以一個空白間隔。

  ● 第三行有 N 個正整數，依序是各物品的取用次數 $f(1)$、$f(2)$、...、$f(N)$，次數皆不超過 1,000 且以一個空白間隔。

■ 輸出格式

  ● 輸出最小能量消耗值，以換行結尾。

■ 輸入：

  2

  20 10

  1 1

■ 輸出：

  10

【題目出處】

2017/10/18 APCS 實作題 #4

本題可以到 zerojudge 上提交程式碼，網址為：

https://zerojudge.tw/ShowProblem?problemid=c471

【解題邏輯】

假設只有兩個物品，$w(1) = 1$、$w(2) = 2$、$f(1) = 3$、$f(2) = 4$，兩個可能的擺放順序（由上而下）為：

■ （1,2），物品 1 在上方，物品 2 在下方。那麼，取用物品 1 時不需能量，每次取用物品 2 時，則需消耗 $w(1) = 1$。因為物品 2 需取用 $f(2) = 4$ 次，所以消耗總能量為 $w(1) \times f(2) = 4$。

■ （2,1），物品 2 在上方，物品 1 在下方。那麼，取用物品 2 時不需能量，每次取用物品 1 時，則需消耗 $w(2) = 2$。因為物品 1 需取用 $f(1) = 3$ 次，所以消耗總能量為 $w(2) \times f(1) = 6$。

兩種可能擺放順序中，最少消耗能量 4，因此答案為 4。

若有三個物品，其中 $w(1) = 3$、$w(2) = 4$、$w(3) = 5$、$f(1) = 1$、$f(2) = 2$、$f(3) = 3$。

假設由上而下以（3,2,1）的順序擺放，能量計算如下：取用物品 3 時不需要能量，取用物品 2 總共消耗 $w(3) \times f(2) = 10$，取用物品 1 總共消耗 $(w(3) + w(2)) \times f(1) = 9$，共消耗能量 19。

而以（1,2,3）的順序擺放時，則消耗 $3 \times 2 + (3 + 4) \times 3 = 27$。

事實上，總共有 3! = 6 種可能的擺放順序，其中順序（3,2,1）有最小的消耗能量 19。n 種物品的排列方式共有 $n!$ 種，不在 n 的多項式範圍內，因此使用暴力解算出所有排列方式的消耗再做比較並不實際。

但若我們換個角度想：給定兩個在最佳解中順序相鄰的物品 A 和 B，w_A、f_A 是物品 A 的重量和次數，w_B、f_B 是物品 B 的重量和次數。

不妨把 A 物品和 B 物品上方的所有物品看成單一物品，假設其重量為 w_0、取用次數為 f_0；把 A 物品和 B 物品下方的所有物品也看成單一物品，假設其重量為 w_1、取用次數為 f_1。

考慮以下兩種可能：

- B 放在 A 下

  總消耗$(a) = f_1 \times (w_0 + w_A + w_B)$

  $+ f_B \times (w_0 + w_A)$

  $+ f_A \times w_0$

  三項分別為「移動下方物品」、「移動 B」和「移動 A」時的消耗，加總就是總能量消耗。

- A 放在 B 下

  總消耗$(b) = f_1 \times (w_0 + w_A + w_B)$

  $+ f_A \times (w_0 + w_B)$

  $+ f_B \times w_0$

  三項分別為「移動下方物品」、「移動 A」和「移動 B」時的消耗。

觀察兩種可能情形間的差別：

$$總消耗(a) - 總消耗(b) = f_B w_A - f_A w_B$$

因此當 $f_B w_A > f_A w_B$ 時，總消耗(b) 較低，應該選擇「把 A 放在 B 下」；相對的，當 $f_B w_A < f_A w_B$ 時，總消耗(a) 較低，應該選擇「把 B 放在 A 下」。

最佳解中任兩個相鄰的物品，必有上述關係。把所有物品按照 $f_B w_A$ 來排序（w_A 是目前處理物品的重量，f_B 是要決定放在其上或下的物品的頻率），就會得到任兩相鄰物品都滿足上述關係的解。

為了要按照 $f_B w_A$ 來排序，必須自己定義一個排序函式，使其按照 $f_B w_A$ 來決定各物品順序。

在這裡可以用 pair 來儲存每一個物品的重量和頻率，pair 是一種結構，裡面有兩筆資料 first 和 second，恰好可以拿來儲存物品的重量與頻率，語法

如下：

pair 結構
1   struct pair<T1,T2>
2   {
3   T1 first;
4   T2 second;
5   };
6
7   // pair 的宣告
8   pair<double, double> p;
9
10   // 賦值給 pair 中的成員
11   cin >> p.first >> p.second;

範例程式碼

Chapter04/04_13_物品堆疊.cpp

物品堆疊
1   #include <iostream>
2   #include <vector>
3   #include <algorithm> // for sort
4
5   using namespace std;
6
7   // 自訂的排序函式
8   // 物品 index 越小代表放在越上面
9   bool compare(pair<int,int> a, pair<int,int> b){
10   return a.first * b.second < a.second * b.first;
11   }
12
13   int main(){
14   long long int n, sum = 0;
15   // 儲存物品資訊的向量

```
16        // 一個 pair 可以儲存關於該物品的兩個資料
17        vector<pair<int,int>> objects;
18        long long int total_cost = 0;
19
20        // 取得物品數目並調整向量大小
21        cin >> n;
22        objects.resize(n);
23
24        // 取得每個物品的重量
25        for (int i = 0; i < n; i++){
26            cin >> objects[i].first;
27        }
28
29        // 取得每個物品的取用次數
30        for (int i = 0; i < n; i++){
31            cin >> objects[i].second;
32        }
33
34        // 利用自訂規則排序
35        sort(objects.begin(), objects.end(), compare);
36
37        // 計算總消耗能量
38        for (int i = 0; i < n - 1; i++){
39            // sum 是上面 i+1 件物品的總重量
40            sum += objects[i].first;
41            // 上面 i+1 件物品要移動 第 (i+1)+1 件物品的取用次數
42            total_cost += sum*objects[i+1].second;
43        }
44
45        cout << total_cost << endl;
46
47        return 0;
48 }
```

注意資料型別的部分必須宣告成 long long int，而非 int，否則會產生溢位
的問題。

4-11 (補充) C++ STL 的內觀排序法

本章的最後，試圖回答以下四個問題：

1. Quick Sort 面對隨機資料是最快的嗎？即便 Worst Case 是 $O(n^2)$？
2. Merge Sort 與 Heap Sort 的複雜度相同，對於隨機的資料誰比較快？
3. 如果是在小資料的情形下？哪種排序法會比較快？
4. C++ STL 的排序演算法是如何實作的？為什麼會這樣實作？

Sort	Best Case	Average Case	Worst Case
Insertion	$O(n)$	$O(n^2)$	$O(n^2)$
Shell	Depends	$O(n^{1.25})$	$O(n^{1.5})$
Selection	$O(n^2)$	$O(n^2)$	$O(n^2)$
Bubble	$O(n) \sim O(n^2)$	$O(n^2)$	$O(n^2)$
Quick	$O(n\log_2 n)$	$O(n\log_2 n)$	$O(n^2)$
Heap	$O(n\log_2 n)$	$O(n\log_2 n)$	$O(n\log_2 n)$
Merge	$O(n\log_2 n)$	$O(n\log_2 n)$	$O(n\log_2 n)$

演算法中最常提到可以在 Average Case 內把複雜度壓在 n log(n) 下的有三種排序演算法，簡單回顧一下這三種排序演算法的原理：

- Merge Sort：先拆分至長度為 1 後再逐步融合，利用把兩個已排序好的陣列合二為一只需要 $O(n)$ 的特性

- Quick Sort：選出基準(Pivot)後把比基準值小的資料放左邊、比基準值大的資料放右邊，基準值則置於兩者中間 (Partition)，再對基準值左右的資料集繼續往下做 Quick Sort

- Heap Sort：首先建立最大堆疊，接著取出數列中的最大值(根節點)，利用最大堆疊每次取出最大值只需要 $O(\log n)$ 的特性，依序取出最大值

雖然 Merge Sort、Heap Sort、Quick Sort 三者在 Average Case 的複雜度一樣，但若實際做實驗看看彼此需要的時間，可以得到下圖中排序一百萬筆資料 1000 次的時間分布：

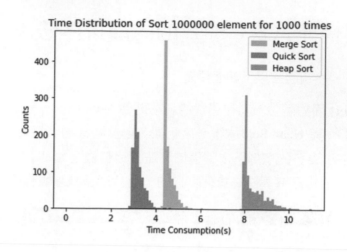

結果出來：

Quick Sort > Merge Sort > Heap Sort

Quick Sort 不愧其名地拿下大資料組的冠軍。當然實際排序還需要考量到 Quick Sort 是不穩定排序，而 Merge Sort 需要額外 O(n) 記憶體空間。

另外，也可以看出雖然三者的時間複雜度相同，但執行時還必須考量到 Compare、Swap、Recursion 的次數與情形，導致其速度上可以差到兩到三倍之多，因此實務上時間複雜度並不是唯一考量。

但 Quick Sort 的問題是：如何避免選到不適當的 Pivot (陣列中的最大或最小值) 導致落入 O(n²) 的困境？

Niklaus Wirth 提出一個解法：從第一個、中間、最後一個這三個數中取出中位數當作做為 Pivot，但如果遇到經過設計的破解序列仍能大幅降低 Quick Sort 的效能。

為了避免這種特殊狀況出現（比如要避免網站因處理駭客刻意輸入的序列過久而當機），在進行 Quick Sort 時必須同時監測遞迴的深度，如果深度 > log(n)，那就改採 Heap Sort 或 Merge Sort 來應對。

至於遞迴深度超過後，Heap Sort 或 Merge Sort 該選誰？

根據剛剛的實驗，Merge Sort 速度上會勝過 Heap Sort，但 Merge Sort 有個最大的問題：運算時需要 O(3n) 的記憶體空間。

雖然在大部分狀況下記憶體空間並不是難事，但如果資料達到數 GB 之多，Merge Sort 便需要保留 Heap Sort 三倍的記憶體空間，如果因記憶體不足而進到 Swap，那會直接導致速度崩潰或甚至無法執行。

因此在空間與時間的平衡下最後選擇 Heap Sort。

最後，雖然平常我們討論的幾乎都是大資料的情形，但上述這些排序演算法本質上都是分治法(Divide and Conquer)，也就是不斷拆分下去，最後都會把資料縮減到一定程度。

那問題就來了：對於小資料而言，有比 Quick Sort 更快的演算法嗎？

是的，有，它就是 Insertion Sort。讓我們比較小規模資料(20 筆)下的排序速度，下圖是排序 20 筆資料 10 萬次的時間分布：

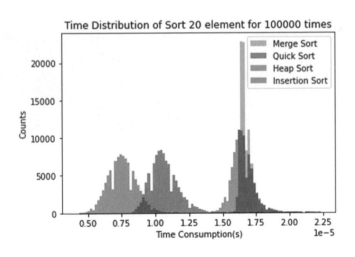

可以發現：Insertion Sort > Quick Sort > Merge Sort ~ Heap Sort

小規模資料下，換成是 Insertion Sort 逆轉勝拿下冠軍！

所以，根據上面一步步推導的結果，C++ STL 中所用的排序法便是所謂的內觀排序(introsort)，步驟如下：

1. 原則上採取 Quick sort
2. 監控遞迴的深度，太深(>log(n)) 時改採 Heap sort
3. 長度下降到一定程度(20 筆)，採用 Insertion sort

習 題

1. 探討時間複雜度時，會區分成三種情形：最佳(Best Case)、平均(Average Case)、最差狀況(Worst Case)，分別代表面對不同狀況下所需要的最少、平均、最多的時間複雜度。

   如果我們想要把陣列裡頭的資料由小到大利用冒泡排序法(Bubble Sort)進行排序，最好的狀況是輸入陣列已經由小到大排序好了，比方說：

   $$Best\ case：[1, 2, 3, 4, 5]，這時候的時間複雜度 \in O(n)$$

   最壞的狀況是輸入陣列是由大到小排序，也就是完全相反的順序，比方說：

   $$Worst\ case：[5, 4, 3, 2, 1]，這時候的時間複雜度 \in O(n^2)$$

   如果今天有一個陣列，裡頭有五筆資料，恰好分別是 1~5，請回答下述排序演算法中的 Best case、Worst case 與其相對應的時間複雜度。注意有些排序演算法可能沒有 Best case 與 Worst case 之分。

   i.   Best Case、Worst Case 選項：

   　　A.　[1, 2, 3, 4, 5]

   　　B.　[5, 4, 3, 2, 1]

   　　C.　沒有 Best Case 或 Worst Case 的差別

   ii. Time Complexity of Best Case or Worst Case 選項：

   　　A.　O($\log_2 n$)

   　　B.　O(n)

   　　C.　O(n $\log_2 n$)

   　　D.　O(n^2)

   　　E.　以上皆非

	Best Case	Time Complexity of Best Case	Worst Case	Time Complexity of Worst Case
Merge sort				
Selection sort				
Shaker sort				
Quick sort				
Insertion sort				

2. 下列關於快速排序法(Quick Sort)的敘述哪些為真？ (複選)

   A.　若挑選到資料的中位數，此時為 Best case

   B.　Best case 下的遞迴可寫成 $T(n) = 2T\left(\frac{n}{2}\right) + cn, c\ is\ a\ constant$

   C.　Best case 下的時間複雜度為 $O(n^2)$

   D.　若挑選到資料的最大值或最小值，此時為 Worst case

   E.　Worst case 下的遞迴可寫成 $T(n) = T(n-1) + cn, c\ is\ a\ constant$

   F.　Worst case 下的時間複雜度為 $O(n \log_2 n)$

3. 如果利用 Quick Sort 經過第一輪的 Partition 後，得到以下陣列，請問陣列中的哪些資料有可能是此輪的 Pivot？ (複選)

$$[5, 7, 8, 6, 9, 12]$$

   A.　5

   B.　7

   C.　8

   D.　6

   E.　9

   F.　12

4. 下列哪些典型的排序法並非穩定排序(Stable Sort)？(複選)

   A. Bubble Sort

   B. Insertion Sort

   C. Merge Sort

   D. Selection Sort

   E. Heap Sort

   F. Quick Sort

5. 若給定一個已排序好的陣列，哪些排序法可以在 $O(n)$ 的時間內完成？(複選)

   A. Bubble Sort

   B. Insertion Sort

   C. Merge Sort

   D. Selection Sort

   E. Heap Sort

   F. Quick Sort

6. 如果 Merge Sort 中，Merge 兩已排序好的陣列僅需要 $O(1)$ ，則 Merge Sort 的時間複雜度會變成：

   A. $O(\log_2 n)$

   B. $O(n)$

   C. $O(n \log_2 n)$

   D. $O(n^2)$

   E. 以上皆非

7. 下列何種排序法會消耗最多的記憶體空間？

   A. Bubble Sort

   B. Insertion Sort

C. Merge Sort

D. Selection Sort

E. Heap Sort

F. Quick Sort

8. 若給定一陣列如下：

[1, 5, 3, 7, 8, 4, 6, 9, 2, 10]

A. 請問建立最大二元堆疊後，陣列中的內容為何？

B. 請問建立最小二元堆疊後，陣列中的內容為何？

C. 請問欲從左至右、從小到大排序，應選擇哪種二元堆疊？

D. 請問欲從左至右、從大到小排序，應選擇哪種二元堆疊？

搜尋 Search

本章要介紹的是「搜尋」。

首先，我們會定義何為「搜尋」，並說明搜尋這項操作為何如此重要。接著說明有哪些搜尋問題，以及在不同的資料下，各會遇到哪些不同的狀況。

再來介紹一些常見的搜尋方式：

A. 循序搜尋 Sequential Search
B. 二分搜尋 Binary Search
C. 插補搜尋 Interpolation Search
D. 黃金切割搜尋 Golden Section Search
E. 二元搜尋樹搜尋 Binary Tree Search
F. 雜湊搜尋 Hashing Search
G. 費氏搜尋 Fibonacci Search

不過，因為其中的「二元搜尋樹搜尋」、「雜湊搜尋」主要是依賴相應的資料結構實作，所以本書主要介紹「循序搜尋」、「二分搜尋」、「插補搜尋」、「黃金切割搜尋」與「費氏搜尋」，其中，最重要、最實用、最常考到的是「二分搜尋」，務必熟悉「二分搜尋」的寫法。

本章的最後會把搜尋做總結，並做一些實戰練習。

5-1 搜尋簡介

「搜尋」是要在一個集合內,找出具特定鍵值 Key 的元素,該集合可能為未排序或已排序。

不同的資料結構會影響搜尋方式與效率,視資料是以陣列、雜湊表、二元樹,或其他結構儲存,在搜尋時的適用方式與效率都會有很大不同。

同樣的,搜尋也會有 Worst / Average / Best case 之分。通常 Best case 都是 $O(1)$,代表第一個檢查的元素恰好就是要找的目標資料。

搜尋同樣可以分為「內部搜尋」和「外部搜尋」。內部搜尋指的是搜尋過程中資料可以全部載入記憶體中,外部搜尋則代表搜尋過程中會用到外部記憶體。

另外,Successful Search 代表成功找到該筆資料在資料結構中的位置,Unsuccessful Search 則代表確定該筆資料並不存在於要找的資料結構中。

本章中介紹搜尋時,使用的資料結構皆為陣列,不過同樣的方法也可以應用在各種 Sequential container 上,比如向量 Vector、鏈結串列 Linked list 也適用。

5-2 循序搜尋

循序搜尋,顧名思義就是從資料結構中的第一筆資料開始,一筆一筆向後找,直到最後一筆。

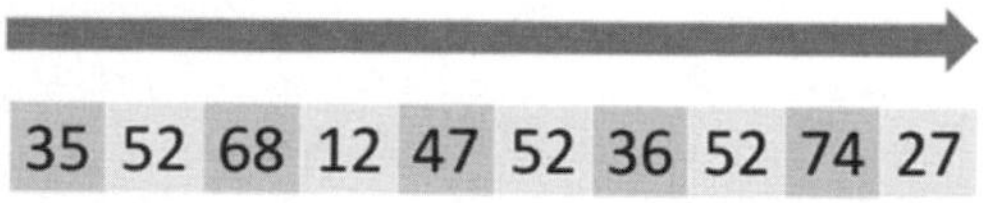

35 52 68 12 47 52 36 52 74 27

這其實就是一種暴力解,比如在上圖的陣列中要找到 74 這筆資料,就從 35、52、68、... 如果一筆資料不符合要找的值,就繼續往後找。

進行循序搜尋時，資料不需要事先經過排序（要記得如排序等資料「前處理」也會花費時間），而最壞狀況下要找的對象可能是容器中的最後一筆資料，因此前面每筆資料都要被檢查，使得循序搜尋的複雜度為 $O(n)$。

5-2-1 實作循序搜尋

範例程式碼

Chapter05/05_01_Sequential_Search.cpp

循序搜尋

```
1   // 傳入引數中，data[]是資料結構
2   // len 是資料筆數、target 是要找的目標
3   int Sequential_Search(int data[], int len, int target){
4      for (int i = 0; i < len; i++){
5         // 目前檢查的資料是目標資料時，回傳索引值
6         if (data[i] == target)
7            return i;
8         // 找到陣列結尾仍然沒有找到時，回傳 -1
9         else if (i == len-1)
10           return -1;
11     }
12  }
```

因為索引值自 0 開始，所以當函式無法在資料結構中找到目標時，習慣上我們會讓它回傳 -1 藉此讓使用者知道此時無法在資料結構中找到該筆資料。

此外當容器中有數筆資料都與目標資料的值相同時，會回傳的是最前面符合的那筆資料的索引值。

5-2-2 循序搜尋的複雜度

- Worst case：檢查到容器結尾才找到，$O(n)$
- Best case：在容器第一筆資料就找到，$O(1)$

■ Average case：

因資料可能出現在第一筆、第二筆、第三筆、...、最後一筆,平均要找的次數就是:

$$\frac{1+2+3+\cdots+n}{n} = \frac{n+1}{2},\text{複雜度為 } O\left(\frac{n}{2}\right) = O(n)。$$

5-3 二分搜尋法

二分搜尋法是最重要的搜尋演算法之一,後續會介紹到的插補搜尋、黃金切割搜尋等都是二分搜尋法的延伸。

二分搜尋法顧名思義,是把要找的資料分成兩邊,每次檢查一筆資料後,就用刪去法刪去其中一半的可能。

但是應用二分搜尋法時資料必須事先排序好,才能知道究竟要刪除哪一半,且使用的資料結構必須支援隨機存取(透過索引值直接取出資料),否則效能會很低落。

每次檢查一筆資料後,會分成三種狀況:

A. 確定找到或找不到要搜尋的目標
B. 尚未找到,但確定目標會出現在陣列的前半部
C. 尚未找到,但確定目標會出現在陣列的後半部

$$\boxed{12}\ \boxed{27}\ \boxed{35}\ \boxed{36}\ \boxed{47}\ \boxed{52}\ \boxed{52}\ \boxed{52}\ \boxed{68}\ \boxed{74}$$

5-3-1 二分搜尋法的進行過程

給定如上已經排序好的陣列,我們如果想要找到資料 27 的所在位置(索引值),因此先取出陣列中位數的索引值 5 ($\left\lfloor\frac{10}{2}\right\rfloor = 5$),這時索引值 5 取出來是 52。

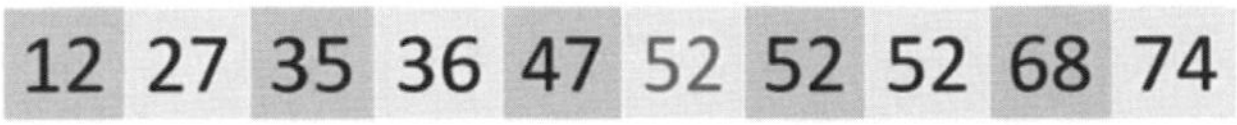

這代表：

- 索引值 5 左側的所有資料都會 ≤ 52
- 索引值 5 右側的所有資料都會 ≥ 52

利用這個特性便可以知道我們要查詢的資料究竟位於索引值 5 左側或右側，因為 52 > 27，所以 27 會出現在中位數 52 的左側，也就是陣列的前半段，此時，陣列的後半段就可以不再理會。

接下來，再取出索引值為 $\lfloor \frac{5}{2} \rfloor = 2$ 的 35 來檢查：

因為 35 > 27，所以 27 又會出現在 35 前面，只需再往前面檢查即可。

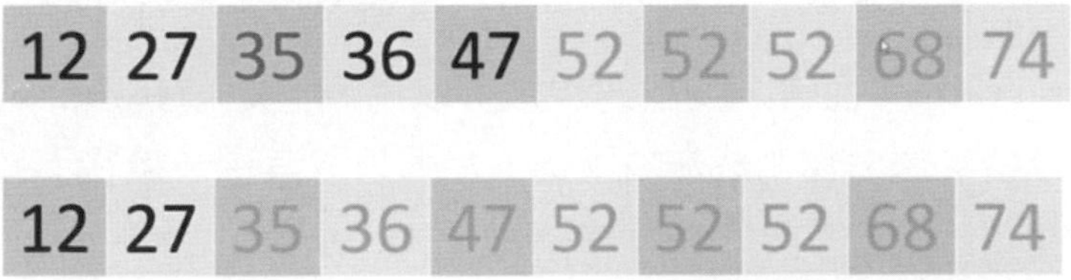

再來，取出索引值 $\lfloor \frac{2}{2} \rfloor = 1$ 的 27，發現符合值符合目標，回傳索引值 1。

如下圖所示，二分搜尋法的原理就是每次都把剩餘資料切成左右兩邊，並且決定目標究竟會出現在左邊還是右邊，再繼續針對該區間尋找。

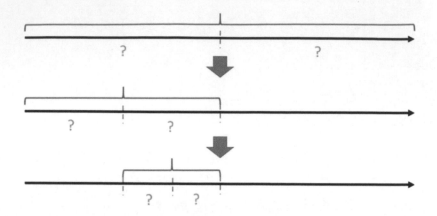

5-3-2 二分搜尋法的複雜度

在 Worst case 下，要一路找到最後一個中位數才能夠找到所要的資料，因此共需要檢查 $\log_2 n$（例如 8 筆資料最多要找 3 次）次中位數，因此複雜度為 $O(\log_2 n)$。

Best case 則是第一次取中位數時就正好與目標相符，複雜度為 $O(1)$。

平均 Average case 而言，要找的次數可以用我們之前學過的遞迴式來估算，因二分搜尋法會切割成左右兩邊，接著只取其中一邊往下做，因此遞迴式為：

$$T(n) = \begin{cases} T\left(\dfrac{n}{2}\right) + O(1), if\ n > 0 \\ 1, otherwise \end{cases}$$

得到複雜度為 $O(\log_2 n)$。

5-3-3 二元搜尋樹

另外，若使用二元搜尋樹來進行搜尋，如下圖所示，資料就存在二元搜尋樹的每個節點中，且二元搜尋樹的特性是每個節點的左節點一定比父節點的編號小，右節點一定比父節點編號大。

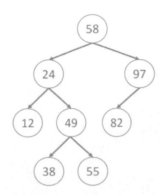

要在樹上找到特定編號，可以依照下列步驟，由根節點開始向下進行：

A. 當目標編號與現處節點一致，結束搜尋

B. 當目標編號跟現處節點不一致

    a. 目標編號比節點編號小，往左節點移動

    b. 目標編號比節點編號大，往右節點移動

C. 當現處節點為葉節點，且目標編號跟現處節點不一致，代表要找的編號不存在樹上，結束搜尋，並回傳空指標

若是完滿二元樹，每經過一次分岔，就可以刪去一半的資料，因此經過 n 次搜尋後，可以找完一個具有 $2^{n+1} - 1$ 個節點的二元搜尋樹。

因為搜尋次數約等於 $\log_2$(資料數目)，所以搜尋一棵平衡的二元搜尋樹的時間複雜度同樣為 $O(\log_2 n)$。

$$12 \quad 27 \quad 35 \quad 36 \quad 47 \quad 52 \quad 52 \quad 52 \quad 68 \quad 74$$

如果要在一個資料順序對應到二元搜尋樹的陣列（對應方式請參考資料結構相關書籍）當中尋找一筆資料，根據上面的規則，從 52 開始，因為 52 > 27，所以往左搜尋左子樹，左子樹的根節點 36 也大於 27，因此繼續往 36 的左子樹尋找，順利找到 27。

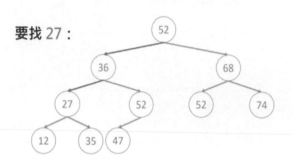

5-3-4 二分搜尋法的實作

範例程式碼

Chapter05/05_02_Binary_Search.cpp

二分搜尋法

```cpp
int Binary_Search(int data[], int lower, int upper, int target){
    if(upper < lower)
        return -1;
    int middle = (lower + upper) / 2;
    // 中位數 == target
    if(data[middle] == target)
        return middle;
    // 中位數 > target，搜尋左側
    else if(data[middle] > target)
        return Binary_Search(data, lower, middle - 1, target);
    // 中位數 < target，搜尋右側
    else if(data[middle] < target)
        return Binary_Search(data, middle + 1, upper, target);
}
```

二分搜尋法的撰寫基本上是必考題，每次進行二分搜尋法都會帶有此次搜尋的上下界，以上述程式碼為例，每次搜尋時都會取出中位數 data[middle]，接著根據不同狀況去更新上界 upper 與下界 lower，直至 upper < lower 代表這時的區間檢索完畢才結束。

每次搜尋時會有三種不同狀況 (假設陣列中的資料為升冪排列)：

A. data[middle] == target
   • 中位數等於目標資料，回傳該筆資料所在的索引值
B. data[middle] > target
   • 中位數大於目標資料，代表目標資料在中位數左側
   • 更新 upper = middle – 1 後，再次搜尋左側區間 lower ~ middle - 1
C. data[middle] < target
   • 中位數小於目標資料，代表目標資料在中位數右側
   • 更新 lower = middle + 1 後，再次搜尋右側區間 middle + 1 ~ upper

5-3-5 例題：用二分搜尋法求出根號的近似解

現在我們來利用二分搜尋法找出根號的近似解！首先讓使用者輸入一個大於 1 的數 x 與可容許誤差 E，接著透過二分搜尋法求出 $\sqrt{x}$，並且使得誤差落在 E 以內。

解題邏輯：

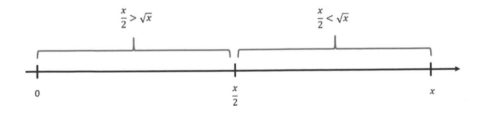

因為 x 大於 1，所以 $\sqrt{x}$ 的範圍一定介於 1 與 x 間。

利用二分搜尋法，把該區間分為左右兩半，並比較中位數 $\frac{x}{2}$ 與 $\sqrt{x}$ 何者較大，就可以決定繼續往哪邊向下搜尋。

如何決定 $\frac{x}{2}$ 與 $\sqrt{x}$ 何者較大呢？這時候可以把兩邊平方，比較 $\frac{x^2}{4}$ 與 x，就可能知道 $\sqrt{x}$ 會落在 $\frac{x}{2}$ 的左側或右側，接著，再把該區間分為一半往下搜尋，直到誤差小於可容許誤差時，結束搜尋。

當可容許誤差越大時，需要進行的搜尋次數越少，相反的，可容許誤差越小，就要進行越多次搜尋，不過因為二分搜尋法每次都可以把誤差減少一半，所以通常不需進行太多次，比如誤差若要縮小到原始區間的 $\frac{1}{1000}$，也只要進行 10 次搜尋即可（$\frac{1}{2^{10}} < \frac{1}{1000}$）。

範例程式碼

Chapter05/05_03_Square_Root.cpp

二分搜尋法求出根號近似解

```
1   #include <iostream>
2   #include <cmath> // for abs
3
4   using namespace std;
5
6   // 傳入值 x 是要求根號的數字
7   // lower 到 upper 是目前的區間
8   // error 是可容許誤差
9   double Square(double x, double lower, double upper, double error){
10      // 算出中間數值 middle
11      double middle = (lower + upper) / 2;
12
13      // 誤差小於容許值時，回傳 middle
14      if(abs(middle * middle - x) < error)
15          return middle;
16      // 搜尋 middle 左邊
17      else if(middle * middle > x)
18          return Square(x, lower, middle, error);
```

```
19        // 搜尋 middle 右邊
20        else if(middle * middle < x)
21            return Square(x, middle, upper, error);
22    }
23
24    int main()
25    {
26        double x,e;
27        cout << "Please enter x(x>1) and e:" << endl;
28        cin >> x >> e;
29
30        // 下界也可傳入 1，如 Square(x, 1, x, e)
31        cout << Square(x,0,x,e);
32        return 0;
33    }
```

執行結果

```
Please enter a number(>1) and error:
>> 57 0.00001
7.54983
```

5-4 插補搜尋

插補搜尋是二分逼近法的改良版，在假設資料的值平均分佈的情形下，我們可以用「內插法」來找出資料最可能存在的索引值位置。

5-4-1 插補搜尋簡介

比起二分搜尋直接把資料切成兩半，插補搜尋會透過目標和「最大值」、「最小值」間的距離，來猜測資料最可能位在哪個索引值。

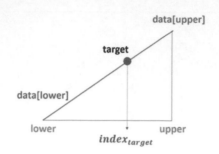

像上面的三角形中，*lower* 是區間內最低的索引值、*upper* 是區間內最高的索引值，如果假設資料是平均分佈在 *data*[*lower*] 和 *data*[*upper*] 之間（相鄰資料間都相差同樣的值），那每一筆資料都會落在斜邊上。

把 *target* 的值標在斜邊上後，透過公式來把對應到底邊上的值算出來，就可以知道 *target* 最可能落在 *lower* 到 *upper* 間的哪個索引值。

（1）插補搜尋的目標

公式如下：因為 $data[lower] - target - index_{target}$ 和 $data[lower] - data[upper] - upper$ 兩個三角形為相似三角形：

$$\frac{target - data[lower]}{index_{target} - lower} = \frac{data[upper] - data[lower]}{upper - lower}$$

移項之後，可以得到：

$$index_{target} = lower + \frac{(target - data[lower])(upper - lower)}{data[upper] - data[lower]}$$

透過上面的公式，就可以不用總是假設要找尋的目標會出現在區間中間，而是去找資料平均分布時其最可能出現在哪個索引值上。

比如說若資料是 1、2、3、...、10 共十筆，而要找的目標是 8，那麼顯然目標會比較接近 10，而非正好位在中間，如果使用二分搜尋法，仍然會以中間的 5 或 6 來切出兩個區間，但如果改用插補搜尋，就可以很快找到精確的位置。

不過，如果實際資料並不符合平均分佈的假設時，插補搜尋不一定會比二分逼近法來得好。

5-4-2 插補搜尋的實作

範例程式碼

Chapter05/05_04_Interpolation_Search.cpp

插補搜尋 Interpolation Search

```
1   int Interpolation_Search(int data[], int lower, int upper, int target){
2       // 邊界條件：區間內沒有資料
3       if(upper < lower)
4           return -1;
5       int upper_data = data[upper];
6       int lower_data = data[lower];
7       // 透過公式算出目標最可能在的索引值 index
8       int index = lower +
9           (target-lower_data)*(upper-lower)/(upper_data-lower_data);
10      // 與二分搜尋法一樣分成三種情況處理
11      // data[index] 正好就是目標
12      if(data[index] == target)
13          return index;
14      // data[index] 比目標的值大
15      // 尋找左側區間
16      else if(data[index] > target)
17          return Interpolation_Search(data, lower, index-1, target);
18      // data[index] 比目標的值小
19      // 尋找右側區間
20      else if(data[index] < target)
21          return Interpolation_Search(data, index+1, upper, target);
22  }
```

可以發現插補搜尋的實作基本上和二分搜尋法雷同，唯一差別在於插補搜尋假設資料是平均分布，並且藉此計算出該筆資料最有可能的落點。

5-5 黃金切割搜尋

黃金切割搜尋只適用於特定的狀況:用來找出函式在某個區間內的極值,
且只適用在「單峰函式 unimodal function」上。

單峰函式指的是函式在區間內的二階微分只有正值或只有負值,也就是
說,在該區間內只會出現「一個」極值而已。

5-5-1 黃金切割搜尋的原理

要找出一個單峰函式的極值時,二分搜尋法並不適用,因為即使從中間切
一刀後,仍然無法判別極值會出現在左邊還是右邊。所以面對一個單峰函
式時,必須同時切兩刀,如下圖中的 b 和 c 兩刀,而 a 和 d 則分別是區間
的下界與上界。

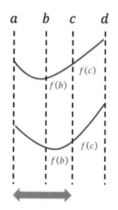

如果在 b 和 c 這兩個位置得到的函式值 $f(b)$ 和 $f(c)$ 有 $f(c) > f(b)$ 的關
係,那麼一定是上面兩種狀況之一:極值出現在 b 的左邊,或者極值出現

在 b 和 c 之間，不管是兩種狀況中哪一個，極值都是出現在 [a,c]，此時就可以排除極值在 [c,d] 的可能性。

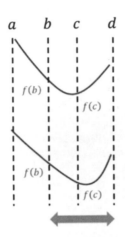

反之，如果 $f(b) > f(c)$，那麼也有兩種情形：極值出現在 c 的右邊，或者出現在 b 和 c 之間。這兩種狀況下，極值都會出現在 [b,d]，也就可以排除極值在 [a,b] 的可能性。

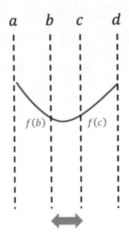

另外，如果 $f(b) = f(c)$，則極值會出現在 [b,c]，不過因為這種情況很少出現，所以可以與上面兩種情形任一合併處理。

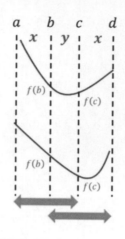

5-5-2 選擇切割點

黃金切割搜尋中,每次都要切出兩刀才能夠知道極值所在的區間,那要怎麼切才會使得效率最好呢?

把區間限縮後,還要繼續往下搜尋,所以如果上一輪切割出的兩刀,其中一刀變成下一輪的上 / 下界,而另外一刀則正好可以沿用為下一輪兩刀中的其中一刀,則每一輪實質上就只需要多切一刀就好了(每切一刀都要取出該處的函式值,會耗費時間,所以執行越少次越好)。

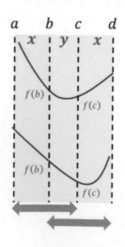

上圖中，因為 $f(b) > f(c)$，所以下一輪會針對 [b,d] 搜尋，此時 b 變成下一輪的下界，而若 c 能夠被沿用為下一輪的其中一刀（下一輪兩刀中左邊那一刀），則下一輪只要多切右邊那一刀即可。

有了這層關係，我們就可以來計算這特定的長度比例：

$$\overline{ab}:\overline{ad} = \overline{bc}:\overline{bd}$$

又因為兩端一定要對稱（因為有時會取到 [a,c]，有時會取到 [b,d]），所以可以得到：

$$\overline{ab}:\overline{bc}:\overline{cd} = x:y:x$$

這樣一來，可以列出等式：

$$\frac{\overline{ab}}{\overline{ad}} = \frac{\overline{bc}}{\overline{bd}}$$

$$\frac{x}{2x+y} = \frac{y}{x+y}$$

求解上式，會得到：

$$\frac{x}{y} = \frac{1+\sqrt{5}}{2}$$

也就是說，$\overline{ac}:\overline{ad}$ 和 $\overline{bd}:\overline{ad}$ 的值都是

$$\frac{x+y}{2x+y} = \frac{-1+\sqrt{5}}{2} \approx 0.618$$

用這個比例就可以找到 b 和 c 應該切的位置，而 0.618 正好就是「黃金比例」。

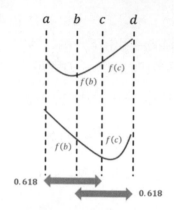

上圖中，先根據黃金比例切出 b 和 c，並且得到 $f(b)$ 和 $f(c)$ 的值。

A. 如果 $f(c) > f(b)$
  - 極值落在 [a,c]，下一輪要再切出 e，使得 $\overline{ce}:\overline{ac} = 0.618:1$
B. 如果 $f(c) < f(b)$
  - 極值落在 [b,d]，下一輪要再切出 e，使得 $\overline{be}:\overline{bd} = 0.618:1$

5-5-3 黃金切割搜尋的效率

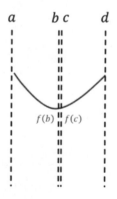

為什麼不直接在中點附近取兩個很接近的點（二分搜尋），而要使用黃金比例來切割呢？不是只要任意切兩刀，都可以縮減區間嗎？更何況切在中點附近時，每輪排除的區間是 50%，似乎比黃金切割的 38.2%（1 − 0.618）來得大。

這是因為如果在中點附近取兩個很接近的點，那麼下一輪這兩個點（b、c）一定都不能延用成切割點，因此必須要再呼叫兩次切割函式。

這樣一來，事實上「每次」呼叫切割函式只縮減了 25% 的總區間，而黃金切割搜尋則因為可以重複上一輪的運算結果，呼叫一次函式就可以縮減38.2% 的區間，也就是説，在同樣的呼叫次數下，黃金切割搜尋可以排除更大比例的區間，效率較高。

5-5-4 黃金切割搜尋的實作

範例程式碼

Chapter05/05_05_Gold_Search.cpp

黃金切割搜尋 Golden Section Search

```
// 找尋區間
int gold_1(int lower,int upper){
    return lower + (upper-lower)*0.382;
}

// 找尋區間
int gold_2(int lower,int upper){
    return lower + (upper-lower)*0.618;
}

int Gold_Search(int data[], int len) {
    // 極值不會出現在開頭或結尾
    // i 從 1 到 len - 2
    int lower = 1;
    int upper = len - 2;
    int cut_1 = gold_1(lower, upper);
    int cut_2 = gold_2(lower, upper);
    while(cut_2 > cut_1){
        // 極值在左側
        if(data[cut_1] > data[cut_2]){
```

```
21            upper = cut_2;
22            cut_2 = cut_1;
23            cut_1 = gold_1(lower, upper);
24        }
25        // 極值在右側
26        else{
27            lower = cut_1;
28            cut_1 = cut_2;
29            cut_2 = gold_2(lower, upper);
30        }
31    }
32    for(int i = lower; i <= upper; i++){
33        if(data[i] <= data[i-1] && data[i] <= data[i + 1])
34            return i;
35    }
36    return -1;
22 }
```

5-6 費氏搜尋

5-6-1 費氏搜尋的操作

費氏搜尋在移動陣列索引值時不像二分搜尋法檢索中間的資料，而是去參考費氏數列，如此可以讓區間更快收斂。

首先來看費氏數列的定義：

$$\text{Fibo(n)} = \text{Fibo}(n-1) + \text{Fibo}(n-2), while\ n > 2$$
$$Fibo(1) = 1,\ Fibo(2) = 1$$

可以看出一個費氏數列的組成為：[1, 1, 2, 3, 5, 8, 13, 21, 34, ...]

來看費氏搜尋的步驟，假設我們要從下面的 data 陣列中找尋特定元素：

12 27 35 36 47 52 52 52 68 74

1. 找到不大於陣列長度 n + 1 的最大費波那契數 Fibo(x)
   - 不大於陣列長度 10 + 1 = 11 的最大費波那契數為 Fibo(6) = 8
2. 求以下數字：
   - y = x − 1 = 5
   - m = 10 − Fibo(x) = 2
3. Fibo(y) = 5
   - 若 data[5] > 目標 → 從索引值 Fibo(y) = 5 開始搜尋
   - 若 data[5] < 目標 → 從索引值 Fibo(y) + m = 7 開始搜尋
4. 若數列中的數大於目標時，往左找，否則就往右找
   - 每次依序移動 Fibo(4)、Fibo(3)、Fibo(2)、Fibo(1)
   - 當 Fibo(1) = 1 時還沒有找到，代表該筆資料不存在於陣列中

以搜尋 68 這個數為例，一開始作費氏搜尋時，為了方便運算，通常會在陣列最開頭補上負無限大，如此以來陣列的索引值便會從 1 開始，也因此可以把費氏數列的值直接當索引值用。

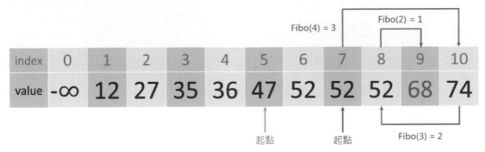

根據剛剛的運算，因 data[5] < 目標，須從 5 + m = 7 開始檢索，此時檢索到的資料為 52 < 68，因此須往右查找，過程如下：

1. 因 52 < 68，往右 Fibo(4)，也就是 3 格，這時候會進到索引值 10
2. 因 74 > 68，往左 Fibo(3)，也就是 2 格，這時候會進到索引值 8
3. 因 52 < 68，往右 Fibo(2)，也就是 1 格，這時候會進到索引值 9

4. 索引值 9 就是我們要查找的 68，結束！

data[5] < 目標代表要找的資料在右側，此時把起始檢索的索引值 + m 的用意是讓下一個檢索到的值剛好是陣列中的最後一個位置（證明在下頁）。

再以搜尋 35 為例，因 data[5] > 目標，直接從 5 開始檢索即可。

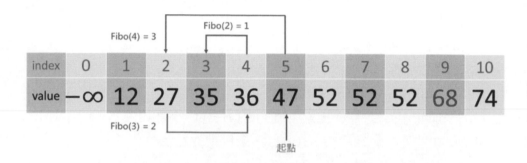

1. 因 47 > 35，往左 Fibo(4)，也就是 3 格，這時候會進到索引值 2
2. 因 27 < 35，往右 Fibo(3)，也就是 2 格，這時候會進到索引值 4
3. 因 36 > 35，往左 Fibo(2)，也就是 1 格，這時候會進到索引值 3
4. 索引值 3 就是我們要查找的 35，結束！

5-6-2　費氏搜尋的原理

費氏搜尋法的過程相較二分搜尋法複雜，簡單來說就是以費氏數列作為每次檢索的區間，至於為何透過費氏數列可以達成我們的要求呢？回頭看費氏數列的定義如下：

$$\text{Fibo(n)} = \text{Fibo}(n-1) + \text{Fibo}(n-2), while\ n > 2$$

也就是說每個費氏數列都可以拆成前面兩項的和，如果我們把費氏數列中的每個數值都當作距離來看待的話，每段費氏數列的長度都是前面兩段的和，比方說在下圖中 Fibo(5) = Fibo(4) + Fibo(3)，而 Fibo(4) = Fibo(3) + Fibo(2)。

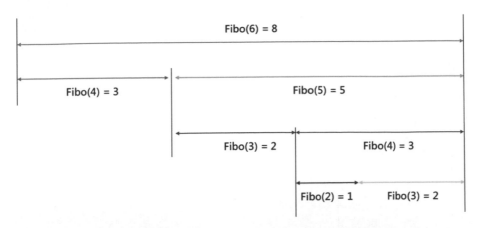

如果把這裡的每個數值看作是區間，那如果已知要查找的數值落在 Fibo(5) 的區間內的話，則透過逐步移動 Fibo(4)、Fibo(3)、Fibo(2) 最後必可以找遍區間內的所有元素。

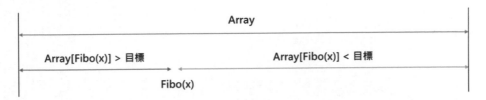

因此第一次查找時，如果索引值 Fibo(x) 上的資料 > 目標，代表目標落在 Fibo(x) 左側，直接從 Fibo(x) 開始搜尋即可。但若索引值 Fibo(x) 上的資料 < 目標，代表目標落在 Fibo(x) 右側，為了確保所有的資料都能夠有機會被檢索，因此才需要另外加上 m，是讓下一個檢索到的值剛好是陣列中的最後一個位置，即算式

$$Fibo(y)+m+Fibo(y\text{-}1)$$
$$= Fibo(y)+[n\text{-}Fibo(y+1)]+Fibo(y\text{-}1)$$
$$= n+[Fibo(y)+Fibo(y\text{-}1)\text{-}Fibo(y+1)]$$
$$= n$$

到這裡你也可以發現費氏搜尋只會用到加減法，在運算上會比需要乘除法的其餘搜尋演算法來得快。

5-6-3 費氏搜尋的實作

範例程式碼

Chapter05/05_06_Fibonacci_Search.cpp

費氏搜尋 Fibonacci Search

```
1    int Fibonacci_Search(int data[], int len, int target)
2    {
3
4        int fibo_1 = 0;
5        int fibo_2 = 1;
6        int fibo_3 = fibo_1 + fibo_2;
7
8        // 先找大於等於陣列長度 len 的最小費氏數
9         while (fibo_3 < len) {
10           fibo_1 = fibo_2;
11           fibo_2 = fibo_3;
12           fibo_3 = fibo_1 + fibo_2;
13       }
14
15       // 目前所在的索引值
16       int current = fibo_1 - 1;
17       current = current >= 0 ? current : 0;
18
19       // 目標在 fibo_1 - 1 右側，須加上 m
20       if (data[current] < target) {
21           current += len - fibo_2;
22       }
23
24       while (fibo_3 > 0) {
25           current = current >= 0 ? current : 0;
26           current = current < len ? current : len - 1;
27           // 找到目標，回傳索引值 current
28           if(data[current] == target)
29               return current;
30           // 目標資料在 current 的右側
31           // current 往右移動 fibo_1
32           else if (data[current] < target) {
```

```
33          fibo_3 = fibo_2;
34          fibo_2 = fibo_1;
35          fibo_1 = fibo_3 - fibo_2;
36          current += fibo_1;
37      }
38      // 目標資料在 current 的左側
39      // current 往左移動 fibo_1
40      else if (data[current] > target) {
41          fibo_3 = fibo_2;
42          fibo_2 = fibo_1;
43          fibo_1 = fibo_3 - fibo_2;
44          current -= fibo_1;
45      }
46   }
47   // 找不到資料，回傳 -1
48   return -1;
49 }
```

5-7 雜湊搜尋

雜湊搜尋指的是給定任意的輸入（目標），經過「雜湊函式」的轉換後，會輸出一個介於 0 到 $m-1$ 之間的值（索引值）。

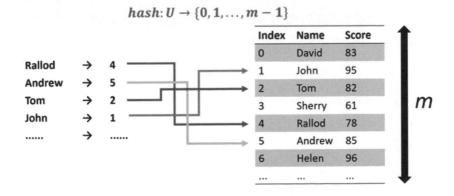

因此只要有適當的雜湊函式，每次要搜尋特定值時，複雜度都只要 $O(1)$。

惟雜湊搜尋仰賴特定的資料結構來完成，本書中因篇幅限制不再另外敘述，細節與實作部分會在資料結構一書中另行說明。

5-8 搜尋總結

資料可以分成「已經過處理」與「未經過處理」兩種，所謂的處理通常指的是排序。

A. 如果未經過處理，則只能使用循序搜尋
B. 如果經過事先排序，就能使用二分搜尋、插補搜尋
C. 如果事先建立好雜湊表，就能使用雜湊搜尋

不過資料「前處理」花費的時間也要納入考慮，比方說循序搜尋的時間複雜度是 $O(n)$，但前處理中排序的時間複雜度則是 $O(n \log_2 n)$，也就是說前處理花費的時間會比搜尋來的多！

那為什麼我們多半還是會把資料加以處理/排序呢？這是因為通常我們在操作資料的時候都是以查詢居多，這時候如果有事先把資料加以排序，那往後的每次搜尋都能大幅加速！排序一次就可以加速後面無數次的查詢，多少有點「前人種樹、後人乘涼」的感覺。

但如果你確定你的資料只會被搜尋一次時，其實可以使用循序搜尋就好，不需要另外花時間把資料加以排序。

5-8-1 各種搜尋的複雜度

搜尋複雜度	最好複雜度	平均複雜度	最壞複雜度
線性搜尋	$O(1)$	$O(n)$	$O(n)$
二分搜尋	$O(1)$	$O(\log_2 n)$	$O(\log_2 n)$
二元樹搜尋	$O(1)$	$O(\log_2 n)$	$O(\log_2 n)$
插補搜尋	$O(1)$	$O(\log_2 n)$	$O(n)$
費氏搜尋	$O(1)$	$O(\log_2 n)$	$O(\log_2 n)$
雜湊搜尋	$O(1)$	$O(1)$	$O(1)$

二分搜尋和二元樹搜尋每次都會把要找尋的區間減半,因此平均複雜度都為 $O(\log_2 n)$。

插補搜尋則在最壞狀況下需要 $O(n)$,因為若資料分佈非常不平均,如在 [1, 99, 100, 100, 100, ..., 100] 中搜尋 99,因為會一直去找陣列的後端,所以效率不佳,不過插補搜尋的平均複雜度仍是 $O(\log_2 n)$。

本章介紹的各種搜尋法中,以二分搜尋最常考,請務必熟悉原理與實作。

5-8-2 C++ STL 的二分搜尋法

C++ STL 的 <algorithm> 函式庫中也提供了二分搜尋法可以直接使用,不需要再自己刻,但如同前面所述,二分搜尋法只適用於已排序好的資料,所以使用前務必先加以排序。

C++ STL 的 $lower\_bound()$ 與 $upper\_bound()$ 便是使用二分搜尋法,語法如下,其中 $first, last$ 皆為容器內的迭代器:

■ $upper\_bound(first, last, target)$
■ $lower\_bound(first, last, target)$

其回傳的相對位置如下圖,假設搜尋 3 這個元素,則 $lower\_bound()$ 會是所有 3 裡頭最左邊的值,而 $upper\_bound()$ 則是回傳比所有的 3 剛好大一個的位置,且兩者回傳的都是迭代器,關於迭代器的進一步介紹可以參考資料結構一書。

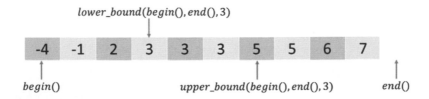

如果想知道該位置的索引值,可以透過與 $begin()$ 相減得到兩者間的距離即是索引值。

範例程式碼

Chapter05/05_07_STL.cpp

C++ STL 內的二分搜尋法

```cpp
1   #include <iostream>
2   #include <vector>
3   #include <algorithm>
4
5   using namespace std;
6
7   int main()
8   {
9       vector<int> data = {8, 9, 6, 5, 3, 6, 7, 4, 2, 1};
10      // 預設從小排到大
11      sort(data.begin(), data.end());
12
13      auto iter_upper =
14          upper_bound(data.begin(), data.end(), 5);
15      auto iter_lower =
16          lower_bound(data.begin(), data.end(), 5);
17
18      cout << "Data: ";
19      for(int i : data){
20          cout << i << " ";
21      }
22      cout << endl;
23      cout << "Upper bound of 5:"
24          << *iter_upper << endl;
25      cout << "Lower bound of 5:"
26          << *iter_lower << endl;
27
28      cout << "Index of upper bound: "
29          << iter_upper - data.begin() << endl;
30      cout << "Index of lower bound: "
31          << iter_lower - data.begin() << endl;
32
```

```
33      return 0;
34   }
```

執行結果

```
Data: 1 2 3 4 5 6 6 7 8 9
Upper bound of 5:6
Lower bound of 5:5
Index of upper bound: 5
Index of lower bound: 4
```

若把排序的第 11 行程式碼註解掉（不先把資料排序）則會出錯：

```
Data: 8 9 6 5 3 6 7 4 2 1
Upper bound of 5:8
Lower bound of 5:8
Index of upper bound: 0
Index of lower bound: 0
```

5-9 實戰練習

5-9-1 LeetCode #852. Peak Index in a Mountain Array

山形陣列中的最大值

【題目】

如果一個陣列 arr 符合以下條件，就把它叫做「山形陣列」：

    a. $arr.length \geq 3$

    b. 存在某個 i，且 $0 < i < arr.length - 1$，使得

        $arr[0] < arr[1] < \cdots < arr[i - 1] < arr[i]$

        $arr[i] > arr[i + 1] > \cdots > arr[arr.length - 1]$

給定一個山形陣列 arr，回傳所有符合條件的 i，使得

$$arr[0] < \cdots < arr[i-1] < arr[i] > arr[i+1] > \cdots > arr[arr.length-1]$$

【出處】

https://leetcode.com/problems/peak-index-in-a-mountain-array/

【範例輸入與輸出】

- 範例一：
  - 輸入：arr = [0,1,0]
  - 輸出：1
- 範例二：
  - 輸入：arr = [0,10,5,2]
  - 輸出：1

【解題邏輯】

本題其實也是要找出一個單峰函式的極值，只是本章在介紹時是以找「最小值」來說明，此題則要找「最大值」。

本題有三種解法：分別是循序搜尋、二分搜尋和黃金切割搜尋。

範例程式碼

Chapter05/05_08_peakIndexInMountainArray_Sequential_Search.cpp

循序搜尋找出山形陣列中的最大值

```
1   class Solution{
2   public:
3      int peakIndexInMountainArray(vector<int>& arr){
4         // 極值不會出現在開頭或結尾
5         // i 從 1 到 arr.size()-2
6         for (int i = 1; i < arr.size() - 1; i++){
7            if (arr[i] > arr[i - 1] && arr[i] > arr[i + 1])
8               return i;
9         }
```

10	// leetcode 要求處理例外
11	return -1;
12	}
13	};

範例程式碼

Chapter05/05_08_peakIndexInMountainArray_Binary_Search.cpp

二分搜尋找出山形陣列中的最大值（在很靠近中間的位置切兩刀）

```cpp
class Solution{
public:

    int peakIndexInMountainArray (vector<int>& arr){
        int lower = 1;
        int upper = arr.size() - 2;
        while (upper >= lower){
            // 避免溢位，不直接相加除以 2
            int middle = lower + (upper-lower)/2;
            // 找到目標值
            if (arr[middle] > arr[middle - 1] &&
                arr[middle] > arr[middle + 1]){
                return middle;
            }
            // middle 位在左邊山坡上，要往右邊區間找
            else if (arr[middle] < arr[middle + 1]){
                lower = middle + 1;
            }
            // 這次的 middle 位在右邊山坡上，要往左邊區間找
            else {
                upper = middle - 1;
            }
        }
        // leetcode 要求處理例外
        return -1;
    }
};
```

範例程式碼

Chapter05/05_08_peakIndexInMountainArray_Gold_Search.cpp

黃金切割尋找山形陣列中的最大值

```cpp
1   class Solution{
2       // 回傳黃金切割的索引值
3       // 也可以選擇不使用 0.382 和 0.618，改用數學算出實際精確值
4       int gold_1(int lower, int upper){
5           return lower + (upper - lower) * 0.382;
6       }
7       int gold_2(int lower, int upper){
8           return lower + (upper - lower) * 0.618;
9       }
10  public:
11      int peakIndexInMountainArray(vector<int>& arr){
12          // 極值不會出現在開頭或結尾
13          // i 從 1 到 arr.size()-2
14          int lower = 1;
15          int upper = arr.size() - 2;
16          int cut_1 = gold_1(lower, upper);
17          int cut_2 = gold_2(lower, upper);
18          // cut_1 和 cut_2 切出的區間有資料時可以繼續執行
19          while (cut_2 > cut_1){
20              // 如果極值在 cut_2 左邊
21              // cut_2 變為上界
22              // cut_1 變為下一輪的 cut_2
23              // 新切出下一輪的 cut_1（區間為原先的 [lower, cut_2]）
24              if (arr[cut_1] > arr[cut_2]){
25                  upper = cut_2;
26                  cut_2 = cut_1;
27                  cut_1 = gold_1(lower, upper);
28              }
29              // 如果極值在 cut_1 右邊
30              // cut_1 變為下界
31              // cut_2 變為下一輪的 cut_1
32              // 新切出下一輪的 cut_2（區間為原先的 [cut_1, upper]）
```

```
33        else {
34            lower = cut_1;
35            cut_1 = cut_2;
36            cut_2 = gold_2(lower, upper);
37        }
38      }
39      // 因為這題不能無限切割下去（索引值必須是整數）
40      // 所以上面迴圈只能先限縮 lower 和 upper 的值
41      // 仍然要在這個區間內尋找極值
42      // 因為極值不會出現在開頭及尾端，要調整 lower 和 upper
43      lower = (lower > 0 ? lower : 1);
44      upper = (upper < arr.size() - 1 ?
45        upper : arr.size() - 2);
46      for (int i = lower; i <= upper; i++){
47        if(arr[i] > arr[i - 1] && arr[i] > arr[i + 1])
48          return i;
49      }
50      return -1;
51    }
52 };
```

5-9-2 LeetCode #35. 找尋插入位置 Search Insert Position

【題目】

給定一個已排序的整數陣列（數字不重複）和目標值，如果目標在陣列中，回傳其索引值，如果不在陣列中，則回傳其應該插入在哪個索引值，才能使陣列仍然符合排序。

【出處】

https://leetcode.com/problems/search-insert-position/

【範例輸入與輸出】

- 範例一：
  - 輸入：nums = [1,3,5,6], target = 5
  - 輸出：2
- 範例二：
  - 輸入：nums = [1,3,5,6], target = 2
  - 輸出：1

上面的例子中 target 是 2 時，要插入在索引值 1 才能維持陣列排序。

範例程式碼

Chapter05/05_09_searchInsert_Recursion.cpp

找尋插入位置 Search Insert Position

```
1   class Solution{
2   // 使用二分搜尋法
3   int binary_search(vector<int>& nums, int lower, int upper, int target){
4       // 沒有找到時，回傳應該插入的位置 lower
5       if (upper < lower)
6          return lower;
7       int middle = lower + (upper - lower) / 2;
8       // 比較 nums[middle] 與 target 的大小
9       if (nums[middle] == target){
10          return middle;
11      }
12      else if (nums[middle] > target){
13          return binary_search(nums, lower, middle-1, target);
14      }
15      else {
16          return binary_search(nums, middle+1, upper, target);
17      }
18  }
19
20  public:
```

```
21     int searchInsert(vector<int>& nums, int target){
22         // 回傳二分搜尋的結果
23         return binary_search(nums, 0, nums.size()-1, target);
24     }
25  };
```

範例程式碼

Chapter05/05_09_searchInsert_Loop.cpp

找尋插入位置 Search Insert Position 的迴圈版本（較遞迴佔用記憶體空間少）

```
1   class Solution{
2   public:
3       int searchInsert(vector<int>& nums, int target){
4           int lower = 0;
5           int upper = nums.size()-1;
6           // 記錄要插入的位置
7           int position;
8           while(upper >= lower){
9               int middle = lower + (upper - lower) / 2;
10              if (nums[middle] == target){
11                  return middle;
12              }
13              else if (nums[middle] > target){
14                  upper = middle - 1;
15                  position = middle;
16              }
17              else {
18                  lower = middle + 1;
19                  position = middle + 1;
20              }
21          }
22          return position;
23      }
24  };
```

5-9-3 LeetCode #278. 第一個錯誤版本 First Bad Version

【題目】

你是一個產品經理，且正在帶領一個團隊開發新產品，但最新版本的產品無法通過品管測試。因為每個版本都是修改先前的版本而成，所以只要有一個版本發生錯誤，後面的每個版本也都會是錯的。

假設有 n 個版本 [1, 2,..., n]，而你想找到第一個發生錯誤的版本。有一個 API 會根據傳入的版本回傳該版本是否錯誤：bool isBadVersion(version)。

設計一個函式來找到第一個錯誤的版本，並最小化呼叫該 API 的次數。

【出處】

https://leetcode.com/problems/first-bad-version/

【範例輸入與輸出】

■ 範例一：
   ● 輸入：n = 5（bad = 4）
   ● 輸出：4

   呼叫 isBadVersion(3) -> false

   呼叫 isBadVersion(5) -> true

   呼叫 isBadVersion(4) -> true

   ● 發現第一個錯誤的版本是 4。

範例程式碼

Chapter05/05_10_firstBadVersion.cpp

第一個錯誤版本 First Bad Version
| ```
1    class Solution{
2    public:
3        int firstBadVersion(int n){
4            int lower = 0;
5            int upper = n;
``` |
```

```
6            // 使用二分搜尋
7         while (lower <= upper){
8            int middle = lower + (upper - lower) / 2;
9            // 檢查 middle 是否是錯誤的
10           bool bad = isBadVersion(middle);
11           // 如果 middle 是錯誤的,第一個錯誤版本在前面
12           if (bad){
13              upper = middle - 1;
14           }
15           // 如果 middle 是對的,第一個錯誤版本在後面
16           else {
17              lower = middle + 1;
18           }
19        }
20        // 回傳找到的第一個錯誤版本索引值 lower
21        return lower;
22     }
23  };
```

5-9-4　LeetCode #441. 安排硬幣 Arranging Coins

【題目】

你有 n 個硬幣,且你想要用這些硬幣來排出一個階梯的形狀。這個階梯有 k 個橫列,第 i 個橫列剛好會有 i 個硬幣,最下面的那個橫列可以不用填滿。

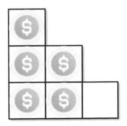

給定一個整數 n,回傳該階梯完整的「橫列」數。

【出處】

https://leetcode.com/problems/arranging-coins/

【範例輸入與輸出】

- 範例一：
  - 輸入：n = 5
  - 輸出：2
  - 第三個橫列沒辦法填滿，所以回傳 2

【解題邏輯】

應該回傳「k 個 row」的情形，最多可以放 $\frac{(k+1)[(k+1)+1]}{2}$ -1 個硬幣，因此：

$$\frac{k(k+1)}{2} <= n < \frac{(k+1)[(k+1)+1]}{2}$$

範例程式碼

Chapter05/05_11_arrangeCoins.cpp

安排硬幣 Arranging Coins

```
1   class Solution{
2       // 避免溢位，用函式計算 middle 層可以放的硬幣數
3       long long int sum(long long int middle){
4           return middle * (middle + 1) / 2;
5       }
6
7   public:
8       int arrangeCoins(int n){
9           int lower = 0;
10          // k 超過 2*sqrt(n) 時，k*(k+1)/2 一定超過 n
11          // 因此初始的上界 upper 可以取 2*sqrt(n)
12          // 若再向下取到 sqrt(2n) 會有邊界處理問題
13          int upper = 2 * sqrt(n);
14          while (upper > lower){
15              int middle = lower + (upper - lower) / 2;
16              // middle 層正好放的下 n 個硬幣
```

```
17            if (sum(middle) == n){
18                return middle;
19            }
20            // middle 層可以放超過 n 個硬幣
21            else if (sum(middle) > n){
22                upper = middle;
23            }
24            // middle 層放不下 n 個硬幣
25            else if (sum(middle) < n){
26                lower = middle + 1;
27            }
28        }
29        return lower-1;
30    }
31 };
```

5-9-5　APCS：基地台 (2017/03/04 P4)

【題目】

為因應資訊化與數位化的發展趨勢，某市長想要在城市的一些服務點上提供無線網路服務，因此他委託電信公司架設無線基地台。某電信公司負責其中 N 個服務點，這 N 個服務點位在一條筆直的大道上，它們的位置(座標)係以與該大道一端的距離 P[i] 來表示，其中 i=0~N-1。由於設備訂製與維護的因素，每個基地台的服務範圍必須都一樣，當基地台架設後，與此基地台距離不超過 R (稱為基地台的半徑)的服務點都可以使用無線網路服務，也就是說每一個基地台可以服務的範圍是 D=2R(稱為基地台的直徑)。現在電信公司想要計算，如果要架設 K 個基地台，那麼基地台的最小直徑是多少才能使每個服務點都可以得到服務。

基地台架設的地點不一定要在服務點上，最佳的架設地點也不唯一，但本題只需要求最小直徑即可。以下是一個 N=5 的例子，五個服務點的座標分別是 1、2、5、7、8。

假設 K=1，最小的直徑是 7，基地台架設在座標 4.5 的位置，所有點與基地台的距離都在半徑 3.5 以內。假設 K=2，最小的直徑是 3，一個基地台服務座標 1 與 2 的點，另一個基地台服務另外三點。在 K=3 時，直徑只要 1 就足夠了。

【範例輸入與輸出】

■ 輸入格式：

• 輸入有兩行。

• 第一行是兩個正整數 N 與 K，以一個空白間隔。

• 第二行 N 個非負整數 P[0]，P[1]，…．，P[N-1] 表示 N 個服務點的位置，這些位置彼此之間以一個空白間隔。

• 請注意，這 N 個位置並不保證相異也未經過排序。本題中，K<N 且所有座標是整數，因此，所求最小直徑必然是不小於 1 的整數。

• 已知 1≤ K < N ≤ 50,000

■ 輸出格式

• 輸出最小直徑，不要有任何多餘的字或空白並以換行結尾。

■ 範例一：

• 輸入：

5 2

5 1 2 8 7

• 正確輸出：

3

■ 範例二：

• 輸入：

5 1

7 5 1 2 8

- 正確輸出：

  7

【題目出處】

2017/03/04 APCS 實作題#4

本題可以到 zerojudge 上提交程式碼，網址為：

https://zerojudge.tw/ShowProblem?problemid=c575

【解題邏輯】

這題乍看之下很困難，但仔細想想，如果給你一個半徑，那麼可以很輕鬆地驗證這個半徑是否可行：只需要從左到右把每個城市依序放上基地台，看看目前的基地台數目 K 能否完全覆蓋。

二分搜尋法正適用於這種驗證答案容易、算出答案不容易的題型！

作法就是先撰寫一個函式 Covered 幫助我們檢查半徑 R 時能否滿足我們的要求，接著利用二分搜尋法找尋能夠滿足我們要求的半徑最小值，其中二分搜尋法的上界為最遠兩城市間的距離、下界則為 1，透過不斷利用中位數更新上界與下界來找出我們要的答案！

範例程式碼

Chapter05/05_12_基地台.cpp

基地台

```
1    #include<iostream>
2    #include<vector>
3    #include<algorithm>
4
5    using namespace std;
6
7    int N,K;
8    vector<int> City;
9
10   // 檢查半徑 R 是否可行
```

```
11   bool Covered(int R) {
12       // available 為手上還剩幾個基地台堪用
13       // limit 為目前的基地台最遠覆蓋到的位置
14       int available = K, limit = -1;
15       // 每個城市從左到右處理一次
16       for (int i = 0; i < N; i++) {
17           // 如果目前的城市覆蓋不到，就新增一個基地台
18           if (limit < City.at(i)) {
19               limit = (City.at(i) + R);
20               available--;
21           }
22           // 如果基地台用罄就回傳 false
23           if (available < 0)
24               return false;
25       }
26       // 此半徑可行，基地台夠用，回傳 True
27       return true;
28   }
29
30   int Binary_Search (int lower, int upper) {
31       // 從 lower 到 upper 中找可行的半徑解
32       while(true){
33           if(upper <= lower + 1){
34               if(Covered(lower))
35                   return lower;
36               else
37                   return upper;
38           }
39           int middle = (lower + upper) / 2;
40           // 中位數可行，搜尋左半部
41           if(Covered(middle))
42               upper = middle;
43           // 中位數不可行，搜尋右半部
44           else
45               lower = middle + 1;
46       }
```

```
47    }
48
49    int main () {
50        ios::sync_with_stdio(false);
51        cin.tie(NULL);
52
53        cin >> N >> K;
54        City.resize(N);
55        for (int i = 0; i < N; i++)
56            cin >> City.at(i);
57        sort(City.begin(), City.end());
59        // 上界是最遠兩城市的距離
59        // 下界是 1
60        cout <<
61                Binary_Search(1, (City.back() - City.front()))
62                << endl;
63        return 0;
64    }
```

5-9-6 APCS：圓環出口 (2020/07/04 P3)

【題目】

給定 N 個房間排成一個環，其中編號 i 的房間可以走到編號 $(i+1)$ mod N 的房間，i 的編號為 0 ～ N - 1，並且路徑為單向，且每次進入編號 i 的房間可以獲得 p_i 個點數，同時最一開始待的房間也可以獲得點數。

另外有 M 個任務，第 i 個任務需要蒐集到 q_i 個點數，若一開始在編號 0 的房間，當點數達到 q_i 時就可以完成第 i 個任務後並清空所有點數，清空點數後會進到下一個房間，當完成 M 個任務時，最後會停在哪個編號的房間？

【範例輸入與輸出】

- 輸入格式：

- 第一行有兩個正整數 n, m，代表 n 個房間 m 個任務，其中 $1 \leq n \leq$ 200,000 , $1 \leq m \leq 20,000$
- 第二行 n 個正整數，p_i，且總和不超過 10^9
- 第三行 m 個正整數，q_i，且其總和不超過第二行的總和

  ■ 輸出格式：

- 一個非負整數，表示最後停在哪個編號的房間

  ■ 範例一：

- 輸入

  6 3

  3 2 4 2 1 3

  11 8 7

- 輸出

  5

  ■ 範例二：

- 輸入

  5 2

  2 3 4 5 6

  8 7

- 輸出

  0

【題目出處】

2020/07/04 APCS 實作題 #3

本題可以到 zerojudge 上提交程式碼，網址為：

https://zerojudge.tw/ShowProblem?problemid=f581

【解題邏輯】

我們需要前 i 個房間總共可以獲得多少點數，藉此知道走過這些房間總共可以取得多少點數來完成任務，因此首先我們開一個新的向量 *prefix_sum*，*prefix_sum[i]* 代表前 i 個房間總共可以獲得多少點數，此即為

前綴和，然後搜尋 q_i 位在 *prefix_sum* 的哪個位置，且因為 *prefix_sum* 為遞增數列，故可以使用二分搜尋法加速搜尋。

比如說在範例一中：

i	0	1	2	3	4	5
p_i	3	2	4	2	1	3
prefix_sum	3	5	9	11	12	15

如果要搜尋任務一的 $q_0 = 11$，就是在 *prefix_sum* 中利用二分搜尋法找尋 11 ， 在 $i = 3$ 的 地 方 找 到 ， 下 次 再 從 $i = 3$ 的 地 方 開 始 找 $q_1 + pre\_sum[3] = 19$，但此時超出向量外，需扣去所有房間之總和 15 後得到 4 後再次在 *prefix_sum* 中找尋得到 $i = 1$。再從 $i = 1$ 的地方開始找 $q_2 + pre\_sum[1] = 12$，必須在 $i = 4$ 的房間才能解完任務，解完任務後最後留在 $i = 5$ 的房間中。

【範例程式碼】

Chapter05/05_13_圓環出口.cpp

圓環出口

```
1    #include <iostream>
2    #include <vector>
3    #include <algorithm>
4
5    using namespace std;
6
7    int main () {
8        ios::sync_with_stdio(false);
9        cin.tie(0);
10
11       int N, M;
12       cin >> N >> M;
13
```

```
14        // 輸入並計算前綴和
15        vector<int> p(N), prefix_sum(N, 0);
16        for (int i = 0; i < N; i++){
17            cin >> p[i];
18            prefix_sum[i] += p[i];
19            if (i != 0)
20                prefix_sum[i] += prefix_sum[i - 1];
21        }
22
23        // 依序接受任務
24        int q, last_room = -1;
25        for (int i = 0; i < M; i++){
26            cin >> q;
27            // last_room: 上次停留的房間
28            // 本次目標為 q + prefix_sum[last_room]
29            if (last_room != -1)
30                q += prefix_sum[last_room];
31            // 若超出範圍則扣掉所有房間之總和
32            if (q > prefix_sum[N - 1])
33                q -= prefix_sum[N - 1];
34            // 利用 lower_bound 找出可達成需求之最小索引值的房間
35            last_room =
36                lower_bound(prefix_sum.begin(),
37                            prefix_sum.end(), q)
38                - prefix_sum.begin();
39        }
40        cout << (last_room + 1) % N << endl;
41        return 0;
42 }
```

習 題

1. 下列哪個是循序搜尋(Linear Search)的特性？

   A. 循序搜尋使用的資料不需要事先排列

   B. 平均來說，循序搜尋較二分搜尋法快速

   C. 需事先將資料排列才能使用循序搜尋

   D. 資料排序後就不能使用循序搜尋

2. 下列哪個是二分搜尋(Binary Search)的特性？

   A. 二分搜尋使用的資料不需要事先排列

   B. 平均來說，循序搜尋較二分搜尋法快速

   C. 需事先將資料排列才能使用二分搜尋

   D. 資料排序後就不能使用二分搜尋

3. 二分搜尋法的遞迴式可寫成下列何者？

   A. $T(n) = T\left(\frac{n}{2}\right) + c, where\ c\ is\ a\ constant$

   B. $T(n) = 2T\left(\frac{n}{2}\right) + c, where\ c\ is\ a\ constant$

   C. $T(n) = T\left(\frac{n}{2}\right) + cn, where\ c\ is\ a\ constant$

   D. $T(n) = T\left(\frac{n}{2}\right) + clog_2(n), where\ c\ is\ a\ constant$

4. 給定一排序好的陣列：{34, 64, 73, 83, 156, 234, 732}，請問搜尋 105 與 64 這兩個數字時，循序搜尋(Linear Search)與二分搜尋法(Binary Search) 分別會檢索幾次陣列內的資料？

   A. 循序搜尋(Linear Search)：(請圈選出正確的答案)

   ◆ 搜尋 105 時：1、2、3、4

   ◆ 搜尋 64 時：1、2、3、4

B. 二分搜尋法(Binary Search)：(請圈選出正確的答案)

- 搜尋 105 時：1、2、3、4
- 搜尋 64 時：1、2、3、4

5. 給定一排序好的陣列，長度為 125，請問二分搜尋法最多檢索幾次陣列內的資料？

A. 5

B. 6

C. 7

D. 8

6. 終極密碼的遊戲規則如下：

炸彈的初始範圍為 1~100，玩家每次需要從炸彈的出現範圍中猜一個數字，每次猜完後，電腦就會告訴玩家猜的數字太大或是太小，比方說炸彈為 60，玩家這輪猜 90，則電腦便會提示玩家猜的太大，下次玩家只能從 1~89 中猜一個數字，直至猜中炸彈的編號結束。

Example：

- 炸彈為 60，初始範圍為 1~100
- 玩家猜 90 → 範圍為 1~89
- 玩家猜 30 → 範圍為 31~89
- 玩家猜 40 → 範圍為 41~89

A. 其中一個猜炸彈的策略便是從 1、2、3..... 開始猜，直到猜中炸彈為止，若初始範圍中有 n 個整數，這種猜法的時間複雜度為何？

B. 若每次都猜炸彈範圍中的中位數，這種猜法的時間複雜度為何？

7. 陣列中可能會出現重複的數字(duplicated values)，若我們想要利用二分搜尋法去搜尋特定元素出現的次數，請修改以下程式碼讓我們的 Binary_Search 函式能夠直接回傳該元素在陣列中出現的次數。

```
int Binary_Search(int data[], int lower, int upper, int target){
    if(upper < lower)
        return -1;
    int middle = (lower + upper) / 2;
    if(data[middle] == target)//中位數==target
        return middle;
    else if(data[middle] > target)
        return Binary_Search(data, lower, middle - 1, target);
    else if(data[middle] < target)
        return Binary_Search(data, middle + 1, upper, target);
}
```

習 題

06

分治法 Divide and Conquer

這章開始進入「三大演算法」，即分治法、貪婪演算法和動態規劃。

首先要介紹的是其中的「分治法」，一樣會先簡介分治法是什麼，以及哪些問題及哪些狀況下適用分治法。

再來，會介紹幾個分治法的常見應用：

A. 河內塔 Hanoi Tower
B. 合併排序 Merge Sort
C. 快速排序 Quick Sort
D. 最大子數列問題 Maximum Subarray
E. 矩陣相乘 Matrix Multiplication
F. 選擇問題 Selection Problem

此外也會用「支配理論 Master theorem」來估計使用到分治法的算法複雜度。最後，同樣會有幾題實戰練習。

6-1 分治法 Divide and Conquer 簡介

分治法實際上是一種程式設計的策略（Strategy），並沒有固定的 pseudo code 可供依循。後面兩章介紹的貪婪演算法、動態規劃也是像這樣的「策略」，或者看作解決問題時的「精神」。

這些策略雖然沒有被嚴格定義，但是學習它們背後的精神是很重要的。在學習的過程中，要時時問自己：為什麼這個策略要這樣做？這樣做可以包含所有答案的可能性嗎（必須包含所有可能才可以採取該策略，否則會出錯）？並且，要有能力估計採取特定策略解決問題時的複雜度為何。

分治法的英文是 Divide and Conquer，顧名思義，先「切割」再「征服」問題，這代表先把原本的一個「大問題」切割成數個「小問題」後，再分別解決。

一般來說，分治法中的大問題和切割得到的許多小問題解法是「一樣的」，只有輸入資料大小的不同，因此可以利用「遞迴」的運作特性來解決。通常在將問題縮小到一定的規模以下後，解答會顯而易見，這時再把這些小問題的答案合併，就可以進一步得到原問題的答案。

分治法的精神類似孫子兵法中的「親而離之」，一個大問題或許不容易解決，但是一旦將其拆解，分個擊破，那麼最後大問題也迎刃而解。

拼拼圖的過程中，一開始同樣有成千上百片的拼圖，不可能一眼就看出該如何完成，但是若每次給定兩片拼圖，再來決定它們是否能夠拼在一起，以及可以時，應該如何拼在一起，那麼就可以一步一步完成整個拼圖。

6-1-1 迭代與遞迴

迭代通常使用 for 迴圈來跑遍整個範圍，比如下面的程式碼中，sum 函式便是由迴圈中一層一層加上新的數字產生。

迭代求和

```
1  int sum(int n){
2      int sum = 0;
3      for (int i=1 ; i<=n ; i++)
4          sum += i;
5      return sum;
6  }
```

迭代求積

```
1  int factorial(int n){
2      int result = 1;
3      for (int i=1 ; i<=n ; i++)
4          result *= i;
5      return result;
6  }
```

相對的，遞迴則是簡化步驟後，透過在函式中再呼叫函式來解決問題：

比方說，我們知道：

$$sum(n) = 1 + 2 + 3 + 4 + \cdots + (n-1) + n \qquad (1)$$

$$sum(n-1) = 1 + 2 + 3 + 4 + \cdots + (n-1) \qquad (2)$$

因此可以得到：

$$sum(n) = sum(n-1) + n$$

$sum(n)$ 可以由 $sum(n-1)$ 和 n 得到，同樣的，$sum(n-1)$ 也可以由

$sum(n-2)$ 和 $n-1$ 得到，不斷往下推導，但這樣拆解下去會沒完沒了，所以我們需要一個結束條件，在這裡設定到達 $sum(1)$ 時，就可以馬上得到答案是 1 並立刻結束。

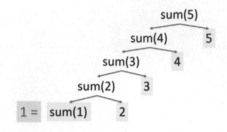

	遞迴求和
1	`int sum(int n){`
2	`    if (n==1)`
3	`        return 1;`
4	`    else`
5	`        return sum(n-1)+n;`
6	`}`

因此遞迴分成兩個部分：第一個是「怎麼化簡問題」；第二個是「化簡到哪裡可以停」，也就是「結束條件」。

比如圖中 sum(5) 被一路化簡，當到達 sum(2) 時，將其視為 sum(1) 和 2 的和，但是 sum(1) 不應再被化簡下去，而應該直接取其值為 1。

遞迴的優點是其運作簡潔、直觀，但是缺點是空間效率較差，每次呼叫函式時，都必須為函式配置記憶體，重複呼叫一百次，就要在某個時間點同時配置一百個函式局部變數的記憶體空間。

而迴圈則與此不同，每次進行迴圈時，都可以把前幾次進行使用到的局部變數釋放掉，因此不會有執行過程中佔用空間越來越大的情形發生。通常，如果可以做到彼此間的轉換，都要考慮將遞迴重構為迴圈。

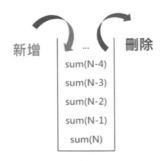

另外，遞迴的執行過程中需要用到堆疊 stack，因為 stack 的容量有上限，遞迴的呼叫次數也有上限（超過會產生 stack overflow 的問題），相對的，迴圈的執行次數則沒有此上限。

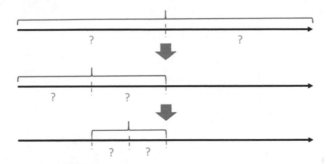

6-1-2 重訪二分搜尋法

前面學過的二分搜尋法其實也是分治法的應用，每次搜尋時，都會把下界到上界分成兩段，看我們要找的目標究竟是落在左邊還是右邊，當知道在哪一邊後，要搜尋的範圍就變成原本的一半。

二分搜尋法可以視為一種特化的分治法：

A. 把母問題切割成兩個子問題（左邊和右邊）--- Divide

B. 使用同樣的算法或函式處理 --- Conquer

C. 把每個小問題的答案合併成母問題的答案 --- Combine

不過二分搜尋法比較特別的是每次切割出兩個子問題後，只會處理其中一個，另一個則因為已經確定答案不在其中，所以不做處理。

6-1-3 費波那契數列

另一個分治法的常見例子則是費波那契數列，費波那契數列的其中一種定義是前兩項皆為 1，之後每一項都是前面兩項的和，數列如下：

$1, 1, 2, 3, 5, 8, 13, 21, 34, 55, 89, ...$

$$\text{Fibo(n)} = \text{Fibo}(n-1) + \text{Fibo}(n-2), while\ n > 2$$

$$Fibo(1) = 1, Fibo(2) = 1$$

可以使用遞迴式來產生特定的費波那契數：

範例程式碼

Chapter06/06_01_Fibo_DC.cpp

用遞迴/分治法生成費波那契數列

```
1    #include <iostream>
2    using namespace std;
3
4    int Fibo (int n){
5        if (n <= 2)
6            return 1;
7        else
8            return Fibo(n - 1) + Fibo(n - 2);
9    }
10
11   int main()
12   {
13       // 求費波那契數列的前一百項
14       for (int i = 1; i <= 100; i++){
15           cout << Fibo(i) << " ";
16       }
17       return 0;
18   }
```

但若你實際執行，會發現隨著 i 變大，需要的計算時間顯著增加，這似乎
有點令人困惑，每一項只是前兩項相加而已，既然之前已經算過前兩項的
值了，再執行一次加法為什麼會耗費這麼多時間呢？

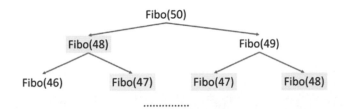

這是因為每次計算得到的結果都「沒有被儲存下來」，舉例來説，計算
$Fibo(50)$ 的時候，要由 $Fibo(48)$ 和 $Fibo(49)$ 的和決定，左邊的子樹中計
算了一次 $Fibo(48)$，右邊的子樹中為了計算 $Fibo(49)$，也獨立算了一次
$Fibo(48)$，結果就是要得到每一項，都要從 $Fibo(1)$ 和 $Fibo(2)$ 一路往上
加，中間進行了大量重複的運算。

另外，從樹的結構判斷，一個 $Fibo(50)$ 被拆解成兩項，這兩項又各被拆解
成兩項，這樣一來需要計算的次數會以 2 的次方速度增加，這會是時間複雜
度很糟糕的演算法，代表費波那契數列其實不適合直接使用遞迴來處理。

如果用迭代（迴圈）來處理費波那契數列，會宣告出一個陣列 array，每次
算出一個費波那契數，就把結果存放到陣列中以利後續使用，不用再重新
計算，這個方法也是後面章節會提到的「動態規劃」。

範例程式碼

Chapter06/06_01_Fibo_DP.cpp

用迭代產生費波那契數列
| ```
1   int Fibo(int n){
2       // 宣告儲存每個費波那契數的陣列
3       int *data = (int*) malloc(sizeof(int) * n);
4       data[0] = 1;
5       data[1] = 1;
``` |
```

```
6          // 每個費波那契數是用兩個先前已經儲存的結果直接求和得到
7          for (int i = 2; i < n; i++){
8            data[i] = data[i - 1] + data[i - 2];
9          }
10         int result = data[n - 1];
11         free(data);
12         return result;
13     }
```

兩種寫法相較，迭代的效率較佳，但是架構不清楚，相對的，遞迴則是效率差，但架構清楚，程式碼通常也比較簡潔。

6-1-4 不適合使用分治法的情境

從費波那契數列的例子中就可以看出什麼樣的情形不適合使用分治法：當問題會被切割成兩個以上的子問題時，需要的計算量就會呈指數增加。

假設每次拆解都會產生 n 個子問題，那麼拆解 k 次，最後就會變成 n^k 個子問題，呼叫這麼多次函式通常是不能接受的。

然而，也有一些情況下指數成長本來就無法避免，比如馬上會介紹到的「河內塔」的例子，因為限定一次只能搬動一個圓盤，所以沒有辦法進一步化簡，需要處理的次數一定會呈指數增加。

6-1-5 分治法適用的小結

- 可能適用分治法的情形
  - 問題可以被切割成「單一」、「同樣」的子問題
- 可能不適用的情形
  - 問題會被切割成「兩個以上」的子問題
  - 視情況而定，可能要嘗試改用動態規劃

6-2 河內塔

接下來,會介紹幾種分治法的常見應用,首先是「河內塔」。

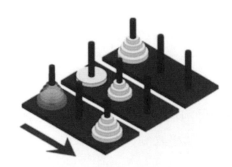

河內塔是一種古老的遊戲,遊戲的規則是:

A. 共有三根棍子,每根棍子上都可以擺放圓盤。

B. 所有棍子上,較上方的盤子都必須較下方的「所有盤子」來得小,也就是說,對於每根棍子而言,只要上面有盤子,盤子就必須是從底層開始由大到小依序往上擺放。

C. 從遊戲開始至完成間,每次只能移動一個盤子。

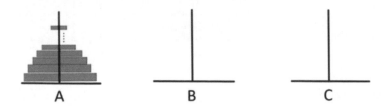

今天有 n 個圓盤,目標是要把所有盤子從 A 棍子移到 C 棍子上,總共要移動幾次、怎麼移動呢?

6-2-1 用分治法解決河內塔問題

觀察這個問題:因為大盤子一定要放在小盤子的下面,所以最下面╱最大

的盤子必須先移動到目標的棍子上。現在 A 棍上「最大的圓盤」必定要最先從 A 移到 C。

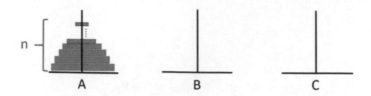

然而如果想要移動這個目前位於 A 底部的最大的盤子,在它上方的 $n-1$ 個圓盤都必須淨空,先設法移動到 B 棍上。

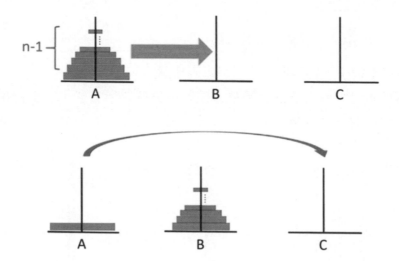

假設找到一個方法,把上面的 $n-1$ 個盤子都移動到 B 了(這個方法會需要移動 $Hanoi(n-1)$ 次圓盤),那麼緊接著就可以用「一次」移動把最大的盤子從 A 棍移動到 C 棍子上。

經過上面的處理,目前的情況是

A 棍子:沒有盤子

B 棍子:除了最大盤子外的 $n-1$ 個盤子

C 棍子:最大的盤子

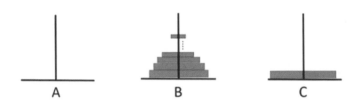

從目前的情況開始，繼續把 B 上的 $n-1$ 個盤子移動到 C 棍子，就可以達成遊戲的目標。然而這同樣需要經過「把 $n-1$ 個盤子移動到另一個棍子」的步驟，需要移動 $Hanoi(n-1)$ 次圓盤。

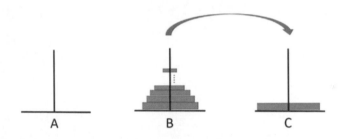

可以列出把 n 個盤子從 A 移到 C 的步驟如下：

1. 把 $n-1$ 個盤子從 A 移到 B, $Hanoi(n-1)$
2. 把最大的盤子從 A 移到 C , $Hanoi(1)$
3. 把 $n-1$ 個盤子從 B 移到 C, $Hanoi(n-1)$

也就是說，$Hanoi(n) = Hanoi(n-1) + Hanoi(1) + Hanoi(n-1)$
因此，n 層河內塔的問題可以被拆分表示為「$n-1$ 層河內塔的問題」與「1 層河內塔的問題」與另一個「$n-1$ 層河內塔的問題」。

6-2-2 列出遞迴式

用遞迴式的形式表達剛剛的步驟：

$$T(n) = \begin{cases} 1, if\ n = 1 \\ 2T(n-1)+1, if\ n \geq 2 \end{cases}$$

當 $n = 1$ 時,直接把唯一的盤子移動過去即可,只需要一次移動;$n \geq 2$ 時,前後各進行 $Hanoi(n-1)$,中間還要進行一次 $Hanoi(1)$,因此會得到 $T(n) = 2T(n-1) + 1$ 的「遞迴關係式」。

得到遞迴式後,就可以用之前介紹的各種方法來算出遞迴式的複雜度:

$$T(n)$$
$$\leq 2T(n-1) + 1$$
$$\leq 2[2T(n-2)+1] + 1 = 4T(n-2) + 1 + 2$$
$$\leq 4[2T(n-3)+1] + 2 + 1 + 2 = 8T(n-3) + 1 + 2 + 4$$
$$...$$
$$= 2^{n-1}T(1) + (2^{n-1} - 1) = 2^n - 1$$

因此,$T(n) = O(2^n - 1) = O(2^n)$

6-2-3 輸出河內塔的過程

現在我們試著讓使用者輸入一正整數 n,輸出搬動 n 層河內塔從 A 棍到 C 棍的所有「過程」。

範例程式碼

Chapter06/06_02_Hanoi_Tower.cpp

河內塔

```
1   #include <iostream>
2   using namespace std;
3
4   // 把代表三根棍子的三個堆疊分為 from、to 和 others
5   int Hanoi (int N, char from, char to, char others){
6       // 邊界條件:只有一個盤子(最大的盤子)要搬動
7       if (N==1){
8           // 把這個盤子由 from 搬到 to
9           cout << "Move " << N << " from " << from << " to " << to
```

```
10          << endl;
11          return 1;
12      }
13      // 一般情形
14      else {
15          // 把 n-1 個盤子從 from 移動到 others
16          int step_1 = Hanoi(N-1, from, others, to);
17          // 把 1 個盤子從 from 移動到 to
18          int step_2 = 1;
19          cout << "Move " << N << " from " << from << " to " << to
20          << endl;
21          // 把 n-1 個盤子從 others 移動到 to
22          int step_3 = Hanoi(N-1, others, to, from);
23          // 回傳需要移動的總次數
24          return step_1 + step_2 + step_3;
25      }
26  }
27
28  int main(){
29      // 讓使用者輸入 N，代表要移動 N 層河內塔
30      int N;
31      cout << "Please enter N:" << endl;
32      cin >> N;
33      int steps = Hanoi(N, 'A', 'C', 'B');
34      cout << "Steps:" << steps << endl;
35      return 0;
36  }
```

執行結果

```
Please enter N:
>> 10
...
Move 1 from B to C
Steps:1023
```

執行結果如下 (非全部)：

```
Move 1 from B to C
Move 3 from A to B
Move 1 from C to A
Move 2 from C to B
Move 1 from A to B
Move 4 from A to C
Move 1 from B to C
Move 2 from B to A
Move 1 from C to A
Move 3 from B to C
Move 1 from A to B
Move 2 from A to C
Move 1 from B to C
Steps:1023
```

計算遞迴複雜度時，已經知道需要移動的次數是 2^{n-1}，因此當輸入 10 時，總共會輸出的步數為 $1023 = 2^{10-1}$，符合預想。

6-3 合併排序與快速排序

先前在「排序」的章節中介紹過的合併排序與快速排序其實也是分治法的應用。

6-3-1 合併排序

回憶一下合併排序的原理：把資料切成兩組分別排序好，再把排序好的兩組資料融合在一起，它應用到的概念是「**把兩個已經排序好的陣列融合在一起比較簡單**」，所以可以一直把資料切割，切割成很多組資料後分別排序完，最後再融合在一起。

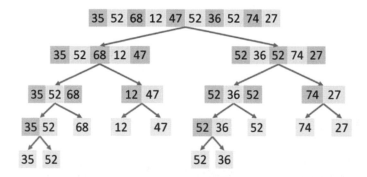

從圖上來看，假設原本要排序的是一個長度為 10 的陣列，這個問題會被切割成排序 10 個長度為 1 的子陣列問題，因為長度為 1 的狀況下不需要排序，所以再把每個子問題得到的答案融合在一起，只要融合過程中能夠維持排序，最後就可以得到原本母問題的解答（排序長度為 10 的陣列）。

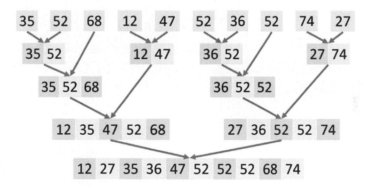

合併排序的程式碼如下：

合併排序

```
1   void Merge_Sort(int data[], int start, int finish){
2       if (finish > start){
3           int middle = (finish + start) / 2;
4           Merge_Sort(data, start, middle);
5           Merge_Sort(data, middle + 1, finish);
```

```
6          Merge(data, start, finish, middle);
7      }
8  }
```

傳入一個陣列之後，陣列首先會被分成左半部和右半部，兩部份分別進行 Merge_Sort（這就是 Divide & Conquer），之後再以時間複雜度為 $O(n)$ 的演算法把這兩半部的資料融合 Merge 起來。

因為陣列長度為 1 時不需要排序，因此複雜度是 $O(1)$，而 $n >= 2$ 時，排序問題會被拆解成左邊排序和右邊排序，最後再融合起來，因此可以得到下面的遞迴式：

$$T(n) = \begin{cases} O(1), if\ n = 1 \\ T(\lceil \frac{n}{2} \rceil) + T(\lfloor \frac{n}{2} \rfloor) + O(n), if\ n >= 2 \end{cases}$$

化簡之後可以得到：

$$T(n) = \begin{cases} O(1), if\ n = 1 \\ 2T\left(\frac{n}{2}\right) + O(n), if\ n >= 2 \end{cases}$$

這時候就可以來計算複雜度：

$$T(n)$$

$$\leq 2T(\frac{n}{2}) + cn$$

$$\leq 2\left[2T\left(\frac{n}{4}\right) + c(\frac{n}{2})\right] + cn = 4T\left(\frac{n}{4}\right) + 2cn$$

$$\leq 4\left[2T\left(\frac{n}{8}\right) + c(\frac{n}{4})\right] + 2cn = 8T\left(\frac{n}{8}\right) + 3cn$$

$$\cdots$$

$$\leq 2^k T(\frac{n}{2^k}) + kcn, let\ k = \log_2 n$$

$$T(n) <= nT(1) + cn\log_2 n = O(n) + O(n\log_2 n) = O(n\log_2 n)$$

因此合併排序法的複雜度為 $O(n\log_2 n)$。

6-3-2 快速排序法

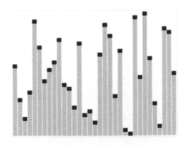

快速排序法的原理是隨機選出一筆資料當基準點（Pivot）後，把比它小的資料放在左邊、比它大的資料放在右邊。

快速排序法

```
1   void Quick_Sort(int data[], int start, int finish){
2       if (start < finish){
3           int pivot = Partition(data, start, finish);
4           Quick_Sort(data, start, pivot - 1);
5           Quick_Sort(data, pivot + 1, finish);
6       }
7   }
```

從程式碼來看，傳入一個陣列後，會首先進行一次複雜度為 $O(n)$ 的 Partition，之後再以挑出的 Pivot 為基準，把問題分成「排序 pivot 的左邊資料」與「排序 pivot 的右邊資料」（Divide and Conquer），每個小問題都解決後，就可以得到原問題的答案。

假設每次選取 Pivot 都可以剛好把資料分成一半，那麼快速排序的複雜度和合併排序的複雜度一致，遞迴式同樣是：

$$T(n) = \begin{cases} O(1), if\ n = 1 \\ 2T(\frac{n}{2}) + O(n), if\ n >= 2 \end{cases}$$

平均而言，快速排序計算出的複雜度一樣是 $O(n \log_2 n)$。

6-4 最大子數列問題

最大子數列問題指的是：

「給定一個陣列，陣列中的值有正有負，請找出一區間 [a,b] 使區間內的『元素總和』最大，並回傳該元素總和。」

比方説給定如上的陣列，如果選定索引值 3 到 5 的區間，其中的元素和是 4 + (−3) + 6 = 7，選取索引值 5 到 7 的區間，元素和則是 6 + 2 + (−2) = 6。就像這樣，目標是選出一個區間，使得算出來的總和最大。

6-4-1 暴力解

如果使用暴力解，用一個二維陣列來儲存 sum[開始位置][結束位置] 的和，那麼要用兩層 for 迴圈分別指定區間的開始位置和結束位置，再來還要用一層迴圈來加總區間內的元素，可以看出暴力解的複雜度高達 $O(n^3)$。

範例程式碼

Chapter06/06_03_maxSubArray_Brute_Force.cpp

暴力解求最大子數列

```
1   class Solution{
2   public:
3       int maxSubArray(vector<int>& nums){
4           int n = nums.size();
5           // Should use malloc or vector instead;
6           int sum[n][n];
7           // -int_max
8           int maximum = -2147483648;
```

```
9            // 指定區間開始位置
10           for (int start=0 ; start<n ; start++){
11               // 指定區間結束位置
12               for (int finish=start ; finish<n ; finish++){
13                   sum[start][finish] = 0;
14                   // 計算區間的元素和
15                   for (int k = start ; k<=finish ; k++){
16                       sum[start][finish] += nums[k];
17                   }
18                   if (sum[start][finish]>maximum){
19                       maximum = sum[start][finish];
20                   }
21               }
22           }
23           return maximum;
24       }
25   };
```

很明顯這樣做的效率非常差勁,而且需要的記憶體空間也十分龐大。

6-4-2 暴力解的優化

其中一種優化暴力解的想法是把 $[start, finish]$ 區間中的和轉換成 $[0, finish]$ 區間和與 $[0, start-1]$ 區間和的差(比如 $[2,4] = [0,4] - [0,1]$)。在開始計算各個區間之前,先計算每一個從 0 開始的區間和:

範例程式碼

Chapter06/06_03_maxSubArray_Brute_Force_Optimization.cpp

暴力解求最大子數列(優化版)

```
1   class Solution{
2   public:
3       int maxSubArray(vector<int>& nums){
4           int n = nums.size();
5           // 儲存每個從開頭開始的區間的和
```

```
6        int sum_1_to_n[n];
7        // 儲存所有區間的和
8        in sum[n][n];
9        int maximum = -2147483648; // -int_max
10       // 先計算每個從開頭開始的區間的元素和，複雜度 O(n)
11       for (int i=0 ; i<n ; i++){
12         if (i==0)
13            sum_1_to_n[i] = nums[0];
14         else
15            sum_1_to_n[i] = sum_1_to_n[i-1] + nums[i];
16       }
17       // 利用 [0, finish] 和 [0, start-1] 兩個區間和的差
18       // 計算其他區間的元素和，複雜度降到 O(n²)
19       for (int start=0 ; start<n ; start++){
20         for (int finish-start ; finish<n ; finish++){
21            // start!=0
22            if (start){
23               // 這層的複雜度從 O(n) 優化成 O(1)
24               sum[start][finish] = sum_1_to_n[finish] -
25               sum_1_to_n[start-1];
26            }
27            // start==0
28            else{
29                 sum[start][finish] = sum_1_to_n[finish]
30            }
31            if (sum[start][finish]>maximum){
32               maximum = sum[start][finish];
33            }
34         }
35       return maximum;
36     }
37  };
```

前面的一層迴圈複雜度是 $O(n)$，後面的雙重迴圈複雜度是 $O(n^2)$，總複雜度成功降為 $O(n^2)$。

6-4-3　用分治法解最大子數列問題

現在我們來試著拆解問題，下圖中，如果把陣列拆成左右兩邊，那麼最大值區間會出現在左半邊還是右半邊呢？（不過先想想這樣分割對嗎？）

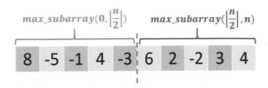

假設這樣分割是對的，那麼要找到整個數列中最大的區間，就先找數列左半邊中「和最大的區間」，再與數列右半邊中「和最大的區間」比較，兩者中較大者就是整個數列中最大的區間了：

$$max\_subarray(0, n)$$
$$= max(max\_subarray(0, \lfloor \frac{n}{2} \rfloor), max\_subarray(\lfloor \frac{n}{2} \rfloor, n))$$

但是很顯然，有一些區間不會完全在左半邊，也不會完全在右半邊，而是跨越了中間，這提醒了我們使用分治法時，要特別注意分割後的子問題是不是涵蓋了原問題的所有可能。

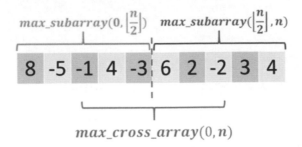

修正後的切割結果由三種可能組成：區間整個在左半邊、區間整個在右半邊，和區間跨越了中間，要回傳的是從這三種可能中各自求出最大和的區間後，有最大結果的那一個：

A. $max\_subarray(0, \lfloor \frac{n}{2} \rfloor)$

B. $max\_subarray(\lfloor \frac{n}{2} \rfloor, n)$

C. $max\_cross\_array(0, n)$

前兩種都與在整個數列中尋找最大和區間的作法相同，可以採用遞迴解決，但第三種可能性如何處理呢？

因為第三種可能性要求區間「跨越陣列中間」，所以陣列中間的元素一定會被包含在這個 cross_array 中，cross_array 自己也有三種情形：

A. 只包含從這個中間元素出發，往左的若干個元素
B. 只包含從這個中間元素出發，往右的若干個元素
C. 從這個中間元素出發，既包含往左走的元素，也包含往右走的元素

不過這三種可能中，我們可以從中間的元素出發，分別往左擴充、往右擴充試試，假設往左走可以讓元素和變得更大（這個包含中間元素的往左區間和大於只有中間元素自己），往右走也可以讓元素和變得更大，那麼區間就可以同時往左也往右擴張，就會比單獨往左大，也比單獨往右大。

也就是說，一路往左擴張到底，看中間出現過的最大數字，作為「往左擴張」的最大值，再來，一路往右擴張到底，看中間出現過的最大數字，作為「往右擴張」的最大值，如果兩個數字都是正的，就把它們加起來，變成「往左擴張也往右擴張」可以得到的最大值（記得要包含中間元素自己的值）。

上面的例子中，最大的 $cross\_array$ 元素和為中間元素 -3 加上 max_left (= 6) 再加上 max_right (= 13)，得到 max 值 16。

綜合來説，分治法的 Divide & Conquer 的精神體現在下面的程式碼裡，求最大子數列和的問題被分成三個子問題，三個子問題的解再融合出原問題的解：

Divide & Conquer
1   `max_left = maxSubArray(data_left);`
2   `max_right = maxSubArray(data_right);`
3   `max_center = maxCrossArray(data);`

Combine
1   `if(max_left >= max_center && max_left >= max_right)`
2   `return max_left;`
3   `else if(max_right >= max_center && max_right >= max_left)`
4   `return max_right;`
5   `else`
6   `return max_center;`

6-4-4 分治法找尋最大子數列的時間複雜度

假設 $T(n)$ 是整個原數列要花費的時間，取得 max_left 和 max_right 的值各需要 $T(\frac{n}{2})$，而要取得 max_center 則會花費 $O(n)$ 時間（一路往左加到底和往右加到底），所以總複雜度與合併排序和快速排序相同，為 $O(n \log_2 n)$。

$$T(n) = \begin{cases} O(1), if\ n = 1 \\ T\left(\left\lceil \frac{n}{2} \right\rceil\right) + T\left(\left\lfloor \frac{n}{2} \right\rfloor\right) + O(n), if\ n \geq 2 \end{cases}$$

$$T(n) = O(n \log_2 n)$$

到了動態規劃的章節，還可以進一步把時間複雜度降到 $O(n)$。

6-4-5 LeetCode#53. 最大子數列 Maximum Subarray

接著我們透過一題 LeetCode 上的例題來實作「尋找最大子數列」！

【題目】

給定一個整數陣列 nums，找到其中的連續子陣列，其元素總和為最大，並回傳該元素總和。

【題目來源】

https://leetcode.com/problems/maximum-subarray/

【輸入與輸出範例】

- 輸入：nums = [-2,1,-3,4,-1,2,1,-5,4]
- 輸出：Output：6
- 輸出的 6 是 [4,-1,2,1] 這個子數列的元素和。

範例程式碼

Chapter06/06_03_maxSubArray_DC.cpp

最大子數列 Maximum Subarray

```
1   class Solution{
2   public:
3       int maxSubArray(vector<int>& nums){
4           // 取得整數陣列 nums 的長度
5           int len = nums.size();
6
7           // 例外處理：陣列中沒有資料，回傳整數最小值
8           if (len == 0)
9               return -2147483648;
10          // 例外處理：陣列中只有一筆資料，回傳該筆資料
11          if (len == 1)
12              return nums[0];
13
14          // 一般情況
15          // 訂出 data_left 和 data_right 的範圍
```

```
16        // 中間元素的迭代器
17        auto middle = nums.begin() + len / 2;
18        vector<int> data_left(nums.begin(), middle);
19        vector<int> data_right(middle, nums.end());
20
21        // 分成三個子問題處理
22        int max_left = maxSubArray(data_left);
23        int max_right = maxSubArray(data_right);
24        int max_center = maxCrossArray(nums);
25
26        // 回傳最大值
27        if (max_left >= max_center &&
28            max_left >= max_right)
29            return max_left;
30        else if (max_right >= max_center &&
31                max_right >= max_left)
32            return max_right;
33        else
34            return max_center;
35    } // end of maxSubArray
36
37    int maxCrossArray(vector<int>& nums){
38        int len = nums.size();
39        int middle = (len - 1) / 2;
40        int max_center = nums[middle];
41        int index_left = -1, index_right = 1;
42        int left_sum = 0, right_sum = 0;
43        int max = -2147483648;
44
45        while(middle + index_left >= 0){
46            left_sum += nums[middle + index_left];
47            if (left_sum > max)
48                max = left_sum;
49            index_left--;
50        }
51
```

```
52        // 如果往左會變大，就加上其值
53        if(max > 0)
54           max_center += max;
55        max = -2147483648;
56
57        while(middle + index_right < len){
58           right_sum += nums[middle + index_right];
59           if(right_sum > max)
60              max = right_sum;
61           index_right++;
62        }
63
64        // 如果往右會變大，就加上其值
65        if(max > 0)
66           max_center += max;
67
68        return max_center;
69     } // end of maxCrossArray
70  }; // end of Solution
```

6-5 矩陣相乘

電腦科學中常常進行的「矩陣相乘」也隱含了分治法的觀念。

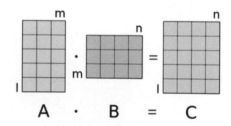

$$A \cdot B = C$$

一般來說，一個大小為 $l \times m$ 的矩陣 A 乘上一個大小為 $m \times n$ 的矩陣 B，會得到一個大小為 $l \times n$ 的矩陣 C。在本節中為簡化問題，只考慮兩

個大小同為 $n \times n$ 的正方形矩陣相乘的情形。

類似這樣的工作在機器學習、機械手臂的控制等工程中都很常用到,因此如果能夠化簡矩陣相乘的算法複雜度,就能大幅增加工程的執行速度。

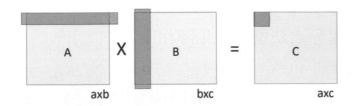

6-5-1 矩陣相乘的複雜度

根據學校裡教的矩陣相乘規則,C 矩陣中的元素可以由下列式子求得:

$$C[i,j] = \sum_{k=1}^{b} A[i,k] \times B[k,j]$$

若為 $n \times n$ 的矩陣相乘時,要求得一個 C 矩陣中的元素,需要進行 n 次相乘後,再把答案相加才能得到。

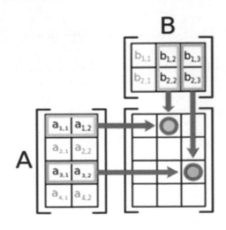

C 矩陣本身的大小也是 $n \times n$,共有 n^2 個元素,而計算每個元素花費 $O(n)$ 的時間,所以計算整個 C 矩陣的複雜度為 $O(n^3)$。

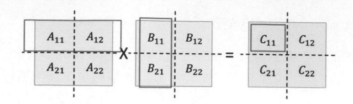

6-5-2 使用分治法進行子矩陣相乘

矩陣相乘也可以使用分治法來處理：如果把 A 矩陣切割成 4 個子矩陣 A_{11}、A_{12}、A_{21}、A_{22}，B 矩陣也切割成 4 個子矩陣 B_{11}、B_{12}、B_{21}、B_{22}，對 C 矩陣同樣進行切割，可以列出下面的關係式：

$$C_{11} = A_{11}B_{11} + A_{12}B_{21}$$
$$C_{12} = A_{11}B_{12} + A_{12}B_{22}$$
$$C_{21} = A_{21}B_{11} + A_{22}B_{21}$$
$$C_{22} = A_{21}B_{12} + A_{22}B_{22}$$

$$C_{11} = MatrixMultiply(\frac{n}{2}, A_{11}, B_{11}) + MatrixMultiply(\frac{n}{2}, A_{12}, B_{21})$$
$$C_{12} = MatrixMultiply(\frac{n}{2}, A_{11}, B_{12}) + MatrixMultiply(\frac{n}{2}, A_{12}, B_{22})$$
$$C_{21} = MatrixMultiply(\frac{n}{2}, A_{21}, B_{11}) + MatrixMultiply(\frac{n}{2}, A_{22}, B_{21})$$
$$C_{22} = MatrixMultiply(\frac{n}{2}, A_{21}, B_{12}) + MatrixMultiply(\frac{n}{2}, A_{22}, B_{22})$$

但是切割之後，雖然變成了大小 $\frac{n}{2} \times \frac{n}{2}$ 的陣列之間相乘，但是總共要進行 8 次這樣的相乘，最後還要把結果加起來（總共加 C 中的 n^2 個元素次），各個步驟的複雜度如下：

$$Divide : \Theta(1)$$
$$Conquer : T(n) = 8T(\frac{n}{2})$$
$$Combine : 4\Theta\left(\left(\frac{n}{2}\right)^2\right) = \Theta(n^2)$$

列出遞迴式：

$$T(n) = \begin{cases} O(1), if\ n = 1 \\ 8T(\frac{n}{2}) + \Theta(n^2), if\ n >= 2 \end{cases}$$

可以計算出 $T(n) = \Theta(n^3)$，並沒有比原本運算時需要的時間複雜度好。

究竟有沒有辦法改善呢？

6-5-3　Strassen algorithm

Strassen algorithm 關注的是降低上面分治法遞迴式中遞迴的呼叫次數，透過這個算法，可以把呼叫次數由 8 次減少到 7 次。

它的概念有點像是要得到 $ac + ad + bc + bd$ 這個式子結果，直接計算要進行 4 次乘法、3 次加法，但是化為 $(a + b)(c + d)$ 後，只要進行兩次加法和一次乘法即可，也就是透過改變運算的次序來得到同樣的結果。

具體而言，根據先前的拆分我們已經有下面幾個式子：

$C = A \times B$

$C_{11} = A_{11}B_{11} + A_{12}B_{21}$

$C_{12} = A_{11}B_{12} + A_{12}B_{22}$

$C_{21} = A_{21}B_{11} + A_{22}B_{21}$

$C_{22} = A_{21}B_{12} + A_{22}B_{22}$

而 Strassen 算法進一步引入 7 個新的矩陣：

$M_1 = (A_{11} + A_{22})(B_{11} + B_{22})$

$M_2 = (A_{21} + A_{22})B_{11}$

$M_3 = A_{11}(B_{12} - B_{22})$

$M_4 = A_{22}(B_{21} - B_{11})$

$$M_5 = (A_{12} + A_{11})B_{22}$$

$$M_6 = (A_{21} - A_{11})(B_{11} + B_{12})$$

$$M_7 = (A_{12} - A_{22})(B_{21} + B_{22})$$

透過這 7 個矩陣間的相加減，可以得到 C 矩陣的各部分：

$$C = A \times B$$

$$C_{11} = A_{11}B_{11} + A_{12}B_{21} = M_1 + M_4 - M_5 + M_7$$

$$C_{12} = A_{11}B_{12} + A_{12}B_{22} = M_3 + M_5$$

$$C_{21} = A_{21}B_{11} + A_{22}B_{21} = M_2 + M_4$$

$$C_{22} = A_{21}B_{12} + A_{22}B_{22} = M_1 - M_2 + M_3 + M_6$$

Strassen 算法的遞迴關係如下：

Strassen Algorithm
1    $Strassen\ (n, A, B)\{$
2   // A、B 矩陣大小都只有 1x1 時
3      $if\ (n == 1)\{$
4        $return\ AB;$
5      $\}$
6      $M_1 = Strassen(\frac{n}{2}, (A_{11} + A_{22}), (B_{11} + B_{22}))$
7      $M_2 = Strassen(\frac{n}{2}, (A_{21} + A_{22}), B_{11})$
8      $M_3 = Strassen(\frac{n}{2}, A_{11}, (B_{12} - B_{22}))$
9      $M_4 = Strassen(\frac{n}{2}, A_{22}, (B_{21} - B_{11}))$
10      $M_5 = Strassen(\frac{n}{2}, (A_{12} + A_{11}), B_{22})$
11      $M_6 = Strassen(\frac{n}{2}, (A_{21} - A_{11}), (B_{11} + B_{12}))$
12      $M_7 = Strassen(\frac{n}{2}, (A_{12} - A_{22}), (B_{21} + B_{22}))$

```
13    C_{11} = M_1 + M_4 − M_5 + M_7
14    C_{12} = M_3 + M_5
15    C_{21} = M_2 + M_4
16    C_{22} = M_1 − M_2 + M_3 + M_6
17    C = C_{11} + C_{12} + C_{21} + C_{22}
18  }
```

就像這樣，遞迴的呼叫次數減少為七次，遞迴式就變成：

$$T(n) = \begin{cases} O(1), if\ n = 1 \\ 7T(\frac{n}{2}) + \Theta(n^2), if\ n >= 2 \end{cases}$$

$$T(n) = O\left(n^{\log_2 7}\right) \approx O(n^{2.807})$$

其中 $\Theta(n^2)$ 來自最後加總得出 C_{11}、C_{12}、C_{21}、C_{22} 的過程，$O\left(n^{\log_2 7}\right)$ 則會在提到支配理論時介紹如何計算出來。

透過減少遞迴的呼叫次數，運算次數便從暴力解的 $A \times n^3$（A 是某個係數）降為 Strassen 算法的 $B \times (n^{\log_2 7})$（B 是另一個係數）。

因為 Strassen 算法中加減乘除比較多，使得 [係數 B] > [係數 A]，所以只有在矩陣較大（n 較大）的時候，才會比暴力解快，另外，過程中容易有溢位或浮點數運算誤差的問題，也會佔用多餘空間（要儲存 M_1~M_7 矩陣）。即使如此，因為機器學習時常常運算的是大小在數千乘數千以上的矩陣相乘，因此 Strassen 算法便顯得很實用。

6-6 選擇問題

選擇問題指的是：

A. 任意傳入一陣列
B. 指定常數 k，$1 \leq k \leq$ 陣列長度
C. 回傳陣列中第 k 大的數字

| 35 | 52 | 68 | 12 | 47 | 52 | 36 | 52 | 74 | 27 |

比如給定如上的陣列，給定 $k = 1$ 時，回傳陣列中最大的 74，$k = 2$ 時，回傳第二大的 68，其餘以此類推。

要如何解決選擇問題呢？第一個想法是先對陣列做排序，排序完後就可以直接選取出第 k 大的數字，這樣一來選擇問題就會被歸約為排序問題，也保證了一定可以在 $O(n \log_2 n)$ 的時間內解決，但是有沒有更好的算法呢？

6-6-1 Prune and Search

分治法中的一個精神是：Prune and Search。給定一個集合

$$S = \{s_1, s_2, s_3, \ldots, s_n\},$$

目標是找出其中第 k 大的元素。

A. 首先，挑出一個元素 a（pivot）
B. 利用 a，把集合 S 區分為三個區塊
    a. 大於 a 的集合：$S_1 = \{s_i \,|\, s_i > a, 1 \leq i \leq n\}$
    b. 等於 a 的集合：$S_2 = \{s_i \,|\, s_i = a, 1 \leq i \leq n\}$
    c. 小於 a 的集合：$S_3 = \{s_i \,|\, s_i < a, 1 \leq i \leq n\}$
C. 再來，分成三種狀況（$|S_1|$：S_1 中的元素數量）
    a. if：$|S_1| \geq k$，那麼第 k 大的元素一定在 S_1 中

b. *else if*：$|S_1| + |S_2| \geq k$，那麼目標在 S_2 中，S_2 中每個元素都等於 a，因此 a 就是答案

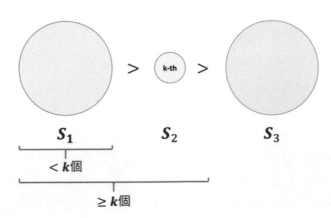

c. *else*：目標在 S_3 中

在挑選 pivot 時，理想的狀況是每挑選一次後都可以刪減掉固定比例的資料，才不會出現要刪非常多次的情形。既然會分成 3 個集合，那就希望資料可以平均分散成三等份，只是挑選 pivot 的算法本身也不能太複雜，否則光挑選的過程就會拖累整個算法的複雜度，這樣就沒有幫助了。

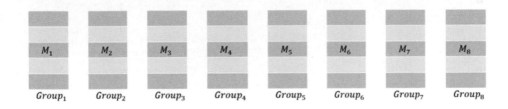

6-6-2　Median of Medians（MoM）

常見挑選 Pivot 的算法是找出中位數的中位數：

A. 把資料分成五個五個一組，若有不足五個的情形以「無限大」補足

B. 分別取出每組（五個元素）的中位數

C. 再來，取出「所有中位數組成的集合」的中位數，也就是 MoM，即下圖中（每組中的中位數）的中位數。

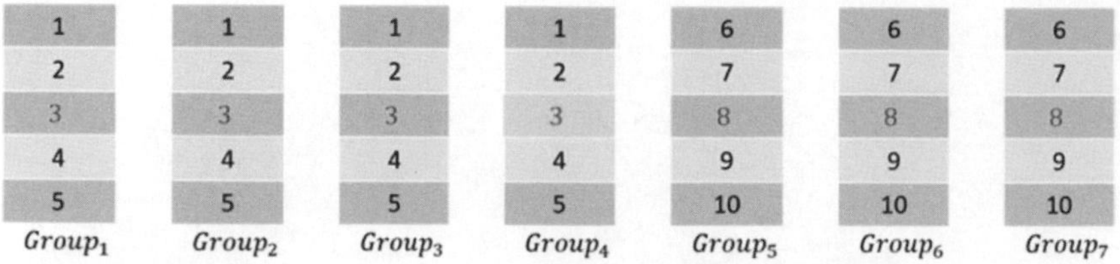

1	1	1	1	6	6	6
2	2	2	2	7	7	7
3	3	3	3	8	8	8
4	4	4	4	9	9	9
5	5	5	5	10	10	10
$Group_1$	$Group_2$	$Group_3$	$Group_4$	$Group_5$	$Group_6$	$Group_7$

但是，中位數的中位數 MoM 並「不」一定是所有資料的中位數。像上圖中，每五筆資料分成一組後，總共分出了七組，這七組各自的中位數再取出中位數，得到第四組的 3，然而 3 並不是所有數字的中位數，因為簡單觀察一下，小於或等於 3 的數字只有中央的 3 的「左上方」的數字，其他地方的數字都無法確定是否有此性質，而大於或等於 3 的數字只有中央的 3 的「右下方」的數字，其他地方的數字同樣都無法確定是否大於等於 MoM，因此 3 明顯不一定是全部資料的中位數，事實上，全部共 35 個數字的中位數是 5。

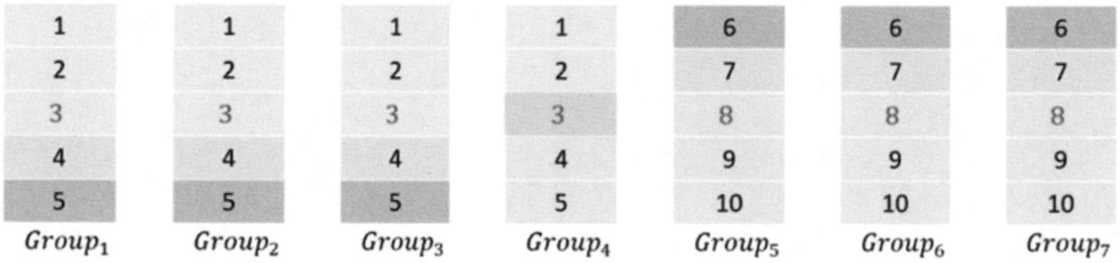

1	1	1	1	6	6	6
2	2	2	2	7	7	7
3	3	3	3	8	8	8
4	4	4	4	9	9	9
5	5	5	5	10	10	10
$Group_1$	$Group_2$	$Group_3$	$Group_4$	$Group_5$	$Group_6$	$Group_7$

為什麼不直接取出所有資料的中位數呢？因為不存在一個算法可以很快的（比取得 MoM 更快）得到真正的中位數，因此才以 MoM 來代替。

MoM 仍有其價值，因為：

A. MoM 至少會 ≥ 30% 的資料

B. MoM 至少會 ≤ 30% 的資料

延續對上圖的觀察，中間的 3 至少會大於等於左邊一半資料的 60%
（$\frac{3}{5}$），也就是每個直行 1、2、3、4、5 資料中的 1、2、3 這三個橫列；
另外，中間的 3 至少也會小於右邊一半資料的 60%，因為它必定小於等於
右邊一半資料的下面三個橫排。因為 $\frac{1}{2} \times 60\% = 30\%$，所以發現 MoM
有「至少 ≥ 30% 的資料」，與「至少 ≤ 30% 的資料」兩個性質。

如果要精確地用數學來表達，那麼大於等於或小於等於 MoM 的資料至少
有：

$$3\left(\left\lceil \frac{1}{2} \times \left\lceil \frac{n}{5} \right\rceil \right\rceil - 2\right) \geq \frac{3n}{10} - 6$$

其中 $\left\lceil \frac{n}{5} \right\rceil$ 為資料的組數，且其中只有 $\frac{1}{2}$ 組的資料確定會大於等於或小於等
於 MoM，且最後一組資料可能不足有空所以需減去 2，此外，每組組內最
多也只有 3 筆資料滿足要求，最後可以得知每輪挑選至少都可以過濾掉
$\frac{3n}{10} - 6$ 筆資料，但最多仍有 $\frac{7n}{10} + 6$ 筆資料被保留下來，故子問題可寫成：

$$T\left(\frac{7n}{10} + 6\right)$$

知道 MoM 可以用來切割資料後，就得到了一個較有效率的 pivot 挑選方
法：

A. 將資料集合 S 分成（$\left\lceil \frac{n}{5} \right\rceil$）筆資料
   - 每組有 5 筆，最右邊不足 5 個的組用「無限大」補足：$O(n)$
B. 排序每一組組內的五筆資料：$O(n)$
   - 每組的排序時間固定，因為所需運算次數不受 n 影響：$O(1)$
   - 共有 $\left\lceil \frac{n}{5} \right\rceil$ 組資料需要分別排序：$O(n)$
C. 找出每個組別內的中位數：$O(n)$
D. 重複步驟 B~C，完成後取出所有資料的 MoM：$T(\frac{n}{5})$
E. 把 S 依照 MoM 分成 S_1、S_2、S_3
   - 即 Partition，並選擇 MoM 作為 Pivot：$O(n)$

F. 分成三種狀況加以判斷：

$$T\left(\frac{7n}{10} + 6\right)$$

    a. *if* $|S_1|$ >= k：目標在 S_1

    b. *else if* $|S_1| + |S_2|$ >= k：目標在 S_2，a 就是答案

    c. *else*：目標在 S_3

在 F 分出的三種狀況間，至少可以排除 30% 的資料，這樣一來，步驟 F 需要的總時間就是 $T\left(\frac{7n}{10} + 6\right)$。

列出下列遞迴式後，可以代換法加以證明時間複雜度（n 的分界取 80 是為了讓 $c(n/10-7) > c$）：

$$T(n) = \begin{cases} \Theta(1), if\ n \leq 80 \\ T\left(\lceil\frac{n}{5}\rceil\right) + T\left(\frac{7n}{10} + 6\right) + O(n), \ if\ n > 80 \end{cases}$$

假設：

$$T(n) \leq cn$$

$$T(n) \leq c\left\lceil\frac{n}{5}\right\rceil + c\left(\frac{7n}{10} + 6\right) + O(n),$$

$$\leq \frac{cn}{5} + c + \frac{7cn}{10} + 6c + O(n),$$

$$\leq \frac{9cn}{10} + 7c + O(n),$$

$$\leq cn,$$

得證 $T(n) = O(n)$。

透過採用 MoM 來當作 Pivot 的作法，順利將選擇問題的複雜度由「排序後再取」的 $O(n \log_2 n)$ 降低到 $O(n)$。

6-6-3 選擇問題的實作

範例程式碼

Chapter06/06_04_Selection.cpp

k-th smallest

```cpp
1   // 互換函式
2   void Swap(int &a, int &b){
3       int tmp = a;
4       a = b;
5       b = tmp;
6   }
7
8   int Partition(int data[], int start, int finish, int pivot){
9       int i;
10      // 找到 Pivot 的索引值 i
11      for (i = start; i <= finish; i++)
12          if (data[i] == pivot)
13              break;
14      // 把 Pivot 移到最後面
15      Swap(data[i], data[finish]);
16      // 把比 Pivot 小的值依序移動到左側
17      int p = start;
18      for(int i = start; i < finish; i++){
19          if(data[i] < pivot){
20              Swap(data[i], data[p]);
21              p++;
22          }
23      }
24      Swap(data[finish], data[p]);
25      // 最後回傳 Pivot 所在的 index
26      return p;
27  }
28
29  // 取中位數：排序後取中間的索引值
30  int Median(int data[], int len)
```

```
31  {
32      sort(data, data + len);
33      return data[len / 2];
34  }
35
36  int k_th_Smallest(
37      int data[], int lower, int upper, int k
38  )
39  {
40      // 確認 k 在範圍內
41      if(k > 0 && k <= upper - lower + 1)
42      {
43          // 目標陣列的長度
44          int len = upper - lower + 1;
45          // 五個五個一組，再找其中位數
46          int median[(len + 4) / 5];
47          int i;
48          for(i = 0; i < len / 5; i++)
49              median[i] = Median(data + lower + i * 5, 5);
50          // 如果最後一組資料不足五個
51          if(i * 5 < len)
52          {
53              median[i] =
54                  Median(data + lower + i * 5, len % 5);
55              i++;
56          }
57          int MOM;
58          // 如果只有一組資料，則 MOM 只能挑第一筆中位數
59          if(i == 1)
60              MOM = median[0];
61          // 否則從每組資料的中位數陣列裡頭找 MOM
62          else
63              MOM = k_th_Smallest(median, 0, i - 1, i / 2);
64
65          // 利用 Partition 區分成三組
66          // 比 MOM 大、比 MOM 小、跟 MOM 一樣
```

```
67        // index: 最後 Pivot 的位置
68        int index = Partition(data, lower, upper, MOM);
69        // index - lower + 1: 比 MOM 小的資料有幾個
70        // 第 k 小的資料在比 MOM 小的那組裡頭
71        if(index - lower + 1 > k)
72            return k_th_Smallest(
73                        data, lower, index - 1, k
74                );
75        // 第 k 小的資料在跟 MOM 一樣的那組裡頭
76        if(index - lower + 1 == k)
77            return data[index];
78        // 剩下的就是在比 MOM 大的那組裡頭
79        // 新的 k: k - (index - lower + 1)
80        int new_k = k - (index - lower + 1);
81        return k_th_Smallest(
82                        data, index + 1, upper, new_k
83                );
84    }
85    // 不符合規則，回傳 - 1
86    return - 1;
87 }
```

6-7 支配理論

支配理論可以幫助我們在寫出遞迴式後直接估計複雜度，不同於「數學解法」、「代換法」和「遞迴樹法」，支配理論更像一個「公式解」。

就像一元二次方程式可以藉由公式解直接得到答案一樣：

$$\frac{-b \pm \sqrt{b^2 - 4ac}}{2a}$$

支配理論也提供了可以直接套用以得到複雜度的公式，這在研究所考試中非常常出現，而且一定得背，否則幾乎不可能在考試時間內作答完畢。

6-7-1 支配理論的推導

在分治法（Divide & Conquer）中一個大問題可以分成數個小問題，接下來再結合這些小問題的答案（Combine），因此列出的遞迴式常像：

$$T(n) = aT(\frac{n}{b}) + f(n)$$

其中 a 代表分成了 a 個小問題，$\frac{n}{b}$ 是每個小問題的大小，$f(n)$ 是結合答案所需的時間。

經過下列運算，可以得到新的表示方式：

$T(n)$

$= aT\left(\dfrac{n}{b}\right) + f(n); a, b \geq 1$

$= a[aT\left(\dfrac{n}{b^2}\right) + f\left(\dfrac{n}{b}\right)] + f(n)$

$= a^2 T\left(\dfrac{n}{b^2}\right) + af\left(\dfrac{n}{b}\right) + f(n)$

$= \cdots (let\ n = b^i)$

$= a^i T\left(\dfrac{n}{b^i}\right) + a^{i-1} f\left(\dfrac{n}{b^{i-1}}\right) + a^{i-2} f\left(\dfrac{n}{b^{i-2}}\right) + \cdots + f(n)$

每次展開後，首項中 a 的次方數就會增加一，不妨令 $n = b^i$，代表這樣的展開總共可以進行幾次（i 次），最後可以得到上式的結果。

又因為：

$$n = b^i \leftrightarrow i = \log_b n$$

代入上式，得到：

$T(n)$

$= a^i T\left(\dfrac{n}{b^i}\right) + a^{i-1} f\left(\dfrac{n}{b^{i-1}}\right) + a^{i-2} f\left(\dfrac{n}{b^{i-2}}\right) + \cdots + f(n)$ --- （a）

$= a^{\log_b n} T(1) + a^{i-1} f\left(\dfrac{n}{b^{i-1}}\right) + a^{i-2} f\left(\dfrac{n}{b^{i-2}}\right) + \cdots + f(n)$ --- （b）

$$= n^{\log_b a} T(1) + a^{i-1} f\left(\frac{n}{b^{i-1}}\right) + a^{i-2} f\left(\frac{n}{b^{i-2}}\right) + \cdots + f(n) \qquad \text{---（c）}$$

（b）式之所以可以轉換為（c）式，是因為如下的對數運算：

$$a^{\log_b n} = n^{\log_b a}$$

$$\log_b(a^{\log_b n}) = \log_b(n^{\log_b a}) \quad \text{（上式左右同取 } \log_b \text{）}$$

$$\log_b n \log_b a = \log_b a \log_b n$$

但把所有項加起來需要另外 $O(n^{\log_b a})$ 的時間，因此：

$$T(n) = \sum_{i=0}^{\log_b n} a^i f\left(\frac{n}{b^i}\right) + O(n^{\log_b a})$$

但其實就算把 $O(n^{\log_b a})$ 考量進去，你會發現這項 $O(n^{\log_b a})$ 其實不影響到最後運算的結果。

因為以 Big-O 求時間複雜度時，只需考慮 n 的指數最大的那項，因此觀察展開後的式子，我們可以只關注（c）式中第一項 $n^{\log_b a} T(1)$ 和最後一項 $f(n)$ 之間誰大誰小即可。

$$T(n) = n^{\log_b a} T(1) + a^{i-1} f\left(\frac{n}{b^{i-1}}\right) + a^{i-2} f\left(\frac{n}{b^{i-2}}\right) + \cdots + f(n)$$

比較 $n^{\log_b a}$ 和 $f(n)$，有下列三種情形，在這裡不給出完整的證明：

A. $f(n) = O(n^{\log_b(a-\varepsilon)}),\ \varepsilon > 0$

　　=> $n^{\log_b a}$ 是 $f(n)$ 的「上界」

　　=> $n^{\log_b a}$ 比 $f(n)$ 大，選擇看 $n^{\log_b a}$ 這項就好

　　故 $T(n) = \Theta(n^{\log_b a})$

B. $f(n) = \Omega(n^{\log_b(a+\varepsilon)}),\ \varepsilon > 0$

　　=> $n^{\log_b a}$ 是 $f(n)$ 的「下界」

　　=> $f(n)$ 比 $n^{\log_b a}$ 大，選擇看 $f(n)$ 這項就好

故 $T(n) = \Theta(f(n))$

C. $f(n) = \Theta(n^{\log_b a})$

=> $f(n)$ 和 $n^{\log_b a}$ 一樣大

已知：

$$T(n) = \sum_{i=0}^{\log_b n} a^i f\left(\frac{n}{b^i}\right) + O(n^{\log_b a})$$

且：

$$\sum_{i=0}^{\log_b n} a^i f\left(\frac{n}{b^i}\right)$$

$$= \sum_{i=0}^{\log_b n} a^i \left(\frac{n}{b^i}\right)^{\log_b a}$$

$$= n^{\log_b a} \sum_{i=0}^{\log_b n} a^i b^{-i \log_b a}$$

$$= n^{\log_b a} \sum_{i=0}^{\log_b n} a^i a^{-i}$$

$$= n^{\log_b a} (\log_b n + 1)$$

$$= \Theta(n^{\log_b a} \log_b n)$$

所以：

$$T(n) = \sum_{i=0}^{\log_b n} a^i f\left(\frac{n}{b^i}\right) + O(n^{\log_b a})$$

$$= \sum_{i=0}^{\log_b n} a^i \left(\frac{n}{b^i}\right)^{\log_b a} + O(n^{\log_b a})$$

$$= \Theta(n^{\log_b a} \log_b n) + O(n^{\log_b a})$$

$$= \Theta(n^{\log_b a} \log_b n)$$

故 $T(n) = \Theta(n^{\log_b a} \times \log_b(n))$

6-7-2 重訪 Strassen 演算法

還記得 Strassen 演算法的遞迴式可以表示為：

$$T(n) = 7T(\frac{n}{2}) + \Theta(n^2)$$

利用 Master Theorem，比較 $n^{\log_2 7}$ 與 n^2 的大小，發現 $n^{\log_2 7}$ 較大應取 $n^{\log_2 7}$，也因此複雜度可寫成：

$$T(n) = O(n^{\log_2 7}) \sim O(n^{2.807})$$

6-7-3 重訪合併排序

參考先前合併排序的介紹，遞迴式如下：

$$T(n) = \begin{cases} O(1), if\, n = 1 \\ T(\lceil\frac{n}{2}\rceil) + T(\lfloor\frac{n}{2}\rfloor) + O(n), if\, n >= 2 \end{cases}$$

得到 $T(n) = 2T(\frac{n}{2}) + O(n)$，與支配理論的 $T(n) = aT(\frac{n}{b}) + f(n)$ 比較，可得 $a = 2, b = 2, f(n) = n$。

$\log_a b = 1$ 與 $f(n)$ 中 n 的次方數相同，適用支配理論的第三種狀況（兩者大小相同時）：

$$T(n) = \Theta(n \log_b a \times \log_b(n))$$

$$= \Theta(n \log_1 1 \times \log_2 n) = \Theta(n \log_2 n)$$

比起利用數學解法等，使用支配理論可以更快得出遞迴式的複雜度。

6-8 實戰練習

6-8-1 LeetCode#169 多數元素 Majority Element

【題目】

給定一個長度為 n 的整數陣列 $nums$，回傳「多數元素」。這裡多數元素指的是「出現多於 $\lfloor \frac{n}{2} \rfloor$ 次的元素」。測資中的每個陣列中都存在一個多數元素。

【出處】：

https://leetcode.com/problems/majority-element/

【輸入與範例輸出】

- 輸入：nums = [3,2,3]
- 輸出：3

【解題邏輯】

使用本章介紹的分治法，將陣列分成左半部與右半部，分別取出兩個子陣列中出現次數最多的數字。

如果兩個子陣列中出現次數最多的數字相同，該數字就是所求多數元素；否則，假設兩邊出現最多次的數字分別為 x 和 y，出現次數分別為 count_x 和 count_y，則比較 count_x 和 count_y 的大小，決定回傳 x 或者 y（選出現次數多的）。

範例程式碼

Chapter06/06_05_majorityElement.cpp

多數元素 Majority Element
1   class Solution{
2   // 傳入整數陣列、下界的索引值與上界的索引值
3   // 回傳下界與上界區間中的多數元素
4   int majority_range(

```
 5            vector<int>& nums, int lower, int upper
 6          )
 7      {
 8         // 邊界處理：傳入區間已經縮小到沒有值
 9         if (lower==upper)
10           return nums[lower];
11
12         // 一般情形
13         // 分成左右兩個子陣列遞迴處理
14         int middle = lower + (upper - lower) / 2;
15         int left_major =
16               majority_range(nums, lower, middle);
17         int right_major =
18               majority_range(nums, middle + 1, upper);
19
20         // 比較左邊與右邊多數元素
21         // 相同時任意回傳一邊
22         if (left_major == right_major)
23           return right_major;
24
25         // 不同時，回傳出現次數較多者
26         int left_count = 0, right_count = 0;
27         for (int i = lower; i <= middle; i++){
28           if (nums[i]==left_major)
29               left_count++;
30         }
31         for (int i = middle + 1; i <= upper; i++){
32           if (nums[i] == right_major)
33               right_count++;
34         }
35         return left_count > right_count ?
36               left_major : right_major;
37      }
38
39      public:
40         int majorityElement(vector<int>& nums){
```

```
41              // 把整個 nums 陣列傳入函式處理
42              return majority_range(nums, 0, nums.size()-1);
43          }
44      };
```

上述方法的遞迴式為：

$$T(n) \ = \ 2T(\frac{n}{2}) + n$$

後項 n 出現在「判斷應採左子陣列的多數元素或採右子陣列的多數元素」的過程，利用 Master Theorem，可以得到複雜度為 $O(n \log_2 n)$。

6-8-2　LeetCode#240　Search a 2D Matrix II

【題目】

試寫一個有效率的演算法來搜尋大小為 $m \times n$ 的整數二維陣列中的某個目標值，若該值存在在陣列中，回傳 true，否則回傳 false。

該陣列有下列性質：

    a. 每個橫列中，整數由左到右遞增

    b. 每個直行中，整數由上到下遞增

【出處】

https://leetcode.com/problems/search-a-2d-matrix-ii/

【範例輸入與輸出】

■　輸入：matrix =

    [

        [1,4,7,11,15],

        [2,5,8,12,19],

        [3,6,9,16,22],

        [10,13,14,17,24],

        [18,21,23,26,30],

],
target = 5

- 輸出： true

【解題邏輯】

1	4	7	11	15
2	5	8	12	19
3	6	9	16	22
10	13	14	17	24
18	21	23	26	30

選定一個出發點，如上面範例的右上角 15，如果要尋找的目標值比 15 小，則往左邊移動一格，因為只有左邊幾個直行才有比 15 小的值；目標值比 15 大時，則往下移動一格，因為只有下面幾個橫列才有比 15 大的值；如果前兩個情況都不符合，則目前選定的點就是目標值 15。

如果最後執行超出左方或下方邊界，就代表數列中並沒有要尋找的目標值，回傳 false。

這題是否有應用到分治法的概念呢？把原本的問題分成兩個子問題：當比目前所在這格的數字大時，子問題是在目前這格「下方」的子陣列中搜尋；比目前數字小時，子問題則是在目前這格「左方」的子陣列中搜尋。

範例程式碼

Chapter06/06_06_searchMatrix.cpp

搜尋二維陣列 II Search a 2D Matrix II

```
class Solution{
public:
    bool searchMatrix(
            vector<vector<int>>& matrix, int target
```

```
5              )
6          {
7
8              // 例外處理：陣列是空的
9              if (matrix.empty())
10                return false;
11             if (matrix[0].empty())
12                return false;
13
14             // 一般情形
15             // 取得陣列大小
16             int rows = matrix.size();
17             int cols = matrix[0].size();
18             // 從右上角的元素出發
19             int row_now = 0;
20             int col_now = cols - 1;
21
22             // 超出左邊與下方邊界前繼續執行
23             while (row_now < rows && col_now >= 0){
24                // 找到目標，回傳 true
25                if (matrix[row_now][col_now] == target){
26                   return true;
27                }
28                // 往左找
29                else if (matrix[row_now][col_now] > target){
30                   col_now--;
31                }
32                // 往下找
33                else {
34                   row_now++;
35                }
36          } // end of while
37          return false;
38      } // end of searchMatrix
39  }; // end of Solution
```

6-8-3 APCS：支點切割 (2018/02 P3)

【題目】

給定一陣列 p，試著找出「最佳切點」將原陣列切割形成左右兩子陣列，並且遞迴向下繼續切割，直至子陣列長度小於 3 或遞迴深度超過 K。

「最佳切點」的定義為：造成力矩最小之點，但**不可為兩端點**。假設陣列的索引值區間為 $[i, j]$，則切點 c 造成的力矩為 $|\sum_{k=i}^{j} p[k] \times (k - c)|$。

【範例輸入與輸出】

■ 輸入格式：

- 第一行是兩個正整數 N 與 K，分別代表陣列長度、最大遞迴深度。其中 $N < 10^7$ 且 $K < 50$。

- 第二行 N 個非負整數 $p[0]$，$p[1]$，…，$p[N-1]$ 表示陣列內容，彼此之間以一個空白間格，陣列內容總和不超過 10^9。

■ 輸出格式

- 所有切點 c 的 $p[c]$ 值總和

■ 範例一：

- 輸入：

7 3

5 2 6 3 1 4 8

- 正確輸出（第一層切在 3，第二層切在 2、4）：

9

■ 範例二：

- 輸入：

6 2

4 2 7 3 1 5

- 正確輸出（第一層切在 7，第二層切在 1）：

8

【題目出處】

2018/02 APCS 實作題#3

本題可以到 zerojudge 上提交程式碼，網址為：

https://zerojudge.tw/ShowProblem?problemid=f638

【解題邏輯】

陣列 *data* 的區間 [L, U] 內所有最佳切點和為以下三個的加總：

1. 陣列 *data* 區間 [L, U] 內的最佳切點 P 上放的資料 $data[P]$
2. 陣列 *data* 區間 [L, U] 內的左半部 $[L, P - 1]$ 裡所有最佳切點和
3. 陣列 *data* 區間 [L, U] 內的右半部 $[P + 1, U]$ 裡所有最佳切點和

其中 2、3 為子問題，可以使用分治法或遞迴求得。

但問題是：如何有效率地找出最佳切點呢？假設陣列如下：

i	0	1	2	3	4	5
$p[i]$	5	3	4	2	6	2

為了找出「最佳切點」，記錄下前綴和 $prefix[i]$ 與後綴和 $suffix[i]$，兩者的定義分別是前 i 項的和與從 i 到最後一項的和如下：

i	0	1	2	3	4	5
$p[i]$	5	3	4	2	6	2
$prefix[i]$	5	8	12	14	20	22
$suffix[i]$	22	17	14	10	8	2

但題目要的不僅僅是直接加總，還要再乘以與切點的距離，另外左力矩 $pre\_torque[i]$ 與右力矩 $suf\_torque[i]$ 差的絕對值即為力矩和 $torque[i]$：

i	0	1	2	3	4	5
$p[i]$	5	3	4	2	6	2

$pre\_torque[i]$	0	5	13	25	39	59
$suf\_torque[i]$	51	34	20	10	2	0
$torque[i]$	51	29	7	15	37	59

假設切點為 c，其索引值為 i，則左半部的力矩為：

$$p[i] \times 0 + p[i-1] \times 1 + p[i-2] \times 2 + \dots\dots$$
$$= prefix[i-1] + prefix[i-2] + prefix[i-3] \dots$$

所以可以透過以下公式降低所需的運算次數：

$$pre\_torque[i] = prefix[i-1] + prefix[i-2] + prefix[i-3] + \cdots$$
$$= prefix[i-1] + pre\_torque[i-1]$$
$$suf\_torque[i] = suffix[i+1] + suffix[i+2] + suffix[i+2] + \cdots$$
$$= suffix[i+1] + suf\_torque[i+1]$$

此時計算特定切點的力矩只需要 $O(n)$，注意如果沒有用以上公式優化的話會需要 $O(n^2)$。接著力矩總和就是左力矩與右力矩相減的絕對值：

$$torque[i] = |pre\_torque[i] - suf\_torque[i]|$$

並從中挑出最小的力矩後，即可得目前的「最佳切點」 $c = 2$。接下來利用分治法，分別對左半部的 [0, 1] 與右半部 [3, 5] 處理就可以得到答案。

範例程式碼

Chapter06/06_07_支點切割.cpp

支點切割
| ```
1    #include <iostream>
2    #include <math.h>
3    #include <vector>
4    #include <algorithm>
5
``` |
```

```
6    using namespace std;
7
8    int N, K, sum = 0;
9    vector<long long int> pre_torque, suf_torque;
10   vector<int> p;
11
12   int cut(int depth, int left, int right) {
13       // 遞迴深度超過
14       if(depth >= K)
15           return 0;
16
17       int len = right - left + 1;
18       // 陣列長度不足 3
19       if(len < 3)
20           return 0;
21
22       // 計算左力矩
23       long long int prefix = 0;
24       pre_torque[left] = 0;
25       for (int i = left + 1; i <= right; i++){
26           prefix += p[i - 1];
27           pre_torque[i] = pre_torque[i - 1] + prefix;
28       }
29
30       // 計算右力矩
31       long long int suffix = 0;
32       suf_torque[right] = 0;
33       for (int i = right - 1; i >= left; i--){
34           suffix += p[i + 1];
35           suf_torque[i] = suf_torque[i + 1] + suffix;
36       }
37       // 找到最小力矩的點
38       long long int minimum = 2e18;
39       int min_index = -1;
40       for (int i = left + 1; i < right; i++){
41           long long int total =
42               abs(pre_torque[i] - suf_torque[i]);
43           if(total < minimum){
```

```
44              min_index = i;
45              minimum = total;
46          }
47      }
48      return p[min_index] +
49              // 左邊
50              cut(depth + 1, left, min_index - 1) +
51              // 右邊
52              cut(depth + 1, min_index + 1, right);
53  }
54
55  int main () {
56      ios::sync_with_stdio(false);
57      cin.tie(NULL);
59
59      cin >> N >> K;
60      p.resize(N);
61
62      // 輸入資料
63      for (int i = 0; i < N; i++)
64          cin >> p[i];
65
66      pre_torque.resize(N);
67      suf_torque.resize(N);
68
69      cout << cut(0, 0, N - 1) << endl;
70      return 0;
71  }
```

6-8-4 APCS：反序數量 (2018/06 P4)

【題目】

給定一陣列 p，若 $i < j$ 但 $p[i] > p[j]$，則稱 ($p[i]$，$p[j]$) 為反序對，請試著算出陣列 p 之反序對數量。

比方說給定陣列 p 為 [5, 6, 2, 1 ,3]，反序對為 (5, 2)、(5, 1)、(5, 3)、(6, 2)、(6, 1)、(6, 3)、(2, 1)，共七個反序。

【範例輸入與輸出】

- 輸入格式：
  - 第一行是正整數 N 代表數列的長度。
  - 第二行 N 個非負整數，代表陣列 p 的內容。
- 輸出格式
  - 陣列 p 的反序數量
- 範例一：
  - 輸入：

    5

    5 6 2 1 3
  - 正確輸出：

    7
- 範例二：
  - 輸入：

    6

    4 2 7 3 1 5
  - 正確輸出：

    8

【題目出處】

2018/06 APCS 實作題#4

本題可以到一中電腦資訊研究社 Online Judge 上提交程式碼，網址為：

https://judge.tcirc.tw/ShowProblem?problemid=d064

【解題邏輯】

本題類似最大子數列問題，所有反序對(p[i]，p[j])的答案會是三種可能：

1. p[i]、p[j] 都小於特定基準
2. p[i]、p[j] 都大於特定基準

3. $p[i]$ 大於特定基準，$p[j]$ 小於特定基準

其中 1、2 都可用遞迴得到，我們只需要完成 3。至於如何得知跨越陣列特定基準的反序對數目呢？

i	0	1	2	3	4
$p[i]$	5	6	2	1	3

以上表為例，我們盡可能取出陣列中位數，但為了方便運算，我們把特定基準設定成(陣列最大值+最小值)/2，如此可以在 O(n) 的時間內取出，假設在這裡我們取出最大值 6、最小值 1，特定基準為 3.5。

接下來我們依序處理陣列內的資料，分別放置兩不同向量 v_1 與 v_2，其中若資料小於等於特定基準則置入 v_1，若資料大於特定基準則置入 v_2 如下。

$$v_1 = \{2, 1, 3\}$$
$$v_2 = \{5, 6\}$$

當我們由左而右處理資料時，每次把 $p[i]$ 放入 v_1 就可以計算 v_2 內的資料個數，藉此得知跨越基準值的反序對數，原因是此時 $p[i]$ 都在 v_2 內的資料以右，且 v_2 的資料又會大於 $p[i]$，因此 v_2 內的資料皆可和 $p[i]$ 形成反序對。

比方說先把 5 跟 6 放入 v_2，接著把 2 放入 v_1 時，代表 2 在 5、6 的右側，且在 2 左側又比 2 大的數可以由當下 v_2 的大小得知，故此時跨越基準值的反序對有兩個，接著再把 v$_1$、v$_2$ 傳入函式中遞迴處理即可。

範例程式碼

Chapter06/06_08_反序數量.cpp

反序數量

```
1   #include <iostream>
2   #include <vector>
3   #include <algorithm>
4
5   using namespace std;
6
7   int N;
8   vector<int> p;
9
10  long long int DC(vector<int>& p){
11      if(p.size() < 2)
12          return 0;
13      long long int sum = 0;
14      int max = -2147483648;
15      int min = 2147483647;
16      // 取出陣列最大與最小值
17      for(int value : p){
18          if(value > max)
19              max = value;
20          if(value < min)
21              min = value;
22      }
23      if(max == min)
24          return 0;
25
26      int medium = min + (max - min) / 2;
27
28      vector<int> smaller;
29      vector<int> bigger;
30      // 依序取出資料
31      for(int value : p){
32          if(value <= medium){
```

```
33              smaller.push_back(value);
34              // value 在 bigger 的右側且又比 bigger 小
35              // 故 bigger 的大小就是 value 的子序對數目
36              sum += bigger.size();
37          }
38          else
39              bigger.push_back(value);
40      }
41      return sum + DC(smaller) + DC(bigger);
42  }
43
44  int main () {
45      ios::sync_with_stdio(false);
46      cin.tie(NULL);
47
48      cin >> N;
49      vector<int> p(N);
50
51      // 輸入資料
52      for (int i = 0; i < N; i++)
53          cin >> p[i];
54      cout << DC(p) << endl;
55      return 0;
56  }
```

習 題

1. 關於分治法(Divide and Conquer)的敘述哪些為真？(複選)

   A. 母問題可以被切割成數個獨立的子問題時，可以考慮使用分治法

   B. 當母問題切出的子問題間彼此相依（Overlap）時，分治法可避免重複運算

   C. 合併排序、快速排序皆是分治法的應用

   D. 若給定任意遞迴式，支配理論(Master Theorem)皆可以算出該遞迴式所對應的時間複雜度

2. 若有一遞迴式為 $T(n) = 4T\left(\frac{n}{2}\right) + cn$，其中 c 是一個常數，該如何解釋這個遞迴式？

   A. n 筆資料的母問題，可以拆解成 2 個資料量為 n/2 的子問題，並需要 O(n) 的時間複雜度加以合併

   B. n 筆資料的母問題，可以拆解成 2 個資料量為 n/4 的子問題，並需要 O(n) 的時間複雜度加以合併

   C. n 筆資料的母問題，可以拆解成 4 個資料量為 n/2 的子問題，並需要 O(n) 的時間複雜度加以合併

   D. n 筆資料的母問題，可以拆解成 4 個資料量為 n/4 的子問題，並需要 O(n) 的時間複雜度加以合併

3. 考慮多項式f(x) = ab + cd + abcd，並假設在特定的硬體上乘法運算需要的時間遠大於加法，請問若給定 a、b、c、d ，如欲求得該多項式的值，則乘法至少要做幾次？

   A. 2

   B. 3

   C. 4

   D. 5

4. 考慮多項式$f(x) = a_0 + a_1 x + a_2 x^2 + a_3 x^3$，並假設在特定的硬體上乘法運算需要的時間遠大於加法，請問若給定a_0、a_1、a_2、a_3、x，如欲求得該多項式的值，則乘法至少要做幾次？(Ref: GATE-CS-2006)

A. 3

B. 4

C. 5

D. 6

5. 在計算次方連乘時，比方說x^n，一般的算法必須將 x 乘上 n 次，也就是時間複雜度為 O(n)，但可以將次方連乘改用以下函式計算：

```
int Pow(int x,int n){
    if(n == 1) return x;
    if(n % 2 == 0){
        int temp = Pow(x, n / 2);
        return temp * temp;
    }
    else{
        int temp = Pow(x, (n - 1) / 2);
        return temp * temp * x;
    }
}
```

請問這種計算法的時間複雜度為何？(這是很常用的算法，可以多花時間想想看其原理)

A. $O(\log_2 n)$

B. $O(n)$

C. $O(n \log_2 n)$

D. $O(n^2)$

E. 以上皆非

6. 若陣列中的資料全為正值，前面提到的最大子數列 maxSubArray 演算法最終會回傳什麼資料？

    A. 0

    B. 全部陣列的和

    C. 陣列中的最大元素

    D. 陣列中的最小元素

    E. 以上皆非

7. 若陣列中的資料全為負值，前面提到的最大子數列 maxSubArray 演算法最終會回傳什麼資料？

    A. 0

    B. 全部陣列的和

    C. 陣列中的最大元素

    D. 陣列中的最小元素

    E. 以上皆非

8. 請利用支配理論(Master Theorem)推導出下列遞迴式的時間複雜度。

    A. $T(n) = 2T\left(\dfrac{n}{3}\right) + n$

    B. $T(n) = 4T\left(\dfrac{n}{4}\right) + n\log_2 n$

    C. $T(n) = 4T\left(\dfrac{n}{2}\right) + \log_2 n$

    D. $T(n) = 8T\left(\dfrac{n}{8}\right) + 4n log_2 n$

貪婪演算法 Greedy Algorithm

本章一開始會簡介何為貪婪演算法,以及什麼情況下適用貪婪演算法。

接下來,會介紹幾種貪婪演算法的經典例題

A. 找錢問題 Coin Changing
B. 中途休息 Breakpoint Selection
C. 活動選擇問題 Activity-Selection Problem
D. 背包問題 Fractional Knapsack Problem
E. 工作排程 Task Scheduling

最後會從 LeetCode 與歷年 APCS 考題上挑選幾題相關的題目作為練習。

7-1 貪婪演算法簡介

貪婪演算法可以被視為是一種「短視近利/偷懶/貪婪」的想法,這也是它名稱的由來,其根本精神是在每一步要做選擇時,都選擇當下或面前的「局部最佳解」。

比方說踏出家門後想要去學校,就每一步都選擇「一旦踏出後就可以距離學校近一點」的方向走,希望能夠藉此到達學校。

來看另一個例子：如果一名非法律系畢業的學生想在最短時間內當上「有名的大律師」，那麼他就應該選擇能夠最快考到律師執照的方式：去念法律學分班，這樣所花的時間會比回頭念大學法律系來得短，而且基本上名氣大小跟如何取得律師執照無關。

7-1-1 不適用貪婪演算法的問題

如果登山時迷路而想回到山下的城市，這時一種想法是環顧四周後「往下坡的方向走」，希望這樣能帶我們回到山下。因為貪婪演算法的精神是在每一刻都採取當下的「局部最佳解」，所以會希望每一步都一定要往下方走一點，而不能走了某一步後，反而海拔變高了。

但是很明顯的，採取這種策略不一定能夠順利回到山下的城市，可能反而被困在四周都較高的山谷（局部最低點）之中，這是因為下山的路徑中往往必須先跨越幾個山峰後，才能回到海拔較低的城市，這種情況下貪婪演算法就因為「短視近利」的特性，而無法找到正確的道路。

就像上面的函數中，如果從右邊出發開始一路往下走，那麼根據「只往下走」的策略，就會陷在右邊的局部最低點，因為從該處往左就是「上坡」，所以不會選擇再往左走，也因而無法走到左邊更低的山谷底端。

尋找道路回到山下的過程中，每一步做的選擇都會影響到下一步的選擇，所以選擇間的次序不同，就可能產生不同的結果。這種掉到「局部最低點」，而非真正想要抵達的「全域最低點 global minimum」的情形，也是機器學習中面臨到的一個很大的挑戰。

7-1-2 大律師問題

那麼最開始提到的大律師問題為什麼可以使用貪婪演算法解決呢？

這是因為要「成為有名的大律師」，需要先後解決兩個子問題：

A. 成為律師
B. 變得有名

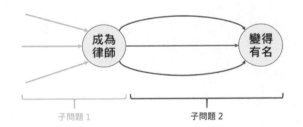

而這兩個子問題基本上是互相獨立的，不管是念學分班還是大學法律系，考到律師後的執業資格都相同，因此都會再從一樣的出發點去解決「變得有名」這個子問題。

因為兩個子問題互相獨立，所以可以先找到最快成為律師的方式，完成這步後，再去找最快變得有名的方式，一般來說，不用擔心考取律師資格的方式是否會影響到之後能否變得有名。

簡單來說，如果子問題間不互相獨立、會彼此影響，就不適合使用貪婪解，就像下山時城市可能在左手邊跨過山峰的地方，可是現在站的地方右

手邊卻比左手邊還低，如果直接採用貪婪解往右走沒辦法達到原本的目的；相對的，子問題間如果相互獨立時，可以使用貪婪解，就像不管用什麼方法當上律師或考到某個證照，取得的資格都是相同的，不會影響到之後執業能不能變得有名、成功。

7-1-3 賺大錢問題

若人生的目標是「賺最多錢」，而目前擺在眼前的有兩個選擇：

A. 工作選擇

    a. 跑 Ubxx 賺： 250 元 / hr

    b. 跑 熊 X 賺： 220 元 / hr

不管今天是跑 Ubxx 還是熊 X，因為做的事情性質差不多，所以除了賺到的錢有差異以外，不會對未來的狀態造成什麼差別，也就是說，不管做哪個對之後的狀態、未來的後續選擇並沒有直接影響，所以可以用貪婪演算法直接選擇「時薪最高」者就好。

讓我們來看看人生中的另外一種選擇：

B. 行程選擇

    a. 好好讀書刷 LeetCode： 0 元 / hr

    b. 去打工賺： 200 元 / hr

貪婪演算法是選擇當下或面前的「局部最佳解」，所以如果選擇貪婪解，這時候就會去打工賺 200 元 / hr，但如果選了唸書這項，明天腦袋裡的知識就會增加，也會稍微提升通過面試的機率，反之，如果去打工，則不會達成知識的累積。

這時候因為做出的選擇會對未來的狀態產生影響：去讀書可以提升通過面試找到好工作的機會，而去打工（貪婪演算法得到的解），則之後就很難通過面試，也就沒有機會獲得更好的工作，所以選擇當下能賺最多錢的行

程不一定能夠達成「人生賺最多錢」的目標。在這個選擇問題中,貪婪解就不是一個適合的解法。

7-1-4 貪婪演算法的適用範圍

根據以上例子可以知道,一個問題想要適用貪婪演算法,要有下列條件:

A. 最佳化子結構:子問題的最佳解在原問題的最佳解內
B. 適用貪婪選擇:局部最佳解能夠組成全域最佳解

比方說如果目標是「在退休前賺最多錢」,要解決的母問題是退休前的所有行程的規劃,而子問題則是「今天下午的行程規劃」,那麼今天下午選擇去做可以賺最多錢的行程,顯然不一定會是「可以在退休前賺到最多錢的行程」,像這樣的行程規劃就不符合上面的「最佳化子結構」條件。

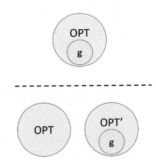

7-1-5 Exchange Arguments

我們可以利用 Exchange Arguments 證明貪婪演算法在特定問題下的適用:

A. 假設目前子問題的貪婪最佳解為 g
B. 假設任意(全域)最佳解為 OPT
C. 此時產生兩種情形
    a. g 在 OPT 中 -> 沒問題
    b. g 不在 OPT 中

若 g 不在 OPT 中，修改 OPT 成為 OPT'，使 OPT' 包含 g

> a. 如果 OPT' 比 OPT 還要好，反證，因為全域最佳解不是 OPT
> （跟假設矛盾，不適用貪婪演算法）
> b. 如果 OPT' 跟 OPT 正好一樣好，得證（可適用貪婪演算法）

綜合來說，貪婪演算法的步驟就是從原問題中切出至少一個子問題，並使用「貪婪」的方法來解決這個子問題，不斷切割出子問題並解決後，把所有子問題的答案拼湊起來，如果這些子問題的答案會共同構成全域最佳解，貪婪演算法就解決了這個問題。

貪婪演算法雖然通常有效率且簡單，只要一步步找出目前子問題中的最佳解即可，但是貪婪演算法並「不能」解決所有最佳化問題，當每一步的選擇會影響到下一步時，就不能適用，而應改用下一章介紹的動態規劃。

本書後面尋找「最短路徑」的 Dijkstra 演算法和資料結構中一書會提到的「霍夫曼編碼」，都是貪婪演算法的應用。

7-2 找錢問題

接下來看幾個貪婪演算法的經典例題，首先是「找錢問題」：

「如果需要找給顧客 n 元，而目前有四種硬幣：1 元、5 元、10 元和 50 元，如何找錢可以讓找的硬幣「個數總和」最少呢？」

舉例來說，如果要找給顧客 128 元，應該使用 50 元硬幣兩枚，10 元硬幣 2 枚，5 元硬幣 1 枚，與 1 元硬幣 3 枚，因為以下等式成立：

$$50 \times 2 + 10 \times 2 + 5 \times 1 + 1 \times 3 = 128$$

上面這種做法總共使用了 8 枚硬幣，貪婪演算法的解法是先用 50 元盡量貼近 128 元，等到使用了兩個 50 元，還差 28 元時，轉為使用 10 元硬幣

2 枚，接著使用 5 元硬幣 1 枚，最後則是 1 元硬幣 3 枚，依序解決從幣值大到小的硬幣各需要幾枚的子問題。

7-2-1 證明貪婪演算法適用找錢問題

如何證明這個問題可以適用貪婪演算法呢？這時可以用先前提到的 Exchange Arguments。以決定「應使用兩個 50 元」這步為例，利用反證法證明：

A. 假設最佳解 OPT 與前述貪婪演算法所得之解「不同」，要找 128 元時最佳解 OPT「應使用 0 枚或 1 枚 50 元」。

B. 此外又有 10 元硬幣只應使用 0~4 枚的限制（否則可以用 1 枚 50 元來替代 5 枚 10 元，使用到的硬幣個數就能更少，才會是最佳解）

C. 同樣的，知道 5 元硬幣只應使用 0~1 枚

D. 1 元硬幣只應使用 0~4 枚

E. 在「只應使用 0 枚或 1 枚 50 元」的前提下，最多只能找出 $50 \times 1 + 10 \times 4 + 5 \times 1 + 1 \times 4 = 99$，不符合要找 128 元的要求，反證。

因為成功反證，代表「應使用兩個 50 元」是正確的（證明了要找 100 元以上時，一定都會用到兩個或以上的 50 元），同樣的方法也可以被用來依序證明 10 元、5 元、1 元應使用的枚數都與貪婪解相同，代表要從最大面額的硬幣開始「能用到幾個就用到幾個」，本題適用貪婪演算法。

7-2-2 LeetCode #860 檸檬水找零 Lemonade Change

【題目】

有個賣檸檬水的攤位，每杯檸檬水賣 5 元。有一些顧客排隊來買，而他們一次都只會點「一杯」。每個顧客點了他們的一杯檸檬水後，會用一枚面額 5 元、10 元或 20 元的硬幣來結帳。你必須正確找零，使得找零後的結

果是每個顧客總共只付給你 5 元（顧客付 10 元時找 5 元，付 20 元時找 15 元）。

注意一開始手上並沒有任何零錢，所以有時會遇到無法找零的情形。只有在從頭到尾都能正確找零給每個顧客時，回傳 true。

【出處】

https://leetcode.com/problems/lemonade-change/

【範例輸入與輸出】

■ 輸入：[5,5,5,10,20]

■ 輸出：true

因為第四個顧客付 10 元時，手上已經有 5 元可以找，第五個顧客付 20 元時，手上也能透過 1 個 5 元與 1 個 10 元找出 15 元，所以回傳 true。

■ 輸入：[10,10]

■ 輸出：false

因為第一個顧客付 10 元時，手上還沒有任何零錢可以找，所以回傳 false。

【解題邏輯】

可以看出在三種硬幣中，五元硬幣是最有價值的一種，因為不論想找 5 元或 15 元都可以透過五元硬幣完成，所以當顧客給 20 元的時候，應該要優先選擇 10 元＋5 元的找法，其次才是找三個五元硬幣出去。

在運算過程中可以記錄每種硬幣的數目，雖然最後僅須回答 true／false，所以 20 元硬幣的數目並不會用到，可以不存，但為了方便理解，下面程式碼還是將其加以記錄，並且把每種狀況分門別類處理。

範例程式碼

Chapter07/07_01_lemonadeChange.cpp

檸檬水找零 Lemonade Change

```cpp
1   class Solution{
2   public:
3       bool lemonadeChange(vector<int>& bills){
4           // 記錄手上的不同硬幣個數
5           // 開始時每種硬幣個數都是 0
6           int five = 0;
7           int ten = 0;
8           int twenty = 0;
9           int len = bills.size();
10
11          // 依序處理每位顧客的找錢流程
12          for (int i = 0; i < len; i++){
13              // 第 i 個顧客使用的硬幣
14              int coin = bills[i];
15              // 顧客使用 5 元時，手上增加一枚 5 元
16              if (coin == 5){
17                  five++;
18              }
19              // 顧客使用 10 元時
20              else if (coin == 10){
21                  // 手上有 5 元硬幣，能夠成功找錢
22                  if (five){
23                      five--; // 找給顧客一枚 5 元
24                      ten++;  // 手上增加一枚 10 元
25                  }
26                  // 不能成功找錢
27                  else {
28                      return false;
29                  }
30              }
31              // 顧客使用 20 元時
32              else if (coin == 20){
```

```
33          // 5 元比較珍貴，優先把 10 元找掉
34          // 但也要同時至少有一枚 5 元才能找
35          if (ten && five){
36             ten--;
37             five--;
38             twenty++;
39          }
40          // 沒有 10 元時，才試著用 3 枚 5 元找錢
41          else if (five >= 3){
42             five -= 3;
43             twenty++;
44          }
45          // 不能成功找錢
46          else {
47             return false;
48          }
49       } // end of outer if
50    } // end of for
51    return true;
52  } // end of lemonadeChange
53 }; // end of Solution
```

7-2-3 LeetCode #322 硬幣找零 Coin Change

注意本題如果使用貪婪演算法來解決，會得到「錯誤」的答案，但建議你仍可以試著先寫出對應的貪婪解法，並思考為何會出錯，下一章介紹動態規劃法就可以順利解決這個問題。

【題目】

給定一個整數陣列 *coins* 代表各種硬幣的面額，與一個整數 *amount* 代表要達到的總額。

回傳「要達到該總額最少需要的硬幣個數」，如果根據給定的各種硬幣面額無法剛好達到該總額，回傳 -1。每種硬幣的可用個數沒有上限。

【出處】

https://leetcode.com/problems/coin-change/

【範例輸入與輸出】

- 輸入：coins = [1,2,5], amount = 11
- 輸出：3

最少只要使用兩枚 5 元硬幣和一枚 1 元硬幣就可以得到 11 元。

- 輸入：coins = [1,8,10], amount = 25
- 輸出：4

只要使用三枚 8 元硬幣和一枚 1 元硬幣就可以得到 25 元。注意貪婪解會得到使用「兩枚 10 元硬幣和五枚 1 元硬幣」的結果，並不是最佳解。

範例程式碼

Chapter07/07_02_coinChange.cpp

硬幣找零 Coin Change

```
1    class Solution{
2    public:
3        int coinChange(vector<int>& coins, int amount){
4            // 例外處理：amount 為 0
5            if (amount == 0)
6                return 0;
7            // 一般情形
8            // 把硬幣面額從大到小排
9            sort(coins.begin(), coins.end(), greater<int>());
10           int coin_count = 0;
11           int len = coins.size();
12
13           // 從面額最大的硬幣開始盡量貼近總額
14           for (int i = 0; i < len; i++){
15               // 當前處理的面額
16               int value = coins[i];
```

```
17          // 目前面額硬幣最多可以使用的個數
18          // 例如總額為 240 時，可以使用四個 50 塊
19          coin_count += amount / value;
20          // 更新 amount
21          // 例如用了四個 50 塊後，amount 從 240 更新為 40
22          amount %= value;
23          // 可以找開時，回傳硬幣數目
24          if (amount == 0)
25              return coin_count;
26       } // end of for
27       return -1;
28     } // end of coinChange
29  }; // end of Solution
```

如果以貪婪演算法作答，程式碼送出後會得到 Wrong Answer 的結果，至於為什麼會出錯？可以回頭看看下面兩種情況：

A. 四種硬幣：1、5、10、50 元
B. 三種硬幣：1、8、10 元

第一種狀況如同先前證明的可以使用貪婪，但如果要找 25 元時，面對第二種狀況貪婪演算法給出的答案會是：

1. 10 元硬幣 2 枚
2. 8 元硬幣 0 枚
3. 1 元硬幣 5 枚

共 7 枚，但很明顯的這不是最佳解，因為如果改用 10 元硬幣 0 枚、8 元硬幣 3 枚、1 元硬幣 1 枚時，總共只需要 4 枚硬幣，所以第二種狀況並不適合使用貪婪演算法。

為何第一種情況可以直接用貪婪演算法得到正確的解，第二種卻不行呢？這是因為在第一種狀況中，各個面額間是整數倍數，多枚小硬幣可以用一枚大硬幣替代，所以子問題間不相關。

相反的，第二種情況下，面額間不是整數倍數，會有不能替換的情形發生，所以 10 元硬幣數會影響到 8 元硬幣數，使得子問題間是相關、互不獨立的。另外，你也可以試試把第二種情況代入前面針對第一種情況的反證法，思考一下反證是否還成立。

7-3 中途休息

接下來討論中途休息問題，問題是這樣的：

「有一段距離為 d 公里的旅途需要行駛，油箱的容量每次只能連續行走 c 公里，給定一連串加油站位置 g_i，每次加油後都能夠繼續行走 c 公里，該如何安排加油的地點，使整個旅途中停下來的次數最少？」

7-3-1 利用貪婪演算法解中途休息問題

根據貪婪演算法，訂出的策略會是「在每次加油之前，能走越遠越好」。

把題目用上圖表示，假設 $c = 4$，代表每次加油後只能往右走 4 個方格。理想的狀況下，每次油耗盡時正好都有加油站，但是現實中，這不一定成立，所以在油耗盡之前，必須提前找到一個加油站加油才能繼續前進。

貪婪演算法會找每次可以開到的範圍內的「最後一個加油站」，即「每次加油之前，能走越遠越好」的策略。

上圖中，一開始可以走到左邊數過來第四格，所以會選擇在 g_2 加油，加

完油後，最遠可以再向右走到第七格，所以選擇在第七格以左（包含第七格）的最後一個加油站 g_4 再加一次油。

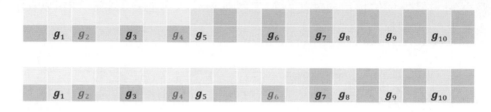

以此類推，整趟旅程中會在 g_2、g_4、g_6、g_8、g_{10} 加油，總共加了 5 次油。

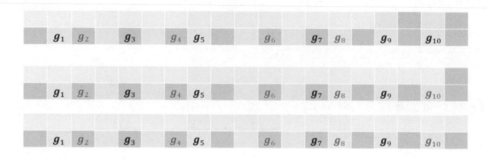

7-3-2 貪婪演算法的適用性

使用貪婪演算法能不能得到最佳解答呢？這裡給出一個大致的證明：

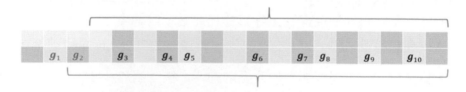

不妨假設某次加油後，剩下的路途如上圖所示，貪婪解告訴我們應在 g_2 加油。若選擇這次不在 g_2 加油，則會有兩種情形：

A. 選擇 g_2 後的加油站（如 g_3）：油會在到達加油站前用完，不合要求
B. 選擇 g_2 前的加油站（如 g_1）：用 g_2 來取代，不會使得加油次數增加

也就是說，選擇 g_2 必定不會比選擇 g_2 以前的加油站來的差，所以 g_2 必會在最後的最佳解裡頭。

針對「選擇 g_2 前的加油站」再做一些說明：

如果在 g_2 加油，那麼接下來可以選擇 4~7 格間的加油站來加油，包含 g_3 和 g_4，而貪婪解會選擇其中的 g_4。

如果 g_4 在全域最佳解（真正的最佳解）當中，那麼一開始一定要選擇 g_2 而非 g_1 加油，才能下一次就到達 g_4 那格；相反的，如果 g_3 才在全域最佳解當中，那麼乍看之下似乎一開始就要選擇 g_1 而非 g_2 來加油，才會在第二次選擇 g_3。

然而如果一開始在 g_1 加油，那麼接下來可以選擇的範圍是 3~6 格之間的加油站來加油，這個範圍內的加油站同樣可以在選擇 g_2 的情況下走到，也就是說，在 g_2 加油後的選項只會比在 g_1 加油後多，而不會較少，所以選擇 g_2 相較 g_1 只有優點而沒有缺點。同樣的道理，之後的過程中也都應該在每趟路程中盡量能走到哪裡就走到哪裡，在可行範圍內的最後一個加油站加油即可。

也就是說，中途休息的問題可以適用「貪婪演算法」。

7-3-3 實作貪婪演算法解中途休息問題

題目：讓使用者輸入每次加滿油之後可以行走的距離 c、旅途總長度 d、加油站數目 n 與每個加油站的座標，輸出這趟旅途中至少要停下來加油幾次，以及每個停靠加油站的座標。

A. 輸入：

- 4 19 10
- 2 3 5 7 8 11 13 14 16 18

B. 輸出

```
Stop @3
Stop @7
Stop @11
Stop @14
Stop @18
Stops = 5
```

範例程式碼

Chapter07/07_03_中途休息.cpp

中途休息

```
1    #include <iostream>
2    #include <vector>
3    #include <algorithm> // for sort
4    using namespace std;
5
6    int main(){
7
8        int c, d, n;
9        cout << "Please enter c,d,n:" << endl;
10       cin >> c >> d >> n;
11       vector<int> gas_station(n);
12       // 獲取每個加油站的位置
13       for (int i = 0; i < n; i++){
14          cin >> gas_station[i];
15       }
16       // 將加油站依預設規則由小到大排序
17       sort(gas_station.begin(), gas_station.end());
18       // 記錄停靠的加油站數量
19       int stops = 0;
20
21       // 在終點（最後一格右邊）放一個加油站
22       // 只要檢查是否有到這個加油站，就知道是否有走到終點
23       gas_station.push_back(d);
24
25       // 上一個有停靠的加油站是所有加油站中「第幾個」
```

```
26    int last_stop_index = -1;
27    // 上一個有停靠的加油站座標
28    int last_stop_position = 0;
29
30    // 尋找「可行範圍內最後面一個加油站」的邏輯是
31    // 先找到「超過 c 距離外」，最近的一個加油站
32    // 再往回退一個加油站（退回 c 的距離內）
33
34    // 因為在終點處多加了一個加油站，總共要檢查 n+1 次
35    for (int i = 0; i < n + 1; i++){
36        // 檢查和上次停靠的距離超過 c 後，第一個遇到的加油站
37        if (gas_station[i] - last_stop_position > c){
38            // 上次停靠的加油站是第 i-1 個（i 的上一個）
39            // 那麼 i-1 和 i 兩個相鄰的加油站間距離超過 c
40            // 沒有可行解
41            if (last_stop_index == i - 1){
42                cout << "No solution!" << endl;
43                stops = -1;
44                break;
45            }
46            // 如果上次停的加油站和第 i 個加油站間有加油站
47            // 就退回這個加油站（可行距離內的最後一個加油站）
48            last_stop_index = i - 1;
49            last_stop_position = gas_station[i - 1];
50
51            // 停靠的加油站增加一個
52            stops++;
53            cout << "Stops @" <<
54                        last_stop_position << endl;
55
56            // 因為要停第 i - 1 個加油站
57            // 停完後重新從第 i 個加油站檢查起
58            i--;
59        } // end of if
60    } // end of for
61    cout << "Stops = " << stops << endl;
```

```
62      return 0;
63  }
```

如果終點加上的那個加油站和題目中給的最後一個加油站之間距離超過 c，一樣會輸出沒有可行解；反之，距離沒有超過 c 時，不會再進入「for 中的第一個 if」而多處理一次，也就不會多輸出一次。

因此，在終點加上加油站後不需另行處理邊界情況，維持了程式的簡潔。

7-4 活動選擇問題

接下來，來看活動選擇問題，活動選擇問題指的是：

「學校只有一個音響，但舉辦 n 個活動中任一個都需要使用到它，給定每個活動的開始時間與長度，如何選擇可以讓舉辦的活動總數最多？」

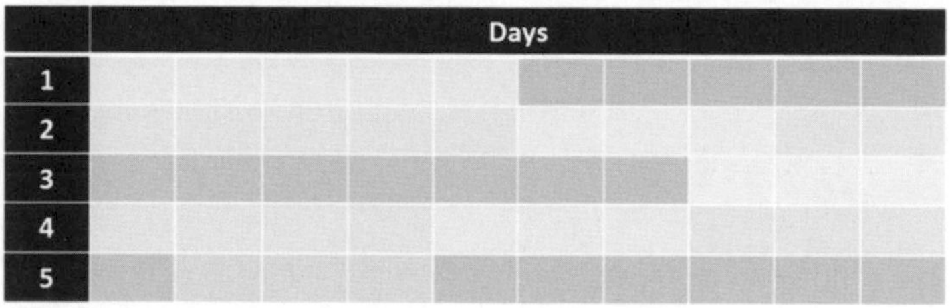

7-4-1 利用貪婪演算法解活動選擇問題

上圖假設第一個活動舉辦時間（橫軸）是第 1 到第 5 天，第二個活動是第 6 到第 8 天，其它活動依此類推。因為「音響」這個資源有限，所以每天同時只能舉辦一個活動，也就是說，選擇的活動中期間不能相互重疊。

根據貪婪演算法的精神，可以訂出一個策略：「活動日程完全包含另一活動的，優先選擇該被包含的活動」。比如上例中活動 1 的時間完全包含了活動 5 的時間，兩者間必定只能擇一，選擇活動 5 而不選擇活動 1 時，不

但一樣算有辦「一個活動」，又能空出前後的若干時間段（比如可以舉辦活動 4），所以是較好的選擇。

要執行上面的策略，首先把活動依照開始日期排序。接著檢查兩相鄰活動的區間，假設開始時間分別是 s_1 與 s_2，結束時間分別是 f_1 與 f_2。

	Days									
1										
2										
3										
4										
5										

假設 s_1 不晚於 s_2，這兩個相鄰活動的區間共可形成三種情況：

A. $s_2 > f_1$：兩個活動時間沒有任何重疊，採納活動 1

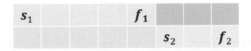

B. $s_2 \leq f_1$

    a. $f_2 > f_1$：選擇較早結束者（為什麼？），即採納活動 1

    b. $f_2 \leq f_1$：活動 2 被包含在活動 1 的時間內，採納活動 2

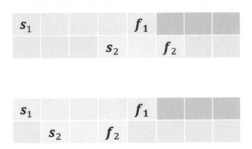

針對上面三種情況中第二種進行說明：活動 1 比活動 2 早開始也早結束（$s_1 \leq s_2$、$f_1 < f_2$），那麼這時選擇舉辦活動 1 一定較有利，為什麼呢？

如果我們把這個問題畫成下圖，$P(s, f)$ 代表在 [s, f] 這個區間中可以舉辦的活動數目，可以得知如果選擇結束時間為 t 的活動時，會有以下關係：

$$P(i, j) = P(i, t) + P(t + 1, j)$$

這時候如果我們選擇最小的 t 可以讓後面的 $P(t + 1, j)$ 區間最大化，最大化的 $P(t + 1, j)$ 能夠塞入最多的活動，因此選擇最早結束的活動可以為未來的選擇留下最多的時間。

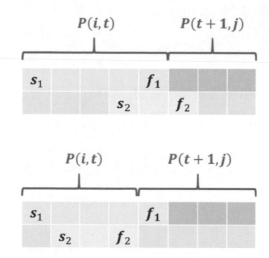

在這裡我們不給出嚴謹的數學證明，程式執行時，首先依照活動的開始時間加以排序，接著從第一天（圖的左方）開始依序處理，如果有重疊的兩活動要擇一時，總是選「結束時間較早者」，根據這個邏輯，我們就可以來練習 LeetCode 上的活動選擇問題。

7-4-2　LeetCode #435. 不重疊的區間 Non-overlapping Intervals

【題目】

給定一個含有多個區間的陣列 $intervals$，其中 $intervals[i] = [start_i, end_i]$，回傳至少需要移除多少個區間，才能使剩下的區間不互相重疊。

【出處】

https://leetcode.com/problems/non-overlapping-intervals/

【範例輸入與輸出】

- 輸入：intervals = [[1,2],[2,3],[3,4],[1,3]]
- 輸出：1
- 只要移除 [1,3] 這個區間，就可以使剩下的區間不互相重疊。

【解題邏輯】

雖然與剛才活動選擇的問題問法不同，但是背後的邏輯是相同的：最小化「移除」區間的數目，也就是最大化「保留」區間的數目，即可得到本題答案，因此同樣根據剛才訂出的策略，選擇活動時保留先結束者即可。

範例程式碼

Chapter07/07_04_eraseOverlapIntervals.cpp

不重疊的區間 Non-overlapping Intervals

```
1   /*
2   // 排序根據活動的「開始時間」
3   // 不過預設排序方式正好與此相同，因此可以不特別加上此函式
4   bool cmp(vector<int>& interval_1, vector<int>& interval_2){
5       return interval_1[0] < interval_2[0];
6   }
7   */
8
9   class Solution{
10  public:
11      int eraseOverlapIntervals(
12          vector<vector<int>>& intervals
13      )
14      {
15          // 依照活動的開始時間排序活動，可以用預設方式排序即可
16          // sort(intervals.begin(), intervals.end(), cmp);
17          sort(intervals.begin(), intervals.end());
```

```
18
19          // 紀錄刪除了多少個區間
20          int delete_number = 0;
21          // 把結束時間 finish 初始化成第一個活動的結束時間
22          int finish = intervals[0][1];
23
24          for(vector<int>& interval:intervals){
25              int next_start = interval[0];
26              int next_finish = interval[1];
27              // 兩相鄰活動沒有重疊，不需刪除活動
28              if(next_start >= finish){
29                  // 更新 finish 為目前檢查活動的結束時間
30                  finish = next_finish;
31              }
32              // 兩相鄰活動有重疊
33              else{
34                  // 一定需要刪除其中一個活動
35                  delete_number++;
36                  // 只保留兩者中「較早結束的活動」
37                  // 所以 finish 更新為該活動的結束時間
38                  // 即 finish = min(finish, next_finish)
39                  finish = finish < next_finish ?
40                      finish : next_finish;
41              }
42          }
43          // 迴圈第一次執行時，第一個活動會和自己比較到
44          // 所以多計算了一次刪除，需要扣掉
45          return --delete_number;
46      } // end of eraseOverlapIntervals
47 }; // end of Solution
```

本題之所以可以用貪婪演算法解決，是因為目標是讓舉辦的活動「數目」最多，也就是說每個活動的重要性是相同的，但如果每個活動還有「權重」，代表相互間的重要性有別，則必須使用動態規劃。

7-5 背包問題 Knapsack Problem

7-5-1 背包問題的類型

接下來，要討論背包問題，背包問題指的是：

「給定固定的背包負重 W 以及每個物品的重量 w_i 及價值 v_i。如何在不超過背包負重的情況下，讓背包裡的物品總價值最貴重？」

而背包問題還有很多種細分的類型：

A. 0/1 Knapsack Problem：每項物品最多只能拿一個
B. Unbounded Knapsack Problem：每項物品可以拿無限多個（但須是整數）
C. Multidimensional Knapsack Problem：背包體積（而不只是負重）有限
D. Multiple Choice Knapsack Problem：每一「類型」物品最多拿一個
E. Fractional Knapsack Problem：物品可以只拿分數個（比如 0.5 個）

其中，貪婪演算法只適用在「Fractional Knapsack Problem」上，如果限定每一種物品必須拿「整數」個，貪婪演算法就不能正確解決。

7-5-2 適用貪婪演算法的背包問題

Fractional Knapsack Problem 中，可以拿每個物品的「一部份」，但上限是拿「一個」該物品。

如果每個物品的重量與價值如下所示，可計算出每種物品「每單位重量的價值」。接下來，從單位重量價值最高者開始取，直到把背包放滿即可。

index	1	2	3	4	5	6
w_i	4	5	2	6	3	7
v_i	6	7	5	12	5	18
$\dfrac{v_i}{w_i}$	1.5	1.4	2.5	2	1.67	2.57

上例中,假設背包負重為 16:

A. 編號 6 的物品拿滿重量 7,目前 value = 18,剩餘負重 = 9(16 − 7)
B. 編號 3 的物品拿滿重量 2,目前 value = 23,剩餘負重 = 7
C. 編號 4 的物品拿滿重量 6,目前 value = 35,剩餘負重 = 1
D. 編號 5 的物品只拿重量 1,目前 value = $36\frac{2}{3}$,剩餘負重 = 0

根據貪婪演算法的策略,最多可以拿到價值 $36\frac{2}{3}$ 的物品。

利用本章開頭介紹的反證法來證明本題適用貪婪演算法(單位價值最高的物品 $Obj_1(w_i, v_i)$ 必在最佳解中):假設 $FoK(n)$ 是負重 n 的背包最高可拿的價值、OPT 是問題的最佳解

A. 單位價值最高的物品 $Obj_1(w_i, v_i)$ 若在 OPT 中:Obj_1 移走後的結果,仍然是 $FoK(n - w_i)$ 的最佳解
B. 假設單位價值最高的物品 $Obj_1(w_i, v_i)$ 不在 OPT 中:OPT 中的物品用 Obj_1 來替換,價值會增加,代表假設的 OPT 並非最佳解,反證。

也就是說,「Obj_1 不在 OPT 中」的情形不會出現,Obj_1 必定在 OPT 中。

但是其它種背包問題就不能這樣解決,上面的反證也不能成立,比如物品需要取整數個時,OPT 中的物品不一定可以用 Obj_1 來替換(單位價值較高的物品可能很重,再取「一個」就會超過背包剩餘負重)。

7-5-3 LeetCode #1710. 裝載最多單位 Maximum Units on a Truck

【題目】

本題要把一些盒子放到卡車上,給定一個陣列 $boxTypes$,

$boxTypes[i] = [numberOfBoxes_i, numberOfUnitsPerBox_i]$,其中

a. $numberOfBoxes_i$ 是這種盒子的總數
b. $numberOfUnitsPerBox_i$ 是每個這種盒子中裝有的單位數

另外，有一個整數 *truckSize* 是卡車上最多可以放的盒子數，只要還沒超過這個上限值，可以繼續選擇任一種盒子放到卡車上。

回傳可以放到卡車上的最大「單位」數。

【出處】

https://leetcode.com/problems/maximum-units-on-a-truck/

【範例輸入與輸出】

- 輸入：boxTypes = [[1,3],[2,2],[3,1]], truckSize = 4
- 輸出：8

拿第一種盒子一個、第二種盒子兩個、第三種盒子一個，總單位數為：

$$3(單位) \times 1 + 2(單位) \times 2 + 1(單位) \times 1 = 8$$

【解題邏輯】

因為每種盒子一個都只佔盒子上限數中的「1」，所以本題解法同 Fractional Knapsack Problem，從內含單位數最多的盒子種類開始放即可。

範例程式碼

Chapter07/07_05_maximumUnits.cpp

裝載最多單位 Maximum Units on a Truck

```
1    // 依照 numberOfUnitsPerBox_i 從大到小排序
2    bool cmp(vector<int>& box_1, vector<int>& box_2){
3        return box_1[1] > box_2[1];
4    }
5
6    class Solution{
7    public:
8        int maximumUnits(
9                vector<vector<int>>& boxTypes, int truckSize
10           )
11       {
12          sort(boxTypes.begin(), boxTypes.end(), cmp);
```

```
13        int total = 0;
14
15        // 從內含單位數最多的箱子種類開始處理
16        for (vector<int>& box : boxTypes){
17          if (truckSize == 0){ break; }
18          // 取出目前這種箱子的資料
19          int number = box[0];
20          int capacity = box[1];
21
22          // 可以把目前這種盒子全拿的情形
23          if (truckSize >= number){
24            truckSize -= number;
25            total += number * capacity;
26          }
27          // 剩餘空間不夠全拿的情形
28          else {
29            total += truckSize * capacity;
30            truckSize = 0;
31          }
32        } // end of for
33        return total;
34      } // end of maximumUnits
35  }; // end of Solution
```

7-6 工作排程

再來是工作排程問題，工作排程問題指的是：

「給定一連串回家作業 H_i，每份作業都有各自的繳交期限 D_i 與遲交時的扣分 P_i，已知每份作業都需要正好一整天的時間完成（一天只能完成一份作業），如何安排寫作業的順序可以讓「遲交造成的扣分」最少？」

7-6-1 用貪婪演算法求解工作排程

如下圖所示，用 S_i 來代表第幾天繳交該份作業，如果這個 S_i 比當天交的作業的期限 D_i 來得大，就代表那份作業遲交了，會被扣 P_i 分。

S_i	1	2	3	4	5	6
D_i	4	5	4	2	3	2
P_i	8	3	7	6	5	2

比如 $S_i = 4$ 時，已經是第四天，但是繳交的作業期限卻是第二天，因此算作遲交，會被扣 6 分。上面這種任意的安排下，後面繳交的三份作業都遲交，總共被扣 $6 + 5 + 2 = 13$ 分。

其中一種「貪婪」的想法，是「以期限的順序來寫作業」：

S_i	1	2	3	4	5	6
D_i	2	2	3	4	4	5
P_i	6	2	5	8	7	3

這種做法中把作業依據 D_i 來排序，期限近的先寫完交出，只有最後兩份作業遲交，被扣 $7 + 3 = 10$ 分。

但是這種做法顯然不一定會得到最佳解，比如把第二天和第五天寫的作業對調，就只會被扣 $2 + 3 = 5$ 分。

那麼改為「以扣分的大小順序」來寫作業，會得到最佳解嗎？

S_i	1	2	3	4	5	6
D_i	4	4	2	3	5	2
P_i	8	7	6	5	3	2

上面的圖中可以看到，把作業完成順序依據「扣分由大到小」排列時，總扣分為 $6 + 5 + 2 = 13$，並非最佳解。

7-6-2 更好的做法

既然這兩種做法各自都有瑕疵，就要另行找到更好的做法：觀察一下問題的特色，遲交就是遲交，一份作業一旦遲交後，不論何時交出，都是被扣固定的分數，因此若把作業分成「準時交」和「遲交」的兩組，各自組內的順序並不會影響總扣分。

這樣一來，重點就是分出哪些作業應該「準時交」，哪些應該選擇「遲交」。貪婪的作法可以是：從扣分最重的作業開始，盡可能準時交出。

	準時交			遲交		
S_i	1	2	3	4	5	6
D_i	4	4	5	2	3	2
P_i	8	7	3	6	5	2

接著我們來證明這種做法能得到最佳解：假設作業 H_i 的扣分 P_i 最重，如果 H_i 不在最佳解中（不在準時交的組別中），那麼把它和目前放在期限 D_i 那一天交的作業交換，讓 H_i 進到準時交的組別中（即使可能會讓被換位置的那份作業進到遲交組中），必定可以減少總扣分。

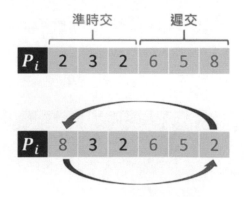

上圖中，假設扣分最重（$P_i = 8$）的這份作業期限是第一天，那麼把它和

第一天交的作業（$P_i = 2$）對調，即使會讓後面這份作業變成遲交，總扣分還是減少。

實際執行步驟如下：

A. 先把作業依照扣分 P_i 從大到小排序

B. 按照 P_i 大小，把 H_i 放到對應的 D_i 前最後一個空著的位置

- 如果從第一天到 D_i 都滿了，則代表只能選擇遲交，往最後面放

D_i	4	4	2	3	5	2
P_i	8	7	6	5	3	2

S_i	1	2	3	4	5	6
D_i						
P_i						

首先，把 $P_i = 8$ 這份作業放到符合 D_i 的第四天交（更早交有可能會佔到其他作業的時間，沒有好處）。

D_i	4	4	2	3	5	2
P_i	8	7	6	5	3	2

S_i	1	2	3	4	5	6
D_i				4		
P_i				8		

再來，要放 $P_i = 7$ 這份作業時，原本要放到符合它的 D_i 的第四天，但是因為那天已經被佔滿了，所以往前一天放到第三天。

D_i	4	4	2	3	5	2
P_i	8	7	6	5	3	2

S_i	1	2	3	4	5	6
D_i			4	4		
P_i			7	8		

要放 $P_i = 6$ 這份作業時,因為其 $D_i = 2$,放到第二天;要放 $P_i = 5$ 的作業時,因為第三天已經被佔、第二天也被佔,因此放到第一天交。

D_i	4	4	2	3	5	2
P_i	8	7	6	5	3	2

S_i	1	2	3	4	5	6
D_i	3	2	4	4		
P_i	5	6	7	8		

之後 $P_i = 3$ 的作業放到第五天,$P_i = 2$ 的作業,則因為都沒有辦法往前找到可以準時交的空位,所以從最後面開始填(既然已經遲交,那麼再早交也沒有好處,乾脆最後交)。

D_i	4	4	2	3	5	2
P_i	8	7	6	5	3	2

S_i	1	2	3	4	5	6
D_i	3	2	4	4	5	2
P_i	5	6	7	8	3	2

按照這種做法，上例中總共只需要被扣 2 分。

7-6-3 LeetCode #621 工作排程 Task Scheduler

【題目】

給定一個字元陣列 *tasks* 代表 CPU 需要完成的所有任務，不同的字元代表不同類型的任務，這些任務可以被以任意順序完成。

每個任務需要一個單位時間來完成，而在任一單位時間內，CPU 可以完成某一個工作，或者什麼也不做。

另外考慮一個非負整數 n，代表兩個相同種類（用同一個字元來表示）的任務間最少要間隔多久才能進行，也就是說，同樣的兩個任務間必須至少空出 n 單位的時間。

回傳 CPU 完成所有給定任務最少需要花費的總時間。

【出處】

https://leetcode.com/problems/task-scheduler/

【範例輸入與輸出】

- 輸入：tasks = ["A","A","A","B","B","B"], n = 2
- 輸出：8
- 因為同類型的任務間至少需要間隔兩單位的時間，以下列順序進行：

$$A -> B -> 閒置 -> A -> B -> 閒置 -> A -> B$$

總共需要至少 8 單位的時間。

【解題邏輯】

如果只有一種工作 A，出現次數為 5，$n = 4$

總時間

$$= (4+1)(5-1)+1$$
$$= (n+1)(t-1)+1$$

其中 t 為出現次數，$t-1$ 代表間隔數目

$n+1$ 是間隔長度加上執行所需的時間

如果有兩種工作 A、B，出現次數為 5，$n=4$

| A | B | | | A | B | | | A | B | | | A | B | | | A | B |

總時間

$$= (4+1)(5-1)+2$$
$$= (n+1)(t-1)+2$$
$$= (n+1)(t-1)+counts$$

其中 $counts$ 代表共有幾種工作

另外一種情形，如果工作的種類很多，大於間隔時間 n，那麼中間沒有空閒，只要一直輪流進行工作即可：如果有六種工作 A、B、C、D、E、F，出現次數為 5，$n=4$

| A | B | C | D | E | F | A | B | C | D | E | F | A | B | C | D | E | F | A | B | C | D | E | F | A | B | C | D | E | F |

總時間

$$= 6 \times 5$$
$$= counts \times t$$

綜合來說，需要的總時間是下列兩者間較大者

- 有空閒時：$(n+1)(t-1)+counts$
- 沒有空閒時：$taskAmount = counts \times t$

可以表示為 $Total = \max(taskAmount, (n+1)(t-1)+counts)$

範例程式碼

Chapter07/07_06_leastInterval.cpp

工作排程 Task Scheduler

```cpp
1   class Solution{
2   public:
3       int leastInterval(vector<char>& tasks, int n){
4           // 最多可能有 26 種字母
5           int counts[26] = {0};
6           // 記錄每個字母的出現次數
7           for (char c:tasks){
8               counts[c-'A']++;
9           }
10
11          // 找到出現次數最多的字母其出現次數
12          int max_frequency = -1;
13          for (int i = 0; i < 26; i++){
14              if (counts[i] > max_frequency){
15                  max_frequency = counts[i];
16              }
17          }
18
19          // 找到與該出現次數相同的字母總數
20          // 比如解題邏輯中，A、B 都出現 5 次的情形
21          int max_frequency_words = 0;
22          for (int i = 0; i < 26; i++){
23              if (counts[i]==max_frequency){
24                  max_frequency_words++;
25              }
26          }
27
28          // 即解題邏輯中的 taskAmount
29          int len = tasks.size();
30          // 即 (n+1)(t-1)+counts
31          int result = (n + 1) * (max_frequency-1) +
32                      max_frequency_words;
```

```
33          return len > result ? len : result;
34      } // end of leastInverval
35  }; // end of Solution
```

7-7 實戰練習

7-7-1 LeetCode #1217. 移動籌碼到同一位置的最小成本
Minimum Cost to Move Chips to The Same Position

【題目】

總共有 n 個籌碼，$position[i]$ 代表第 i 個籌碼的位置。

目標是移動所有籌碼到同一個位置上，每次動作可以把某個籌碼從 $position[i]$ 移動到其他位置：

    a. 移動到 $position[i] + 2$ 或 $position[i] - 2$，成本為 0

    b. 移動到 $position[i] + 1$ 或 $position[i] - 1$，成本為 1

回傳要把所有籌碼移動到同一個位置需要的最小成本。

【出處】

https://leetcode.com/problems/minimum-cost-to-move-chips-to-the-same-position/

【範例輸入與輸出】

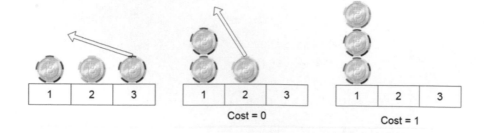

- 輸入：position = [1,2,3]
- 輸出：1
- 首先，把位置 3 的籌碼移動到位置 1（cost = 0），接著，把位置 2 的籌碼移動到位置 1（cost = 1）。

【解題邏輯】

因為移偶數格不需要任何成本，只有移奇數格時才需要，所以一開始可以將所有籌碼都集中在 1 和 2 兩個位置上（初始位置奇數者移到 1、偶數者移到 2），兩個位置的籌碼數量分別為 $num1$、$num2$。

接下來，再把籌碼較少的那個位置上的所有籌碼，都移到籌碼多的位置上即可，總成本為 $min(num1, num2)$。

也就是說，本題只需計算「初始位置在奇數的籌碼數」與「初始位置在偶數的籌碼數」，並回傳較小者即可。

範例程式碼

Chapter07/07_07_minCostToMoveChips.cpp

移動籌碼到同一位置的最小成本 Minimum Cost to Move Chips to The Same Position

```
1    class Solution{
2    public:
3        int minCostToMoveChips(vector<int>& position){
4            int len = position.size();
5            int odd_sum = 0;
6            int even_sum = 0;
7
8            // 計算奇數籌碼數與偶數籌碼數
9            // 例如 [2,3,5] 代表共有三個籌碼
10           // 第一個籌碼在 2、第二個籌碼在 3、第三個籌碼在 5
11           for(int i : position){
12               if(i % 2){
13                   odd_sum++;
14               }
```

```
15          else{
16              even_sum++;
17          }
18      }
19      // 回傳兩者中較小者
20      return odd_sum < even_sum ? odd_sum : even_sum;
21  } // end of minCostToMoveChips
22 }; // end of Solution
```

7-7-2 LeetCode #1221. 分割出平衡字串 Split a String in Balanced Strings

【題目】

平衡字串是指字串當中 'L' 和 'R' 出現次數相同者。給定一個平衡字串 s，把它切割為若干個平衡子字串，使得切割出的子字串個數最多。回傳該切割出的個數。

【出處】

https://leetcode.com/problems/split-a-string-in-balanced-strings/

【範例輸入與輸出】

- 輸入：s = "RLRRLLRLRL"
- 輸出：4
- s 最多可以被分割為 4 個平衡字串："RL","RRLL","RL","RL"

【解題邏輯】

因為本題目標是要切出「最多」個平衡字串，且因為原字串就是平衡字串，不會有切不出來的情形，所以從左邊開始一個個字元檢查，每當形成了一個平衡字串的時候，就把要回傳的數加一，再繼續往後檢查即可。

範例程式碼

Chapter07/07_08_balancedStringSplit.cpp

分割出平衡字串 Split a String in Balanced Strings

```cpp
1    class Solution{
2    public:
3        int balancedStringSplit(string s){
4            int L = 0;
5            int R = 0;
6            int counts = 0;   // 平衡字串的數目
7    
8            // 逐一檢查 s 中的字元
9            for (char c : s){
10               if (c == 'L'){
11                   L++;
12               }
13               else{
14                   R++;
15               }
16               // 目前 L 與 R 個數相同時，counts 加一
17               if (L == R && L){
18                   L = R = 0;
19                   counts++;
20               }
21           }
22           return counts;
23       } // end of balancedStringSplit
24   }; // end of Solution
```

7-7-3 LeetCode #1094. 共享乘車 Car Pooling

【題目】

有一輛共可搭載 *capacity* 位乘客的車，這輛車只會往東邊開（不會轉彎，也不往西邊開）。

給定一個陣列 $trips$，其中

$$trips[i] = [num_passengers, start_location, end_location]$$

代表第 i 個接駁處有幾位乘客搭車，以及這幾位乘客的上下車地點。地點是以距離出發地東邊的公里數表示。只有在可以成功搭載所有乘客並讓他們在目的地下車時，回傳 true。

【出處】

https://leetcode.com/problems/car-pooling/

【範例輸入與輸出】

- 輸入：trips = [[2,1,5],[3,3,7]], capacity = 4
- 輸出：false
- 因為在座標 3 時上車的乘客有三位，但是車上的空位只剩下兩個，所以回傳 false。

【解題邏輯】

從起點出發，檢查整趟旅程中乘客數量是否有超過 capacity 的情況即可。

	Location									
1	5	5	5	5	5					
2						3	3	3		
3								4	4	4
4					2	2	2			
5		1	1	1						

舉個例子，可以把某個測資 $trips$ 中的每一筆資料可以用上圖表示，如 $trips[1]$ 的內容是有 5 名乘客在東邊 0 公里處上車，東邊 5 公里處下車。

	Location									
1	+5				-5					
2						+3		-3		
3								+4		-4
4					+2		-2			
5		+1		-1						

把資料改為上圖的形式處理，計算每個點的乘客「增減數」，並與到達該
點時車上剩餘的座位數比較，以判斷是否所有乘客都能上車。

範例程式碼

Chapter07/07_09_carPooling.cpp

共享乘車 Car Pooling

```cpp
class Solution{
public:
    bool carPooling(
        vector<vector<int>>& trips, int capacity
    )
    {
        // 記錄每個座標位置的乘客「變動數」
        // 1001 是 LeetCode 給的測資限制
        vector<int> passenger_change(1001,0);

        // 從每筆 trip 資料中，找到乘客會變動的座標
        // 乘客上車時，用正數標記該點乘客會「增加」幾人
        // 乘客下車時，用負數標記
        for (vector<int>& trip : trips){
            int num_passengers = trip[0];
            int start_location = trip[1];
            int end_location = trip[2];
            passenger_change[start_location] +=
                num_passengers;
            passenger_change[end_location] -=
                num_passengers;
        }

        // 透過 passenger_change 向量
        // 檢查過程中是否超過車的座位數 capacity
        for (int num : passenger_change){
            // num 為正數（乘客上車），capacity 減少
            // num 為負數時（乘客下車），capacity 增加
            capacity -= num;
```

```
30            // 座位不夠時，回傳 false
31            if (capacity < 0){
32                return false;
33            }
34        }
35        return true;
36    } // end of carPooling
37 }; // end of Solution
```

7-7-4 APCS：線段覆蓋長度 (2016/03/05 P3)

【題目】

給定一維座標上一些線段，求這些線段所覆蓋的長度，注意，重疊的部分只能算一次。例如給定四個線段，(5, 6)、(1, 2)、(4, 8)、和 (7, 9)。如下圖，線段覆蓋長度為 6。

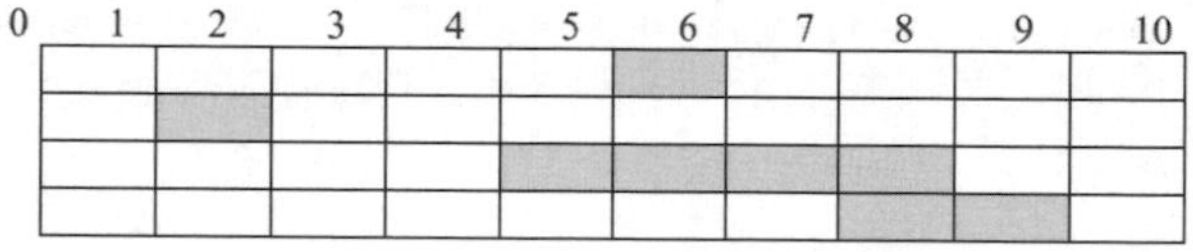

【範例輸入與輸出】

- 輸入格式：

    - 第一列是一個正整數 N，表示此測試案例有 N 個線段。

    - 接下來的 N 列每一列是一個線段的開始端點座標和結束端點座標（整數值），開始端點座標值小於等於結束端點座標值，兩者之間以一個空格區隔。

- 輸出格式：

    - 輸出其總覆蓋的長度。

- 範例一：

    - 輸入

    5

    160 180

150 200

280 300

300 330

190 210

- 輸出

110

- 範例二：

  - 輸入

  1

  120 120

  - 輸出

  0

【題目出處】

2016/03/05 APCS 實作題 #3

本題可以到 zerojudge 上提交程式碼，網址為：

https://zerojudge.tw/ShowProblem?problemid=b966

【解題邏輯】

本題跟活動排程問題相當類似，先把資料依照線段的起始座標排序，接著從左往右依序處理，其中覆蓋長度已計到上一個線段的結束座標 f_1，這時同樣會分成以下三種狀況。

1. 目前線段的結束座標 f_2 < 上一個線段的結束座標 f_1

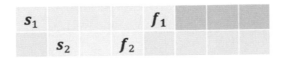

- 不需要處理目前的線段，可忽略

2. 目前線段的結束座標 f_2 > 上一個線段的結束座標 f_1，而且目前線段的開始座標 s_2 < 上一個線段的結束座標 f_1。

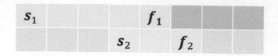

- 覆蓋長度加上「目前線段的結束座標 f_2」-「上一個線段的結束座標 f_1」

3. 目前線段的結束座標 f_2 > 上一個線段的結束座標 f_1，而且目前線段的開始座標 s_2 > 上一個線段的結束座標 f_1。

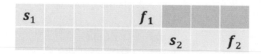

- 覆蓋長度加上「目前線段的結束座標 f_2」-「目前線段的開始座標 s_2」

狀況 2、3 可化簡成：

目前結束座標 - max(上一個線段的結束座標, 目前線段開始座標)

另外，狀況 2、3 處理完後，記得把上個結束座標 last_R 由「上一個線段的結束座標 f_1」改為「目前線段的結束座標 f_2」。

範例程式碼

Chapter07/07_10_線段覆蓋長度.cpp

線段覆蓋長度

```
1   #include <iostream>
2   #include <vector>
3   #include <algorithm>
4
5   using namespace std;
6
7   struct Segment {
8       int L, R;
```

```
9    };
10
11   // 依照線段的起始座標排序
12   bool cmp(Segment &a, Segment &b){
13       return a.L < b.L;
14   }
15
16   int main () {
17       ios::sync_with_stdio(false);
18       cin.tie(0);
19       int N;
20       cin >> N;
21
22       // 依序輸入資料
23       vector<Segment> data(N);
24       for (int i = 0; i < N; i++){
25           int L, R;
26           cin >> L >> R;
27           data[i].L = L;
28           data[i].R = R;
29       }
30       // 依照線段的起始座標排序
31       sort(data.begin(), data.end(), cmp);
32       // last_R: 上一個線段的結束座標
33       int ans = 0, last_R = -1;
34       for (int i = 0; i < N; i++) {
35           // 如果現在的結束座標在上一個線段的結束座標前面
36           // 則不需要處理目前的線段
37           // L<------------->R
38           //     L<---->R
39           if (data[i].R < last_R)
40               continue;
41           // 如果現在的結束座標在上一個線段的結束座標後面
42           // 則需要加上:
43           // 現在結束座標 - max(上一個結束座標, 現在開始座標)
44           // L<------------->R
```

```
45          //            L<------->R
46          // L<------------->R
47          //                     L<---->R
48          ans += data[i].R -
49              ((last_R > data[i].L) ? last_R : data[i].L);
50          last_R = data[i].R;
51      }
52      cout << ans << endl;
53      return 0;
54  }
```

7-7-5 APCS：砍樹 (2020/01 P3)

【題目】

目前有 N 棵樹種在一排，砍樹可以選擇向左或向右倒下，但倒下皆不能超過林場的左右範圍，也不能壓到其它尚未砍除的樹木，若 $p[i]$ 代表第 i 棵樹的位置，$h[i]$ 代表樹高，因此倒下的範圍是： $p[i] \pm h[i]$，若此範圍內有樹則不能砍，但若尚未砍除的樹木剛好在端點則不算壓到，請不斷找到能滿足砍除條件的樹木，直到沒有樹木可以砍為止。

【範例輸入與輸出】

- 輸入格式：
  - 第一列有兩個正整數 N、L，分別代表樹的數量與右邊界的座標
  - 第二列有 N 個正整數，代表這 N 棵樹的座標 $p[i]$，座標是從小到大排序的
  - 第三列 N 個正整數代表樹的高度 $h[i]$
  - 同一行數字以空白間隔，且 $N \leq 10^5$，L 與樹高都不超過 10^9。
- 輸出格式：
  - 第一行輸出能被砍除之樹木數量
  - 第二行輸出能被砍除之樹木中最高的高度

- 範例一：
  - 輸入

    6 65

    10 20 30 40 50 60

    15 5 25 10 15 10
  - 輸出

    6

    25
- 範例二：
  - 輸入

    8 90

    15 24 32 48 50 63 72 85

    20 15 18 12 16 20 13 17
  - 輸出

    8

    20

【題目出處】

2020/01 APCS 實作題 #3

本題可以到 zerojudge 上提交程式碼，網址為：

https://zerojudge.tw/ShowProblem?problemid=h028

【解題邏輯】

本題可以自左而右不斷向右找到可以砍的樹，如果可以砍除第 i 棵樹的話，就回去檢查第 $i-1$ 棵樹是否能一併砍除，若能則再檢查第 $i-2$ 棵樹……，因為需要回頭看上一棵樹，在這種需要回溯的狀況下適合使用堆疊 stack 來實作。

範例程式碼

Chapter07/07_11_砍樹.cpp

砍樹

```
1   #include <iostream>
2   #include <stack>
3   #include <vector>
4
5   using namespace std;
6
7   int main () {
8       ios::sync_with_stdio(false);
9       cin.tie(0);
10
11      int N, L;
12      cin >> N >> L;
13
14      // 為處理邊界條件
15      // 在 0、L 各插入一棵無限高的樹
16      vector<int> p(N + 2, 0);
17      p[N + 1] = L;
18      vector<int> h(N + 2, 2147483647);
19
20      // 輸入資料
21      for (int i = 1; i < N + 1; i++)
22          cin >> p[i];
23      for (int i = 1; i < N + 1; i++)
24          cin >> h[i];
25
26      int sum = 0, max = 0;
27      // 前一棵樹的索引值
28      stack<int> tree;
29      tree.push(0);
30
31      for(int i = 1; i < N + 1; i++){
32          // 可以往右倒
```

```
33      if(p[i] + h[i] <= p[i + 1] ||
34          // 可以往左倒
35          p[i] - h[i] >= p[tree.top()])
36      {
37          sum++;
38          max = max > h[i] ? max : h[i];
39          // 不斷往前檢查
40          while(!tree.empty()){
41              int last = tree.top();
42              // 可以往右倒
43              if(p[last] + h[last] <= p[i + 1]){
44                  sum++;
45                  max = max > h[last] ?
46                          max : h[last];
47                  tree.pop();
48              }
49              else
50                  break;
51          }
52      }
53      else
54          tree.push(i);
55  }
56  cout << sum << endl;
57  cout << max << endl;
58  return 0;
59 }
```

習 題

1. 下列關於貪婪演算法(Greedy Algorithm)的敘述哪個為真？

    A. 貪婪演算法適用於所有問題

    B. 貪婪演算法適用的問題，子問題最佳解一定在母問題的最佳解內

    C. 貪婪演算法中適用的問題中，若不選擇子問題的最佳解，則一定無法得到母問題的最佳解

    D. 貪婪演算法中適用的問題中，必定只有唯一一組最佳解

2. 找錢問題中，哪類幣值的硬幣們適用貪婪演算法找出硬幣最少的方案？(複選)

    A. [1, 2, 3, 4 ,5]

    B. [1, 2, 4, 8 ,12]

    C. [1, 20, 300, 900 ,4500]

    D. [1, 20, 30, 40 ,50]

    E. [1, 5, 30, 120 ,600]

3. 中途休息問題中，若給定起點至終點的距離為 20 公里，每次加滿油後汽車可以行走 8 公里的路，且已知自起點出發 5、6、10、11、17 公里處各有一個加油站，請問該如何安排停留加油站的位置可以讓停下來加油的次數最少？

    A. 若利用貪婪演算法，分別會停留在幾公里處的加油站？

    B. 總共至少要在幾個加油站停留？

    C. 是否可以停留在 5 公里處的加油站？

4. 今天體育館欲舉辦各社團活動，但場地每天僅能供一個社團活動使用，各社團活動的開始時間、結束時間(天)如下表。欲使未來七天舉辦的活動數目最大化，我們使用活動選擇問題中的貪婪演算法來解答這

個問題，請問若使用該演算法，有哪幾個社團活動可以舉辦？(複選)

活動	#1	#2	#3	#4	#5	#6
開始時間	1	2	3	5	4	3
結束時間	4	3	6	7	6	5

A. #1

B. #2

C. #3

D. #4

E. #5

F. #6

5. Fractional Knapsack Problem 中，我們可以只拿一部分的物品，不用全部都拿，但每個物品的上限最多只能拿一個。今天有物品清單如下，Weight 為重量、Value 為價值：

Object	#1	#2	#3	#4	#5	#6
Weight	10	8	15	9	6	4
Value	12	15	20	14	9	9

如果背包負重上限為 25，請問背包中應該出現哪些物品方能使背包價值最大化？(複選)

A. #1

B. #2

C. #3

D. #4

E. #5

F. #6

6. 暑假到了，老師發了暑假作業並規定每份作業的繳交期限(幾天後)與扣分如下表，但以學生的能力每天僅能繳交一份作業，請問要繳交哪幾份作業可以讓遲交扣的分數最少？(複選)

作業	#1	#2	#3	#4	#5	#6
死線	3	3	2	2	1	3
扣分	1	3	4	1	3	2

A. #1

B. #2

C. #3

D. #4

E. #5

F. #6

動態規劃 Dynamic Programming

本章要介紹的是「動態規劃」的演算法精神，一樣會先簡介動態規劃是什麼，以及哪些狀況下適用動態規劃。再用動態規劃解答幾個之前已經探討過的問題：

A. 費波那契數列
B. 找錢問題
C. 最大子數列問題
D. 活動選擇問題

接下來看動態規劃的幾種常見應用：

A. 郵票問題
B. 切割問題
C. 背包問題
D. 矩陣鏈乘
E. 最長遞增子序列 (LIS)
F. 最長共同子序列 (LCS)

最後總結動態規劃後，再做幾題實戰練習。

不過動態規劃的內容與份量都較多，如果時間不充足的話建議可以看完郵票問題與切割問題即可，後面的幾個問題會進到二維的動態規劃，實屬比

較複雜的動態規劃問題，但如果目標是要更上一層樓的話，二維的動態規劃一定要克服。

8-1 動態規劃簡介

與分治法類似，動態規劃會把原始問題，也就是「母問題」切割成許多「子問題」，之後，再利用子問題的答案組成母問題的答案。

跟分治法不同的地方在於動態規劃中，每個子問題通常是環環相扣的，因為大部分子問題的答案會用到其他子問題的答案，所以過程中，每次解完一個子問題，都會把得到的答案記錄下來（分治法則不進行紀錄）。

這樣的策略是「以空間換取時間」，因為要記錄每個子問題的答案，會耗費許多記憶體空間，但是一旦記錄，之後要用到該結果就不用重算，也就節省了相對更珍貴的 CPU 資源。

「凡走過必留下痕跡」就是動態規劃的寫照。

8-1-1 費波那契數列

以費波那契數列為例，比較動態規劃與分治法：

費波那契數列 [動態規劃]

```
1    int Fibo(int n){
2        // 宣告儲存資料的陣列與初始化
3        int *data = (int*) malloc(sizeof(int) * n);
4        data[0] = 1;
5        data[1] = 1;
6
7        // 運用已儲存的資料得到數列中新的數
8        for (int i = 2; i < n; i++){
9          data[i] = data[i - 1] + data[i - 2];
10       }
```

```
11
12      int result = data[n-1];
13      free(data);
14      return result;
15  }
```

費波那契數列 [分治法（遞迴）]

```
1  int Fibo(int n){
2      if (n <= 2){
3          return 1;
4      }
5      else{
6          return Fibo(n - 1) + Fibo(n - 2);
7      }
8  }
```

因為分治法中不會記錄過程中計算出的各個費波那契數，如之前章節所言存在重複運算的問題；動態規劃則會把每個子問題的答案都記錄下來，用這些答案去拼湊出其他子問題的答案，直到解答母問題。

用動態規劃求解特定費波那契數時，因為前面算過的費波那契數都被記錄下來了，所以任一個費波那契數從頭到尾都只會計算一次，且皆以已在記錄中的前兩個費波那契數求和就可以得到。

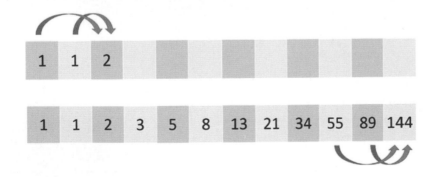

8-1-2 修改版費波那契數列

已知有一函式 $f(n)$ 修改自費波那契數列，每個數都是前三個的和，開頭三個數皆為 1，則可以下式表示：

$$f(n) = \begin{cases} 1, if\ n <= 3 \\ f(n-1) + f(n-2) + f(n-3), if\ n > 3 \end{cases}$$

請你試著用程式找出 $f(30)$ 的值。

範例程式碼

Chapter08/08_01_Triple_Fibo.cpp

修改版費波那契數列

```cpp
#include <iostream>

using namespace std;

int main()
{
    long long int triple_fibo[30];
    for (int i = 0; i < 30; i++){
        // 根據定義，前三項為 1
        if (i < 3)
            triple_fibo[i] = 1;
        else
            triple_fibo[i] = triple_fibo[i - 1] +
                             triple_fibo[i - 2] +
                             triple_fibo[i - 3];
    }

    cout << triple_fibo[29] << endl;

    return 0;
}
```

如果寫成遞迴版的費波那契數，會發現當數字較大時，因為存在重複運算的問題，執行時間會很長。

8-1-3 LeetCode #746. 爬階梯的最小成本 Min Cost Climbing Stairs

【題目】

給定一個整數陣列 $cost$，$cost[i]$ 是踏到階梯上第 i 階後需付的成本，付出該成本後，就可以選擇再往上爬一或二階。

你可以選擇從 $index$ 0 這階開始爬階梯，或者從 $index$ 1 這階開始。回傳要爬完整個階梯到達上方的最小成本。

【出處】

https://leetcode.com/problems/min-cost-climbing-stairs/

【範例輸入與輸出】

- 輸入：cost = [10,15,20]
- 輸出：15
- 最小成本的方法是從第二階（$cost[1]$）開始，付出 15 的成本，然後向上爬兩階到階梯上方。

- 輸入：cost = [1,100,1,1,1,100,1,1,100,1]
- 輸出：6
- 從第一階開始，並且只踏除了 $cost[3]$ 以外成本為 1 的那幾階。

【解題邏輯】

先開出一個陣列，記錄前兩階的成本：

1	100	1	1	1	100	1	1	100	1

1	100								

要到達第三階的最小成本，會是「先踏第一階，然後直接踏到第三階」和「先踏第二階，然後踏到第三階」兩者中成本較低者，用數學式表示：

$$Step[2]$$

$$= min(Step[0] + cost[2], Step[1] + cost[2])$$

$$= min(Step[0], Step[1]) + cost[2]$$

$$= min(1,100) + 1 = 2$$

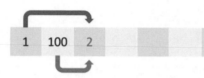

要到達第四階的最小成本，是「到了第二階後，直接踏兩階到第四階」和「到了第三階後，再踏一階到第四階」，因為前面已經得到了從起點開始，到第二階和到第三階分別的最小成本，因此可以列出：

$$Step[3]$$

$$= min(Step[1], Step[2]) + cost[3]$$

$$= min(100,2) + 1$$

$$= 3$$

以此類推，可以得到接下來每一階的最小成本，只要比較它的前兩階，得到較小者後，再加上該階自己的成本即可。

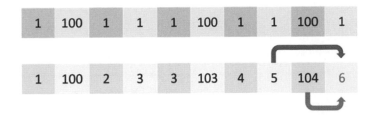

為了避免處理邊界條件，可以在階梯最上方插入成本為 0 的一階，用上面方法算出到達該格的最小成本，就相當於得到「走到整個階梯上方」的最小成本。

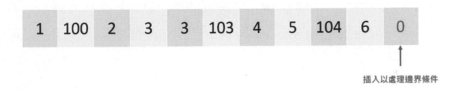

插入以處理邊界條件

範例程式碼

Chapter08/08_02_minCostClimbingStairs.cpp

爬階梯的最小成本 Min Cost Climbing Stairs

```
1   class Solution{
2   public:
3       int minCostClimbingStairs(vector<int>& cost){
4           int len = cost.size();
5
6           // 記錄到達每一階的最小成本
7           // 因為在最後面加上一階，所以長度是 len + 1
8           vector<int> Step(len + 1);
9
10          // 前兩階的最小成本直接取該階需付的成本
11          Step[0] = cost[0];
12          Step[1] = cost[1];
13
14          // 把加在最後面的一階成本設為 0
15          cost.push_back(0);
```

```
16
17        for (int i = 2; i <= len; i++){
18            // 選擇前兩階中成本較小者，再加上該階自己的成本
19            Step[i] = (Step[i - 1] < Step[i - 2] ?
20                        Step[i - 1] : Step[i - 2])
21                        + cost[i];
22        }
23        return Step[len];
24    } // end of minCostClimbingStairs
25 }; // end of Solution
```

上面這種做法的空間複雜度是 $O(n)$，因為需要記錄每一階的資料，不過觀察到「每次只需要前兩階的成本即可算出新的一階的成本」，因此也可以改寫程式碼為：

範例程式碼

Chapter08/08_02_minCostClimbingStairs_Optimization.cpp

爬階梯的最小成本 [改良版]

```
1  class Solution{
2  public:
3      int minCostClimbingStairs(vector<int>& cost){
4          int len = cost.size();
5          int step_1 = cost[0];
6          int step_2 = cost[1];
7          int step_3;
8          cost.push_back(0);
9
10         for (int i = 2; i <= len; i++){
11             step_3 = step_1 < step_2 ? step_1 : step_2;
12             step_3 += cost[i];
13
14             // 接下來，更新 step_1 和 step_2 的值
15             // 使得算下一階時，能用到新的 step_1 和 step_2
16             // step_2 -> step_1
```

```
17        step_1 = step_2;
18        // step_3 -> step_2
19        step_2 = step_3;
20      }
21      // 回傳的是迴圈執行完後 step_3 的值
22      return step_3;
23    } // end of minCostClimbingStairs
24  }; // end of Solution
```

這樣只需要三個變數就可以解決整個問題，成功降低了空間複雜度。

8-2 動態規劃解析

做完上一節的兩題例題後，對動態規劃應該有了基本的認識。接著來檢視一下哪些問題適用動態規劃。

8-2-1 動態規劃的適用條件

首先，這些問題應該有「最佳化子結構」，也就是說，母問題能夠被切割成數個子問題，子問題的答案分別都能夠被推算出來，且最後能拼湊回母問題的答案。

再來，這些子問題間通常是「重疊的」，在求解一個子問題時，會用到其他子問題的答案，所以每算出一個子問題的答案，都要記錄下來才能避免重複運算。

最後，還必須符合「無後效性」：每次解決子問題時，該子問題的解答只跟之前求解過的子問題有關，而不會用到還未求解的子問題答案。比如費波那契數列中，每個數只和前兩個數有關，而與後面的數無關，符合「不使用後面子問題答案」的要求。

簡單介紹一些動態規劃中常用的名詞：

A. 狀態：切割後，每個子問題的特性、資料或解答
B. 階段：把性質類似且可同時處理的狀態集合在一起
C. 決策：每個階段下的選擇
D. 狀態轉移方程式：由若干子問題的狀態（答案），求出另一子問題的狀態（答案）

而動態規劃的複雜度為：

A. 時間複雜度：通常為狀態總數 × 狀態轉移方程式的複雜度
B. 空間複雜度：未來可能被使用，而需記錄下的所有狀態數目

8-2-2　狀態轉移方程式

狀態轉移方程式代表如何「透過若干子問題的答案」來得到「另一個子問題的答案」。

比如在前面的兩個例題中，費波那契數列中的一個數的答案，是由前兩個數的答案加總而成；爬階梯的例題中，爬到某一階的最小成本則是前兩階中較小者，加上該階成本而得。

A. 費波那契數列

$$f(n) = f(n-1) + f(n-2), for\ i > 2$$

B. 爬階梯的最小成本

$$Step[i] = min(Step[i-2], Step[i-1]) + cost[i], for\ i \geq 2$$

在解動態規劃的題目時，最重要的就是找出狀態轉移方程式，找到後，配合給定或可以很容易推導出的前幾個子問題的答案，就能解決整個問題。

8-2-3 動態規劃求解的兩種方式

1. **Top-down with memorization**

從母問題切割出子問題後往下解，但每次得到子問題答案後需記錄下來。

- 通常用遞迴來解
- 每次呼叫函式需佔用記憶體
- 較耗費記憶體空間

如下圖便是以 Top-down 搭配動態規劃求解費波那契數列。

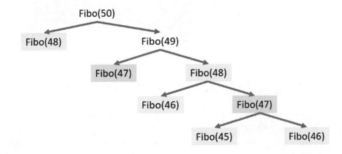

Top-down 動態規劃解費波那契數列

```
1   int *Fibo = (int*) malloc(sizeof(int) * n);
2   int Fibo_Top_Down(int n){
3       if (n <= 2){
4           // n-1 是為了調整為索引值
5           Fibo[n - 1] = 1;
6       }
7       // Fibo[n - 1] 值為 0，代表該索引值還沒被算過
8       // 只有在值為 0 時才計算，避免重複進行
9       else if (Fibo[n - 1] == 0){
10          Fibo[n - 1] =
11              Fibo_Top_Down(n - 1) + Fibo_Top_Down(n - 2);
12      }
13      // Fibo[n - 1] 之前已經有算過時，不需計算就能直接回傳
14      int result = Fibo[n - 1];
```

```
15       free(Fibo);
16       return result;
17   }
```

2. Bottom-up method

從小的子問題開始算到大的，過程中用陣列記錄每個子問題的答案，是比
較常使用到的方式。

- 通常用迭代來解決

- 把狀態存在陣列中

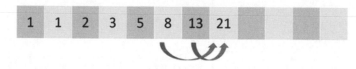

如果搭配 Bottom-up 計算費波那契數列，從最小的子問題開始計算：

Bottom-up 動態規劃解費波那契數列
| ```
1   int Fibo_Bottom_Up(int n){
2       int *Fibo = (int*) malloc(sizeof(int) * n);
3       Fibo[0] = Fibo[1] = 1;
4       for (int i = 2; i < n; i++)
5           Fibo[i] = Fibo[i - 1] + Fibo[i - 2];
6       return Fibo[n - 1];
7   }
``` |

8-3 找錢問題

接下來，就可以試著解答講解貪婪演算法時並沒有順利解出來的「找錢問
題」，來看一下一個找錢問題：

需要找給某個顧客 20 元，而目前有三種硬幣：1 元、5 元、8 元，如何找
錢可以讓找的硬幣「個數」最少？
```

上面這個例題使用貪婪演算法會得到錯誤的結果（2 個 8 元和 4 個 1 元，共 6 個硬幣），而無法得到正確結果「使用 4 個 5 元」，這是因為 8 元不像 10 元一樣總是可以用若干個 5 元替代。

8-3-1 動態規劃求解找錢問題

那麼，動態規劃會如何著手解決這個問題呢？假設需要找 x 元時，至少需要 $Coin(x)$ 枚硬幣。

已知：

$$Coin(1) = 1 \qquad // 一枚 1 元$$
$$Coin(2) = 2 \qquad // 兩枚 1 元$$
$$Coin(3) = 3 \qquad // 三枚 1 元$$
$$Coin(4) = 4 \qquad // 四枚 1 元$$
$$Coin(5) = 1 \qquad // 一枚 5 元$$
$$Coin(6) = ?$$

因為要找 6 元必定是用 1 元和 5 元來找，所以可以假定最後一枚使用的是 1 元或是 5 元兩種情形：

A. 先找到找 5 元的方法，最後加上一枚 1 元來找給顧客 6 元：

$$Coin(5) + 1（枚）$$

B. 先找到找 1 元的方法，最後加上一枚 5 元來找給顧客 6 元：

$$Coin(1) + 1（枚）$$

除了這兩種情形以外，沒有其他方法可以找出 6 元，所以找 6 元的最低枚數是 $Coin(1)$ 和 $Coin(5)$ 中枚數較少者，再加上 1（最後那枚硬幣）。

也就是說，$Coin(6) = min(Coin(5) + 1, Coin(1) + 1)$

來看一般化的情形：要找出 x 元，當 x 大於 8 時，最後加上的一枚硬幣可能是 1 元、5 元或 8 元：

A. 先找 $x - 1$ 元，再加上一枚 1 元：$Coin(x - 1) + 1$（枚）

B. 先找 $x - 5$ 元，再加上一枚 5 元：$Coin(x - 5) + 1$（枚）

C. 先找 $x - 8$ 元，再加上一枚 8 元：$Coin(x - 8) + 1$（枚）

因此，可以列出狀態轉移方程式：

$$Coin(x), \quad for \ x > 8$$

$$= min(Coin(x - 1) + 1, Coin(x - 5) + 1, Coin(x - 8) + 1)$$

$$= 1 + min(Coin(x - 1), Coin(x - 5), Coin(x - 8))$$

也就是說，當已經得到 $Coin(x - 1)$、$Coin(x - 5)$、$Coin(x - 8)$ 三者的值時，就可以立刻決定出 $Coin(x)$ 的值。

實作上，首先開出一個陣列，每筆資料代表 index + 1 元需要幾枚硬幣（index 0 代表一元、index 1 代表兩元……），並且填入 1 到 5 元需要的硬幣枚數，如前所述。

接下來，使用狀態轉移方程式來得到 6 元以上需要的硬幣枚數，注意

$Coin(6) = 1 + min(Coin(5), Coin(1), Coin(-2))$，其中 $Coin(x - 8)$ 產生的 $Coin(-2)$ 未定義，因此只考慮另外兩項何者較小。

$Coin(8) = 1 + min(Coin(7), Coin(3), Coin(0))$，其中 $Coin(0)$ 代表「沒有錢需要找時」要使用到的硬幣枚數，其值為「0」。

接下來，從 *Coin*(9) 開始，要比較的三個值都已經在儲存結果的陣列中，因此可以透過狀態轉移方程式直接得到所求值。

$$Coin(9) = 1 + min(Coin(8), Coin(4), Coin(1))$$

1	2	3	4	1	2	4	3	2					

此外，為了簡化運算，也可以這樣寫：

$$Coin(0) = 0$$
$$Coin(x) = \infty, \qquad for\ x < 0$$

8-3-2　LeetCode #322. 找錢問題 Coin Change

【題目】

給定一個整數陣列 *coins* 代表不同面額的硬幣，與一個整數 *amount* 代表要找的金額。回傳要組成該金額最少需要的硬幣枚數，如果給定的硬幣面額無法組成該要找的金額，回傳 -1。假設每種硬幣使用的數量不受限制。

【出處】

https://leetcode.com/problems/coin-change/

【範例輸入與輸出】

- 輸入：coins = [1,2,5], amount = 11
- 輸出：3
- 使用兩枚 5 元與一枚 1 元，就可以找出 11 元。

範例程式碼

Chapter08/08_03_coinChange.cpp

找錢問題 Coin Change

```
1   class Solution{
2   public:
3       int coinChange(vector<int>& coins, int amount){
4           // 儲存 n 元需要最少硬幣枚數的陣列
```

```
5        // 初始值設定為 -1，用來判斷是否算過
6        vector<int> min_coin(amount + 1, -1);
7        min_coin[0] = 0;
8
9        // 從 n = 1 開始往後算到 amount
10       for (int i = 1; i <= amount; i++){
11         // min_coin[i] =
12         // min(
13         // min_coin[i - coins[0]],
14         // min_coin[i - coins[1]],
15         // min_coin[i - coins[2]],
16         // ...
17         // ) + 1
18         // int_max, C++ 中常用來代表無限大
19         int min = 2147483647;
20         // 目前這個 min_coin[current] 的值
21         int coin_now;
22
23         for(int coin : coins){
24           // 除了最後一枚 coin 外，要找的金額
25           int current = i - coin;
26
27           // i - coin < 0，沒有這種找法
28           // coin_now 設為最大值，確保 min 不被改變
29           if(current < 0)
30             coin_now = 2147483647;
31           // i - coin >= 0，可以找找看
32           else{
33               // 如果此時沒辦法找開
34               if (min_coin[current] == -1)
35                 coin_now = 2147483647;
36               // 可以找開
37               else
38                 coin_now = min_coin[current];
39           }
40           // 取最小的硬幣數
```

```
41        min = coin_now < min ? coin_now : min;
42      }
43      // 如果 min 還是初始值，代表無法找開，回傳 -1
44      if(min == 2147483647){
45        min_coin[i] = -1;
46      }
47      else{
48        // 否則是 min 枚硬幣加上最後那枚
49        min_coin[i] = min + 1;
50      }
51    } // end of for
52    return min_coin[amount];
53  } // end of coinChange
54 }; // end of Solution
```

8-4 最大子數列

接下來是在分治法章節中曾經提到過的最大子數列問題：

「給定一個陣列，當中的值有正有負，請找出一區間 [a, b]，使得區間內的元素總和最大，並回傳該元素總和。」

之前提過，暴力解複雜度高達 $O(n^3)$，使用分治法後，複雜度可以降到 $O(n \log_2 n)$，但如果改用動態規劃呢？

8-4-1 動態規劃求解最大子數列

使用動態規劃來解這個問題，可以進一步改善時間複雜度：

從陣列的開頭一個一個元素處理，在新開出的陣列當中，索引值 index 中放的是「原陣列中，從這個元素開始往左擴張，最大的連續子數列可以達到的值」。

每次處理到原陣列中一個新的元素時,根據策略,該位置得到的值一定會包含自己,因此有兩種情形:

A. 只取目前這個元素自己的值

B. 取目前元素自己的值,加上往左延伸可以產生的最大連續子數列和

其中,「往左延伸可以產生的最大連續子數列和」其實就是「處理上一個元素時算出的值」,狀態轉移方程式為:

$$DP[i] = max(DP[i-1] + Data[i], Data[i])$$

可以觀察到,如果往左延伸只能得到一個負的和,那麼乾脆不要往左延伸,只取現在這個新處理元素自己的值就好了。

8-4-2 求解最大子數列的進行過程

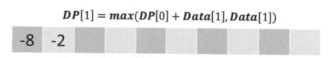

上圖中,第一個元素是 -8,這時只有一種選擇,必須選 -8。

-8									

處理到第二個元素時,有兩種選擇:只取自己的值 -2,和延伸到左邊加上 -8,顯然因為 -8 是負值,對於總和沒有幫助,所以此時只取 -2。

$$DP[1] = max(DP[0] + Data[1], Data[1])$$

-8	-2								

處理到第三個元素時,同樣有兩種選擇:只取自己的值 3,和往左邊去延伸出「連續」數列,既然要往左延伸,必定會包含 -2,而由剛才處理 -2 的結果,發現包含 -2 以左的子數列中,最好的值是 $-2 < 0$,對總和沒有幫助,所以也取 3 即可。

$$DP[2] = max(DP[1] + Data[2], Data[2])$$

-8	-2	3						

處理到第四個元素時，有兩種選擇：只取自己的值 4，和往左延伸出連續數列，往左延伸時必定會包含 3，而由處理 3 時的結果，發現 3 以左的子數列中，「最好」的值是 3 > 0，會使總和增加，因此這時選擇從 4 往左延伸（而不只是取自己的值 4），可以得到最大值 7。

$$DP[3] = max(DP[2] + Data[3], Data[3])$$

-8	-2	3	7					

依此類推，處理 -3 時，得到 4。

$$DP[4] = max(DP[3] + Data[4], Data[4])$$

-8	-2	3	7	4				

處理 6 時，得到 10。接下來依序得到：7、11、8、9。

-8	-2	3	4	-3	6	-3	4	-3	1

$$DP[5] = max(DP[4] + Data[5], Data[5])$$

-8	-2	3	7	4	10			

$$DP[6] = max(DP[5] + Data[6], Data[6])$$

-8	-2	3	7	4	10	7		

$$DP[7] = max(DP[6] + Data[7], Data[7])$$

-8	-2	3	7	4	10	7	11	

$$DP[8] = max(DP[7] + Data[8], Data[8])$$

-8	-2	3	7	4	10	7	11	8	

$$DP[9] = max(DP[8] + Data[9], Data[9])$$

-8	-2	3	7	4	10	7	11	8	9

上面算出的新陣列中，最大值為 11，出現在處理第 8 個元素 4 的時候，這代表最大的子數列是從 4 開始往左延伸，一直延伸到第三個元素 3，而不再往左，因為在處理 3 時，當初是選擇「只取自己的值，不往左延伸」。

因為要算出新陣列中的每個值只需要 $O(n)$ 時間，而找出新陣列中最大值同樣也需要 $O(n)$，因此時間複雜度為：

$$O(n) + O(n) = O(2n) = O(n)。$$

8-4-3 LeetCode #53. 最大子數列 Maximum Subarray

【題目】
給定一個整數陣列 *nums*，找到最大子數列（至少包含一個元素）使得其和為最大，並回傳該和。

【出處】
https://leetcode.com/problems/maximum-subarray/

【範例輸入與輸出】
- 輸入：nums = [-2,1,-3,4,-1,2,1,-5,4]
- 輸出：6
- 子數列 [4,-1,2,1] 有最大和 6

範例程式碼

Chapter08/08_04_maxSubArray.cpp

最大子數列 Maximum Subarray
| ```
1    class Solution{
2    public:
3        int maxSubArray(vector<int>& nums){
4            int len = nums.size();
5            // 例外處理：只有一個元素時，回傳該元素值
6            if(len == 1)
7                return nums[0];
``` |
```

```
8
9         // 開出新陣列 DP
10        vector<int> DP(len);
11        // DP[0] 與第一個元素的值相同
12        DP[0] = nums[0];
13
14        // 算出 DP 陣列中的值
15        for (int i = 1; i < len; i++){
16            // DP 陣列中前一個值
17            int before_now = DP[i - 1];
18            // 目前處理的新元素值
19            int now = nums[i];
20            // 目前處理的元素往左延伸可以得到的最大值
21            int add_before = now + before_now;
22            // 決定是否往左延伸
23            DP[i] = add_before > now ? add_before : now;
24        }
25
26        // 負無限大
27        int max = -2147483648;
28        // 找出 DP 陣列中的最大值
29        for (int i = 0; i < len; i++){
30            max = max > DP[i] ? max : DP[i];
31        }
32        return max;
33    } // end of maxSubArray
34 }; // end of Solution
```

8-5 活動選擇問題

過去介紹貪婪演算法時曾經探討過的「活動選擇問題」：

「學校只有一個音響，但是 n 個活動每個都需要使用它，給定每個活動的時間長度，如何選擇舉辦哪些活動，可以使舉辦的活動「數目」最多？」

利用貪婪演算法設計出的解法，是比較每個活動的結束時間，當兩個活動時間重疊而必須擇一時，總是選擇較早結束的那個。但是當活動的權重（重要性）有別時，貪婪演算法就不能得到正確答案（使得選擇出的活動權重和最高），必須改用動態規劃。

8-5-1 用動態規劃解「有權重的」活動選擇問題

首先，仍然要把活動依照「結束日期」進行排序。

接下來要對每個活動進行處理，以算出第 1 到 n 天之間可以得到的最大權重總和 $wis(n)$。針對活動 5（第 8 天開始，第 10 天結束），有兩種做法：

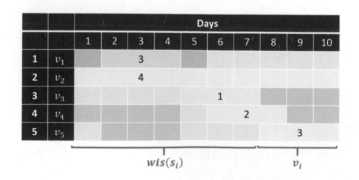

A. 選擇活動 5，因為活動 5 在第八天開始，所以前面 7 天還可以安排

$$wis(10) = wis(7) + v_5$$

B. 不選擇活動 5，則前面 9 天都可以安排

$$wis(10) = wis(9)$$

如果選擇活動 5，那麼第 1 到 10 天間能夠得到的最大權重和就是第 1 到 7 天間能夠得到的最大權重和（因為第 8、9、10 天被活動 5 佔用了），再加上舉辦活動 5 而增加的權重。

反之，如果不選擇活動 5，那麼第 1 到 10 天間能夠得到的最大權重和與第 1 到 9 天間能得到的最大權重和相同，因為上面給定的例子中，並不存在單單只花第 10 天一天就可以舉辦的活動。

由此，可以列出狀態轉移方程式如下：

$$wis(f_i) = max(wis(s_i) + v_i, wis(f_i - 1))$$

其中，s_i 是第 i 個活動的開始時間，f_i 是第 i 個活動的結束時間。

		1	2	3	4	5	6	7	8	9	10
1	v_1			3							
2	v_2			4							
3	v_3						1				
4	v_4							2			
5	v_5									3	

Days	1	2	3	4	5	6	7	8	9	10
Value	0	0	0							

針對上例，動態規劃的過程如下，首先，「只有第 1 天」、「只有第 1~2 天」、「只有第 1~3 天」都不能舉辦任何活動，因此開出的陣列 wis 中，前三個值都為 0。

接下來，加上第 4 天後，就有「舉辦活動 1（2~4 天的那個活動）」和「不舉辦活動 1」兩個選項，得到的權重和分別為 $wis(1) + 3$ 和 $wis(3)$：

$$wis(4) = max(wis(1) + 3, wis(3))$$
$$= max(0 + 3, 0) = 3$$

		Days									
		1	2	3	4	5	6	7	8	9	10
1	v_1			3							
2	v_2			4							
3	v_3					1					
4	v_4							2			
5	v_5									3	

$wis(s_i)$ v_i

Days	1	2	3	4	5	6	7	8	9	10
Value	0	0	0	3						

加上第 5 天後，同樣有「舉辦活動 2（1~5 天）」和「不舉辦活動 2」兩種選擇，得到的結果為：

$$wis(5) = max(wis(0) + 4, wis(4))$$
$$= 4$$

		Days									
		1	2	3	4	5	6	7	8	9	10
1	v_1			3							
2	v_2			4							
3	v_3					1					
4	v_4							2			
5	v_5									3	

v_i

Days	1	2	3	4	5	6	7	8	9	10
Value	0	0	0	3	4					

因為沒有活動在第 6 天結束,所以 $wis(6) = wis(5) = 4$。

第 7 天則要選擇是否舉辦活動 3:

$$wis(7) = max(wis(4) + 1, wis(6))$$

$$= max(3 + 1, 4) = 4$$

		Days									
		1	2	3	4	5	6	7	8	9	10
1	v_1			3							
2	v_2			4							
3	v_3						1				
4	v_4							2			
5	v_5									3	

$wis(s_i)$ v_i

Days	1	2	3	4	5	6	7	8	9	10
Value	0	0	0	3	4	4	4			

依此類推,可以得到 $wis(8) = 6$(舉辦活動 4)、$wis(9) = wis(8) = 6$、$wis(10) = max(4 + 3, 6) = 7$(舉辦活動 5)。

		Days									
		1	2	3	4	5	6	7	8	9	10
1	v_1			3							
2	v_2			4							
3	v_3						1				
4	v_4							2			
5	v_5									3	

$wis(s_i)$ v_i

Days	1	2	3	4	5	6	7	8	9	10
Value	0	0	0	3	4	4	4	6	6	7

8-5-2 LeetCode #1235. 最大收益的工作排程 Maximum Profit in Job Scheduling

【題目】

給定 n 項工作，每個工作開始時間與結束時間分別為 $startTime[i]$ 到 $endTime[i]$，收益為 $profit[i]$。

給定三個陣列 $startTime$、$endTime$ 與 $profit$，回傳工作間佔用時間不重疊的前提下，能夠達到的最大收益。

如果一個工作結束時間是 X，允許同時選擇一個開始時間是 X 的工作。

【出處】

https://leetcode.com/problems/maximum-profit-in-job-scheduling/

【範例輸入與輸出】

- 輸入：startTime = [1,2,3,3], endTime = [3,4,5,6], profit = [50,10,40,70]
- 輸出：120
- 選擇活動 1（[1,3]）和活動 4（[3,6]）時，有最大收益 50 + 70 = 120。

【解題邏輯】

注意本題的測資中，有時會有數個工作結束時間相同，因此狀態轉移方程式中要加上「同樣結束時間的其他工作」：

$$wis(f_i) = max(wis(s_i) + v_i, wis(f_i - 1), wis(f_i))$$

範例程式碼

Chapter08/08_05_jobScheduling.cpp

最大收益的工作排程 Maximum Profit in Job Scheduling
1   // 存放工作資訊的結構
2   typedef struct{
3   int start;

```
 4        int finish;
 5        int profit;
 6    } job;
 7
 8    // 根據工作的結束時間排序，早結束的在前面
 9    bool cmp(job* a, job* b){
10        return a->finish < b->finish;
11    }
12
13    class Solution{
14    public:
15        int jobScheduling(
16            vector<int>& startTime,
17            vector<int>& endTime,
18            vector<int>& profit
19          )
20        {
21            int len = startTime.size();
22            // 存放工作資訊的向量，使用指標，排序時會較快
23            vector<job*> jobs(len);
24
25            // 把工作資訊存放入向量中
26            for (int i = 0; i < len; i++){
27                jobs[i] = new job{
28                    startTime[i], endTime[i], profit[i]}
29                ;
30            }
31
32            // 把工作根據結束時間排序
33            sort(jobs.begin(), jobs.end(), cmp);
34            // 到每一次工作為止的最大利潤，有 len 個活動
35            vector<int> max_profit(len + 1, 0);
36
37            for (int i = 1; i <= len; i++){
38                // 取出當前這筆工作的資料
39                int start = jobs[i - 1]->start;
```

```
40          int finish = jobs[i - 1]->finish;
41          int profit = jobs[i - 1]->profit;
42
43          // 第一個活動的特例
44          if(i == 1){
45              max_profit[i] = profit;
46              continue;
47          }
48
49          // 若選擇當前這個工作可得的收益
50          // 需往前找到上一個可行的工作，再加上此工作收益
51          int choose = profit;
52          for(int j = i - 2; j >= 0; j--){
53              if(jobs[j]->finish <= start){
54                  choose += max_profit[j + 1];
55                  break;
56              }
57          }
58
59          // 若不選擇當前這個工作可得的為上一個的收益
60          int not_choose = max_profit[i - 1];
61
62          // 先比較選與不選兩個選項
63          int max_choose = choose > not_choose ?
64              choose : not_choose;
65
66          // 再來要比較同一時間結束的不同工作中有較大收益者
67          max_profit[i] =
68              max_profit[i] > max_choose ?
69              max_profit[i] : max_choose;
70      }
71      // 回傳最後一個工作結束時間的 max_profit
72      return max_profit.back();
73   }; // end of jobScheduling
74 }; // end of Solution
```

到目前為止，已經把之前講解分治法與貪婪演算法時做過的題目，用動態規劃再次求解，接下來就可以來看新的問題。

8-6 郵票問題

要付 n 元的郵資，已知每種郵票對應的郵資為 1、3、10、12、18。如何安排郵票的貼法，可以讓使用的郵票張數最少？

v_i	1	3	10	12	18

這題的解法和找錢問題一樣。狀態轉移方程式為：

$$Stamp(n)$$
$$= 1 + \min(Stamp(n-1),$$
$$Stamp(n-3),$$
$$Stamp(n-10),$$
$$Stamp(n-12),$$
$$Stamp(n-18))$$

到這裡你應該也可以發現郵票問題跟找錢問題是一樣的問題！在很多時候，不同的問題會有同樣的結構，可以用同樣的方法解決，只是題目的問法不同而已。

而考試出的題目中許多都屬於舊瓶裝新酒，可以簡單轉換為經典的演算法問題後迅速解決之。

8-7 木頭切割問題

木頭切割問題指的是：

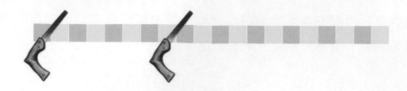

「有一長度為 n 的木頭,且市場上不同長度的木頭對應價格如下,該如何切割這個長度為 n 的木頭,使其各部分出售價格之和最高?」

l_i	1	2	3	4	5
p_i	10	22	35	45	56

如果用暴力解來處理,一個長度為 n 的木頭總共會有 $n-1$ 個切割點(假設只切在整數長度處),每個切割點都可以選擇切或不切,複雜度為 $O(2^{n-1})$。

R_i R_{n-i} R:總報酬

8-7-1 分治法解木頭切割問題

利用分治法,可以寫出下列關係:

$$R_n = max(p_n, R_1 + R_{n-1}, R_2 + R_{n-2}, \quad \ldots, R_{n-1} + R_1)$$

其中 p_n 是整段長度為 n 的木頭不切割的售價,R_i 是長度為 i 的木頭透過切割可達到的最高總價格

上式也可以寫成

$$R_n = max_{0 \leq i \leq n-1}(R_i + R_{n-i})$$

代表一個問題會被切割成 n 個子問題,但當一個問題會被分成很多個子問題,且彼此相關時,就會導致分治法的運算量過高而不實用。

要減少運算量，首先要減少切割出的子問題數目，比如題目只給了 5 種長度木頭的售價，因此分治法也可以改為每次都只從左邊切一段下來，再去處理右邊剩下的木頭，寫成：

$$R_n = max_{1 \leq i \leq len_p}(R_{p_i} + R_{n-p_i})$$

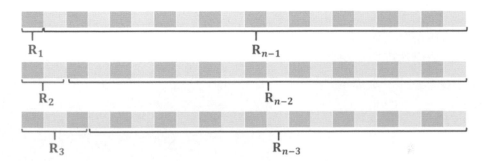

這樣一來，每個問題都對應五個子問題，也就是給定售價的木頭長度規格。

範例程式碼

Chapter08/08_06_Cut_Rod_DC.cpp

分治法解木頭切割問題

```
1   // *p：價格陣列
2   // p_len：p 的長度（即木頭種類）
3   // p[0]：長度 1 的價格、p[1]：長度 2 的價格、...
4   // n：木頭長度
5   int Cut_Rod(int* p, int p_len, int n){
6       if(n == 0)
7           return 0;
8       int revenue = -2147483648;
9       for(int i = 0; i < p_len; i++){
10          if(n >= i + 1){
11              // 注意 p[0] 對應長度 1、p[1] 對應長度 2
12              int revenue_i = p[i] +
13                  Cut_Rod(p, p_len, n - i - 1);
```

14	revenue = revenue > revenue_i ?
15	revenue : revenue_i;
16	}
17	}
18	return revenue;
19	}

上面這個程式碼符合動態規劃的精神嗎？因為中間並沒有儲存得到的結果，因此仍然存在重複計算的問題，呼叫 Cut_Rod 時，要算 R_{10} 就要算到 R_9、R_8、...，但是算 R_9 時，又要去算 R_8、R_7、...，產生了許多重複的計算。

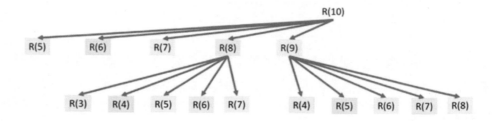

8-7-2 用動態規劃解決木頭切割問題

如果要發揮動態規劃的精神，就要使用一個陣列把每次算出特定長度木頭的最大價值記錄下來：

範例程式碼

Chapter08/08_06_Cut_Rod_DP.cpp

動態規劃解木頭切割問題	
1	int Cut_Rod(int* p, int p_len, int n){
2	if (n==0)
3	return 0;
4	// 儲存每種長度木頭的最大價值
5	int revenue_array[n + 1] = {0};
6	for (int i = 1; i <= n; i++){

```
7           // 初始化為負無限大
8           int max_revenue = -2147483648;
9           for (int j = 0; j < p_len; j++){
10              // 要切割的長度為 j + 1
11              // 切割長度大於目前有的木頭長度時
12              if (j + 1 > i) break;
13              // 一般情形，注意 p[0] 對應長度 1 的價格
14              int revenue_j =
15                  p[j] + revenue_array[i - j - 1];
16              max_revenue = max_revenue > revenue_j ?
17                              max_revenue : revenue_j;
18          }
19          // 每次都記錄下算出的（長度 i 的木頭）結果
20          revenue_array[i] = max_revenue;
21      }
22      return revenue_array[n];
23  }
```

狀態轉移方程式同樣是：

$$R_n = max_{1 \le i \le len_p}(R_{p_i} + R_{n-p_i})$$

如果模擬演算法的執行過程，已知市場上對於每段木頭的價格如下：

l_i	1	2	3	4	5
p_i	10	22	35	45	56

n	1																		
R	10																		

且 $R_1 = 10$，代表長度為 1 時，只能直接按照長度 1 的價格賣掉。

l_i	1	2	3	4	5
p_i	10	22	35	45	56

n	1	2	3	4	5	6	7	8	9	10	11	12	13	14	15	16	17	18	19
R	10	22																	

長度為 2 時，可以選擇切割一段長度為 1 或者一段長度為 2 的下來：

$$R_2 = max(R_1 + R_1, R_2 + R_0)$$
$$= max(10 + 10, 22 + 0)$$
$$= 22$$

長度為 3 時，可以選擇從最左邊切割一段長度為 1、一段長度為 2，或者一段長度為 3 的木頭下來：

$$R_3 = max(R_1 + R_2, R_2 + R_1, R_3 + R_0)$$
$$= max(10 + 22, 22 + 10, 35 + 0)$$
$$= 35$$

依此類推，就可以漸次得到各個長度木頭的最高價格，這就是 buttom-up 的解決方式。比如：

$$R_7 = max(R_1 + R_6, R_2 + R_5, R_3 + R_4, R_4 + R_3, R_5 + R_2)$$
$$= (10 + 70, 22 + 57, 35 + 45, 45 + 35, 57 + 22)$$

長度為 7 的木頭的最高價值，可以從已經解決的長度較小的木頭的最高價值拼湊而成。

n	1	2	3	4	5	6	7	8	9	10	11	12	13	14	15	16	17	18	19
R_n	10	22	35	45	57	70	80												

8-7-3 LeetCode #343. 拆分整數 Integer Break

【題目】

給定一個整數 n，將它拆分為 k 個正整數的和，其中 $k \geq 2$。找到可使這些拆分出的整數乘積最大的拆分方法，並回傳該乘積。

【出處】

https://leetcode.com/problems/integer-break/

【範例輸入與輸出】

■ 範例一：
  - 輸入：n = 2
  - 輸出：1
  - 2 只能拆分出 1＋1，回傳 1×1＝1。

■ 範例二：
  - 輸入：n = 10
  - 輸出：36
  - 最佳拆分方法為 10＝3＋3＋4，回傳 3×3×4＝36。

【解題邏輯】

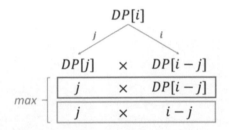

根據題目，一個整數 i 至少要被拆分成兩個整數的和，把兩個整數分別表示為 j 與 $i-j$，可以選擇不再繼續往下拆分，或選擇繼續拆分。

因此，$DP[i]$ 是以下四個值中最大者（$DP[i]$ 代表把 i 拆分開來）：

a. j 和 $i-j$ 都不再拆分：$j \times (i-j)$

b. 只繼續拆分 $i-j$：$j \times DP[i-j]$

c. 只繼續拆分 j：$DP[j] \times (i-j)$

d. 兩個都繼續拆分：$DP[j] \times DP[i-j]$

不過，可以把 j 指定為「不再拆分」的部分，這樣一來，只要比較 $j \times DP[i-j]$ 和 $j \times (i-j)$ 兩者中何者較大即可。

或是可以這樣想：最佳解可以寫成 $DP[i] = a \times b \times c \times ...$，則一定可以把第一項拆出來改寫成 $DP[i] = (a) \times (b \times c \times ...) = a \times DP[b \times c \times ...]$，所以 $DP[i]$ 是下面兩者的最大值：

a. 前後都不拆：$j \times (i\text{-}j)$
b. 後拆前不拆：$j \times DP[i\text{-}j]$

範例程式碼

Chapter08/08_07_integerBreak.cpp

拆分整數 Integer Break

```
1  class Solution{
2  public:
3      int integerBreak(int n){
4          // 儲存中間結果的陣列
5          vector<int> DP(n + 1, 1);
6
7          for (int i = 2; i < n + 1; i++){
8              int max = -2147483648;
9              for (int j = 1; j < i; j++){
10                 // i - j 繼續拆分與不拆分兩者間，取較大的
11                 int now = j * DP[i - j] > j * (i - j) ?
12                           j * DP[i - j] : j * (i - j);
13                 max = now > max ? now : max;
14             }
15             // 儲存得到的結果
16             DP[i] = max;
17         }
18         return DP[n];
19     } // end of integerBreak
20 }; // end of Solution
```

8-8 背包問題

以下會開始進入二維的動態規畫，難度較高，如果時間不足的話可以先跳過。首先是之前曾經提過的背包問題：

「給定固定的背包負重 W，以及每個物品的重量 w_i 及價值 v_i，如何在不超過背包負重的前提下，讓背包中裝的物品總價值最大？」

w_i	4	5	2	6	3	7
v_i	6	7	5	12	5	18

W 是一個正數，每個物品的重量 w_i 和價值 v_i 分別被儲存在陣列當中。

不同於之前每個物品可以只拿部分的「Fractional Knapsack Problem」，這裡要解決的則是「0 / 1 背包問題」，每項物品只能選擇「拿」或「不拿」，會使用到二維的動態規劃。

這是一個典型的 NP-complete 問題，無法快速求得最佳解，但「驗證」一個解則很快，只要確定某個組合可以被放進背包裡，沒有超過容量即可。

若使用暴力解，當物品數量為 N 時，每個物品可以拿或不拿，因此選擇的方法有 $O(2^N)$ 種。

8-8-1 用二維動態規劃解決背包問題

在這裡我們用 $DP[i][j]$ 來記錄「前 i 件物品放入容量 j 的背包所能產生的最大價值」。

用迴圈依序處理每個物品，處理到第 i 件時，有兩種選擇：

A. 不放入第 i 件物品
- 同樣容量 j 的背包能產生的最大價值與只考慮前 $i-1$ 件物品時相同，為 $DP[i-1][j]$

B. 放入第 i 件物品

■ 因為必須空出空間來放入這個新的物品，所以前面 $i-1$ 件物品可能就會有一些放不下。這也就是說，前 $i-1$ 件物品只能選擇一些放到剩下的 $j-w_i$ 的容量中，得到的最大價值為 $DP[i-1][j-w_i]+v_i$，其中 v_i 是新加入的第 i 件物品的價值

由上述，可以列出狀態轉移方程式：

$$DP[i][j] = \begin{cases} DP[i-1][j], j < w_i \\ max(DP[i-1][j], DP[i-1][j-w_i]+v_i), \quad j \geq w_i \end{cases}$$

其中 $j < w_i$ 的情形代表新處理到的第 i 件物品自己就太重而無法放入背包，這時只需考慮前 $i-1$ 件物品能達到的最高價值即可。

8-8-2 二維動態規劃的進行過程

w_i	1	2	3
v_i	2	5	8

$$DP[i][j] = \begin{cases} DP[i-1][j], j < w_i \\ max(DP[i-1][j], DP[i-1][j-w_i]+v_i), j \geq w_i \end{cases}$$

w_i	v_i	0	1	2	3	4	5
0	0	0	0	0	0	0	0
1	2	0					
2	5	0					
3	8	0					

上例中，有三個物品，重量分別為 1、2、3，價值分別為 2、5、8。

首先，畫出的表中最上方的 row 和最左邊的 column 都會填上 0（兩個維度都加上 0 值來處理邊界條件），最上方的 row 代表「不考慮放任一種物品」，而最左邊的 column 則代表「背包重量為 0」。

接下來，$DP[1][1]$ 代表了「只用第一個物品來裝一個負重為 1 的背包」，
這時根據狀態轉移方程式：

$$DP[1][1]$$

$$= max(DP[0][1], DP[0][0] + 2)$$

$$= max(0,2) = 2$$

max 中第一項 $DP[0][1]$ 代表「只用前 0 項物品來填負重為 1 的背包」，
因為沒有物品可以選，自然得到的價值為 0，而第二項 $DP[0][0] + 2$ 是
「選擇放入第一項物品」的情形，2 是第一項物品的價值，$DP[0][0]$ 則是
用把第一項物品之前的物品放入容量為 $1 - 1 = 0$（容量 1，被第一項物品
用掉 1）的背包中。

w_i	v_i	0	1	2	3	4	5
0	0	0	0	0	0	0	0
1	2	0	2				
2	5	0					
3	8	0					

類似的，$DP[2][1]$ 代表「只用前兩個物品來裝一個負重為 1 的背包」，根
據狀態轉移方程式：

$$DP[2][1]$$

$$= max(DP[1][1], DP[1][-1] + 5)$$

$$= max(2, X) = 2$$

其中 $DP[1][1]$ 是不放第二件物品，只考慮第一件物品時的最大價值，
$DP[1][-1] + 5$ 是放入第二件物品時可以得到的最大價值，但是因為第二
件物品重量超過此時假設的背包負重 1（$j < w_i$），所以此項不考慮。

類似的：

$$DP[3][1]$$

$$= max(DP[2][1], DP[2][-2] + 8)$$

$$= max(2, X) = 2$$

w_i	v_i	0	1	2	3	4	5
0	0	0	0	0	0	0	0
1	2	0	2				
2	5	0	2				
3	8	0	2				

當填完第二個 Column 後，便可以來填第三個 Column，從左到右、從上到下依序填滿所有表格中的欄位，比方説：

$$DP[2][2]$$

$$= max(DP[1][2], DP[1][0] + 5)$$

$$= max(2, 0 + 5) = 5$$

前項 $DP[1][2]$ 是不選擇第二件物品，只用第一件物品來填負重為 2 的背包時的最大價值，$DP[1][0] + 5$ 則是選擇放入價值為 5 的第二件物品後，編號在前面的物品還可以放入負重為 $2 - 2 = 0$ 的背包時的情形。

w_i	v_i	0	1	2	3	4	5
0	0	0	0	0	0	0	0
1	2	0	2	2			
2	5	0	2	5			
3	8	0	2				

依此類推，可以填滿整個表，你可以利用狀態轉移方程式來一一檢視每個值的正確性：

例如

$$DP[3][5]$$

$$= max(DP[2][5], DP[2][2] + 8)$$

$$= max(7, 5 + 8) = 13$$

w_i	v_i	0	1	2	3	4	5
0	0	0	0	0	0	0	0
1	2	0	2	2	2	2	2
2	5	0	2	5	7	7	7
3	8	0	2	5	8	10	13

8-8-3　背包問題的實作

範例程式碼

Chapter08/08_08_01 背包問題.cpp

```
0 / 1 背包問題

1    #include <iostream>
2    #include <vector>
3
4    using namespace std;
5
6    int main()
7    {
8        // 背包容量上限
9        int weight_limit = 10;
10       vector<int> weight{4, 5, 2, 6, 3, 7};
11       vector<int> value{6, 7, 5, 12, 5, 18};
12       // 物品數目
13       int number = weight.size();
14       // 宣告 (number + 1) * (weight_limit + 1) 的二維陣列
15       vector<vector<int>> DP(
```

```
16          number + 1,
17          vector<int>(weight_limit + 1, 0)
18      );
19      // 物品重量與價值前插入 0
20      weight.insert(weight.begin(), 0);
21      value.insert(value.begin(), 0);
22
23      for(int j = 1; j <= weight_limit; j++){
24          for(int i = 1; i <= number; i++){
25              if(j < weight[i])
26                  // 背包容量不足，不挑第 i 項物品
27                  DP[i][j] = DP[i - 1][j];
28              else{
29                  // 不挑第 i 項物品
30                  int not_take = DP[i - 1][j];
31                  // 挑第 i 項物品
32                  int take = DP[i - 1][j - weight[i]]
33                              + value[i];
34                  // 從挑與不挑中選價值大的
35                  DP[i][j] = not_take > take ?
36                              not_take : take;
37              }
38          }
39      }
40
41      for(int i = 0; i <= number; i++){
42          for(int j = 0; j <= weight_limit; j++){
43              cout << DP[i][j] << "\t";
44          }
45          cout << endl;
46      }
47
48      cout << "Maximal value = "
49          << DP[number][weight_limit] << endl;
50      return 0;
51  }
```

執行後可以得到完整的二維動態規劃陣列，同時答案就在右下角的地方。

```
0      0      0      0      0      0      0      0      0      0
0      0      0      6      6      6      6      6      6      6
0      0      0      6      7      7      7      7     13     13
0      0      5      5      6      7     11     12     12     13     13
0      0      5      5      6      7     12     12     17     17     18
0      0      5      5      6     10     12     12     17     17     18
0      0      5      5      6     10     12     18     18     23     23
Maximal value = 23
```

8-8-4 LeetCode #518. 找錢問題 2 Coin Change 2

【題目】

給定一個整數陣列 *coins* 代表每種硬幣的面額，與一個整數 *amount* 代表要找的金額。

回傳可以組成該金額的方法數，如果沒有方法可以組成該金額，回傳 0。

假設每種面額的硬幣數不限。

【出處】

https://leetcode.com/problems/coin-change-2/

【範例輸入與輸出】

- 輸入：amount = 5, coins = [1,2,5]
- 輸出：4
- 有四種方法可以湊出 5 元：

  5 = 5

  5 = 2+2+1

  5 = 2+1+1+1

  5 = 1+1+1+1+1

【解題邏輯】

本題狀態轉移方程式類似 0 / 1 背包問題。

$DP[i][j]$ 是用前 i 種硬幣去找 j 元

$$DP[i][j] = \begin{cases} DP[i-1][j] & \text{不使用第 i 種硬幣，只使用前 } i-1 \text{ 種} \\ & + \\ DP[i][j - coin[i-1]] & \text{使用至少一個第 } i \text{ 種硬幣} \end{cases}$$

後面一項中，$coin[i-1]$ 代表的是「第 i 種硬幣的面額」，意思是用「包括 i 在內的前面種類的硬幣」去湊出「除了最後使用的一個第 i 種硬幣外，還要找的 $j - coin[i-1]$ 元」。

v_i	0	1	2	3	4	5	6	7	8	9	10
0	1	0	0	0	0	0	0	0	0	0	0
1	1										
2	1										
5	1										

不過還要注意到插入第一個 row 和第一個 column 後，第一個 row 的值是 0，因為「不考慮任何面額的硬幣」時一定無法找零；第一個 column 的值則是 1，因為「不找任何硬幣」就是找出零元的唯一一種方法。

v_i	0	1	2	3	4	5	6	7	8	9	10
0	1	0	0	0	0	0	0	0	0	0	0
1	1	1									
2	1										
5	1										

表中，$DP[1][1]$ 可以表示為

$$DP[0][1] + DP[1][0]$$
$$= 0 + 1 = 1$$

v_i	0	1	2	3	4	5	6	7	8	9	10
0	1	0	0	0	0	0	0	0	0	0	0
1	1	1									
2	1										
5	1	1									

$$DP[3][1]$$
$$= DP[2][1] + DP[3][-4]$$
$$= 1 + X = 1$$

v_i	0	1	2	3	4	5	6	7	8	9	10
0	1	0	0	0	0	0	0	0	0	0	0
1	1	1	1								
2	1		2								
5	1	1									

$$DP[2][2]$$
$$= DP[1][2] + DP[2][0]$$
$$= 1 + 1 = 2$$

在這個表中，最下方的 row 代表每種硬幣都可以使用的情形，因此對應了各個金額完整的找零方法，比如 8 這個 column 的最下方一個 row 這格中填的數字，就代表要找 8 元的所有方法數。

但這裡也提供了一個轉為一維動態規劃的方法，可以更快得到答案，已知：

$$DP[i][j] = \begin{cases} DP[i-1][j] \\ + \\ DP[i][j-coin[i-1]] \end{cases}$$

$$DP[i-1][j] = \begin{cases} DP[i-2][j] \\ + \\ DP[i-1][j-coin[i-2]] \end{cases}$$

$$DP[i-2][j] = \begin{cases} DP[i-3][j] \\ + \\ DP[i-2][j-coin[i-3]] \end{cases}$$

$$\cdots\cdots$$

$$DP[1][j] = \begin{cases} DP[0][j] = 0 \\ + \\ DP[1][j-coin[0]] \end{cases}$$

v_i	0	1	2	3	4	5	6	7	8	9	10
0	1	0	0	0	0	0	0	0	0	0	0
1	1	1									
2			1								
5	1	1									

如上圖中所示，因為每次拆出的 $DP[i-1][j]$ 都可以再行拆分，因此也可以表示成一維的陣列：

$$DP[len_{coin}][j]$$
$$= \sum_{i=1}^{len_{coin}} DP[i][j - coin[i-1]]$$

因此，下面的 pseudocode 也可以得到 $DP[len_{coin}][i]$ 的值（j 從 $coin[i]$ 開始增加是為了使 $DP[j-coin[i]]$ 中的 $j-coin[i]$ 大於 0）：

一維動態規劃解找錢問題 2
1 $DP[0] = 1$
2
3 $for\ i = 0{\sim}len_{coin} - 1$
4 $for\ j = coin[i]{\sim}amount$
5 $DP[j]+= DP[j - coin[i]]$

利用這種方式，可以把「空間複雜度」從原先的二維陣列往下壓到 $O(amount + 1)$。

範例程式碼

Chapter08/08_09_change_2D.cpp

找錢問題 2 Coin Change 2 [二維陣列]
1 `class Solution{`
2 `public:`

```
3      int change(int amount, vector<int>& coins){
4         int len = coins.size();
5         // 陣列大小為 len + 1 個 row
6         // amount + 1 個 column
7         vector<vector<int>> DP(
8            len + 1,
9            vector<int>(amount + 1, 0)
10        );
11
12        DP[0][0] = 1;
13
14        // 用雙重迴圈逐一填上 DP 的值
15        // 不用填第 0 個 row，因為值和預設值 0 相同
16        for (int i = 1; i <= len; i++){
17           DP[i][0] = 1;   // 第 0 個 column 填上 1
18
19           for (int j = 1; j <= amount; j++){
20              // DP[i][j] =
21              // DP[i-1][j] + DP[i][j-coins[i-1]]
22              // 不使用第 i 種硬幣 + 使用第 i 種硬幣
23              DP[i][j] += DP[i-1][j];
24              if (j - coins[i - 1] >= 0){
25                 DP[i][j] += DP[i][j - coins[i - 1]];
26              }
27           } // end of inner for
28        } // end of outer for
29        // 回傳值中 len 代表考慮使用所有種類的硬幣
30        // amount 代表要湊出 amount 元
31        return DP[len][amount];
32     } // end of change
33  }; // end of Solution
```

接下來，示範只需使用一維陣列，空間複雜度較低的解法：

範例程式碼

Chapter08/08_09_change_1D.cpp

找錢問題 2 Coin Change 2 [一維陣列]

```
1   class Solution{
2   public:
3       int change(int amount, vector<int>& coins){
4           int len = coins.size();
5           vector<int> DP(amount+1,0);
6           DP[0] = 1;
7
8           for (int coin:coins){
9               // i 要從 coin 開始，避免 i-coin<0 的情況
10              for (int i = coin; i <= amount; i++){
11                  DP[i] += DP[i - coin];
12              }
13          } // end of for
14          return DP[amount];
15      } // end of change
16  }; // end of Solution
```

8-9 矩陣鏈乘

回憶一下我們先前在分治法中提過的「矩陣相乘」。

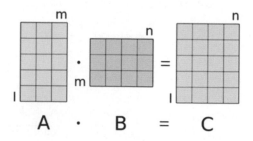

一般來說，一個大小為 $l \times m$ 的矩陣 A 乘上一個大小為 $m \times n$ 的矩陣 B，會得到一個大小為 $l \times n$ 的矩陣 C。

8-9-1　矩陣鏈乘時的時間複雜度

如果今天有三個矩陣鏈乘，A 矩陣為 $n \times 1$、B 矩陣為 $1 \times n$、C 矩陣為 $n \times n$，則 A × B × C 為：

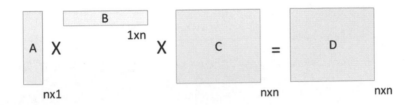

如果我們從左到右計算，先計算右邊的 A × B 時，時間複雜度為 $\Theta(n^2)$，如下圖：

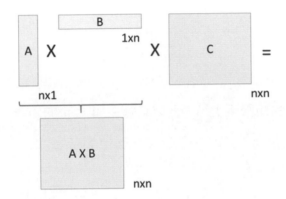

再計算 (A × B) × C，這一步的時間複雜度為 $\Theta(n^3)$，因為處理要得到 D 中任一個元素值需要進行 n 次乘法和 n 次相加，而 D 中共有 nxn 個元素：

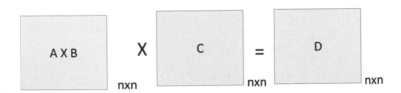

因此 A × B × C 的總時間複雜度為：

$$\Theta(n^2) + \Theta(n^3) = \Theta(n^3)$$

但矩陣相乘也符合交換率，也就是：

$$(A \times B) \times C = A \times (B \times C)$$

如果我們更改乘的順序，先處理 (B × C)，此時會產生 $1 \times n$ 的矩陣，時間複雜度為 $\Theta(n^2)$，如下圖：

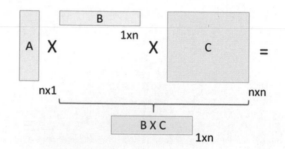

接著再把 B × C 的矩陣乘上 A，此時會產生 $n \times n$ 的矩陣，時間複雜度為 $\Theta(n^2)$，如下圖：

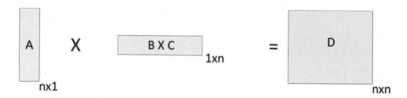

因此 A × B × C 的總時間複雜度為：

$$\Theta(n^2) + \Theta(n^2) = \Theta(n^2)$$

到這裡你應該發現，雖然面對的問題都是 A × B × C，但只要改變乘的順序，就可以把時間複雜度從 $\Theta(n^3)$ 降成 $\Theta(n^2)$！

8-9-2 矩陣鏈乘問題的最佳化

所以，接下來的問題就是：

「給定一正整數序列：l_0、l_1、l_2、l_3 ......l_n，其中 l_{i-1} 是矩陣 A_i 的 row 數，l_i 則是矩陣 A_i 的 column 數，也就是：

$$A_{1\,(l_0 \times l_1)} \times A_{2\,(l_1 \times l_2)} \times A_{3\,(l_2 \times l_3)} \times A_{4\,(l_3 \times l_4)} \times ... \times A_{n\,(l_{n-1} \times l_n)}$$

要如何安排乘的順序才可以讓矩陣鏈乘的運算量最少？此時運算量為何？」

注意此時想要知道的是乘的「順序」跟運算量即可，不需要真的乘完。

如果使用暴力解去計算總共有幾種排列方式，因為可以拆解成左右相乘：

$$(A_{1\,(l_0 \times l_1)} \times A_{2\,(l_1 \times l_2)} \times A_{3\,(l_2 \times l_3)}) \times (A_{4\,(l_3 \times l_4)} \times ... \times A_{n\,(l_{n-1} \times l_n)})$$

假設 n 為矩陣個數，C_n 可以拆解成：

$$C_n = \begin{cases} 1\,, if\ n = 1 \\ \sum_{i=1}^{n-1} C_k C_{n-k}\,, if\ n > 1 \end{cases}$$

其中 C_k 來自於 $(A_{1\,(l_0 \times l_1)} \times A_{2\,(l_1 \times l_2)} \times ... A_{k\,(l_{k-1} \times l_k)})$、$C_{n-k}$ 來自於 $(A_{k+1\,(l_k \times l_{k+1})} \times A_{k+2\,(l_{k+1} \times l_{k+2})} \times ... A_{n\,(l_{n-1} \times l_n)})$。

其時間複雜度為 $\Omega\left(\dfrac{4^n}{n^{\frac{3}{2}}}\right) = \Omega(2^n)$，這是無法被接受的。

再次把問題拆解，定義：

$M(i,j)$：$A_{i\,(l_{i-1} \times l_i)} \times A_{i+1\,(l_i \times l_{i+1})} \times ... A_{j\,(l_{j-1} \times l_j)}$ 所需的運算次數

因此我們的目標便是：

$$M(1,n)$$

且矩陣鏈乘可以拆成左右兩邊：

$$\left(A_{i\,(l_{i-1}\times l_i)}\times\ldots A_{k\,(l_{k-1}\times l_k)}\right)\times\left(A_{k+1\,(l_k\times l_{k+1})}\times\ldots A_{j\,(l_{j-1}\times l_j)}\right),for\,i\le k<j$$

此時左邊需要的運算量是 $M(i,k)$，右邊是 $M(k+1,j)$，需要的運算量就是：左邊運算量 $M(i,k)$ 加上右邊運算量 $M(k+1,j)$，再加上左右兩矩陣相乘需要的運算量，此時觀察到左側的矩陣大小為 $l_{i-1}\times l_k$，右側矩陣的大小為 $l_k\times l_j$，因此左右兩矩陣相乘需要 $\Theta(l_{i-1}l_kl_j)$。

$$M(i,k)+M(k+1,j)+l_{i-1}l_kl_j$$

因此在所有可能的 k 中取最小的可以得到狀態轉移方程式：

$$M(i,j)=\begin{cases}0\,,if\,i\ge j\\\min_{i\le k<j}\big(M(i,k)+M(k+1,j)+l_{i-1}l_kl_j\big),if\,i<j\end{cases}$$

8-9-3 矩陣鏈乘問題的過程

我們可以把 $M(i,j)$ 看作是一個二維矩陣如下，且因 $i\ge j$ 時， $M(i,j)=0$，故可以得到以下表格，填表時就按照圖上的箭頭的順序依序填滿。

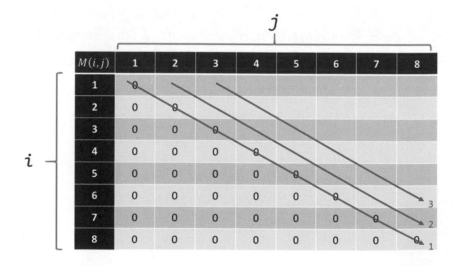

比方説我們的序列如果為:

$$[8, 3, 1, 9, 4, 3, 6, 10, 2]$$

首先處理 $M(1,2)$:

$$M(1,2) = \min_{1 \leq k < 2}(M(1,k) + M(k+1,2) + l_{1-1}l_k l_2):$$

$$= M(1,1) + M(2,2) + l_0 l_1 l_2 = 24$$

接著處理 $M(2,3)$:

$$M(2,3) = \min_{2 \leq k < 3}(M(2,k) + M(k+1,3) + l_{2-1}l_k l_3):$$

$$= M(2,2) + M(3,3) + l_1 l_2 l_3 = 27$$

算完一輪後,可以得到:

$M(i,j)$	1	2	3	4	5	6	7	8
1	0	24						
2	0	0	27					
3	0	0	0	36				
4	0	0	0	0	108			
5	0	0	0	0	0	72		
6	0	0	0	0	0	0	180	
7	0	0	0	0	0	0	0	120
8	0	0	0	0	0	0	0	0

接著來處理 $M(1,3)$:

$$M(1,3) = \min_{1 \leq k < 3}(M(1,k) + M(k+1,3) + l_{1-1}l_k l_3):$$

$$= \min(M(1,1) + M(2,3) + l_0 l_1 l_3, M(1,2) + M(3,3) + l_0 l_2 l_3)$$

$$= \min(0 + 27 + 216, 24 + 0 + 72) = 96$$

到這裡你可以觀察到,$M(1,3)$ 代表序列中第一項到第三項,若寫成:

$$A_1 \times A_2 \times A_3 \rightarrow M(1,3)$$

$$= (A_1 \times A_2) \times A_3 \to M(1,2) + M(3,3) + l_0 l_2 l_3$$
$$= A_1 \times (A_2 \times A_3) \to M(1,1) + M(2,3) + l_0 l_1 l_3$$

就可以看出中間過程在做什麼了，其實就是在所有可能中找出一個切點可以讓 $M(i,j)$ 最小化，畫在圖上便可以知道各資料間的關係。

$M(i,j)$	1	2	3	4	5	6	7	8
1	0	24	96					
2	0	0	27	48				
3	0	0	0	36				
4	0	0	0	0	108			
5	0	0	0	0	0	72		
6	0	0	0	0	0	0	180	
7	0	0	0	0	0	0	0	120
8	0	0	0	0	0	0	0	0

接著來處理 $M(2,4)$：

$$M(2,4) = \min_{2 \le k < 4}(M(2,k) + M(k+1,4) + l_{2-1} l_k l_4):$$
$$= \min(M(2,2) + M(3,4) + l_1 l_2 l_4, M(2,3) + M(4,4) + l_1 l_3 l_4)$$
$$= \min(0 + 36 + 12, 27 + 0 + 108) = 48$$

做完一輪後就可以得到以下表格：

$M(i,j)$	1	2	3	4	5	6	7	8
1	0	24	96					
2	0	0	27	48				
3	0	0	0	36	48			
4	0	0	0	0	108	270		
5	0	0	0	0	0	72	300	
6	0	0	0	0	0	0	180	156
7	0	0	0	0	0	0	0	120
8	0	0	0	0	0	0	0	0

全部做完以後，右上角的 $M(1,8) = 186$ 即是答案！

M(i,j)	1	2	3	4	5	6	7	8
1	0	24	96	92	96	138	230	186
2	0	0	27	48	57	84	156	152
3	0	0	0	36	48	66	126	146
4	0	0	0	0	108	270	558	252
5	0	0	0	0	0	72	300	180
6	0	0	0	0	0	0	180	156
7	0	0	0	0	0	0	0	120
8	0	0	0	0	0	0	0	0

8-9-4 矩陣鏈乘的實作

範例程式碼

Chapter08/08_10_矩陣鏈乘.cpp

矩陣鏈乘 Matrix Chain

```
1    #include <iostream>
2    #include <vector>
3
4    using namespace std;
5
6    void Matrix_Chain(vector<int> dimension) {
7        int len = dimension.size();
8        // 宣告 len * len 的二維陣列
9        // DP[i][j] 代表 M(i,j)
10       // M(i,j) = 從 i 到 j 運算最少的次數
11       vector<vector<int>> DP(
12               len,
13               vector<int> (len, 0)
14       );
15
16       // 第 k 輪
17       for (int k = 1; k < len; k++)
18       {
19           // 第 i, j 筆資料
20           for (int i = 1; i < len - k; i++)
21           {
```

```
22              int j = i + k;
23              // 計算 DP[i][j]，因需取最小值
24              // 故初始化成 INT_MAX，替代無限大
25              DP[i][j] = 2147483647;
26              // i ~ j - 1，計算最小值
27              for (int k = i; k <= j-1; k++)
28              {
29                  int tmp_1 = dimension[i - 1] *
30                              dimension[k] *
31                              dimension[j];
32                  int tmp_2 = DP[i][k] +
33                              DP[k + 1][j] +
34                              tmp_1;
35                  if (tmp_2 < DP[i][j])
36                  {
37                      DP[i][j] = tmp_2;
38                  }
39              }
40          }
41      }
42      // 印出動態規劃的二維陣列
43      for(int i = 1; i < len; i++){
44          for(int j = 1; j < len; j++){
45              cout << DP[i][j] << "\t";
46          }
47          cout << endl;
48      }
49      cout << "Result: " << DP[1][len - 1];
50  }
51
52  int main()
53  {
54      vector<int> dimension = {8, 3, 1, 9, 4, 3, 6, 10, 2};
55      // 印出所有維度
56      cout << "Dimensions: ";
57      for(int data : dimension)
58          cout << data << " ";
59      cout << endl;
60      cout << "DP Table:" << endl;
```

```
61      Matrix_Chain(dimension);
62      return 0;
63  }
```

執行結果

```
Dimensions: 8 3 1 9 4 3 6 10 2
DP Table:
0       24      96      92      96      138     230     186
0       0       27      48      57      84      156     152
0       0       0       36      48      66      126     146
0       0       0       0       108     270     558     252
0       0       0       0       0       72      300     180
0       0       0       0       0       0       180     156
0       0       0       0       0       0       0       120
0       0       0       0       0       0       0       0
Result: 186
```

8-10 最長遞增子序列 (Longest Increasing Subsequence,LIS)

接下來介紹的最長遞增子序列與最長共同子序列都是在一個數列中找出彼此間的關係，首先是最長遞增子序列 (Longest Increasing Subsequence, LIS)。

8-10-1 最長遞增子序列簡介

最長遞增子序列 (Longest Increasing Subsequence, LIS) 是指在一個陣列中取出部分的資料 (序列)，使其維持原本順序下，序列內的資料呈現遞增的狀況，比方説今天有一陣列如下：

$$data = [2^*, 4, 7, 4^*, 5, 3, 8^*, 2, 9^*]$$

若我們取出打星號 * 的部分：

$$subsequence = [2, 4, 8, 9]$$

此時的 subsequence 的資料由左到右遞增，為遞增子序列，且長度為 4，這時候考慮另一種取法：

$$subsequence = [2, 4, 5, 8, 9]$$

此時 sequence 內亦為遞增子序列，且長度為 5，比第一次取出的遞增子序列還長。在所有取出的遞增子序列中最長的，就稱為最長遞增子序列，值得注意的是最長遞增子序列可能有複數個解，且最後只需求得最長遞增子序列的長度即可。

8-10-2 最長遞增子序列的狀態轉移方程式

定義一函式 $L(n)$：從 data[0] 到 data[n] 中取出序列，並且以 data[n] 做為結尾的最大遞增子序列長度，如果我們有一陣列如下：

$data$: | 2 | 4 | 7 | 1 | 5 | 3 | 8 | 6 | 9 |

則 $L(n)$ 為：

$L(n)$: | 1 | 2 | 3 | 1 | 3 | 2 | 4 | 4 | 5 |

依序來看每個 $L(n)$：

- $L(0)$：以 2 為結尾的最大遞增子序列有 [2]，長度為 1

$$L(0) = 1$$

- $L(1)$：以 4 為結尾的最大遞增子序列有 [2, 4]，長度為 2

$$L(1) = 2$$

- $L(2)$：以 7 為結尾的最大遞增子序列有 [2, 4, 7]，長度為 3

$$L(2) = 3$$

- $L(3)$：以 1 為結尾的最大遞增子序列有 [1]，長度為 1

$$L(3) = 1$$

- $L(4)$：以 5 為結尾的最大遞增子序列有 [2, 4, 5]，長度為 3

$$L(4) = 3$$

- $L(5)$：以 3 為結尾的最大遞增子序列有 [2, 3] 或 [1, 3]，長度為 2

$$L(5) = 2$$

- ……

此時如果 i < n，且 data[i] < data[n]，就可以將以 data[i] 為結尾的最大遞增子序列接上 data[n]，形成長度 $L(i) + 1$ 的最大遞增子序列，即：

$$L(n) = \max\bigl(L(i)\bigr) + 1$$

$$for\ i < n\ and\ data[i] < data[n]$$

對於 $L(4)$ 而言，因為 $data[4] = 5$，所以 $L(4)$ 可以接在以下序列後：

- $data[0] = 2 : data[4] > data[0]$
  $data[4]$ 可接在以 2 為結尾的最大遞增子序列後
  $[2] + [5]$
- $data[1] = 4 : data[4] > data[1]$
  $data[4]$ 可接在以 4 為結尾的最大遞增子序列後
  $[2, 4] + [5]$
- $data[2] = 7 : data[4] < data[2]$
  $data[4]$ 不可接在以 7 為結尾的最大遞增子序列後
- $data[3] = 1 : data[4] > data[3]$
  $data[4]$ 可接在以 1 為結尾的最大遞增子序列後
  $[1] + [5]$

從圖上看，已知 $data[6] = 8$，且 $L(4) = 3$，若把最大遞增子序列繪出：

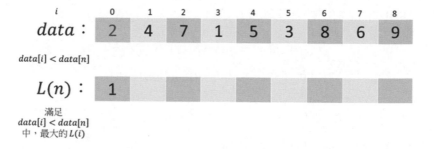

所以 $data[6] = 8$ 可以接在 $[2, 4, 5]$ 這個最大遞增子數列以後，因此 $L(6) = L(4) + 1 = 4$。

因此每次需要計算 $L(n)$，就往前找 i，找出所有滿足 $data[i] < data[n]$ 的 i，代表 $data[n]$ 必可以接在以 i 為結尾的最大子序列以後，接著從所有滿足條件的 i 中選擇最大的 $L(i)$ 再加 1 即可。

如果還不清楚的話，可以看看以下步驟：

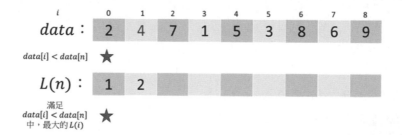

首先看 $L(0)$，因為前面沒有任何資料，故為 1。

接著看 $L(1)$，$data[1] = 4$，前面滿足 $data[i] < data[1]$ 的 i 有 0，且所有滿足條件的 i 中，$L(i)$ 的最大值為 1，代表 $data[1]$ 可接在長度為 1 的最大遞增子序列（也就是 $[2]$）後，故 $L(2) = 1 + 1 = 2$。

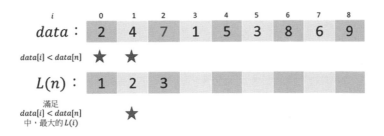

接著看 $L(2)$，且 $data[2] = 7$，前面滿足 $data[i] < data[2]$ 的 i 有 0, 1，且所有滿足條件的 i 中，$L(i)$ 的最大值為 2，代表 $data[2]$ 可接在長度為 2 的最大遞增子序列（[2,4]）後，故 $L(2) = 2 + 1 = 3$。

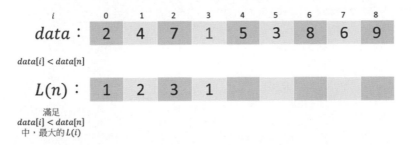

接著看 $L(3)$，且 $data[3] = 1$，前面滿足 $data[i] < data[3]$ 的 i 一個都沒有，代表 $data[3]$ 只能自己一個，故 $L(3) = 0 + 1 = 1$。

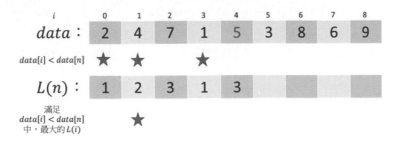

接著看 $L(4)$，$data[4] = 5$，前面滿足 $data[i] < data[4]$ 的 i 有 0, 1, 3，且所有滿足條件的 i 中，$L(i)$ 的最大值為 2，代表 $data[4]$ 可接在長度為 2 的最大遞增子序列（[2,4]）後，故 $L(4) = 2 + 1 = 3$。

最後就可以得到以下兩陣列：

$$data:\quad \boxed{2}\ \boxed{4}\ \boxed{7}\ \boxed{1}\ \boxed{5}\ \boxed{3}\ \boxed{8}\ \boxed{6}\ \boxed{9}$$

$$L(n):\quad \boxed{1}\ \boxed{2}\ \boxed{3}\ \boxed{1}\ \boxed{3}\ \boxed{2}\ \boxed{4}\ \boxed{4}\ \boxed{5}$$

最後再從 $L(n)$ 陣列中找尋最大值即可。

範例程式碼

Chapter08/08_11_LIS.cpp

最長遞增子序列 LIS

```
int LIS(vector<int>& nums) {
    int len = nums.size();
    vector<int> L(len,0);
    for(int i = 0; i < len; i++){
        int max_L = 0;
        for(int j = 0; j < i; j++){
            // 找出所有滿足 nums[j] < nums[i] 的 j 中
            // L[j] 最大者
            if(nums[j] < nums[i]){
                if(L[j] > max_L){
                    max_L = L[j];
                }
            }
        }
        // nums[i] 可接在長度為 max_L 的最大子序列以後
        L[i] = max_L + 1;
    }
    // 找出 L 中的最大值
    int LIS = 0;
    for(int data : L){
        if(data > LIS) LIS = data;
    }
    return LIS;
}
```

8-10-3 最長遞增子序列的優化

根據剛剛的例子，如果要計算 $L(n)$，代表要回頭去看 $n-1$ 筆資料，並從中找到所有滿足 $data[i] < data[n]$ 的 i，再從所有滿足條件的 i 中選擇最大的 $L(i)$，若用遞迴式寫出，則為：

$$T(n) = \begin{cases} 1 , if\ n = 0 \\ T(n-1) + n - 1, if\ n > 0 \end{cases}$$

時間複雜度為 $O(n^2)$，或是你也可以看看上面的程式碼，兩層 for 迴圈導致其複雜度落在 $O(n^2)$，所以，考試如果寫這個解法，基本上一定會 TLE (Time Limit Exceeded)。

先想想看剛剛的過程，似乎有某些 $L(n)$ 很少被使用到，比方說：

在搜尋 $L(8)$ 的時候，因為 $data[8] = 9$，基本上所有 i 都會滿足 $data[i] < data[8]$，但注意到 $L(6)$ 與 $L(7)$，因 $L(6) = L(7)$，且 $data[7] < data[6]$，這代表如果持續往後計算，只要 $data[6]$ 符合 $data[i] < data[n]$ 的要求，則 $data[7]$ 也一定會符合，也就是：

$$data[7] < data[6] < data[n]$$

但同時 $L(6) = L(7)$，代表其實保留 $L(7)$ 即可，$L(6)$ 即便去除也不影響最後結果，可以想成是某一筆資料 $data[n]$ 如果比另一筆資料小，但最大子序列長度 $L(n)$ 卻比另一筆長或一樣長，那麼另一筆的存在與否根本不影響最後結果。

所以，對於任一個位置 i，如果存在 j 滿足 $data[j] \leq data[i]$，且 $L(j) \geq L(i)$，基本上位置 i 的資料日後可以不必再被使用。

所以，我們可以開另外一個陣列記錄還有可能會被使用到的 $L(i)$ 跟 $data[i]$，也就是不再記錄上頭中的 $i = 6$。

又因為最大子數列的長度每次只會增加 1，因此又可以再次簡化，用一個新陣列 $temp$ 只記錄 $data$ 的值即可，$temp[n]$ 就代表長度為 n 的最大子序列中，最後或最大的那個數，此時新的陣列 $temp$ 可以用下式表達：

$$temp[i] = \min(data[j]), where\ L(j) = i$$

於是，新的狀態轉移方程式就變成了：

$$temp[i + 1] = data[n]$$

$$where\ temp[i] < data[n] \leq temp[i + 1]$$

實際來看個例子，記得 $temp[j]$ 是長度為 j 的最大子序列中，最後或最大的那個數：

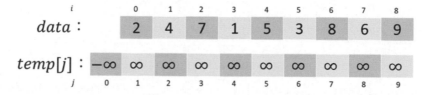

一開始的最長遞增子序列的長度為 0，所以把 $temp$ 初始化成無限大，且 $temp[0] = $ 負無限大，表示任意值都可以是長度為 0 的最長遞增子序列的末位數。

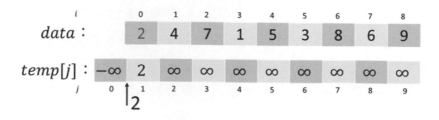

接著在 temp 陣列中尋找滿足 $temp[j] < data[0] = 2 \leq temp[j+1]$ 的 j，即找出 2 這筆資料的大小剛好在哪個 temp 的間隔中，並且讓 $temp[j+1] = data[0] = 2$。

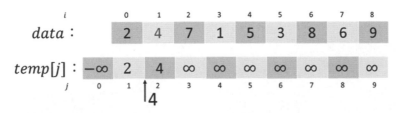

接著在 temp 陣列中尋找滿足 $temp[j] < data[1] = 4 \leq temp[j+1]$ 的 j，即找出 4 這筆資料的大小剛好在哪個 temp 的間隔中，並且讓 $temp[j+1] = data[1] = 4$。

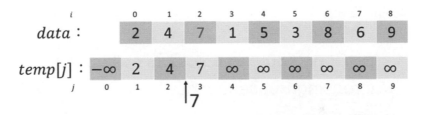

接著在 temp 陣列中尋找滿足 $temp[j] < data[2] = 7 \leq temp[j+1]$ 的 j，即找出 7 這筆資料的大小剛好在哪個 temp 的間隔中，並且讓 $temp[j+1] = data[2] = 7$。

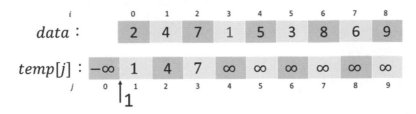

接著在 temp 陣列中尋找滿足 $temp[j] < data[3] = 1 \leq temp[j+1]$ 的 j，即找出 1 這筆資料的大小剛好在哪個 temp 的間隔中，並且讓 $temp[j+1] = data[3] = 1$，意思是目前為止，長度 1 的遞增數列中最小的尾項是 1

（[1]）、長度 2 的遞增數列中最小的尾項是 4（[2,4]）、長度為 3 的最小尾項是 7（[2,4,7]）。

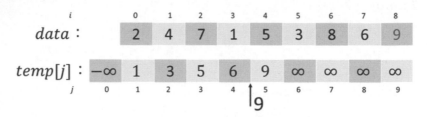

最後就可以得到像這樣的一個陣列，再找出其中 $temp[j] \neq \infty$ 時 j 的最大值，即為最大遞增子陣列的長度，並且因為陣列 $temp$ 內的資料會從左到右嚴格遞增！所以每次都可以用二分搜尋法在 $O(\log_2 n)$ 的時間複雜度內尋找適合的 j，也就是說每次搜尋的時間複雜度為 $O(\log_2 n)$，共進行 n 次，故總時間複雜度為：$O(n \log_2 n)$。

8-10-4 LeetCode #300. 最長遞增子序列 Longest Increasing Subsequence

我們直接用一題 LeetCode 來示範最長遞增子序列的實作。

【題目】

給定一陣列，從中保留先後順序並挑選出一序列，使序列內的內容為嚴格遞增，並求此遞增子序列的最大可能長度。

【出處】

https://leetcode.com/problems/longest-increasing-subsequence/

【範例輸入與輸出】
- 輸入：nums = [10,9,2,5,3,7,101,18]
- 輸出：4
- 最長子序列為：[2,3,7,101]，長度為 4。

【解題邏輯】

參照上面説明的步驟實作即可,利用 C++ STL 內的 *lower_bound*() 與 *upper_bound*(),可以幫助直接在一個已排序好的陣列裡頭進行二分搜尋,其相對位置如下圖,假設搜尋 3 這個元素,則 *lower_bound*() 會是所有 3 裡頭最左邊的值,而 *upper_bound*() 則是回傳比最後面的 3 剛好大一個的位置。

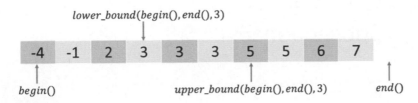

範例程式碼

Chapter08/08_12_lengthOfLIS.cpp

最長遞增子序列 Longest Increasing Subsequence
| ```
1   class Solution {
2   public:
3       int lengthOfLIS(vector<int>& nums) {
4           int len = nums.size();
5           // 把動態規劃陣列初始化為無限大
6           // DP[i]:長度為 i 的最大遞增子序列的最後數字
7           vector<int> DP(len + 1, 2147483647);
8           DP[0] = -2147483648;
9           for (int data : nums) {
10              // 利用二分搜尋法找出 data 的 lower bound
11              auto target = lower_bound(
12                  DP.begin(), DP.end(), data
13              );
14              *target = data;
15          }
16          // 找出無限大出現在最左邊的哪個位置
17          auto result = lower_bound(
18              DP.begin(), DP.end(), 2147483647
``` |
```

```
19          );
20          // 該位置跟 vector 的起點距離再 - 1 即是所求
21          return result - DP.begin() - 1;
22      }
23  };
```

8-11 最長共同子序列（Longest Common Subsequence, LCS）

8-11-1 最長共同子序列問題

最長共同子序列（Longest Common Subsequence, LCS）問題指的是給定一序列的集合，請試著從所有的序列中挑出一個共同子序列，代表該序列出現在集合內所有的序列之中，但子序列未必要出現在連續的位置，且所有共同子序列中長度最長者即為最長共同子序列。

問題通常有兩個字串 s_1 與 s_2，比方說：

$$s_1 = "GRADUATE"$$
$$s_2 = "GUAVA"$$

其共同子序列（Common Subsequence, CS）有以下幾種可能：

$$CS_1 = "GU"$$
$$CS_2 = "UA"$$
$$CS_3 = "GUA"$$
$$CS_4 = \cdots$$

代表你可以在 s_1 與 s_2 中找到共同子序列 CS_1、CS_2、CS_3，注意共同子序列不一定要出現在 s_1 與 s_2 中連續的位子，並且在所有的共同子序列中長度最長的為 $CS_3 = "GUA"$，此時 CS_3 就叫做最長共同子序列（Longest Common Subsequence, LCS）。

如果集合中有三個序列如下：

$$s_1 = "ABCABC"$$
$$s_2 = "AABBCC"$$
$$s_3 = "BACBAC"$$

其最長共同子序列為：

$$LCS = "ABC" \text{ or } "ACC" \text{ or } "BBC" \text{ or } "AAC" \text{......}$$

也就是說，LCS 可能會有很多解，但長度都是一樣的。

如果集合內的資料超過兩筆，則最長共同子序列本身為 NP-hard 問題，用暴力解的話：便是窮舉 s_1 的所有子序列，並且依序看是否出現在其他序列中，故時間複雜度為：

$$O(2^{|s_1|} \times (|s_2| + |s_3| + |s_4| + \cdots + |s_n|))$$

其中 $|s|$ 代表字串 s 的長度，自 s_1 中最多挑出 $2^{|s_1|}$ 種不同的子序列（因s_1 中的每個字元都有挑與不挑 2 種選擇），若要檢查某序列是否出現在字串 s 中，則需要 $O(|s|)$，因此要檢查自 s_1 中挑出的子序列是否出現在 s_2、s_3 ... 之中需要 $O(|s_2| + |s_3| + |s_4| + \cdots + |s_n|)$。

但如果集合內只有兩個序列，本身為 p 問題。

雖然乍看之下最長共同子序列是個無趣的問題，但其實應用十分廣泛，可以用來比對兩筆資料間的相似程度，比方說 Git 的版本控制、檔案的追蹤修訂、生物基因的突變比對等。

8-11-2 最長共同子序列的遞迴解法

如果從序列後方開始逐一比對，每次比對最後一個元素，也就是把 s_1 與 s_2 拆解成下式，其中 end_1 與 end_2 分別為 s_1 與 s_2 序列中的最後一個元素：

$$s_1 = front_1 + end_1$$

$$s_2 = front_2 + end_2$$

可以得到以下關係式：

$$LCS(s_1, s_2) = \begin{cases} LCS(front_1, front_2) + 1, if\ end_1 = end_2 \\ \max(LCS(s_1, front_2), LCS(front_1, s_2)), if\ end_1! = end_2 \end{cases}$$

其中如果 $end_1 = end_2$，代表最後一個元素可以被放入最大共同子序列中，因此最大共同子序列的長度便是前面字串 $front_1$ 與 $front_2$ 的最大共同子序列長度再加 1，即 $LCS(front_1, front_2) + 1$。

但如果 $end_1! = end_2$，代表最後一個元素不可以被放入最大共同子序列中，所以把其中的 end_1 或 end_2 拿掉也不會影響到最大共同子序列的長度，只要從 $LCS(s_1, front_2)$ 與 $LCS(front_1, s_2)$ 挑選大的即可，也就是上式中的：$\max(LCS(s_1, front_2), LCS(front_1, s_2))$。

程式碼如下：

最長共同子序列 Longest Common Subsequence, LCS

```
1    int LCS(string& S1, string& S2, int L1, int L2){
2        // 字串為空，回傳 0
3        if (L1 == 0 || L2 == 0)
4            return 0;
5        // 如果最後一個字元相同
6        if (S1[L1-1] == S2[L2-1])
7            return LCS(S1, S2, L1 - 1, L2 - 1) + 1;
8        // 如果最後一個字元不同
9        else
10           return
11               LCS(S1,S2,L1-1,L2)>LCS(S1,S2,L1,L2-1) ?
12               LCS(S1,S2,L1-1,L2):LCS(S1,S2,L1,L2-1);
13   }
```

若序列長度皆為 n，其時間複雜度為：$O(n^2)$，最壞狀況出現在兩序列完全沒有交集的狀況下，會被持續拆解成兩個子問題 $LCS(s_1, front_2)$, $LCS(front_1, s_2)$。

8-11-3 最長共同子序列的動態規劃解法

如果利用遞迴來解決最長共同子序列問題，其時間複雜度為：$O(n^2)$，原因類似於利用遞迴解費波那契數，當兩序列完全沒有交集時，每個問題都會被拆解成兩個子問題，導致大量重複運算。

如下圖，如果比較 $s_1 = "ABCDE"$, $s_2 = "FGHIJ"$：

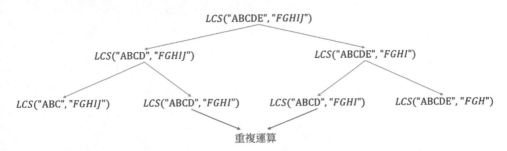

可以發現在兩序列沒有交集的狀況下，遞迴解法每次都會把問題拆解成兩個子問題，且運算過程中會出現許多重複運算，像是$LCS("ABCD", "FGHI")$在圖上就被運算了兩次。

既然發生了與計算費波那契數時類似的事情，那我們就採用類似的解決方式：把子問題的答案 $LCS(s_1, s_2)$ 通通記錄下來，並且改成：

給定兩序列 s_1 與 s_2，$LCS[n_1, n_2]$ 指的是 s_1 的前 n_1 個元素與 s_2 的前 n_2 個元素的最長共同子序列長度。

以 $s_1 = "GRADUATE"$、$s_2 = "GUAVA"$ 為例，此時 $LCS[n_1, n_2]$ 會形成一個陣列，且為了方便運算通常會在 row 與 column 各補一行 0，如下：

接著就可以依照先前寫的狀態轉移方程式依序填表：

$$LCS[n_1, n_2] = \begin{cases} LCS[n_1 - 1, n_2 - 1] + 1, if \ s_1[n_1] = s_2[n_2] \\ \max(LCS[n_1 - 1, n_2], LCS[n_1, n_2 - 1]), if \ s_1[n_1] \ != s_2[n_2] \end{cases}$$

填表的順序是從左到右、由上至下，比方說計算 $LCS[1,1]$ 可以寫成：

已知 $s_1 = "GRADUATE"$、 $s_2 = "GUAVA"$

$\because s_1[1] = s_2[1]$

$LCS[1,1] = LCS[0,0] + 1 = 1$

接著計算 $LCS[1,2]$：

$\because s_1[1] \ != s_2[2]$

$LCS[1,2] = (LCS[1,1], LCS[0,2]) = 1$

接著計算 $LCS[1,3]$：

$\because s_1[1] \ != s_2[3]$

$LCS[1,3] = \max(LCS[1,2]), LCS[0,3]) = 1$

以此類推，最後就會得到如下的表格，且右下角的 $LCS[|s_1|, |s_2|]$ 便是答案，複雜度為：$O(|s_1| \times |s_2|)$。

範例程式碼

Chapter08/08_13_LCS.cpp

最長共同子序列 Longest Common Subsequence, LCS

```
1    #include <iostream>
2    #include <iomanip>
3    #include <vector>
4
5    using namespace std;
6
7    int LCS(string& S1, string& S2){
8        int n1 = S1.length();
9        int n2 = S2.length();
10       // 宣告一個大小為 (n1 + 1) x (n2 + 1) 的陣列
11       // 並初始化為 0
12       vector<vector<int>> DP(
13           n1 + 1,
14           vector<int> (n2 + 1, 0)
15       );
16       // 依序填表
17       for(int i = 1; i <= n1; i++){
18           for(int j = 1; j <= n2; j++){
19               // 最後一個字元相同
20               if(S1[i - 1] == S2[j - 1]){
```

```
21              DP[i][j] = DP[i - 1][j - 1] + 1;
22          }
23          // 最後一個字元不相同
24          else{
25              DP[i][j] = DP[i - 1][j] > DP[i][j - 1] ?
26                          DP[i - 1][j] : DP[i][j - 1];
27          }
28      }
29   }
30   // 印出表格
31   cout << "DP Table:" << endl;
32   for(int i = 0; i <= n1; i++){
33       for(int j = 0; j <= n2; j++){
34           // 以寬度 3 輸出每一筆資料
35           cout << setw(3) << DP[i][j];
36       }
37       cout << endl;
38   }
39   // 答案在 DP[n1][n2]
40   return DP[n1][n2];
41 }
42
43 int main()
44 {
45     string s1 = "GRADUATE";
46     string s2 = "GUAVA";
47     cout << "s1 = " << s1 << endl;
48     cout << "s2 = " << s2 << endl;
49     cout<<"Length of LCS: "<< LCS(s1, s2);
50
51     return 0;
52 }
```

執行結果

```
s1 = GRADUATE
s2 = GUAVA
DP Table:
  0  0  0  0  0  0
  0  1  1  1  1  1
  0  1  1  1  1  1
  0  1  1  2  2  2
  0  1  1  2  2  2
  0  1  2  2  2  2
  0  1  2  3  3  3
  0  1  2  3  3  3
  0  1  2  3  3  3
Length of LCS: 3
```

8-11-4 取出特定的最長共同子序列

現在我們來看複雜一點的序列：

$$s_1 = "ACGACTGGT"$$

$$s_2 = "CAGTCAACT"$$

這裡使用 A、T、C、G 是為了模擬基因的比對，乍看之下兩者個基因似乎完全不同，但實際執行上面的程式後可以得到下面的執行結果：

```
s1 = ACGACTGGT
s2 = CAGTCAACT
DP Table:
  0  0  0  0  0  0  0  0  0  0
  0  0  1  1  1  1  1  1  1  1
  0  1  1  1  1  2  2  2  2  2
  0  1  1  2  2  2  2  2  2  2
  0  1  2  2  2  2  3  3  3  3
  0  1  2  2  2  3  3  3  4  4
  0  1  2  2  3  3  3  3  4  5
  0  1  2  3  3  3  3  3  4  5
  0  1  2  3  3  3  3  3  4  5
  0  1  2  3  4  4  4  4  4  5
Length of LCS: 5
```

兩序列間的最長共同子序列為 5，而原基因長度為 9，代表最長共同子序列的長度佔了兩基因超過 50% 的長度！

但接下來的問題便是，怎麼取出這最大長度子序列？先從觀察狀態轉移方程式開始：

$$LCS[n_1, n_2] = \begin{cases} LCS[n_1 - 1, n_2 - 1] + 1, if\ s_1[n_1] = s_2[n_2] \\ \max(LCS[n_1 - 1, n_2], LCS[n_1, n_2 - 1]), if\ s_1[n_1]\ !=\ s_2[n_2] \end{cases}$$

可以知道 $LCS[n_1, n_2]$ 基本上只有三種可能：

- $LCS[n_1 - 1, n_2 - 1] + 1$：從 $LCS[n_1, n_2]$ 的左上方來
- $LCS[n_1 - 1, n_2]$：從 $LCS[n_1, n_2]$ 的上方來
- $LCS[n_1, n_2 - 1]$：從 $LCS[n_1, n_2]$ 的左方來

為了在最後能夠從右下角往回走以得到其中一個最長共同子序列，我們需要記錄每次行走的方向，在這裡另外宣告一個新的二維陣列儲存方向，並定義從左上方來為 1、從上方來為 2、從左方來為 3。

因此需要另外宣告 *Direction* 陣列記錄每次產生新元素時，是從哪個方向產生的，最後一併把方向印出。

有了方向以後，接下來我們就可以從右下角根據方向逐步回推，並分成三種狀況處理：

- 方向向左上：s_1 或 s_2 的最後一個字元為最長共同子序列的一員
- 方向向上：拿走 s_1 最後一個字元
- 方向向左：拿走 s_2 最後一個字元

但因為我們從右下角逐步回溯，所以過程中遇到的第一個向左上的字元其實是 *LCS* 的最後一個字元；遇到的第二個向左上的字元其實是 *LCS* 的倒數第二個字元，……以此類推，因此需要把所有字元顛倒方向輸出，在這裡我們選擇把字元放入 stack 後再輸出即可完成要求。

範例程式碼

Chapter08/08_13_LCS_輸出.cpp

輸出共同子序列 Longest Common Subsequence, LCS

```cpp
1    #include <iostream>
2    #include <iomanip>
3    #include <stack>
4    #include <vector>
5
6    using namespace std;
7
8    int LCS(string& S1, string& S2){
9        int n1 = S1.length();
10       int n2 = S2.length();
11       // 宣告一個大小為 (n1 + 1) x (n2 + 1) 的陣列
12       // 並初始化為 0
13       vector<vector<int>> DP(
14           n1 + 1,
15           vector<int> (n2 + 1, 0)
16       );
17       // 記錄方向用
18       vector<vector<int>> Direction(
19           n1 + 1,
20           vector<int> (n2 + 1, 0)
21       );
22       // 依序填表
23       for(int i = 1; i <= n1; i++){
24           for(int j = 1; j <= n2; j++){
25               // 最後一個字元相同
26               if(S1[i - 1] == S2[j - 1]){
27                   DP[i][j] = DP[i - 1][j - 1] + 1;
28                   // 從左上來的
29                   Direction[i][j] = 1;
30               }
31               // 最後一個字元不相同
```

```
32              else{
33                  if(DP[i - 1][j] > DP[i][j - 1]){
34                      // 從上方來
35                      DP[i][j] = DP[i - 1][j];
36                      Direction[i][j] = 2;
37                  }
38                  else{
39                      // 從左方來
40                      DP[i][j] = DP[i][j - 1];
41                      Direction[i][j] = 3;
42                  }
43              }
44          }
45      }
46      // 印出表格
47      cout << "DP Table:" << endl;
48      for(int i = 0; i <= n1; i++){
49          for(int j = 0; j <= n2; j++){
50              // 以寬度 3 輸出每一筆資料
51              cout << setw(3) << DP[i][j] << " ";
52              // 印出方向
53              if(Direction[i][j] == 1)
54                  cout << "↖";
55              else if(Direction[i][j] == 2)
56                  cout << "↑";
57              else
58                  cout << "←";
59          }
60          cout << endl;
61      }
62      // 因為順序相反，最先新增的字元最後輸出
63      // 故把路徑存在 stack 中便可以反向印出
64      stack<char> LCS;
65      int x = n1, y = n2;
66      while(DP[x][y]){
```

```cpp
67        // 左上，可以選擇加上 S1 或 S2 的最後一個字元，兩者相同
68        if(Direction[x][y] == 1){
69            LCS.push(S1[x - 1]);
70            x--;
71            y--;
72        }
73        // 上
74        else if(Direction[x][y] == 2)
75            x--;
76        // 左
77        else
78            y--;
79    }
80    cout << endl;
81    // 印出 stack 的資料
82    cout << "LCS: ";
83    while(!LCS.empty()){
84        cout << LCS.top();
85        LCS.pop();
86    }
87    cout << endl;
88    // 答案在 DP[n1][n2]
89    return DP[n1][n2];
90 }
91 int main(){
92    string s1 = "ACGACTGGT";
93    string s2 = "CAGTCAACT";
94    cout << "s1 = " << s1 << endl;
95    cout << "s2 = " << s2 << endl;
96    cout<<"Length of LCS: "<< LCS(s1, s2);
97    return 0;
98 }
```

執行結果

```
s1 = ACGACTGGT
s2 = CAGTCAACT
DP Table:
  0 ←   0 ←   0 ←   0 ←   0 ←   0 ←   0 ←   0 ←   0 ←   0 ←
  0 ←   0 ←   1 ↖   1 ←   1 ←   1 ←   1 ↖   1 ↖   1 ←   1 ←
  0 ←   1 ↖   1 ←   1 ←   1 ←   2 ↖   2 ←   2 ←   2 ↖   2 ←
  0 ←   1 ↑   1 ←   2 ↖   2 ←   2 ←   2 ←   2 ←   2 ←   2 ←
  0 ←   1 ↑   2 ↖   2 ←   2 ←   2 ←   2 ←   3 ↖   3 ←   3 ←
  0 ←   1 ↖   2 ↗   2 ↑   2 ←   3 ↖   3 ←   3 ←   4 ↖   4 ←
  0 ←   1 ↑   2 ↑   2 ←   3 ↖   3 ←   3 ←   3 ←   4 ↑   5 ↖
  0 ←   1 ↑   2 ↑   3 ↖   3 ←   3 ←   3 ←   3 ←   4 ↑   5 ↑
  0 ←   1 ↑   2 ↑   3 ↖   3 ←   3 ←   3 ←   3 ←   4 ↑   5 ↑
  0 ←   1 ↑   2 ↑   3 ↑   4 ↖   4 ←   4 ←   4 ←   4 ←   5 ↖
LCS: CGACT
Length of LCS: 5
```

可得知兩基因間的最長共同子陣列為 CGACT，長度為 5。

你也可以試試下面這題 LeetCode# 1143，來看自己是否有完全理解。

https://leetcode.com/problems/longest-common-subsequence/

8-11-5　LeetCode #583. 字串間的刪除次數 Delete Operation for Two Strings

在這裡我們來看最長共同子陣列的變體，這也是序列對齊問題（Sequence Alignment Problem）的一種。

【題目】

給定兩字串，請告訴我至少要刪除幾次字元，每次只能刪去一個字元，才可以讓這兩字串的內容完全一致？

【出處】

https://leetcode.com/problems/delete-operation-for-two-strings/

【範例輸入與輸出】

- 輸入：word1 = "sea", word2 = "eat"
- 輸出：2
- 刪除 word1 中的 s，及 word2 的 t 便可使兩字串完全一致。

【解題邏輯】

雖然本題也可以透過先計算出最長共同子序列的長度後，再計算：

$$|s_1| + |s_2| - 2|LCS|$$

但也可以修改狀態轉移方程式為：

$$D[n_1, n_2] = \begin{cases} D[n_1 - 1, n_2 - 1], if\ s_1[n_1] = s_2[n_2] \\ \min(D[n_1 - 1, n_2], D[n_1, n_2 - 1]) + 1, if\ s_1[n_1] \mathrel{!}= s_2[n_2] \end{cases}$$

假設 $D[i, j]$ 代表「*word1* 的前 i 個字元」與「*word2* 的前 j 個字元」若要一樣時需要進行的刪除次數，這裡可以分成兩種情形：

- 當兩字串的末位字元一樣時，也就是 $s_1[n_1] = s_2[n_2]$
  不需要進行刪除
  $D[n_1, n_2] = D[n_1 - 1, n_2 - 1]$。
- 當兩字串的末位字元不一樣時，也就是 $s_1[n_1] \mathrel{!}= s_2[n_2]$
  需要刪除 *word1* 或 *word2* 的最後一個字元
  選之後還需要進行的刪除次數較少的那一個
  $D[n_1, n_2] = \min(D[n_1 - 1, n_2], D[n_1, n_2 - 1]) + 1$

另外注意 $D[i, 0]$ 跟 $D[0, i]$ 代表長度為 i 的字串要進行幾次刪除才會跟長度為 0 的字串一致：答案是 i 次，因此此動態規劃的二維陣列邊界必須初始化成 $D[i, 0] = i$ 跟 $D[0, i] = i$

修改前述最長共同子陣列的程式碼後便可以得到本題的答案！

範例程式碼

Chapter08/08_14_minDistance.cpp

字串間的刪除次數 Delete Operation for Two Strings

```
1   class Solution {
2   public:
3       int minDistance(string word1, string word2) {
4           int n1 = word1.length();
5           int n2 = word2.length();
6           // 宣告一個大小為 (n1 + 1) x (n2 + 1) 的陣列
7           // 並初始化為 0
8           vector<vector<int>> DP(
9               n1 + 1,
10              vector<int> (n2 + 1, 0)
11          );
12          // DP[i][0]: 長度 i 的資料要刪幾次才會跟 0 一樣
13          // Ans: i 次
14          for(int i = 0; i <= n1; i++){
15              DP[i][0] = i;
16          }
17          // DP[0][i]: 長度 i 的資料要刪幾次才會跟 0 一樣
18          // Ans: i 次
19          for(int i = 0; i <= n2; i++){
20              DP[0][i] = i;
21          }
22          // 依序填表
23          for(int i = 1; i <= n1; i++){
24              for(int j = 1; j <= n2; j++){
25                  // 最後一個字元相同
26                  if(word1[i - 1] == word2[j - 1]){
27                      DP[i][j] = DP[i - 1][j - 1];
28                  }
29                  // 最後一個字元不相同
30                  else{
31                      DP[i][j] =
32                          DP[i - 1][j] < DP[i][j - 1] ?
33                          DP[i - 1][j] : DP[i][j - 1];
```

```
34                     DP[i][j]++;
35                 }
36             }
37         }
38         return DP[n1][n2];
39     }
40 };
```

8-12 實戰練習

8-12-1 APCS：置物櫃出租 (2018/10 P4)

【題目】

李老闆有 M 個置物櫃，目前已經租給 N 個客戶，已知第 i 個客戶租了 $C(i)$ 個櫃子，但現在李老闆自己需要使用 T 個櫃子，如果剩下的空櫃不夠，他需要把部分櫃子從客戶那清空，而且每個客戶只能選擇全退或全不退，已知第 i 個客戶的利潤與客戶所租的櫃數 $C(i)$ 相同，請計算李老闆的最小損失。

【範例輸入與輸出】

- 輸入格式
  - 第一列有三個正整數，分別為：N、M、T
  - 第二列有 N 個正整數，代表每個客戶所租的置物櫃個數 $C(i)$，中間以空白分開
- 輸出格式
  - 李老闆的最小損失
- 範例一：
  - 輸入：

    5 20 3

    5 4 2 1 7

- 輸出

  2

- 範例二：

  - 輸入

    6 25 8

    6 4 7 3 2 1

  - 輸出

    6

【題目出處】

2018/10 APCS 實作題 #4

本題可於 一中電腦資訊研究社 Online Judge 中測試，網址如下：

https://judge.tcirc.tw/ShowProblem?problemid=d075

【解題邏輯】

此即為 0/1 背包問題的變體，今天李老闆僅能出租 M – T 個櫃子，且每個客戶的價值跟其租的櫃子數相同，因此可列出狀態轉移方程式如下，其中 $DP[i][j]$ 定義為目前李老闆有 j 個櫃子可以出租，租給前面 i 位客人的最大利潤：

$$DP[i][j] = \begin{cases} DP[i-1][j], j < C(i) \\ max(DP[i-1][j], DP[i-1][j-C(i)] + C(i)), & j \geq C(i) \end{cases}$$

填完表格後就可以透過 $DP[N-1][M-T-1]$ 得知清空後的最大利潤，原本利潤減去最大利潤後就是最小損失。

範例程式碼

Chapter08/08_15_置物櫃出租.cpp

置物櫃出租
1　`#include <iostream>`
2　`#include <vector>`

```
3
4    using namespace std;
5
6    int main()
7    {
8        int M, N, T;
9        cin >> N >> M >> T;
10       vector<int> space(N);
11       for(int i = 0; i < N; i++)
12           cin >> space[i];
13
14       // 宣告 (N + 1) * (M - T + 1) 的二維陣列
15       vector<vector<int>> DP(
16           N + 1,
17           vector<int>(M - T + 1, 0)
18       );
19       // 客戶的空間前插入 0
20       space.insert(space.begin(), 0);
21
22       for(int j = 1; j <= M - T; j++){
23           for(int i = 1; i <= N; i++){
24               if(j < space[i])
25                   // 櫃子不足，不挑第 i 個客戶
26                   DP[i][j] = DP[i - 1][j];
27               else{
28                   // 不挑第 i 個客戶
29                   int not_take = DP[i - 1][j];
30                   // 挑第 i 個客戶
31                   int take = DP[i - 1][j - space[i]]
32                               + space[i];
33                   // 從挑與不挑中選價值大的
34                   DP[i][j] = not_take > take ?
35                               not_take : take;
36               }
37           }
38       }
39
40       int sum = 0;
```

```
41        // 所有客戶的利潤加總
42        for(int value : space)
43            sum += value;
44
45        cout << sum - DP[N][M - T];
46
47        return 0;
48    }
```

8-12-2 APCS：勇者修煉 (2020/10 P3)

【題目】

一開始有 M×N 的二維陣列 *E*，陣列內的資料為 -100 ～ +100，代表勇者落腳在該處會得到的經驗值，一開始勇者可以從第一列的任意位置開始，且每一步可以向左、向右、向下走，但不能回頭走過去已經走過的路，請算出勇者走到最後一列後，最多可以得到多少經驗值。

【範例輸入與輸出】

- 輸入格式
  - 第一行為兩個正整數 M , N，且 1 ≤ M ≤ 50 , 1 ≤ N ≤ 10000
  - 接下來 M 行，每行 N 個整數，第 i 行的第 j 個數字表示在 (i , j) 位置可得到的經驗值
- 輸出格式
  - 輸出可以獲得的最多經驗值總和
- 輸入

  3 5

  -4 3 -6 6 2

  -5 -8 9 -1 -3

  3 5 -4 -2 6 3
- 輸出（2+6+(-1)+9+(-4)+5+3 = 20）

  20

【題目出處】

2020/10 APCS 實作題 #3

本題可於 Zerojudge 中測試,網址如下:

https://zerojudge.tw/ShowProblem?problemid=f314

【解題邏輯】

從上到下計算每一列經驗值的最大值,且可以分成從「從左邊來之最大值 $L(n)$」以及「從右邊來之最大值 $R(n)$」,而且 $DP[i][j]$ 為落腳在 (i, j) 處的經驗值最大值。

因為每次走都可以往左、往右、往下,因此可列出狀態轉移方程式如下(不考慮邊界條件):

$$L[j] = max(L[j-1], DP[i-1][j]) + E[i][j]$$

其中 $L[j-1]$ 為從左邊往右走,$DP[i-1][j]$ 為從上往下走,從兩者中挑選經驗值較大的。

$$R[j] = max(R[j+1], DP[i-1][j]) + E[i][j]$$

其中 $R[j+1]$ 為從右邊往左走,$DP[i-1][j]$ 為從上往下走,從兩者中挑選經驗值較大的。

$$DP[i][j] = max(L[j], R[j])$$

與背包問題類似,可以在 L 與 R 遇到左右邊界時加入 $-\infty$ 以處理邊界條件。

範例程式碼

Chapter08/08_16_勇者修煉.cpp

勇者修練

<pre>1   #include <iostream>
2   #include <vector>
3
4   using namespace std;
5</pre>

```
6    int main () {
7        ios::sync_with_stdio(false);
8        cin.tie(0);
9
10       int M, N;
11       cin >> M >> N;
12
13       // E[j]:(i,j) 的經驗值
14       // L[j]:從左邊至 i 的最大值
15       // R[j]:從右邊至 i 的最大值
16       // DP[i][j]:至(i,j)的最大值
17       vector<int> E(N + 1, 0);
18       vector<int> L(N + 2, 0);
19       vector<int> R(N + 2, 0);
20       // 宣告 (M + 1)*(N + 2) 的二維陣列
21       vector<vector<int>> DP(
22           (M + 1),
23           vector<int>(N + 2, 0));
24
25       // 左右為 INT_MIN
26       L[0] = L[N + 1] = -2147483648;
27       R[0] = R[N + 1] = -2147483648;
28
29       // 逐行輸入並計算 DP
30       for (int i = 1; i <= M; i++) {
31           // 輸入資料
32           for (int j = 1; j <= N; j++)
33               cin >> E[j];
34
35           // 從左到右計算
36           for (int j = 1; j <= N; j++)
37               L[j] = max(L[j - 1], DP[i - 1][j]) + E[j];
38
39           // 從右到左計算
40           for (int j = N; j > 0; j--)
41               R[j] = max(R[j + 1], DP[i - 1][j]) + E[j];
42
43           // 計算 DP[i][j]
```

```
44          for (int j = 1; j <= N; j++)
45              DP[i][j] = max(L[j], R[j]);
46      }
47
48      // 找出最大值
49      long long int ans = 0;
50      for (int j = 1; j <= N; j++)
51          if (DP[M][j] > ans)
52              ans = DP[M][j];
53      cout << ans << endl;
53      return 0;
54  }
```

8-12-3 APCS：飛黃騰達 (2021/01/09 P4)

【題目】

二維平面上的第一象限裡有許多點，意即 x,y≥0。請試著任選一個點出發，並且試著任選一個點出發，並嘗試走訪越多的點越好，但規定走訪的過程中只能往 x 正向與 y 正向的方向走，比方說如果你從 (x_1, y_1) 走到 (x_2, y_2)，即代表 $x_2 - x_1 \geq 0$ 而且 $y_2 - y_1 \geq 0$，請找出在這個規則之下，你最多能夠走訪幾個點。

【範例輸入與輸出】

- 輸入的第一行是點的個數，之後的每一行都是點的 x 座標與 y 座標。
- 輸入：

  5

  1 1

  2 1

  1 2

  3 3

  2 2

- 輸出:

  4

- 你可以走 (1,1)-(1,2)-(2,2)-(3,3) 這個路徑，或是 (1,1)-(2,1)-(2,2)-(3,3)，這兩個路徑都可以遵守規則而且走訪四個點。

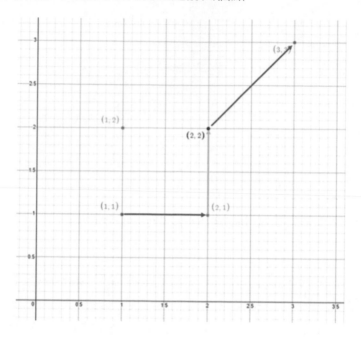

【題目出處】

2021/01/09 APCS 實作題 #4

本題可於 Zerojudge 中測試，網址如下：

https://zerojudge.tw/ShowProblem?problemid=f608

【解題邏輯】：

本題就是最長遞增子序列！也就是舊瓶裝新酒的題目，如果考試之前有先學過，那麼到了考場就可以輕鬆秒殺，但如果沒修過，基本上不太可能在時間內完成。

因為題目規定每次只能往右、往上走，所以按照題目給的要求加以排序，先前後按照 x 與 y 座標由小到大排序後，因為同樣 x 座標的點會在一起，這些點又會按照 y 座標由小到大排序，但在從左往右的過程中，路途經過的點座標的 y 只能遞增，所以此問題為最長遞增子序列問題。

看圖會比較容易理解，排序後，從左到右的 x 座標遞增，只要從左到右必會滿足往右走的題目要求，而且同樣 x 座標下的 y 也會由左到右遞增，但不同的 x 座標間的 y 未必會由左往右遞增，我們正是要從左往右選出最多點來滿足 y 座標逐漸遞增的要求，這就是最長遞增子序列！

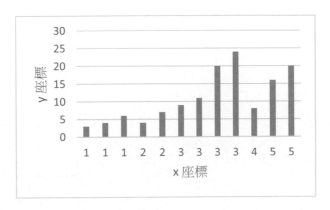

但因為這題不需要嚴格遞增，因此從 *lower_bound* 改成 *upper_bound*，讓 y 值重複的狀況下仍然可以讓遞增子序列的長度 + 1。

最後因為每一點有兩個座標：x 與 y，可以直接用 pair 儲存跟排序，但為方便理解以下範例仍然是自己刻。

範例程式碼
Chapter08/08_17_飛黃騰達.cpp

飛黃騰達

```
1    #include <iostream>
2    #include <algorithm>
3    #include <vector>
4
5    using namespace std;
6
7    typedef struct{
8        int x, y;
9    } Point;
10
```

```
11   bool cmp(Point* a, Point* b){
12       // 根據 x 座標由小到大排
13       // 如果 x 座標相同，則根據 y 座標由小到大排
14       // 注意這裡傳入資料為指標
15       if((a->x) != (b->x))
16           return (a->x) < (b->x);
17       else
18           return (a->y) < (b->y);
19   }
20
21   int main(){
22       int len;
23       cin >> len;
24       // 把 data 長度初始化成 len
25       vector<Point*> data(len);
26       // 輸入資料
27       for(int i = 0; i < len; i++){
28           int tmp_x, tmp_y;
29           cin >> tmp_x >> tmp_y;
30           data[i] = new Point{tmp_x, tmp_y};
31       }
32
33       // 把資料按照題目要求加以排序
34       // 排序後的資料才能進行二分搜尋
35       sort(data.begin(), data.end(), cmp);
36       // DP[i] 表示長度為 i 的路徑中最小的 y 為多少
37       vector<int> DP(len + 1, 2147483647);
38       DP[0] = -2147483648;
39
40       // 按照 x 由小到大取出所有資料
41       // 取出過程中的 y 值只能遞增，並盡可能選越多點
42       // 為最長遞增子數列的搜尋
43       for(auto point : data){
44           // 利用二分搜尋法找出 y 的 upper bound
45           // 不須嚴格遞增，所以找的是 upper bound
46           auto iter= upper_bound(
47                   DP.begin(), DP.end(), point->y
48               );
49           *iter = point->y;
```

```
50        }
51      auto result = lower_bound(
52          DP.begin(), DP.end(), 2147483647
53      );
53      // 該位置跟 vector 的起點距離再 - 1 即是所求
55      cout << result - DP.begin() - 1;
56      return 0;
57  }
```

8-13 小結

目前為止我們已經介紹完三種重要的演算法：分治法、貪婪演算法、動態規劃的精神，一般來說，遇到一個最佳化問題，先想想是否能使用貪婪解，因為貪婪解通常執行起來較快，空間複雜度也較低。

在題目不適用貪婪演算法時，再考慮動態規劃和分治法：

A. 子問題間不相干時，使用分治法
B. 子問題間相干時，使用動態規劃

動態規劃因為會把每個子問題的解記錄下來，所以會耗費較大的記憶體空間，但也因此可以避免使用分治法時重複運算的問題，是一種以「空間換取時間」的策略。

雖然動態規劃普遍較難，但只要能夠寫出狀態轉移方程式，後續的問題就都能夠迎刃而解了！

	分治法	動態規劃
適用時機	子問題間不交疊（overlap）	子問題間交疊（overlap）
演算過程	Top-Down 居多	Bottom-Up 居多
記憶體空間	不需額外空間	需要額外空間

習 題

1. 關於貪婪問題(Greedy Algorithm)、分治法(Divide and Conquer)與動態規劃(Dynamic Programming)的比較與敘述哪些為真？

   A. 若子問題的最佳解一定包含在母問題的最佳解時適用貪婪演算法

   B. 當子問題間的選擇彼此相關時較適用貪婪演算法

   C. 當子問題間的選擇彼此相關時較適用動態規劃

   D. 動態規劃與分治法相比，分治法適合處理重複出現的子問題

   E. 動態規劃與分治法相比，動態規劃通常需要較多的記憶體空間

2. 今天有幣值 2 元、5 元、13 元的硬幣，請問若 Coin(x) 代表找 x 元時最少需要的硬幣數目，當 x = 2、5、13 時 Coin(x) 回傳 1，當 x < 2、x = 3 時回傳 Coin(x) 則回傳 Inf(無限大)。請問 Coin(x) 可以表達成下列何者？

   A. Coin(x) = max(Coin(x-2), Coin(x-5), Coin(x-13))

   B. Coin(x) = min(Coin(x-2), Coin(x-5), Coin(x-13))

   C. Coin(x) = max(Coin(x-2), Coin(x-5), Coin(x-13)) + 1

   D. Coin(x) = min(Coin(x-2), Coin(x-5), Coin(x-13)) + 1

   * min() 代表取出輸入中的最小值

3. 有權重的活動選擇問題目標是讓挑選後的活動權重和最大化並且同一時間內活動不重複，若用動態規劃解答此問題得到活動權重最大值為 v_0，此時若額外新增一個權重為負的活動可供挑選，新增後的權重最大值為 v_1，v_0 和 v_1 的關係為下列何者？

   A. $v_0 = v_1$

   B. $v_0 > v_1$

   C. $v_0 \geq v_1$

   D. $v_0 < v_1$

E.　$v_0 \leq v_1$

4. 在原始的木頭切割問題裡，若不考慮邊界條件，狀態轉移方程式為：

$$R_n = max_{1 \leq i \leq len_p}(R_{p_i} + R_{n-p_i})$$

但如果每次切割都需要花費 c 的費用，請問狀態轉移方程式會改為下列何者？

A.　$R_n = max_{1 \leq i \leq len_p}(R_{p_i} + R_{n-p_i})$

B.　$R_n = max_{1 \leq i \leq len_p}(R_{p_i} + R_{n-p_i}) + c$

C.　$R_n = max_{1 \leq i \leq len_p}(R_{p_i} + R_{n-p_i}) - c$

D.　$R_n = max_{1 \leq i \leq len_p}(R_{p_i} + R_{n-p_i}) + 2c$

E.　$R_n = max_{1 \leq i \leq len_p}(R_{p_i} + R_{n-p_i}) - 2c$

5. 在 0/1 背包問題中提到狀態轉移方程式如下：

$$DP[i][j] = \begin{cases} DP[i-1][j], j < w_i \\ max(DP[i-1][j], DP[i-1][j-w_i] + v_i), \ j \geq w_i \end{cases}$$ 假設今天有四個物品的物品清單如下：

Weight	Value	0	1	2	3	4	5	6	7
0	0								
2	3		A						
3	5			B					
4	6					C			
5	9							D	E

A.　請問該表格中 A~E 的五個數值分別為何？你可以用手算或使用程式執行。

B.　請問當背包的最大負重為 6 時，該背包所能存放的最大價值為 A~E 中的哪一個？

6. 矩陣鏈乘問題的目標是讓所需計算量最小化，如果把一個矩陣鏈乘拆解成左右相乘，可以得到：

$$\left(A_{i\,(l_{i-1}\times l_i)} \times ... A_{k\,(l_{k-1}\times l_k)}\right) \times \left(A_{k+1\,(l_k\times l_{k+1})} \times ... A_{j\,(l_{j-1}\times l_j)}\right)$$

請問如果拆解成左右相乘後，母問題會變成幾個子問題？又有幾種拆解子問題的方式？

A. 1 個子問題、j 種方式

B. 1 個子問題、j - i 種方式

C. 2 個子問題、j 種方式

D. 2 個子問題、j - i 種方式

E. 以上皆非

7. 有一陣列如下：

$$data = [7, 6, 5, 4, 3, 2, 1]$$

請問其最長遞增子序列(由左至右遞增)的長度為多少？有幾種不同的子序列滿足最長遞增子序列的要求？

A. 1、7

B. 7、1

C. 4、3

D. 3、4

E. 以上皆非

圖論 Graph

從本章開始會正式進入「圖論」的部分。

首先會簡單介紹並定義什麼是「圖」，再來講解
「圖」有哪些表達方式，也就是處理一個特定的
「圖」時，可以用什麼資料結構將其儲存。

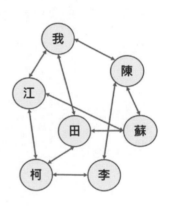

接著會介紹圖的分類與不同種類的圖。最後，再
來做幾題練習題目。

如果是準備面試或競試的話本章後半部（圖的分
類）迅速讀過即可，通常會考圖論的定義只有在
大學課堂的考試中，否則一般而言題目都會先説
明清楚定義。

9-1 「圖」的定義

假設班上有多位同學，每個同學都有手機，且各自有屬於自己的通訊錄。
我的手機通訊錄上只有比較熟識的朋友，某些同學的號碼不在上面，但是
我知道每個同學各自的通訊錄上有誰，也就是誰是誰的好朋友，他們手上
各自會有哪些人的聯絡方式。

今天假設要通知小蘇某個訊息,即使我自己沒有小蘇的聯絡方式(圖上「我」和「蘇」之間沒有直接相連的邊),仍然可以透過其他同學來進行傳遞。

比如我可以先把訊息傳給小陳,再由小陳轉告小蘇,或者,也可以把訊息傳給小田,由他來轉告小蘇。這樣的訊息傳遞路徑要怎麼生成,就是其中典型的圖論問題之一。處理問題時,要考慮圖中的「節點」(班上的每個同學)與「點和點間的連繫」(好朋友間有聯絡方式)。

「圖」便是由這兩種要素構成:「頂點」與「邊」,而邊是「頂點和頂點間的連繫」。

9-1-1 柯尼斯堡七橋問題

1753 年時誕生了世界最早的圖論問題「柯尼斯堡七橋問題 Seven Bridges of Königsberg」,內容如下:

「有一條河流經城市中央,河中有兩個小島,這兩個小島間,及兩個小島與河的兩岸間共有七座橋可供通行。在所有橋都只能走一遍的前提下,如何才能把這個地方所有的橋都走遍呢?」

 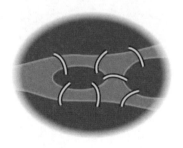

Photo credits: Bogdan Giuşcă and Chris-martin

一開始,可能會選擇看著地圖來分析這個問題,但是地圖上既標示了許多建築物,每塊陸地的形狀也很不規則,造成了分析上的麻煩。為了能夠順

利思考問題，可以只留下陸地和橋，並且把陸地的形狀一般化，只需確保每座橋連接的陸地區塊與原先一致。

再進一步，因為在這個問題中每塊陸地的面積並不重要，如果把不相連的每塊陸地各自看成是「一個點」，並且用點之間的邊來代表每座橋連接的陸地區塊，就形成了一個「圖」。

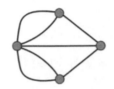

上面的「圖」代表了北岸和左邊的小島間有兩座橋，左邊的小島和南岸之間也有兩座橋，兩座小島間有一座橋，右邊的小島和南北岸各有一座橋。經過簡化後，仍然保持了解決問題所需的所有資訊。

9-1-2 圖包含的資訊

圖表達了「要處理的資料」（點）與「資料間的關係」（邊），舉凡「地圖」、「交通時間」、「連通與否」、「人際網路」、「轉發封包」等問題，都是圖論的應用範圍。

「圖」在比較正式的定義下，由兩種資料構成：

A. 頂點 vertex 或節點 nodes：要處理的資料（ex：人、地點、任務、...）
B. 邊 edge：資料間的關係（ex：交通時間、成本、...）

用數學來表示圖時，可以表達成圖 $G = (V, E)$

其中 V 代表頂點 vertex 的集合，E 代表邊 edge 的集合：

A. $V(G)$：G 的頂點集合，$|V(G)|$ 是 G 中的頂點個數
B. $E(G)$：G 的邊集合，$|E(G)|$ 是 G 中的邊個數

另外，用 $e(v_1, v_2)$ 來表示「從頂點 v_1 連接到頂點 v_2 的邊」。

9-1-3 圖的例子

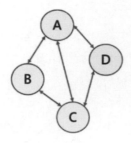

上面的圖 G 一樣可以由其頂點集合 $V(G)$ 與邊集合 $E(G)$ 來表示。

其中，$V(G) = \{A, B, C, D\}$，$|V(G)| = 4$，代表圖 G 共有 4 個頂點。$E(G) = \{(A,B), (A,C), (A,D), (B,C), (C,D)\}$，$|E(G)| = 5$，代表圖 G 共有 5 條邊。

9-1-4 邊的種類

以圖中的邊是否具有方向性來看，可以把邊分成兩大類：

A. 雙向邊、無向邊 undirected edge

$e(v_1, v_2) = e(v_2, v_1)$

B. 單向邊、有向邊 directed edge

$e(v_1, v_2) \neq e(v_2, v_1)$

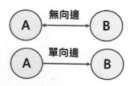

雙向邊，或叫無向邊是「沒有方向」的邊，因此從頂點 v_1 連接到 v_2 的邊，和從頂點 v_2 連接到 v_1 的邊是相同的。

單向邊則是「有方向」的邊，從頂點 v_1 連接到 v_2，和從頂點 v_2 連接到

v_1 的邊並不相同。同一張圖上可以同時存在 $e(v_1, v_2)$ 和 $e(v_2, v_1)$ 兩條不同的邊。

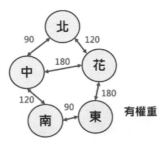

以是否有權重來看，也可以把邊分成兩種

A. 有權重的邊 weighted：標示了距離、成本等的邊，每條邊不等價

B. 無權重的邊 unweighted：未標示權重，也可看作所有邊權重一致

9-1-5 圖論的名詞定義

A. 度數 Degree

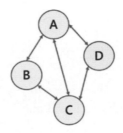

度數指的是特定頂點連接邊的數目。如上圖中，頂點 A 連接了三條邊，$deg(A) = 3$。

B. 有向圖的入度 In-Degree

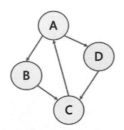

在一個有向圖（每個邊都是單向邊）上，一個頂點的入度是指「指向該頂點的有向邊的數量」，上圖中 $deg^+(A) = 1$。

C. 有向圖的出度 Out-Degree

一個有向圖上，頂點的出度代表「從該頂點向外指的有向邊的數量」，上圖中 $deg^-(A) = 2$。

根據上面的定義，可以推論出有向圖上，「所有頂點的度數總和」會是兩倍的邊數（因為一個邊連接兩個頂點，會被算到兩次，一次入度、一次出度）。同樣的，「所有頂點的入度總和」加上「所有頂點的出度總和」也會等於兩倍的邊數（因為一個邊會使入度與出度各加一）。

D. 相鄰 Adjacent

v_1、v_2 兩個頂點相鄰，若且唯若 $e(v_1, v_2)$ 或 $e(v_2, v_1)$ 存在。

也就是說，如果有一條邊連接了 v_1 和 v_2 這兩個頂點，那麼這兩個頂點就相鄰，英文教科書上會說「$e(v_1, v_2)$ incident（附著）to v_1 and v_2」。

在有向圖上，如果做比較精確的描述，會說 $e(v_1, v_2)$ 使得下列敘述為真：

- v_1 is adjacent **"to"** v_2.
- v_2 is adjacent **"from"** v_1.

比方說在上面的圖中，A is adjacent to B and D.

E. 路徑 Path

一條「路徑」是一些頂點和一些邊的集合，表示上，會交互列出頂點與邊，如 $v_1, e_1, v_2, e_2, v_3, \ldots, e_{n-1}, v_n$。

其中，$v \in V(G)$，$e \in E(G)$，$e_i = e(v_i, v_{i+1})$，代表 e_i 一定是連接 v_i 和 v_{i+1} 這兩個頂點。例如 $A, (A, B), B, (B, C), C$ 就是一條路徑。

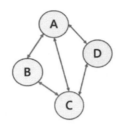

路徑描述了某一個頂點到另一個頂點間「所有」經過的頂點和邊。如果一個路徑是「簡單路徑 Simple Path」，代表該路徑並未重複經過任何一個頂點或邊。

F. 環 Cycle

環是一種特別的路徑，其頂點與終點相同，一樣可以表示為 $v_1, e_1, v_2, e_2, v_3, \ldots, e_{n-1}, v_n$，其中 $v_1 = v_n$，且至少有一條邊。

比如 $A, (A, B), B, (B, C), C, (C, A), A$ 從 A 出發，又回到 A，就是一個環。

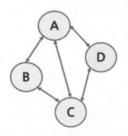

一個簡單環 Simple Cycle 中，除了「起點與終點相同」以外，中間經過的頂點和邊不重複。

G. 無向圖 Undirected Graph、有向圖 Directed Graph 與混合圖 Mixed Graph

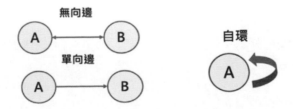

三者間的定義如下：

a. 無向圖中，所有的邊皆為無向邊，且不允許自環 self-loop

- 自環：從一個頂點指向同一個頂點的邊，即 $e(v_1, v_1)$

b. 有向圖中，所有的邊皆為有向邊，允許自環

c. 混合圖中，可以同時存在有向邊與無向邊

H. 無向邊與有向邊的轉換

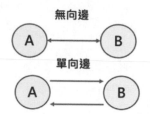

任一條「無向邊」都可以被轉換為「有向邊」，只要把一條無向邊 $e(v_1, v_2)$ 用 $e(v_1, v_2)$ 與 $e(v_2, v_1)$ 兩條有向邊來表示即可。因此，要把無向圖轉換成有向圖時，就針對所有無向邊都生成兩條方向相反、權重相同的有向邊。

相對的，有向圖則無法直接被轉換成無向圖。

因為所有無向圖都可以被轉換成有向圖，所以一個演算法如果解決了有向圖上的某個問題，也就順帶解決了無向圖上的該問題，因為總是可以把無向圖先轉換成有向圖，再使用該演算法解決。

9-1-6 LeetCode #997. 尋找小鎮法官 Find the Town Judge

【題目】

在一個小鎮裡，共 n 個居民分別被編號為 1 到 n。傳言其中一個居民其實是秘密的小鎮法官。

如果小鎮法官存在,那麼:

a. 該法官不信任任何人
b. 所有人(除了法官自己)都信任小鎮法官
c. 只有剛好一個人滿足前兩項條件

給定一個向量 $trust$,$trust[i] = [a,b]$ 代表 a 居民信任 b 居民。如果小鎮法官存在,且身份可以被判斷,回傳小鎮法官的編號,否則回傳 -1。

【出處】

https://leetcode.com/problems/find-the-town-judge/

C. 輸入與範例輸出

■ 範例一:
  • 輸入:n=2, trust = [[1,2]]
  • 輸出:2
  • 2 號被 1 號信任,故 2 號為法官
■ 範例二:
  • 輸入:n=3, trust = [[1,3],[2,3]]
  • 輸出:3
  • 所有人(除了 3 號自己)都信任 3 號,故 3 號為法官
■ 範例三:
  • 輸入:n=3, trust = [[1,3],[2,3],[3,1]]
  • 輸出:-1
  • 1 號、2 號信任 3 號,但 3 號信任 1 號,故根據定義法官不存在

【解題邏輯】

本題可以被轉換成一個圖論問題:每個居民各代表一個頂點,信任關係代表頂點與頂點間的邊,如果 1 號居民信任 2 號居民,那麼圖中就會有一條邊從頂點 1 指到頂點 2。

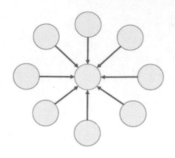

這樣一來，根據小鎮法官的定義，要確認的就是「是否有一個頂點，其入度為 $n-1$（被除了自己外的所有居民相信），且出度為 0（不相信任何人）」？

範例程式碼

Chapter09/09_01_findJudge.cpp

尋找小鎮法官 Find the Town Judge

```
1    class Solution{
2    public:
3        int findJudge(int n, vector<vector<int>>& trust){
4            // 用兩個向量分別記錄每個點的入度與出度
5            // 入度與出度初始化為 0
6            vector<int> in_degree(n, 0);
7            vector<int> out_degree(n, 0);
8
9            // 依序取出每個邊
10           // 根據邊的資訊，統計每個頂點的入度與出度
11           for (vector<int>& edge: trust){
12               // 邊的方向為 edge[0] -> edge[1]
13               // 居民編號為 1 到 n
14               // 對應索引值編號 0 到 n - 1
15               in_degree[edge[1] - 1]++;
16               out_degree[edge[0] - 1]++;
17           }
18
19           // 檢查每個邊的入度與出度
```

```
20        for (int i = 0; i < n; i++){
21            // 有符合小鎮法官定義的居民時，回傳編號
22            if (in_degree[i] == n - 1 &&
23            out_degree[i] == 0){
24                return i + 1;
25            }
26        }
27        // 沒有符合條件的頂點時
28        return -1;
29    } // end of findJudge
30 }; // end of Solution
```

9-1-7　LeetCode #1791. 找到星形圖的中心 Find Center of Star Graph

【題目】

有一個無向的星型圖，其 n 個節點分別被編號為 1 到 n。一個星型圖有一個中心節點，且該節點正好透過 $n-1$ 個邊連接到其他所有的節點。

給定一個二維整數向量 $edges$，其中 $edges[i] = [u_i, v_i]$ 代表節點 u_i 與 v_i 間有一條邊。回傳該星型圖的中心節點。

【出處】

https://leetcode.com/problems/find-center-of-star-graph/

【範例輸入與輸出】

- 範例一：
  - 輸入：edges = [[1,2],[2,3],[4,2]]
  - 輸出：2
  - 代表所有點都會連接到 2
- 範例二：
  - 輸入：edges = [[1,2],[5,1],[1,3],[1,4]]
  - 輸出：1

- 代表所有點都會連接到 1

範例程式碼

Chapter09/09_02_findCenter.cpp

找到星形圖的中心 Find Center of Star Graph

```
1   class Solution{
2   public:
3       int findCenter(vector<vector<int>>& edges){
4           // 邊的數目 + 1 = 頂點數目
5           int len = edges.size() + 1;
6           // 本題為無向圖
7           // 用向量記錄每個頂點的度數
8           vector<int> edge_connected(len, 0);
9
10          // 依序取出每個邊
11          // 邊連接到的兩個節點度數都要 + 1
12          for (auto& edge:edges){
13              edge_connected[edge[0] - 1]++;
14              edge_connected[edge[1] - 1]++;
15          }
16
17          // 檢查每個邊的度數
18          // 中心節點的度數為 n-1
19          for (int i = 0; i < len; i++){
20              if (edge_connected[i] == len - 1){
21                  return i + 1;
22              }
23          }
24          return -1;
25      } // end of find Center;
26  }; // end of Solution
```

9-2 圖的表示方式

接下來來看圖的表達方式,也就是如何將一張圖儲存在特定的資料結構裡面,方便之後使用。

大抵而言,記錄或儲存一張圖有三種方式:

■ 鄰接矩陣 Adjacent Matrix
  利用矩陣來儲存圖中的頂點連接情形

■ 鄰接列表 Adjacent List
  用對應各頂點的陣列或鏈結串列來記錄點上的所有邊

■ 前向星 Forward Star
  把所有邊都存在同一個陣列裡,並加以排序

我們分別介紹之:

9-2-1 鄰接矩陣 Adjacent Matrix

首先來看鄰接矩陣(Adjacent Matrix),也就是用「矩陣」來儲存圖中所有頂點間的連接情形。

使用鄰接矩陣的好處是實作容易,缺點則是無法處理重邊(重邊:與同一對頂點相連接的邊,在有向圖中,還要求方向相同)。

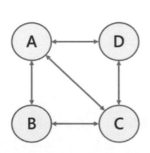

	A	B	C	D
A	0	1	1	1
B	1	0	1	0
C	1	1	0	1
D	1	0	1	0

對角對稱,無向圖可以只存一半

要儲存上面的無向圖時，因為有 A、B、C、D 四個頂點，所以開出一個 4×4 的矩陣。矩陣中記錄了哪些頂點對間有邊相連，1 代表點和點間有邊，0 代表點和點間沒有邊。

比如 A、B 之間有邊，因此矩陣中 (A, B) 和 (B, A) 都為 1，類似的，A、C 之間有邊，因此 (A, C) 和 (C, A) 都為 1。B、D 之間沒有邊，因此 (B, D) 和 (D, B) 都為 0。

在無向圖中，因為 $(v_i, v_j) = (v_j, v_i)$，所以從左上到右下把無向圖的鄰接矩陣分為兩個三角形後，這兩個三角形會對稱，只儲存其中一個三角形即可。

因為矩陣中共有 $|V|^2$ 項，所以建立鄰接矩陣時，時間複雜度和空間複雜度都是 $O(|V|^2)$。不過好處是要查詢兩個點間是否存在邊時，可以用索引值直接存取對應的資料，只需 $O(1)$，修改時也只需 $O(1)$。

綜合來說，鄰接矩陣在建立時複雜度較大，但是日後存取與修改較快。

另外，若圖的邊上有權重，用鄰接矩陣來表示時，矩陣中存放的就不再是 0 和 1，而是對應邊的權重，如下圖。

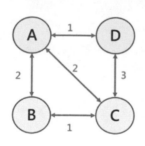

9-2-2 鄰接列表 Adjacent List

鄰接列表會為每個頂點開出一個陣列或鏈結串列，記錄該點上的所有邊，這些邊之間沒有特別的順序。因為可以在列表中儲存好幾筆相同的資料，因此鄰接列表可以處理重邊。

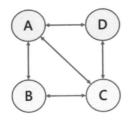

A →B→C→D
B →A→C
C →B→A→D
D →A→C

圖中 A 點與 B、C、D 點都有相連,因此 A 點對應的鏈結串列裡會有 B、C、D;B 點與 A、C 點有相連,因此 B 點對應的鏈結串列裡會有 A、C。

建立鄰接列表的時間與空間複雜度都是 $O(|V| + |E|)$,因為共有 V 個 row (每個 row 都是一個列表),而所有列表長度的總和為 $2|E|$,因此要建立起鏈結串列的開頭,並儲存全部共 $2|E|$ 筆的資料,就需要 $O(|V| + 2|E|) = O(|V| + |E|)$ 的空間。

查詢和修改的複雜度則取決於是使用陣列還是鏈結串列來實作,使用不同資料結構就會有不同。

若邊上有權重,則鏈結串列上的節點 node 會是一個結構,裡面儲存了邊連到的頂點與邊上的權重,比如 A -> B,2 代表存在邊 (A,B),其權重為 2。

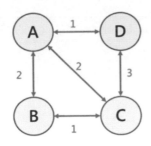

A →B,2→C,2→D,1
B →A,2→C,1
C →B,1→A,2→D,3
D →A,1→C,3

9-2-3 前向星 Forward Star

前向星是指用一個陣列來儲存所有邊,並記錄每一個邊的起點與終點。

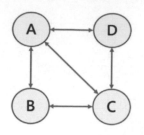

From	A	A	A	B	B	C	C	C	D	D
To	B	C	D	A	C	A	B	D	A	C

比如圖中有 $\overline{AB}$、$\overline{AC}$、$\overline{AD}$、$\overline{BC}$、$\overline{CD}$ 以及方向相反的 5 條邊,共 10 條邊,所以陣列長度為 10,存放的就是這 10 條邊的資料,邊之間又按照起點與終點加以排序。

建立前向星的時間與空間複雜度都為 $O(|V| + |E|)$,但查詢與修改皆需要 $O(|E|)$,取決於邊的個數。

在鄰接列表中,若要查詢是否有 $\overline{CD}$ 這條邊,最多只要取用頂點 C 的度數(連接到 C 的邊數)筆資料即可,但在前向星中,則需要從 $\overline{AB}$、$\overline{AC}$、$\overline{AD}$、$\overline{BA}$、... 開始一筆一筆慢慢確認,或是透過二分搜尋法加速這個過程。

前向星也可以記錄權重:

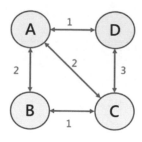

From	A	A	A	B	B	C	C	C	D	D
Weight	2	2	1	2	1	2	1	3	1	3
To	B	C	D	A	C	A	B	D	A	C

考量使用上的效率與簡便程度,最常用來儲存圖的資料結構是「鄰接矩陣」和「鄰接列表」。

9-2-4 比較三種圖的表達方式

A. 鄰接矩陣 Adjacent Matrix
- 利用矩陣儲存圖中的頂點連接情形
- 優點：查詢、新增快，$O(1)$
- 缺點：浪費空間，$O(|V|^2)$
- 適用於「稠密 dense」的圖：邊數 $|E| \sim$ 最大可能邊數 $|V|^2$

B. 鄰接列表 Adjacent List
- 每個頂點皆有個別的陣列或鏈結串列來記錄該點上的邊
- 優點：節省空間，$O(|V| + |E|)$
- 缺點：查詢、新增比鄰接矩陣花時間
- 適用於「稀疏 sparse」的圖：邊數 $|E| \ll$ 最大可能邊數 $|V|^2$

C. 前向星 Forward Star
- 把邊都儲存在同一個陣列裡，並加以排序

一個「稠密」的圖指的是其中圖中的頂點幾乎都與「所有頂點」有邊相連；「稀疏」的圖中邊數很少，如果使用矩陣來儲存稀疏的圖，就會浪費大量的空間在儲存 0 上。

9-2-5 練習：完滿二元樹的表示方式

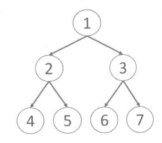

A. 為上圖的完滿二元樹建立鄰接矩陣
B. 為上圖的完滿二元樹建立鄰接列表

A. 建立鄰接矩陣

首先，要區分這是有向圖還是無向圖，1 有指到 2，但 2 沒有指到 1，可以看出這是「有向圖」。

如果把 row 當作 from，column 當作 to 的話，因為 1 有指到 2，所以 (1,2) 這格改成 1。同樣的，1 有指到 3，所以 (1,3) 這格也改成 1，類似的，可以把另外 4 個邊也填入鄰接矩陣當中，完成後的矩陣如下：

	1	2	3	4	5	6	7
1	0	1	1	0	0	0	0
2	0	0	0	1	1	0	0
3	0	0	0	0	0	1	1
4	0	0	0	0	0	0	0
5	0	0	0	0	0	0	0
6	0	0	0	0	0	0	0
7	0	0	0	0	0	0	0

從矩陣裡可以發現大部分的資料都是 0，代表浪費了大量的空間，這印證了「稀疏圖」不適合以鄰接矩陣方式儲存。

B. 建立鄰接列表

首先，1 指到 2 和 3，因此在 1 對應的鏈結串列中加入 2 和 3。同樣的，在 2 對應的鏈結串列中加入 4、5，3 對應的鏈結串列中加入 6、7。

完成後，鄰接列表如下：

1	→2→3
2	→4→5
3	→6→7
4	→
5	→
6	→
7	→

用鄰接列表來儲存完滿二元樹時，就避免了「稀疏圖」浪費大量空間的問題。

9-2-6　實作鄰接矩陣

這裡示範用鄰接矩陣的方式儲存並處理圖，該資料結構應包含以下兩功能：

A. 新增一條邊

B. 印出所有邊

範例程式碼

Chapter09/09_03_鄰接矩陣.cpp

實作鄰接矩陣

```
1    #include <iostream>
2    #include <stdlib.h>
3    #include <vector>
4
5    using namespace std;
6
7    // 圖的類別
8    class Graph{
9        private:
10           // 頂點的個數
11           int vertex;
12           // 用雙重指標來儲存邊
13           int **matrix;
14           // 也可以使用二維向量
15           // vector<vector<int>> matrix;
16       public:
17           // 建構式
18           Graph(int);
19           // 印出所有的邊
20           void Print_Matrix();
21           // 新增一條邊(起點,終點,權重)
22           // 新增成功回傳 true
23           // 否則（邊已存在時）回傳 false
24           bool Add_Edge(int, int, int=1);
```

```
25  };
26
27  // 建構式
28  Graph::Graph(int v){
29      vertex = v;
30      // vertex 個指標構成的整數指標陣列
31      matrix = (int**) malloc(sizeof(int*) *vertex);
32
33      // 把每個整數指標長度設為 vertex
34      // calloc 會把值初始化為 0
35      for (int i=0 ; i<vertex ; i++){
36          *(matrix+i) = (int*) calloc(vertex, sizeof(int));
37      }
38
39      // 若使用二維向量時的初始化
40      // matrix.resize(vertex, vector<int>(vertex, 0));
41  }
42
43  // 印出所有的邊，等同於印出一個二維陣列
44  void Graph::Print_Matrix(){
45      for(int i = 0; i < vertex; i++){
46          for(int j = 0; j < vertex; j++){
47              // 或者寫成 matrix[i][j]
48              cout << *((*(matrix+i)+j)) << "\t";
49          }
50          cout << endl;
51      }
52  }
53
54  // 在圖上新增一條邊
55  // 只傳入兩個參數時，邊的權重預設為 1
56  bool Graph::Add_Edge(int from, int to, int weight){
57      // 邊已存在
58      if (matrix[from][to] == 1){
59          cout << "Edge already exist." << endl;
60          return false;
```

```
61        }
62        // 邊還未存在，進行新增
63        else {
64           matrix[from][to] = weight;
65           // 若為無向邊需補上這一條
66           matrix[to][from] = weight;
67        }
68   }
69
70   int main(){
71        Graph g(10);
72        g.Add_Edge(1,5,5);
73        g.Add_Edge(2,6,3);
74        g.Add_Edge(7,5,2);
75        g.Print_Matrix();
76
77        return 0;
78   }
```

執行結果

```
0    0    0    0    0    0    0    0    0    0
0    0    0    0    0    5    0    0    0    0
0    0    0    0    0    0    3    0    0    0
0    0    0    0    0    0    0    0    0    0
0    0    0    0    0    0    0    0    0    0
0    5    0    0    0    0    0    2    0    0
0    0    3    0    0    0    0    0    0    0
0    0    0    0    0    2    0    0    0    0
0    0    0    0    0    0    0    0    0    0
0    0    0    0    0    0    0    0    0    0
```

9-2-7　實作鄰接列表

這裡示範用鄰接列表的方式儲存並處理圖，該資料結構應包含以下兩功能：

A. 新增一條邊

B. 印出所有邊

範例程式碼

Chapter09/09_04_鄰接列表.cpp

實作鄰接列表

```
1    #include <iostream>
2    #include <stdlib.h>
3    #include <vector>
4    #include <list>
5    using namespace std;
6
7    // 代表邊的結構
8    // 只需要紀錄指到的頂點即可
9    typedef struct{
10       int to;
11       int weight;
12   }edge;
13
14   class Graph{
15       private:
16           int vertex;
17           // 每個邊對應的 list 形成的向量
18           vector<list<edge*>> edges;
19       public:
20           Graph(int);
21           void Print_Edges();
22           bool Add_Edge(int, int, int=1);
23   };
24
25   Graph::Graph(int v){
26       // 設定頂點數
27       vertex = v;
28       // 把向量的長度設為 vertex
29       edges.resize(vertex);
30   }
```

```
31
32    // 印出所有邊
33    void Graph::Print_Edges(){
34        for (int i = 0; i < vertex; i++){
35            // 印出 from
36            cout << i + 1 << "\t";
37            // 資料型別可以使用 auto 代替
38            list<edge*>::iterator iter = edges[i].begin();
39            // 處理從 from 出發的所有邊
40            for(;iter != edges[i].end();iter++){
41                // 印出 to 和權重
42                cout << "->" << (*iter)->to + 1 << ","
43                        << (*iter)->weight;
44            }
45            cout << endl;
46        }
47    }
48
49    bool Graph::Add_Edge(int from, int to, int weight){
50        // from 對應的鏈結串列
51        // 索引值是 from - 1 中加上新的邊
52        edges[from - 1].push_back(new edge{to - 1, weight});
53        // 如果是無向邊，要加上反向
54        // edges[to - 1].push_back(new edge{
55        // from - 1, weight});
56    }
57
58    int main(){
59        Graph g(10);
60        g.Add_Edge(1,5,5);
61        g.Add_Edge(2,6,3);
62        g.Add_Edge(2,8,4);
63        g.Add_Edge(7,5,2);
64        g.Print_Edges();
65        return 0;
66    }
```

執行結果

```
1        ->5,5
2        ->6,3->8,4
3
4
5
6
7        ->5,2
8
9
10
```

9-2-8 LeetCode #133. 複製圖 Clone Graph

【題目】

給定連通無向圖中某個節點的參考，回傳對該圖深複製的結果。

圖中的每個節點都含有一個值（整數）和一個含有所有其相鄰頂點的列表 *List*[*Node*]：

```
1    class Node{
2        public int val;
3        public List<Node> neightbors;
4    }
```

【出處】

https://leetcode.com/problems/clone-graph/

【解題邏輯】

首先你必須先知道「淺複製 Shallow Copy」與「深複製 Deep Copy」，如果現在有個物件 *Object 2* 內存放了指標，且該 *Object 2* 內的指標 *Pointer* 指向另一筆資料 0x01，如下圖：

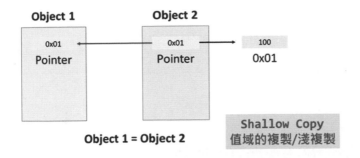

「淺複製 Shallow Copy」指的是把 *Object 2* 複製給 *Object 1* 時，直接把 *Pointer* 複製給 *Object 1*，不會另行宣告出資料，而是直接讓 *Object 2* 與 *Object 1* 內的指標 *Pointer* 都指向同一筆資料。

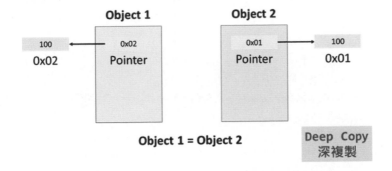

「深複製 Deep Copy」指的是把 *Object 2* 複製給 *Object 1* 時，另外宣告一筆資料，把 *Object 2* 內 *Pointer* 指到資料的值複製給 *Object 1* 下 *Pointer* 指到的資料，代表複製後 *Object 2* 與 *Object 1* 內的指標 *Pointer* 指向不同的資料。

本題稍微有些超出本章範圍，因為在深複製的過程中，必須紀錄哪些點已經記錄過，哪些點還沒有，因此會用到「深度優先搜尋」或「廣度優先搜尋」的概念。

範例程式碼

Chapter09/09_05_cloneGraph.cpp

複製圖 Clone Graph

```cpp
1   class Solution{
2   private:
3       // 記錄哪些頂點已經被複製過
4       // 從原本圖上的 node 映射到複製出的頂點 clone
5       // 只針對還沒複製過的頂點進行複製
6       unordered_map<Node*, Node*> Copied;
7   public:
8       Node* cloneGraph(Node* node){
9           // 例外處理：傳入的是空指標
10          if (node == 0)
11              return 0;
12
13          // 一般情形
14          // 在 Copied 內尋找 node
15          // 如果 find 的結果在容器外時，代表找不到/還沒複製過
16
17          if (Copied.find(node) == Copied.end()){
18              // Node 建構式要傳入 val
19              Copied[node] = new Node(node->val);
20              // 把 Node 的所有相鄰節點丟給複製出來的頂點
21              // 且會先對該相鄰節點進行同樣過程
22              //（相鄰節點先完成複製後才能被接上來）
23              // 這裡用到深度優先搜尋的概念，可以之後再回頭來看
24              for (Node* neighbor : node->neighbors){
25                  (Copied[node] -> neighbors).push_back(
26                      cloneGraph(neighbor)
27                  );
28              }
29          }
30          return Copied[node];
31      } // end of cloneGraph
32  }; // end of Solution
```

9-3 圖的分類

接下來介紹在圖論中,有哪些常見而經典的「圖」,但這一節的相關定義同樣只有大學課程中會用到,面試或競試時題幹多半會再說明一次,因此若不是為了準備大學課程,本節可以速速看過即可。

這裡會分別介紹以下幾種圖的定義:

A. 簡單圖 Simple Graph
B. 有向無環圖 DAG
C. 二分圖 Bipartite Graph
D. 平面圖 Planar Graph
E. 連通圖 Connected Graph
    a. 強連通圖 Strongly connected
    b. 弱連通圖 Weakly connected
    c. 不連通圖 Disconnected
I. 完全圖 Complete Graph
J. 樹與森林 Tree & Forest
K. 子圖、補圖、生成樹

許多圖論相關的題目是換個方法問「圖的分類」。比如要求判斷一個圖是否為二分圖時,可能會把問題轉換成:圖上的點代表人,是否能將這些點分為兩組來進行拳擊比賽或相親等,因此對這些不同類型的圖有基本的認識,在解題時或許會有一些幫助。

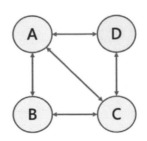

9-3-1 簡單圖 Simple Graph

簡單圖有兩個要求,第一個是「不包含重邊」,重邊指的是兩條邊編號不同,但是起點與終點卻相同,可以用下式表達:

$$e_i = e_j, i \neq j$$

第二個條件是「不包含自環」,自環指的是從某個頂點 v_i 出發,又指向 v_i 自己的邊,即 $e(v_i, v_i)$。

9-3-2 有向無環圖(Directed Acyclic Graph, DAG)

有向無環圖顧名思義,是不包含「環」的有向圖。

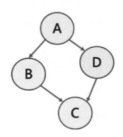

上面的圖是有向圖,因為箭頭是單向的,而且圖中沒有環,從 A、B、C、D 任一點出發,都無法回到出發點,因此這張圖屬於 DAG。

有向無環圖通常有一個大致的方向,如上圖中,大致的方向是「由上到下」,因而不會形成環。

動態規劃的過程本質上就是一張有向無環圖,因為過程中由小問題的解求到大問題的解,過程中運算都是單向的,只會用到已經求過的解,而不會受到之後才得到的解的影響。

回顧一下適用動態規劃的問題必須符合「無後效性」:每次解決子問題時,該子問題的解答只跟之前求解過的子問題有關,而不會用到還未求解的子問題答案。

也就是說，只有小問題的解會影響到大問題的解，大問題的解不會反過來影響到小問題的解，這樣才不會有循環影響的情形產生，對應了有向無環圖中沒有環的特性。

9-3-3　二分圖 Bipartite Graph

二分圖代表一個無向圖中，可以把頂點分成兩個集合 V_1、V_2，使得所有邊 $e(v_1, v_2)$ 連接的 v_1、v_2 必不在同一集合內。

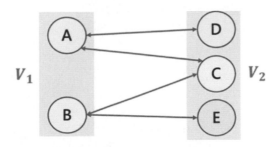

比如上圖中，所有的邊都是由其中一個集合指向另一個集合，也就是「跨越」了兩個集合，而不會起點和終點都在同一個集合 V_1 或 V_2 中。

針對一個無向圖進行「黑白染色」，也就是指定一個黑點，把所有與該點相鄰的點都塗成白色，接下來，再把所有與白點相鄰的點都塗成黑色，依此類推，直到整張圖中的每個點都是黑點或白點其中一種後，如果該無向圖是「二分圖」，圖中不會有任一個邊連接「黑點與黑點」、「白點與白點」，也就是說，不會有任何黑點與黑點相鄰，也不會有任何白點與白點相鄰。

二分圖常常以相親、競賽配對的方式出題，給你一些參賽者以及兩兩的對戰關係，接著問你能不能把所有選手分成兩間休息室，且同一個休息室內的選手兩兩未來不能對戰。

9-3-4 平面圖 Planar Graph

平面圖可以被畫在一個平面上,且所有的邊不相交。

平面圖的特性是:如果該圖把平面切出 F 個區塊,那麼根據尤拉公式 Euler Formula,有 $|V| - |E| + F = 2$。

也就是說,頂點個數減掉邊的個數,再加上區塊個數後會是 2。

可以想像一開始有一個三角形,共有 3 個邊、3 個頂點和 2 個區塊(三角形內部和外部),符合公式 $3 - 3 + 2 = 2$。

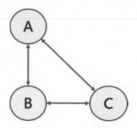

如果對這個圖進行擴充,三角形變成四邊形、五邊形時都是同時多出一個點、一個邊,而區塊數不變,因此公式仍然成立。

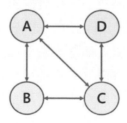

如果原本三角形的圖上多出一個封閉區塊,比如其中一個邊又向外加上兩個邊,變成圖中共有兩個三角形,那麼多出這個封閉區塊時,對公式中各項的改變為:頂點數 $|V|$ 增加 1,邊數 $|E|$ 增加 2,區塊數 F 增加 1,仍然會符合公式 $|V| - |E| + F = 2$。

上圖中,$|V| - |E| + F = 4 - 5 + 3 = 2$。

9-3-5 連通圖 Connected Graph

A. 無向圖的連通圖

首先討論無向圖的連通圖，無向圖的連通圖中，任兩點間一定存在一個路徑，否則就視為不連通。

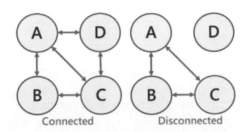

左邊的圖中，任兩個頂點間都存在路徑，因此屬於連通圖，右邊的圖中，因為 D 與其他點間不存在路徑，所以不是連通圖。

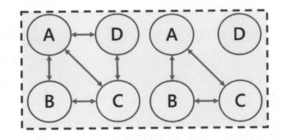

如果把上面的灰色區塊視為一張圖，其中會包含三個「連通子圖」。

B. 有向圖的連通圖

有向圖中，因為邊是單向的，所以與無向圖相比，較不容易形成連通圖，並且將連通圖分成以下三種：

  a. 強連通 Strongly Connected：任兩點間必存在路徑
  b. 弱連通 Weakly Connected：將該圖化為無向圖後，任兩點間必存在路徑
  c. 不連通 Disconnected：非強連通，也非弱連通的圖

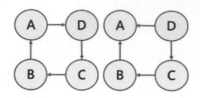

左上的圖中，因為任兩點間都有路徑，為強連通圖，右上的圖中，由 C 出發無法到 D，從 A 出發也無法到 D，但該圖化為無向圖後，任兩點間都有路徑，所以屬於弱連通圖。

C. 強連通元件 Strong Connected Component (SCC)

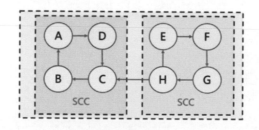

一張圖可以被視為一些強連通元件的集合，每個強連通元件的內部都是強連通的。比如上圖中，左邊的四個頂點是強連通元件，右邊的四個頂點也是強連通元件。

找到一張圖中每個極大化的強連通元件之後，就形成極大強連通子圖。之後在介紹深度優先搜尋時，會探討如何尋找強連通元件。

9-3-6 完全圖 Complete Graph

完全圖指的是圖中的頂點兩兩之間一定有邊。

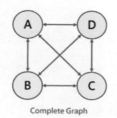

Complete Graph

無向圖的完全圖，其邊數是：

$$|E| = \frac{|V| \times (|V| - 1)}{2}$$

這是因為每個頂點都向外連到另外 $|V| - 1$ 個頂點，但是「從頂點 A 指向頂點 B 的邊」，和「從頂點 B 指向頂點 A 的邊」是相同的，所以要再除以 2。如果無向圖的邊數小於 $\frac{|V| \times (|V|-1)}{2}$，就一定不是完全圖。

有向圖中，因為「由 A 指向 B」和「由 B 指向 A」的邊不同，因此完全圖邊數是：

$$|E| = |V| \times (|V| - 1)$$

9-3-7 樹與森林 Tree & Forest

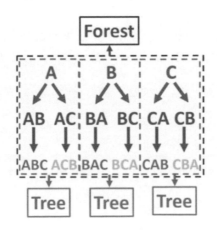

上面的圖中，有三棵樹 Tree，共同組成一個森林 Forest。

一顆「樹」需要符合以下的限制：

A. 沒有環

B. $|E| = |V| - 1$，因為除了有一個根節點沒有邊指到之外，所有的頂點都各被「一條邊」指到

C. 兩兩頂點間只有一條路徑

9-3-8 子圖、補圖、生成樹

A. 子圖 Subgraph

圖 G 的子圖，是指由圖 G 中取出的子集合 G'

- G' 的頂點集合 V' 為 G 的頂點集合 V 的子集合
- G' 的邊集合 E' 為 G 的邊集合 E 的子集合

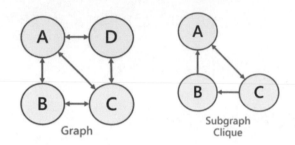

比如右上圖完全由左上圖中一部分的頂點和一部分的邊構成，因此右上圖就是左上圖的一個子圖，同時，左上圖為右上圖的母圖。

如果取出的子圖本身是一個完全圖，該子圖稱為「完全子圖」。

B. 補圖 Complement Graph

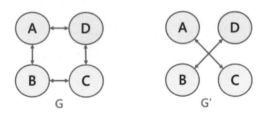

如果圖 G' 為圖 G 的補圖，那麼圖 G' 與圖 G 有「完全相同的頂點」，但是完全不同的邊。

更精確的說，如果圖 G 中有某條邊，圖 G' 中一定沒有該條邊，同時，若圖 G 中沒有某條邊，則圖 G' 中一定有該條邊，兩個圖的邊合起來就是完全圖的所有邊。

$$V(G') = V(G)$$

$$e \in E(G') \leftrightarrow e \notin E(G)$$

C. 生成樹 Spanning Tree

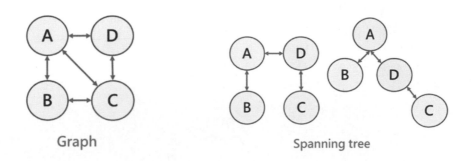

Graph　　　　　　　　　　Spanning tree

生成樹是從圖中取出「所有的頂點」和「部分的邊」，使得取出後的結果是一棵「樹」。

左上圖並不是一棵樹，不符合需要「沒有環」的要求，但取出所有頂點 A、B、C、D 與其中幾條邊後，成為右上圖，而右上圖符合樹的定義，因此右上圖是左上圖的「生成樹」。

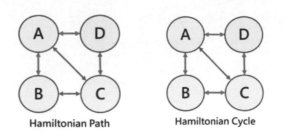

Hamiltonian Path　　　　Hamiltonian Cycle

9-3-9 漢米爾頓路徑與尤拉路徑 Hamiltonian Path and Euler Path

首先來看漢米爾頓路徑與漢米爾頓迴路的相關定義：

A. 漢米爾頓路徑：一條簡單路徑，且正好經過所有的頂點一次

B. 漢米爾頓迴路：經過所有頂點後，又回到起點的漢米爾頓路徑
   - 除了作為起點與終點的頂點外，其餘頂點都只經過一次
C. 漢米爾頓圖 Hamiltonian Graph：至少包含一個漢米爾頓迴路的圖
D. 漢米爾頓路徑問題 Hamiltonian Path Problem
   - 決定漢米爾頓路徑是否存在一個圖中
   - 與漢米爾頓迴路問題都是 NP-complete 問題

接著來看尤拉路徑與尤拉迴路的相關定義：

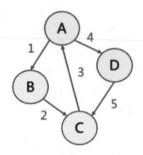

A. 尤拉路徑：恰好經過所有的邊一次的路徑
   - 起點與終點不必相同
   - 「一筆畫問題」就是在圖中尋找尤拉路徑
B. 尤拉迴路：恰好經過所有的邊一次的路徑
   - 起點與終點相同

比較漢米爾頓迴路與尤拉迴路

A. 漢米爾頓迴路
   - 恰好經過所有頂點一次
   - 邊可重複使用
B. 尤拉迴路
   - 恰好經過所有邊一次
   - 頂點可重複經過

9-4 AOV 網路、AOE 網路與拓樸排序

9-4-1 AOV 網路 Activity On Vertex

AOV 網路中用頂點表示活動，強調的是各活動間的「發生順序」。下圖中，v_1、v_2、v_3 等等都是活動。

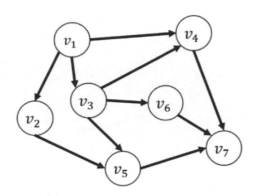

邊代表了這些活動間的優先順序，若存在邊 $e(v_i, v_j)$，就代表只有辦完 v_i 的活動後，才能辦理 v_j。

舉個例子，上圖中 v_1 可能代表就讀國中，v_2、v_3、v_4 分別代表就讀高中、高職、五專。只有就讀國中畢業後，才能就讀高中、高職或五專，因此 v_1 指向 v_2、v_3、v_4 三個頂點。

AOV 網路也可以拿來表示大學裡的先修，假設 v_1 是微積分，v_2、v_3 可能是離散數學、高等微積分等，這樣一個網路就代表必須先修過哪些課之後，才能繼續修習特定課程。研究這個問題對應的有向無環圖，有助得知從哪門課開始修習才能避免日後發生修課順序上的衝突。

9-4-2 拓樸排序 Topological Sort

拓樸排序是針對有向無環圖或 AOV 網路找到某個頂點的排列順序，使得每條邊與頂點的順序符合特定關係：若存在邊 $Edge(A, B)$，那麼在拓樸排

序中，點 A 一定排在點 B 之前（比如下面的圖進行拓樸排序後，頂點 A 一定在頂點 B 的左邊）。

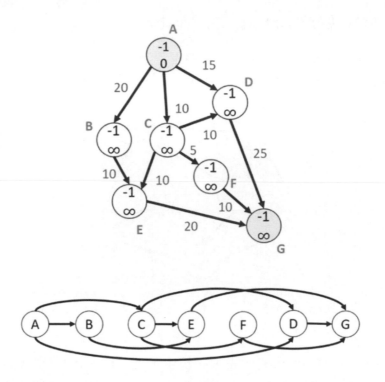

上面的圖中，把頂點根據特定順序由左排到右後，每個邊都是由左指向右，方向都相同，因此是一個拓樸排序。只有有向無環圖的拓樸排序才有意義，因為圖中只要有環，就不可能讓每條邊的指向在某個排序中都相同，一定會有至少一個邊與其他邊反向。

剛才提到可以用 AOV 網路來表示先修規定，得到該網路的拓樸排序後，只要從圖中最左邊的課修到最右邊的課，就一定不會遇到被擋修的問題，因為所有的邊都是由左往右，修到任一門課時，所有該門課的先修課程都已經在先前修習過了。

9-4-3 AOV 網路的拓樸排序

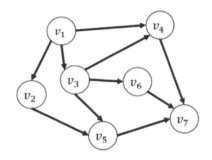

要得到一個 AOV 網路的拓樸排序時，可透過如下步驟進行：

A. 從其中一個入度為 0 的頂點出發，將該頂點置入排序中

B. 把該頂點的所有鄰邊刪除

C. 重複步驟 A、B，直到找不到入度為 0 的點

為什麼要從入度為 0 的頂點出發呢？假設 v_1 這個點對應的是「大一微積分」，這門課沒有任何先修課程，一上大學就可以修習，所以適合當作拓樸排序最左端（起點）的活動，避免有某條邊由右邊頂點指回來這個頂點的情形。

Topological Sort : v_1

把 v_1 放入排序後，接著就把所有 v_1 的鄰邊刪除，因為這時 v_1 這門課已經修過了，不用再擔心在未來任何一門課因為沒修過微積分被擋修，所以不需再考慮這些鄰邊（從 v_1 指向 v_2、v_3、v_4 的三條邊）。

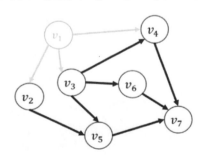

接著，可以再任選一個入度為 0 的點放入排序當中，因為這個點現在也是安全的，可以確定不會有任何指向這個點的邊是從右邊某個頂點向左指回來。

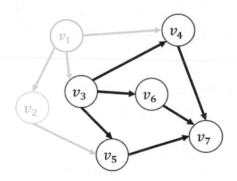

假設選擇 v_2，就把 v_2 指到 v_5 的邊拿掉，繼續往下考慮。

這時，因為 v_3 同時指到 v_4 和 v_5，所以只能選擇唯一入度為 0 的 v_3 放入排序，並且把 v_3 的所有出邊拿掉。

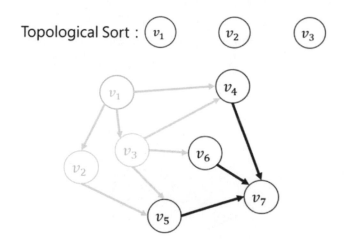

接下來依此類推,直到圖中的每個頂點都被放入排序中。

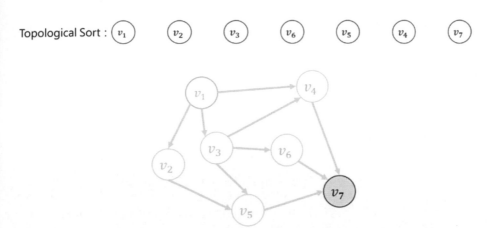

完成排序後,把原先圖中的邊重新標記上去,就會發現拓樸排序中所有的邊都是由左邊指到右邊。

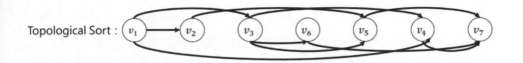

另外,因為每次選入度為 0 的點時,不一定只有一個選擇,所以一張圖的拓樸排序並不唯一。

9-4-4 LeetCode #207. 課程排序 Course Schedule

接下來 LeetCode 你可以試著寫寫看,看有沒有辦法自己刻出拓樸排序!

【題目】

你必須修習總共 $numCourses$ 門課,編號分別為 0 到 $numCourses - 1$。給定一個陣列 $prerequisites$,其中 $prerequisites[i] = [a_i, b_i]$ 代表必須要先修過「b_i」這門課,才能往下修「a_i」這門課(注意 b_i 才是先修要求)。

舉例來說,如果有陣列中有 [0,1],就代表必須先修過課程 1,才可以修課程 0。

如果有任一種方法能夠把所有課程修完,回傳 true,否則回傳 false。

【出處】

https://leetcode.com/problems/course-schedule/

【範例輸入與輸出】

- 範例一:
  - 輸入:numCourses = 2, prerequisites = [[1,0]]
  - 輸出:true
  - 先修完課程 0,就可以修課程 1。
- 範例二:
  - 輸入:numCourses = 2, prerequisites = [[1,0],[0,1]]
  - 輸出:false
  - 因為課程 0 和課程 1 互為先修課程,所以找不到可以修完的順序。

【解題邏輯】

首先,要把圖用圖論的方式記錄下來,可以採用鄰接列表或鄰接矩陣,接著,用上面介紹的方法進行拓樸排序,若中途找不到入度為 0 的頂點,代表無法完成拓樸排序,即回傳 *false*。

範例程式碼

Chapter09/09_06_canFinish.cpp

課程排序 Course Schedule

```
1   class Solution{
2   public:
3       bool canFinish(
4          int numCourses, vector<vector<int>>& prerequisites
5       ){
6          // 鄰接列表外層是長度為 numCourses 的向量
```

```
7          // 向量內每個元素都是另一個向量，記錄該課程的先修要求
8          vector<vector<int>> edges(numCourses);
9
10         // 計算每個頂點的入度，初始化為 0
11         vector<int> in_degree(numCourses, 0);
12
13         // 依序處理每個先修數字對
14         // prerequisite[1] -> prerequisite[0]
15         for (auto& pre : prerequisites){
16           edges[pre[1]].push_back(pre[0]);
17           // 調整頂點的入度
18           in_degree[pre[0]]++;
19         }
20
21         // 進行拓樸排序
22         // 儲存入度為 0 頂點的佇列
23         queue<int> topological_sort;
24         // 已經加入過佇列的頂點數目
25         int visited = 0;
26
27         // 找到入度為 0 的點，先放入 Queue 中
28         for (int i = 0; i < numCourses; i++){
29           if (in_degree[i] == 0){
30             // 放到佇列中
31             topological_sort.push(i);
32             visited++;
33           }
34         }
35
36         // 當入度為 0 的頂點還未處理完時
37         while (!topological_sort.empty()){
38           // 從 Queue 中拿出一個入度為 0 的頂點
39           int current = topological_sort.front();
40           topological_sort.pop();
41
42           // 取出該頂點的所有出邊，調整相鄰頂點的入度
```

```
43          for (int neighbor : edges[current]){
44              // 邊的方向：current -> neighbor
45              in_degree[neighbor]--;
46
47              // 如果 neighbor 調整後入度為 0
48              // 把該頂點加到佇列中
49              if (in_degree[neighbor]==0){
50                  topological_sort.push(neighbor);
51                  // 加入拓樸排序的頂點數目加一
52                  visited++;
53              }
54          } // end of for
55      } // end of while
56      // 所有課程都被加入到拓樸排序中
57      if (visited == numCourses){
58          return true;
59      }
60      // 否則代表無法產生拓樸排序，也就是無法修完所有課程
61      return false;
62    } // end of canFinish
63 }; // end of Solution
```

9-4-5 LeetCode #210. 課程排序 II Course Schedule II

【題目】

你必須修習總共 $numCourses$ 門課，編號分別為 0 到 $numCourses - 1$。
給定一個陣列 $prerequisites$，其中 $prerequisites[i] = [a_i, b_i]$ 代表必須要
先修過「b_i」這門課，才能往下修「a_i」這門課（注意順序不是反過
來）。舉例來說，如果陣列中有 [0,1]，就代表必須先修過課程 1，才可以
修課程 0。

回傳任一種能夠把所有課程修完的修課順序，如果沒有任何可行的順序，
回傳一個空陣列。

【出處】

https://leetcode.com/problems/course-schedule-ii/

【範例輸入與輸出】

- 範例一：
  - 輸入：numCourses = 2, prerequisites = [[1,0]]
  - 輸出：[0,1]
  - 先修完課程 0，就可以修課程 1，回傳修課順序的陣列 [0,1]。
- 範例二：
  - 輸入：numCourses = 4, prerequisites = [[1,0],[2,0],[3,1],[3,2]]
  - 輸出：[0,2,1,3]
  - 以 [0,1,2,3] 和 [0,2,1,3] 的順序都可以修完所有課程，任選其一回傳即可。

【解題邏輯】

與上題類似，唯一差別是要把拓樸排序依序存在向量中，再回傳該向量

範例程式碼

Chapter09/09_07_findOrder.cpp

課程排序 II Course Schedule II
| ```
1    class Solution{
2    public:
3        vector<int> findOrder(
4            int numCourses, vector<vector<int>>& prerequisites
5        ){
6            // 鄰接列表外層是長度為 numCourses 的向量
7            // 向量內每個元素都是另一個向量，記錄該課程的先修要求
8            vector<vector<int>> edges(numCourses);
9            // 儲存回傳結果的陣列
10           vector<int> result;
11
12           // 計算每個頂點的入度，初始化為 0
13           vector<int> in_degree(numCourses, 0);
``` |
```

```
14
15          // 依序處理每個先修數字對
16          // prerequisite[1] -> prerequisite[0]
17          for (auto& pre : prerequisites){
18            edges[pre[1]].push_back(pre[0]);
19            // 調整頂點的入度
20            in_degree[pre[0]]++;
21          }
22
23          // 進行拓樸排序
24          // 儲存入度為 0 頂點的佇列
25          queue<int> topological_sort;
26
27          // 找到入度為 0 的點，先放入 Queue 中
28          for (int i = 0; i < numCourses; i++){
29            if (in_degree[i] == 0){
30              // 放到佇列中
31              topological_sort.push(i);
32              // 把新增的頂點放到回傳結果中
33              result.push_back(i);
34            }
35          }
36
37          // 當入度為 0 的頂點還未處理完時
38          while (!topological_sort.empty()){
39            // 從 Queue 中拿出一個入度為 0 的頂點
40            int current = topological_sort.front();
41            topological_sort.pop();
42
43            // 取出該頂點的所有出邊，調整相鄰頂點的入度
44            for (int neighbor : edges[current]){
45              // 邊的方向：current -> neighbor
46              in_degree[neighbor]--;
47
48              // 如果 neighbor 調整後入度為 0
49              // 把該頂點加到佇列中
50              if (in_degree[neighbor] == 0){
51                topological_sort.push(neighbor);
```

```
52          // 把新增的頂點放到回傳結果中
53          result.push_back(neighbor);
54          // 加入拓樸排序的頂點數目加一
55        }
56      } // end of for
57    } // end of while
58    // 能形成排序時，回傳結果向量
59    if(result.size() == numCourses){
60      return result;
61    }
62    // 不能形成排序時，回傳空向量
63    else {
64      return vector<int>(0);
65    };
66  } // end of canFinish
67 }; // end of Solution
```

9-4-6 AOE 網路 Activity On Edge

AOE 網路用「邊」來表示活動 Activity（不同於 AOV 網路用頂點來表示），邊上的權重代表該活動完成所需的時間，頂點則代表事件 Event。

AOE 網路常被用在工程或專案評估中，就像要組裝一架飛機，要把機翼、客艙、駕駛座、玻璃、輪胎等各個部件都造好後，才能進入組裝流程。

每個活動各自有需要的時間，透過分析 AOE 網路，可以找到哪個路徑使用了最多時間，隨後，集中資源改善該路徑，就可以減少整個專案的耗時。

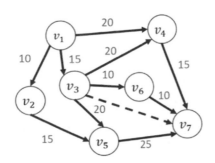

上圖這個 AOE 網路中,因為 v_1 和 v_3 都指到 v_4,所以 v_1 和 v_3 必須都被完成後,才能完成 v_4。由 v_1 和 v_3 指到 v_4 的兩條邊權重都是 20,代表各需時 20 天,v_3 指到 v_6 的邊權重則是 10,代表需要 10 天才能完成。

圖中也可以任意加上虛線,比如 $e(v_3, v_7)$ 就是一條這種「虛擬活動路徑 Dummy Activity Path」,在求「關鍵路徑」時,會令這種路徑的權重為 0,例如 $e(v_3, v_7) = 0$。

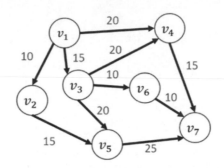

9-4-7 AOE 網路中的關鍵路徑 Critical Path

關鍵路徑代表了 AOE 網路對應的專案所需的最短時間,比如上圖中,要完成的事件是 v_7,從 v_1 開始,頂點會按照某個順序陸續完成,直到 v_7。這兩個頂點間有若干路徑,整個專案所需的時間,是路徑當中「耗時最多」的(稱為最長路徑)。

這類似管理學中的木桶理論(短板理論),如果一個木桶是由數個長條木板圍成,桶中可以承裝的水取決於「最短的那條木板」,無論其它條木板長度為何,只要水位超過最短的那條木板,水就會向外溢出。

同樣的,要完成作為目標的事件 v_7,所需時間會取決於「最慢的那條路徑」,比如從 $v_1 -> v_4 -> v_7$ 這條路徑需時 35 天,而 $v_1 -> v_3 -> v_5 -> v_7$ 這條路徑需時 60 天。因為 v_7 要被完成的前提是經過 v_4、v_5、v_6 三個頂點的路徑都被走完,所以即使其中某幾條路徑已經完成,還是一定要等到第 60 天時才能完成事件 v_7。

一個 AOE 網路中的關鍵路徑可能不只一條（可能有數條所需時間同為最長），尋找關鍵路徑的價值在於一旦找到，就能夠集中使用手上的資源來減少該路徑所需時間，也就可以有效加速整個專案。

尋找關鍵路徑時，定義每個活動的兩個時間點：

- 最早開始時間 Early time：該活動最早能夠啟動的時間
- 最晚開始時間 Late time：不影響整個專案需時的前提下，該活動最晚應該啟動的時間

假設被規定要先寫完數學作業才能寫物理作業，而寫完整份數學作業需時 3 天，那麼物理作業的「最早開始時間」就是第 4 天；如果週末就要考物理，在那之前需要讀完相關章節，且這需時 2 天，那麼讀物理的「最晚開始時間」就是從週末向前算兩天。

要得到最早開始時間與最晚開始時間，要先把 AOE 網路經過拓樸排序後，逐一針對頂點運算。

（1）找到「最早開始時間 Early Time」

v_j 的最早開始時間可以表示為：

$$E(v_j) = max(E(v_j), E(v_i) + w(v_i, v_j))$$

上式中 $E(v_j)$ 是進行此次運算前該頂點的最早開始時間，$E(v_i) + w(v_i, v_j)$ 則是先完成 v_i 之後，再從 v_i 進行到 v_j 所需的時間。

v_i	1	2	3	4	5	6	7
$E(v_i)$	0	0	0	0	0	0	0

如上表所示，一開始每個活動的最早開始時間都被設定為 0。

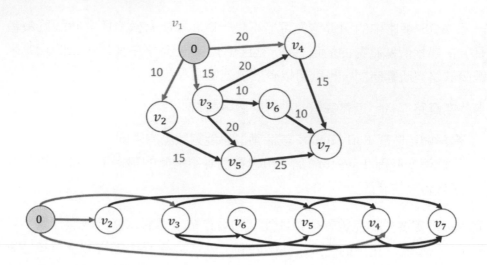

從 v_1 開始處理，v_1 有三條出邊，分別指向 v_2、v_3 和 v_4，這三個活動的最早開始時間都會被根據公式進行調整。v_1 到 v_2 需要 10 天，因此 v_2 的最早開始時間被更新為 10：

$$E(v_2) \; = \; max\big(E(v_2), E(v_1) + w(v_1, v_2)\big) \; = \; max(0, 0 + 10) \; = \; 10$$

類似的，v_3 和 v_4 的最早開始時間分別被更新為 15 和 20。

v_i	1	2	3	4	5	6	7
$E(v_i)$	0	10	15	20	0	0	0

接下來處理拓樸排序中的第二個活動 v_2。

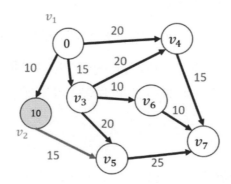

因為 v_2 只有一條出邊指向 v_5，所以根據公式更新 v_5 的最早開始時間：

$$E(v_5) = max(E(v_5), E(v_2) + w(v_2, v_5)) = max(0, 10 + 15) = 25$$

因為 v_2 本身的最早開始時間是第 10 天，而 v_2 開始後，還需要 15 天才能
開始 v_5，因此 v_5 的最早開始時間會是 $10 + 15 = 25$ 天。

v_i	1	2	3	4	5	6	7
$E(v_i)$	0	10	15	20	25	0	0

接下來，處理拓樸排序中的下一個頂點 v_3。

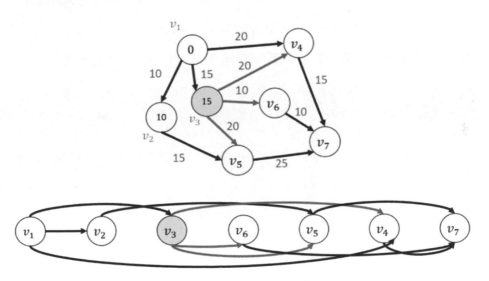

v_3 指到 v_4、v_5、v_6 三個點，因此要更新這三個點的值。比如：

$$E(v_5) = max(E(v_5), E(v_3) + w(v_3, v_5)) = max(25, 15 + 20) = 35$$

進行這次更新前，原本 v_5 的最早開始時間是經由 v_2 得到的 25 天，但是
發現經過 v_3 時，會需要 $15 + 20 = 35$ 天才能開始，因此 v_5 的最早開始時

間被更新為兩者中較大的 35 天。類似的，v_4 的最早開始時間也被從 20 天
更新為 $15 + 20 = 35$ 天。

v_i	1	2	3	4	5	6	7
$E(v_i)$	0	10	15	35	35	25	0

依此類推，按照拓樸排序中的順序對每個頂點進行處理後，得到下面的結
果：

v_i	1	2	3	4	5	6	7
$E(v_i)$	0	10	15	35	35	25	60

（2）找到「最晚開始時間 Late Time」

最晚開始時間可以表示為：

$$L(v_j) = min(L(v_j), L(v_i) - w(v_j, v_i))$$

首先，把所有活動的最晚開始時間都初始化為終點的最早開始時間 60。

v_i	1	2	3	4	5	6	7
$E(v_i)$	60	60	60	60	60	60	60

接下來，根據「反向拓樸排序」來逐一運算。也就是按照剛才拓樸排序的
相反順序，從 v_7 開始進行到 v_1。

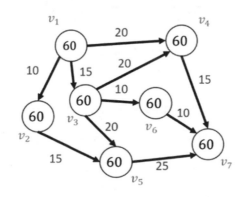

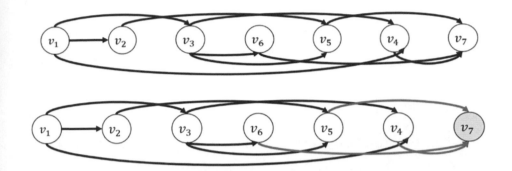

一開始，先對 v_7 進行處理。

因為 v_4、v_5、v_6 都指到 v_7，因此根據公式更新這三個活動的最晚開始時間。比如：

$$L(v_4) = min(L(v_4), L(v_7) - w(v_4, v_7)) = min(60, 60 - 15) = 45$$

這是因為如果希望 v_7 可以準時在第 60 天開始，而又知道 v_4 開始後，還需要 15 天 v_7 才能開始，那就代表 v_4 一定得要在第 $60 - 15 = 45$ 天之前就開始，否則一定會使得 v_7 的開始時間延宕。

類似的，v_5、v_6 會被分別更新為 $60 - 25 = 35$ 和 $60 - 10 = 50$ 天。

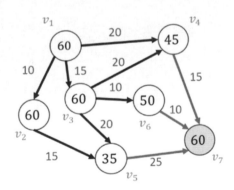

v_i	1	2	3	4	5	6	7
$E(v_i)$	60	60	60	45	35	50	60

接下來針對 v_4 處理。

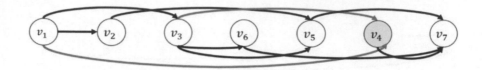

要更新 v_1 和 v_3 的最晚開始時間，比如：

$$L(v_3) = min\big(L(v_3), L(v_4) - w(v_3, v_4)\big) = min(60, 45 - 20) = 25$$

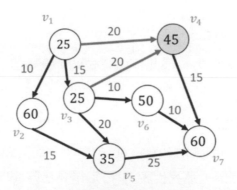

v_i	1	2	3	4	5	6	7
$E(v_i)$	25	60	25	45	35	50	60

依此類推，可以得到所有活動的最晚開始時間。讀者可以自行檢驗，會發現 v_1 的最晚開始時間是 0。

v_i	1	2	3	4	5	6	7
$E(v_i)$	0	20	15	45	35	50	60

（3）關鍵路徑的特性

關鍵路徑既代表專案所需的最短時間，也代表起點到終點的最長路徑。

$E(v_i) - L(v_i)$ 代表某個活動 v_i 可以「最多延後多少時間」而不會影響到整個專案的耗時。當 $L(v_i) - E(v_i) = 0$ 時，v_i 為關鍵活動 Critical Activity。

比如最早可以從星期一開始寫作業，而最晚必須在星期四開始寫的話，最多可以拖 3 天。如果某個作業一天都不能拖，一旦可以完成就必須馬上完成的話，這個活動就是關鍵活動。

關鍵路徑中的一個邊 $e(v_i, v_j)$ 一定滿足以下三個條件：

a. $E(v_i) = L(v_i)$：v_i 是關鍵活動
b. $E(v_j) = L(v_j)$：v_j 是關鍵活動
c. $E(v_j) - E(v_i) = L(v_j) - L(v_i) = w(v_i, v_j)$

v_i	1	2	3	4	5	6	7
$E(v_i)$	0	10	15	35	35	25	60
$L(v_i)$	0	20	15	45	35	50	60

從上表中，可以看出經過 v_1、v_3、v_5、v_7 的路徑為關鍵路徑。

9-5 實戰練習

接下來用兩題 LeetCode 練習讓你感受一下圖論問題的起手式：頂點與邊。

9-5-1 LeetCode #1615. 最大網路排序 Maximal Network Rank

【題目】

共有 n 個城市，且有一些道路連接其間。每個 $roads[i] = [a_i, b_i]$ 代表了 a_i 城市和 b_i 城市之間的一條雙向道路。

兩個不同城市間的「網路排序」被定義為連接到這兩個城市的道路數量總和，如果一條路連接的正好就是這兩個城市，只能計算一次。「最大網路排序」指的是這些城市當中，每一對（兩個城市）的網路排序中，其值最大者。

給定整數 n 和陣列 $roads$，回傳所有城市中能找到的最大網路排序。

【出處】

https://leetcode.com/problems/maximal-network-rank/

【輸入與範例輸出】

- 範例一：
    - 輸入：n=4, roads = [[0,1],[0,3],[1,2],[1,3]]
    - 輸出：4
    - 有兩條路連接到城市 0、三條路連接到城市 1，但直接連接城市 0 與城市 1 的那條道路只能被計算一次，因此回傳 4。
- 範例二：
    - 輸入：n=5, roads = [[0,1],[0,3],[1,2],[1,3],[2,3],[2,4]]
    - 輸出：5
    - 城市 1 和城市 2 之間的網路排序最大，為 5。

【解題邏輯】

本題可以針對每個城市先計算出各自連接到幾條道路，接著，把「每對城市」的連接道路透過相加算出來。

記得當兩個城市本身相鄰時，道路數要減一。

範例程式碼

Chapter09/09_08_maximalNetworkRank.cpp

最大網路排序 Maximal Network Rank
1   `class Solution{`

```
1   class Solution{
2   public:
3       int maximalNetworkRank(
4           int n, vector<vector<int>>& roads
5       ){
6           // 記錄每個城市連接到幾條道路
7           vector<int> numbers(n, 0);
8           // 記錄每對城市間是否有道路直接相連
```

```
9          // 大小為 n x n
10         vector<vector<bool>> connected(
11              n, vector<bool>(n, false)
12         );
13
14         // 依序針對每條道路處理
15         for(auto& road : roads){
16            // road[0] <-> road[1]
17            // 調整起點與終點城市的連接道路數量
18            numbers[road[0]]++;
19            numbers[road[1]]++;
20
21            // 記錄城市間的相連情形
22            connected[road[0]][road[1]] = true;
23            connected[road[1]][road[0]] = true;
24         }
25         // 負無限大
26         int max = -2147483648;
27         int current;
28
29         // 用雙重迴圈計算每對城市的網路排序
30         for(int i = 0; i < n; i++){
31            for(int j = 0; j < n; j++){
32               // 不與自己城市計算
33               if(i == j)
34                  continue;
35               // 兩個城市間有道路直接連接
36               else if (connected[i][j])
37                  current = numbers[i] + numbers[j] - 1;
38               // 兩個城市間沒有道路直接連接
39               else
40                  current = numbers[i] + numbers[j];
41               // 取出最大值
42               max = max > current ? max : current;
43            }
44         }
45         // 回傳得到的網路排序中的最大值
46
```

```
47        return max;
48    } // end of maximalNetworkRank
   }; // end of Solution
```

9-5-2 LeetCode #841. 鑰匙與房間 Keys and Rooms

【題目】

總共有 N 個上鎖的房間,而你從編號 0 的房間 $room_0$ 內出發(只有編號 0 沒有上鎖)。房間被依序編號為 $0, 1, 2, \ldots, N-1$,且每個房間中有若干把鑰匙可以用來進入其他房間。

每間房間 i 會有一個 $rooms[i]$,這是一個陣列,當中的每個元素 $rooms[i][j]$ 值都是 $[0, 1, \ldots, N-1]$ 中的某個整數,當 $rooms[i][j] = v$ 時,代表該鑰匙可以把房間 v 打開。

打開其他房間並進入之後,隨時可以回到之前進入過的房間。只有在能夠進入全部 N 個房間時,回傳 true。

【出處】

https://leetcode.com/problems/keys-and-rooms/

【範例輸入與輸出】

- 輸入:[[1],[2],[3],[]]
- 輸出:true

從房間 0 開始,拿取可以打開房間 1 的鑰匙,接著前往房間 1,拿取可以打開房間 2 的鑰匙,依此類推,可以進入全部 4 個房間,回傳 true。

【解題邏輯】

本題可以用「無向圖」的方式來分析,每個房間就是一個頂點,因為可以往返每個房間,所以頂點間的邊都是無向邊,如果整張圖是連通的,就代表可以走完每個頂點(房間),回傳 true。

想法就是從房間 0 開始走，接著依序打開房間 0 中的鑰匙可以打開的所有門，每到一個新房間就重複同樣的事：記錄來過這間房間，去這間房間裡可以到達的所有其餘房間試試，最後看造訪過的房間總數是否等於全部房間數，若是的話回傳 true。

範例程式碼

Chapter09/09_09_visit.cpp

鑰匙與房間 Keys and Rooms

```
1   class Solution{
2     void visit(
3       vector<vector<int>>& rooms, //每間房間裡的鑰匙
4       vector<bool>& visited, //房間是否走過
5       int current //現在進入的房間
6     ){
7       // 進入 current 這間時把 visited 設為 true
8       visited[current] = true;
9
10      // 從這間房間進入其他房間後
11      // 依序處理從這間房間可以進入的所有房間
12      for (auto key : rooms[current]){
13        // 已經進入過這把鑰匙可以進入的房間了
14        if (visited[key]){
15          continue;
16        }
17        // 進入這把鑰匙可以進入的房間
18        else {
19          visit(rooms, visited, key);
20        }
21      }
22    }
23
24  public:
25    bool canVisitAllRooms(vector<vector<int>>& rooms){
26      int len = rooms.size();
```

```
27          // 用布林陣列記錄每個房間是否進去過
28          // 初始化為 false，代表還未進去過
29          vector<bool> visited(len, false);
30          // 從房間 0 出發
31          visit(rooms, visited, 0);
32
33          // 因為上面 visit 函式傳入的是參考
34          // visited 已經在 visit 函式執行中被改寫
35          // 記錄了幾間房間進入過
36          int counts = 0;
37          for (int i = 0; i < len; i++){
38            if (visited[i]){
39              counts++;
40            }
41          }
42
43          // 如果全部的房間都進去過回傳 true
44          // 否則回傳 false
45          return counts == len;
46      } // end of canVisitAllRooms
47  }; //end of Solution
```

習 題

1. 圖(Graph)由哪兩種資料構成？(複選)

   A. 頂點(Vertices)

   B. 距離(Distances)

   C. 邊(Edges)

   D. 路徑(Paths)

   E. 節點(Nodes)

2. 圖的儲存形式最常見有兩種：鄰接矩陣(Adjacent Matrix)與鄰接列表 (Adjacent List)，關於這兩種方式的敘述哪些為真？(複選)

   A. 若欲查詢兩點間是否存在邊，鄰接矩陣需 $O(1)$

   B. 若欲查詢兩點間是否存在邊，鄰接列表需 $O(|E|)$，其中 $|E|$ 代表邊長個數

   C. 鄰接矩陣需要 $O(|V|^2)$ 的空間複雜度，其中 $|V|$ 代表頂點個數

   D. 鄰接列表需要 $O(|V| + |E|)$ 的空間複雜度，其中 $|V|$ 代表頂點個數、$|E|$ 代表邊長個數

   E. 稀疏的圖時較適用鄰接矩陣，空間利用率較大

   F. 稠密的圖時較適用鄰接列表，避免浪費大量空間

3. 關於圖論的敘述哪些為真？(複選)

   A. 樹(Tree)一定沒有環

   B. 樹(Tree)是圖的一種

   C. 許多棵樹(Tree)可構成森林(Forest)

   D. 有向圖總是可以轉成無向圖

   E. 圖中所有頂點的入度和必等於出度和

4. 關於拓樸排序(Topological Sort)的敘述哪些為真？(複選)

    A. 若圖中有環，則無法形成拓樸排序

    B. 對任意圖來說，拓樸排序只會有唯一一種可能

    C. 最有效產生拓樸排序的時間複雜度為 $O(|V| + |E|)$

    D. 可以選擇出度為 0 的點作為拓樸排序的起點

5. 給定一圖如下，請問下列哪些是合法的拓樸排序？(複選)

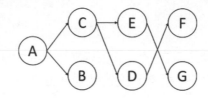

    A. ABDCEFG

    B. ABCDFEG

    C. ACDBEFG

    D. ABDECFG

    D. ACDBGEF

Chapter

10

廣度優先搜尋 Breadth-First Search

本章介紹廣度優先搜尋（Breadth-First Search, BFS）。

首先會先介紹什麼叫「圖的搜尋」，以及圖的搜尋有哪些特別需要注意的地方。

再來介紹廣度優先搜尋的常見應用：

1. 計算連通元件的數目
2. 窮舉所有情形
3. 尋找最短路徑
4. 確認圖中是否有環

最後，會再做幾題實戰練習。

廣度優先搜尋與深度優先搜尋這兩章非常重要而且實用，請務必自己至少動手實作過這兩種演算法。

10-1 圖的搜尋

圖的問題很多都由下列三種問題演變而來：

1. 兩頂點間是否存在路徑
   - 從其中一個頂點出發是否能夠到達另一個頂點，比如從台北出發，可以「開車」到台中，但是不能「開車」到東京
2. 尋找兩頂點間的最短路徑
3. 盡可能把所有的頂點或路徑走過一次
   - 比如要知道「哪個城市有賣漢堡」，必須把所有的城市（頂點）都造訪過一次才能得到答案

資料結構一書提到二元樹的走訪有「前序」、「中序」、「後序」三種方式，二元樹之所以可以用這些方式走訪，是因為當中沒有「環」，否則就不能用這些方式進行。

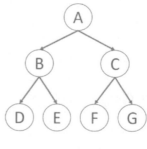

➤ 前序 (Pre-order)
　✓ ABDECFG
　✓ 每經過一個新節點就先處理該節點
➤ 中序 (In-order)
　✓ DBEAFCG
　✓ 左子樹的資料都處理完再處理該節點
➤ 後序 (Post-order)
　✓ DEBFGCA
　✓ 左右子樹的資料都處理完再處理該節點

紅字為根節點

然而，在可能「有環」的圖中，仍然需要按照某種固定的行為準則來造訪所有頂點，每到一個頂點後，就按照此規則決定接下來要造訪哪個點。

一個理想的行為準則，可以避免因為圖中有環而陷入無窮迴圈，常見的兩種造訪方式就是「廣度優先搜尋」和「深度優先搜尋」。

10-1-1 「**廣度優先搜尋 BFS**」和「**深度優先搜尋 DFS**」

這兩種搜尋方式決定了應該先求「廣」還是先求「深」，我們可以從兩個例子來看這兩種搜尋方式的精神。

（1）安排讀書日程

比如若有七個科目要考試，可以決定每個科目都先只念一天，隔天就念另外一科，直到七個科目國文、英文、數學、…都各念過一天之後，再從第一科開始念每科的第二天。

第一輪時每一科只讀一點，下一輪又輪到時，再往下讀一點，這屬於「廣度優先讀書法」。

「深度優先讀書法」指的則是把一科從頭到尾準備完後，再開始準備下一科。

也就是説，廣度優先是對每個選擇／路徑都淺嘗輒止，先找到許多選擇、路徑後輪流向下執行；深度優先則是把一個路徑「走到底」，直到無法再往下走時，才考慮下一個路徑。

（2）找喜歡的工作

另一個例子是「如何找到喜歡的工作」：廣度優先的方法是每種工作先打工打個三天，三天一到就換下一個工作，直到選項中每個工作都做過三天之後，如果仍然無法決定，再從第一個選項開始新的一輪，繼續每個工作都再打工三天，直到能夠決定哪個工作自己最喜歡。

深度優先的方法則是把選項中的一個工作一直往下做，直到真的無法再做下去，確定這個工作一定不是自己喜歡的，才去嘗試下一個工作。

（3）空間複雜度的比較

因為「廣度優先搜尋」要記錄下每個選擇（路徑）各自進行到哪裡，所以會較耗費記憶體空間，「深度優先搜尋」則比較節省記憶體空間，不過這兩種搜尋方式各自有較適用的場合，之後會一一介紹。

10-1-2 廣度優先與深度優先搜尋的走迷宮策略

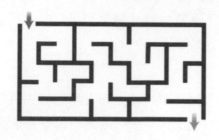

上圖中的迷宮起點在左上角,終點則在右下角,目標是要找到一條可行的路從起點通到終點,此時廣度優先搜尋和深度優先搜尋進行的過程就會有所不同。

A. 廣度優先搜尋 Breadth-First Search(BFS)

    a. 先處理完所有相鄰節點後,再往下處理

    b. 每條路都淺嘗輒止

    c. 通常使用佇列 Queue 來達成

B. 深度優先搜尋 Depth-First Search(DFS)

    a. 先把相鄰節點之一往下處理完之後,再對下一個相鄰節點處理

    b. 每條路都走到底,不行再試下一條

    c. 通常使用堆疊 Stack 來達成

為了避免因為圖中有環而導致無窮迴圈或記憶體的浪費,要找到能夠辨識環的方式。

在童話故事中,一對兄妹在森林裡,為了避免迷路,就在往前走的過程中一路「撒麵包屑」,達到「凡走過必留下痕跡」的效果。這樣一來,之後只要看到麵包屑,就知道「這條路已經走過了」,避免重複嘗試某一條路。

同樣的,每造訪圖中的一個頂點,就要對該頂點做標示,這樣一來之後執行時就可以得知該點是否已經走過。

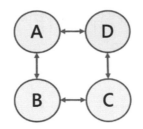

在廣度優先與深度優先搜尋中，通常會把頂點分成三種

A. 白色：尚未尋訪也尚未開始處理
B. 灰色：已尋訪過，但尚未處理完
C. 黑色：已尋訪過且已經處理完畢

遇到不同顏色的節點時，會進行不同的動作

A. 走到白色節點：發現新大陸，可以進行處理
B. 走到灰色節點：忽略（BFS）、確定有環（DFS）
C. 走到黑色節點：可以結束該次尋訪

在走一個迷宮時，廣度優先搜尋會從出發點開始，找到所有可以移動的方向，接下來，會把這些方向記錄下來，例如把（A1、B1、C1、...、Z1）放入佇列中。

沿著每個方向都往前走到一個路口（有超過一種以上的選擇時），比如沿著 A1 路徑往前走到 T 字路口，有往左和往右的兩種可能走法（A2 和 B2），一旦到路口，就把繼續往下走的數個方向同樣記錄下來（清單中變為 A1、B1、C1、...、Z1、A2、B2），但是並不直接執行 A2、B2，而是按照原本清單中的順序，從 B1 開始往下走到路口、新增路徑到清單後端、C1 開始往下走到路口、新增路徑，依此類推，直到完全無路可走，或者已經到達終點為止。

因為一路上需要同時記錄很多種可能，所以廣度優先搜尋比較耗費儲存空間。

10-2 廣度優先搜尋的實作

在進入廣度優先搜尋的實作前,先看一下會用到的資料結構:佇列 Queue。

10-2-1 佇列 Queue

佇列像是一個陣列 array,但是有固定的新增和刪除方向,插入資料和刪除資料的方向在「異側」,這又叫做 first-in-first-out(FIFO),最先進入結構的資料會最先出來。

這樣的運作模式就像在電影院排隊入場時,新來的人要從後面(隊伍尾端)開始排,而入場是從前面(隊伍的開頭)一個個入場。新增資料在右邊,刪除資料則從左邊,兩種操作在「異側」進行的,就叫做佇列,也因為最先新增的資料屆時會先被刪除,因此又稱為先進先出 First In, First Out(FIFO)。

佇列的資料有「兩端」,所以可以回傳開頭的資料,也可以回傳結尾的資料:front 回傳「前端 / 刪除端」的資料,rear 則回傳「末端 / 新增端」的資料。

佇列 Queue 常用操作	
push(value)	新增一筆資料 value
pop()	刪除一筆資料
front()	回傳前端（刪除端）的資料
rear()	回傳末端（新增端）的資料
empty()	確認 queue 中是否有資料
size()	回傳 queue 中的資料個數

下面的例子中，push 是從「上面」往佇列中新增資料，pop 是從「下面」開始刪除資料。因為新增和刪除在異側，有兩個指標 front 和 rear 分別指向兩端的資料。

push(6) 的時候，把 6 從上面丟進去，push(4) 的時候，同樣是從上面丟，因此 4 會在 6 的上面。pop() 是從下面刪除一筆資料，因此 4 和 6 兩者中較下方的 6 被刪除。

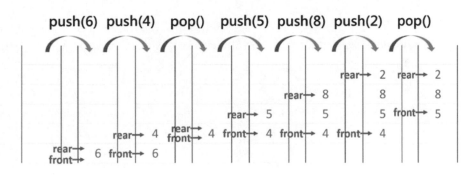

操作	front	rear	說明
push(6)	6	6	front 和 rear 都指向唯一的一筆資料 6
push(4)	6	4	rear 指向新加入的資料 4 front 指向接下來若進行刪除會刪掉的資料 6
pop()	4	4	從下方把 6 刪掉，rear 和 front 都指向 4
push(5)	4	5	從上方新增 5

操作	front	rear	說明
push(8)	4	8	從上方新增 8
push(2)	4	2	從上方新增 2
pop()	5	2	從下方把 4 刪掉

佇列 Queue 的常見用途為：

A. 依序處理先前的資訊
  a. 常用來做資料的緩衝區
  b. 記憶體（標準輸出、檔案寫入）
  c. 印表機輸出
  d. CPU 的工作排程
B. 迷宮探索、搜尋：廣度優先搜尋（BFS）
C. 無法直接得知 Queue 中間有哪些資料：與堆疊相同，只能以 pop 依序拿出資料

通常佇列 Queue 會被用來依序處理資訊和做工作排程。

假設今天教室中的二十台電腦共用一台印表機，如果這些電腦在很短的時間內都要求列印，印表機應該如何決定先印誰的文件呢？

比較公平的做法應該是哪台電腦的文件先傳送到印表機，就先把這台電腦的文件印出，所以印表機當中就有類似佇列的資料結構，它每接收到一個

要列印的文件，就將文件放到佇列中，真正進行列印時，則從另一端取出一個一個文件依序印出，先到者就先印出來。

但想得知位在 Queue 中間的某筆資料內容為何，不能跳過前面的資料，必須使用 pop() 依序將前面的資料全部取出，直到目標資料在最前端時才能得知。

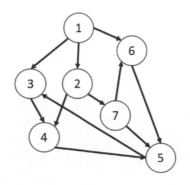

10-2-2 廣度優先搜尋的進行過程

廣度優先搜尋的規則是先把所有的「鄰居」都造訪過之後，再繼續處理其他資料，也就是說，每個可能的路徑都只往下走一小步，下一輪時才會再往下又走一小步。

上圖當中，一開始所有節點都是未經處理也未經尋訪的「白色」。先任選一個起點 1，把 1 放到 Queue 中。

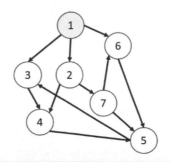

接下來，節點 1 有 3 個相鄰節點 3、2、6，這三個相鄰節點都被放到
Queue 中，此時 1 已經處理完，因此從 Queue 中將 1 移除（Queue 的圖中
保留 1 只是為了閱讀方便，實際上已經移除），並且圖中節點 1 被塗上已
處理完的「黑色」，3、2、6 則是「灰色」。

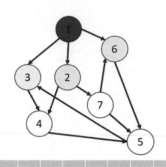

此時 Queue 中最前面的資料是 3，因此針對 3 進行處理，3 的相鄰節點是
4，4 被放到 Queue 中；然後因為 3 已經被處理完，因此從 Queue 中移
除，並把節點 3 塗上「黑色」、節點 4 塗上「灰色」。

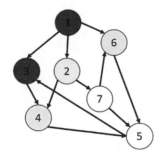

接下來 Queue 中最前面的資料是 2，它的相鄰節點是 4 和 7，但是 4 已經
被塗成灰色，因此只需把白色的 7 放入 Queue 中即可，接下來，把 2 從
Queue 中移除，節點 2 塗成黑色、節點 7 塗成灰色。

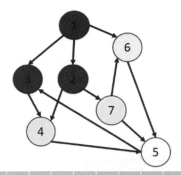

| 1 | 3 | 2 | 6 | **4** | **7** | | | | | | | | | | | | | |

接下來的部分就是檢索 Queue 中最前面的資料 6，以此類推。直到 Queue 只剩下節點 5，因為節點 5 沒有相鄰節點，所以結束處理。

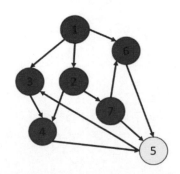

| 1 | 3 | 2 | 6 | 4 | 7 | 5 | | | | | | | | | | | | |

就像這樣，每一輪的步驟是

A. 處理 Queue 中最前面的資料

B. 把該節點的相鄰節點（當中白色者）放入 Queue

C. 把 Queue 中最前面的節點從 Queue 中移除、且該節點塗成黑色

D. 把剛才放入 Queue 的節點塗成灰色

廣度優先搜尋的進行過程像是從起點開始「一層層擴散出去」，一開始從起點 1 擴散出第一層：

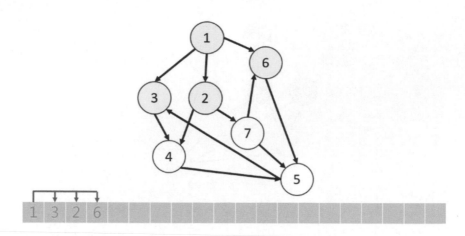

接下來,從第一層的 3、2、6 又向外擴散出另一層,一層一層擴散出去就是廣度優先搜尋的特性。

從 Queue 的角度來看,廣度優先搜尋的結束條件是「Queue 中的資料全部處理完畢」,而圖上節點的顏色意義則是:

A. 白色:沒有被放入 Queue 中過

B. 灰色:已經被放入 Queue 中,還未處理到

C. 黑色:已經被放入 Queue 中過,並且目前已經被移除

10-2-3 廣度優先搜尋的複雜度

BFS(G,s):

```
1    // 把所有節點塗成白色
2    for each vertex(v) in G:        ⎤ O(|V|)
3        color[v] = white           ⎦
4
5    // 一開始 queue 中只有起點
6    path_queue = {s}
7    color[s] = gray
8
9    // queue 中還有資料時要繼續執行
```

```
10    while path_queue.size() != 0:
11        // 從 queue 中取出最前面的節點
12        vertex_now = path_queue.pop()
13        // 處理每個相鄰節點，一個「相鄰」關係對應一條邊
14        for each vertex in vertex_now.adjacent():
15            // 只針對其中白色的節點處理
16            if color[vertex]==white:
17                // 相鄰節點塗成灰色
18                color[vertex] = gray
19                // 相鄰節點被加入 queue 中
20                path_queue.push(vertex)
21            // 處理完後變成黑色
225            color[vertex_now] = black
```

O(|E|)

初始化的過程會把所有頂點塗成白色，需要 $O(|V|)$，接下來每條邊都會在 for 迴圈檢查相鄰節點時被處理，需要 $O(|E|)$，因此整個過程的複雜度為 $O(|V| + |E|)$。

10-2-4 廣度優先搜尋的實作

這裡示範用前面建立的「無權重的鄰接列表」來實作廣度優先搜尋：

範例程式碼

Chapter10/10_01_BFS.cpp

廣度優先搜尋

```
1    void Graph::BFS(int start){
2        // 起點 start 對應到索引值 start-1
3        start--;
4
5        // 顏色與 int 的對應
6        // 0：白色 white
7        // 1：灰色 gray
8        // 2：黑色 black
```

```
9
10       // 把所有頂點塗成白色
11       vector<int> color(vertex, 0);
12       // BFS 使用的佇列
13       queue<int> BFS_Q;
14
15       // 把起點放進 Queue 中並塗成灰色
16       BFS_Q.push(start);
17       color[start] = 1;
18
19       // 印出頂點
20       cout << start + 1 << "->";
21
22       // 當 Queue 中還有資料
23       while(!BFS_Q.empty()){
24          // 取出 Queue 中最前面的資料再刪除
25          int current = BFS_Q.front();
26          BFS_Q.pop();
27
28          // 針對 current 的相鄰節點處理
29          for(auto iter = edges[current].begin();
30                  iter != edges[current].end();
31                  iter++
32           ){
33            // 只處理相鄰頂點中白色者
34            if (color[*iter] == 0){
35              // 印出目前處理的節點
36              cout << (*iter) + 1 << "->";
37              // 放入 Queue 中
38              BFS_Q.push(*iter);
39              // 塗成灰色
40              color[*iter] = 1;
41            }
42          } // end of for
43          // current 處理完後把 current 塗成黑色
44          color[current] = 2;
```

45	`    } // end of while`
46	`} // end of BFS`

10-3 計算連通元件個數

回憶一下無向圖的連通圖：任兩點間一定存在一個路徑，否則就視為不連通。

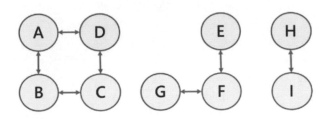

上圖中有三個連通元件，若以 A 點做為起點進行廣度優先搜尋，A、B、C、D 四個點會被塗成黑色，但其他點仍未處理，因此要再進行第二次、第三次廣度優先搜尋，直到所有頂點都被處理過。

每執行一次廣度搜尋，就會把「一個」連通元件中的所有頂點塗成黑色，因此要跑幾次廣度優先搜尋才能把整張圖全部塗黑，就代表圖中有幾個連通元件。

10-3-1 計算連通元件個數的實作

更改剛才的程式碼：

範例程式碼

Chapter10/10_02_Connected_Component.cpp

計算連通元件的個數	
1	`int Graph::connected_component(){`

```
 2      // 0:white; 1:gray; 2:black
 3      // 把所有頂點塗成白色
 4      vector<int> color(vertex, 0);
 5      // 計算連通元件的數目
 6      int component = 0;
 7      // 任選一個起點開始
 8      for(int i = 0; i < vertex; i++){
 9          // 如果 i 經過前面的處理還是白色
10          // 就再從它開始進行 BFS
11          if(color[i] == 0){
12              // 每做一輪 BFS 表示連通元件數目 + 1
13              component++;
14              queue<int> BFS_Q;
15              // 從 i 開始進行 BFS
16              int start = i;
17              BFS_Q.push(start);
18              color[start] = 1;
19              while(!BFS_Q.empty()){
20                  // 取出 Queue 中第一筆資料 current
21                  int current = BFS_Q.front();
22                  BFS_Q.pop();
23                  // 找 current 的所有相鄰頂點
24                  for(auto iter = edges[current].begin();
25                      iter!=edges[current].end();
26                      iter++
27                  ){
28                      if(color[*iter]==0){
29                          // current 的所有相鄰白點放入 Queue
30                          BFS_Q.push(*iter);
31                          // 再把該點塗成灰色
32                          color[*iter] = 1;
33                      }
34                  }
35                  // 處理完 current 後把其塗黑
36                  color[current] = 2;
37              }
38          }
39      }
```

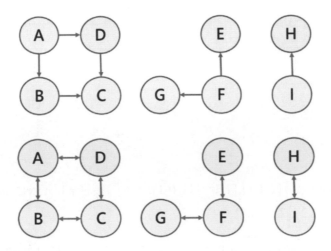

若要計算有向圖的「弱連通」元件個數時，先將其轉換為無向圖後，再用一樣的方法計算即可。

10-3-2 LeetCode #733. 洪水填充 Flood Fill

【題目】

一個 $m \times n$ 的整數陣列 $image$ 代表了一張圖片，其中 $image[i][j]$ 是圖片中一個像素的像素值。

給定三個整數 sr，sc 和 $newColor$，請用「洪水填充」的方式從 $image[sr][sc]$ 開始把整張圖片塗成新的顏色。

所謂「洪水填充」，是從起點開始，把該像素的上下左右四個像素中與起點顏色相同者都一起塗成新的顏色 $newColor$，接下來，把剛才的四個像素的上下左右四個像素中顏色相同者也都塗成 $newColor$，依此類推，直到用 $newColor$ 填充完所有應被填充的像素。

完成洪水填充後，回傳修改過的 $image$。

【出處】

https://leetcode.com/problems/flood-fill/

【範例輸入與輸出】

- 輸入：image = [[1,1,1],[1,1,0],[1,0,1]], sr = 1, sc = 1, newColor = 2
- 輸出：[[2,2,2],[2,2,0],[2,0,1]]

從起點 [1][1] 開始，把上下左右四個像素中「顏色和起點同樣為 1 的上和左」塗成 newColor = 2，接下來，因為左上、右上、左下三個像素和上一輪中被塗色的像素上下左右相連，因此也被塗成 2。

注意右下角的 1 沒有被塗成 2，因為從起點出發一路往上下左右四個方向（不含斜角）值為 1 的點擴張時，不會到達右下角。

【解題邏輯】

本題可以用廣度優先搜尋解決，利用廣度優先搜尋跑遍同一個連通圖下的所有資料，另外，雖然題目中給定的是二維陣列，但是進行 BFS 時，仍然可以使用一維的 Queue：

比如 $image[2][1]$ 是第 3 個 row，第 2 個 column。如果 cols 是一個 row 的長度（一個橫列共有幾筆資料），那麼 $image[2][1]$ 就會是從左上角數來第 $2 \times cols + 1$ 筆資料。

一般來說，$image[x][y] = x \times cols + y = P$。從位置 P（第幾筆資料）要轉換回以 x、y 表示時，$(x, y) = (P/cols, P\%cols)$。

範例程式碼

Chapter10/10_03_floodFill.cpp

洪水填充 Flood Fill

```
1   class Solution{
2   public:
3       vector<vector<int>> floodFill(
4           vector<vector<int>>& image,
5           int sr, int sc, int newColor
6       ){
7           // 取得二維陣列 image 的大小
8           int rows = image.size();
9           int cols = image[0].size();
10
11          // BFS 會用到的 Queue
12          // 可以使用一維陣列來表示二維的資料
13          queue<int> Pixels;
14
15          // image[x][y] = x*cols + y = P
16          // (x,y) = (P/cols, P%cols)
17          // 在 Queue 中加入起點 (sr, sc)
18          Pixels.push(sr * cols + sc);
19          // 起點原本的顏色
20          int color_replaced = image[sr][sc];
21
22          // 例外處理：newColor 和起點原本的顏色相同
23          // 不需做任何動作
24          // 若不做此例外處理，可能產生無窮迴圈
25          if (color_replaced == newColor){
26              return image;
27          }
28
29          // 先把起點換成 new_color
30          image[sr][sc] = newColor;
31
32          // Queue 中還有資料時繼續進行
33          while(!Pixels.empty()){
```

```
34              // 取出 Queue 中最前面的資料
35              int current = Pixels.front();
36              Pixels.pop();
37
38              // 把 Queue 中資料從位置 P 的形式回復為 (x, y) 形式
39              int x = current / cols;
40              int y = current % cols;
41
42              // 需在邊界內，且與原點原本的顏色相同時才進行處理
43              // 檢查下方像素
44              if (x + 1 < rows && image[x + 1][y] == color_replaced){
45                  // 顏色塗成 newColor
46                  image[x + 1][y] = newColor;
47                  // 從這個像素的座標 (x,y) 換算出這個點的位置 P
48                  int P = (x + 1) * cols + y;
49                  // 把位置 P 加到 Queue 中
50                  Pixels.push(P);
51              }
52              // 檢查上方像素
53              if (x - 1 >= 0 && image[x - 1][y] == color_replaced){
54                  image[x - 1][y]=newColor;
55                  int P = (x - 1) * cols + y;
56                  Pixels.push(P);
57              }
58              // 檢查左方像素
59              if (y - 1 >= 0 && image[x][y - 1] == color_replaced){
60                  image[x][y - 1]=newColor;
61                  int P = x * cols + (y - 1);
63                  Pixels.push(P);
63              }
64              // 檢查右方像素
65              if (y + 1 >= 0 && image[x][y + 1] == color_replaced){
66                  image[x][y + 1] = newColor;
67                  int P = x * cols + (y + 1);
68                  Pixels.push(P);
69              }
70          } // end of while
71      return image;
```

```
72        } // end of floodFill
73   }; // end of Solution
```

10-3-3 LeetCode #200. 島嶼數目 Number of islands

【題目】

給定一個 $n \times n$ 的二維陣列 $grid$，代表一張地圖，其中 1 代表「陸地」，0 代表「水」，回傳「島嶼的數目」。

一個島嶼被水包圍，陸地間上下左右連接起來就成為一個島嶼，假設陣列的外面四周都是水（島嶼不會延伸超出邊界）。

【出處】

http://leetcode.com/problems/number-of-islands/

【輸入與範例輸出】

- 範例一：
  - 輸入：grid = {

        ["1","1","1","1","0"],

        ["1","1","0","1","0"],

        ["1","1","0","0","0"],

        ["0","0","0","0","0"]

        }
  - 輸出：1
- 範例二：
  - 輸入：grid = {

        ["1","1","0","0","0"],

        ["1","1","0","0","0"],

        ["0","0","1","0","0"],

        ["0","0","0","1","1"]

        }

- 輸出：3

【解題邏輯】

本題同樣可以用廣度優先搜尋解決，利用廣度優先搜尋跑遍同一個連通圖下的所有資料，最後看總共跑幾次廣度優先搜尋就代表圖中有幾個島嶼。

範例程式碼

Chapter10/10_04_numIslands.cpp

島嶼數目 Number of islands

```
1   class Solution{
2   public:
3       int numIslands(vector<vector<char>>& grid){
4           // 取得 grid 的大小
5           int rows = grid.size();
6           int cols = grid[0].size();
7           // BFS 使用的 Queue
8           queue<int> Pixel;
9           // 計算島嶼數目
10          int islands = 0;
11
12          // 對每筆資料進行處理
13          for (int i = 0; i < rows; i++){
14            for (int j = 0; j < cols; j++){
15                // 一旦發現一筆資料是未造訪過的陸地，就進行 BFS
16                // 把 '1' 定義為「未造訪過」
17                // 把 '2' 定義為「已造訪過」
18                if (grid[i][j] == '1'){
19                    // 把 grid[i][j] 當作起點進行 BFS
20                    // 每做一輪 BFS，島嶼數量加 1
21                    islands++;
22                    // 先把該頂點標記為已造訪過
23                    grid[i][j] = '2';
24                    // 把起點加入 Queue 中
25                    Pixel.push(i * cols + j);
```

```
26
27                    // BFS
28                    while(!Pixel.empty()){
29                        // 每次從 Queue 中取出一筆資料
30                        int current = Pixel.front();
31                        Pixel.pop();
32                        int x = current / cols;
33                        int y = current % cols;
34
35                        // 處理下方
36                        if (x + 1 < rows && grid[x + 1][y] == '1'){
37                            grid[x + 1][y] = '2';
38                            Pixel.push((x + 1) * cols + y);
39                        }
40                        // 處理上方
41                        if (x - 1 >= 0 && grid[x - 1][y] == '1'){
42                            grid[x - 1][y] = '2';
43                            Pixel.push((x - 1) * cols + y);
44                        }
45                        // 處理右方
46                        if (y + 1 < cols && grid[x][y + 1] == '1'){
47                            grid[x][y + 1] = '2';
48                            Pixel.push(x * cols + (y + 1));
49                        }
50                        // 處理左方
51                        if (y - 1 >= 0 && grid[x][y - 1] == '1'){
52                            grid[x][y - 1] = '2';
53                            Pixel.push(x * cols + (y - 1));
54                        }
55                    } // end of while
56                } // end of if
57            } // end of inner for
58        } // end of outer for
59        return islands;
60    } // end of numIslands
61 }; // end of Solution
```

10-4 窮舉所有情形

另一個廣度優先常見的應用是「窮舉所有可能」。

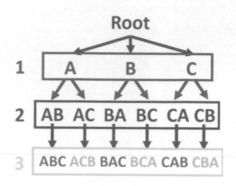

10-4-1 用廣度優先搜尋窮舉所有可能

所有的情形和可能的發展可以被畫成「樹狀圖」。一層一層依序把樹建立出來的過程中,每一層都在建立後被放到 Queue 裡,隨後該層的資料被取出來,進行下一步的窮舉,據以建立出下一層,直到 Queue 為空時,就得到了窮舉出的所有情形。

舉例來說,如果要得到「ABC 三個字母各一個的所有排列可能」,藉由數學運算可以知道共有 3! = 6 種可能,而使用廣度優先搜尋可以把這 6 種可能都自動列出。

首先從建立「樹狀圖」開始,選擇開頭字母時,只有 A、B、C 三個選項,因此第一層有三種可能 A、B、C。如果第一個字母已經選定 A,那麼第二個字母剩下兩個選項 B 和 C;如果第一個字母選定 B,第二個字母可以是 A 或 C,第一個字母是 C 時,第二個字母是 A 或 B。

接下來,給定前兩個字母,第三個字母就已經被決定好了,比如前兩個字母是 AB 時,只有一種可能 ABC,前兩個字母是 BC 時,只有 BCA 一種可能。

就像這樣，窮舉所有情形的過程可以對應到一個樹狀圖，而建立樹狀圖的過程是從根節點開始「一層一層」向下進行，所以適合使用廣度優先搜尋。

10-4-2 窮舉所有情形的過程

首先，第一個字母有三種可能：A、B、C，這三種可能都被放入 Queue 中。

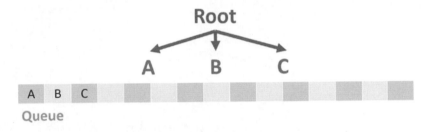

接著，同樣從 Queue 的最前面開始處理，此時開頭為 A，代表第一個字母選定 A，因此第二個字母只能選擇 B 或 C。AB 和 AC 兩種可能同樣被放到 Queue 中。

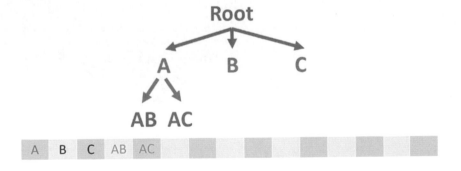

再來，第一個字母選定 B 時，第二個字母只能選擇 A 或 C，BA 和 BC 被放到 Queue 中。

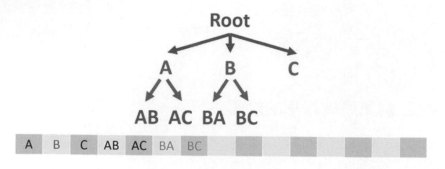

同樣的，CA 和 CB 也被放到 Queue 中，完成了這一層的建立。

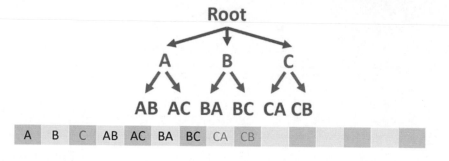

往下繼續執行，此時 Queue 的開頭是 AB（注意此時 A、B、C 處理完都已經被從陣列中移除了），只有一種選定第三個字母的可能，即 ABC，ABC 同樣被放到 Queue 中。

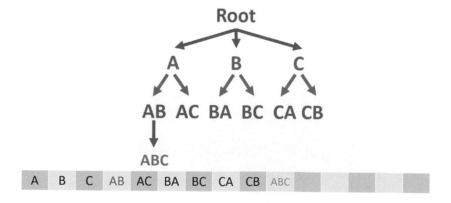

接下來，ACB、BAC、BCA、CAB、CBA 都被放到 Queue 中。

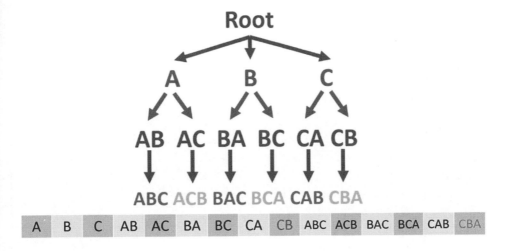

在 Queue 的最後方，就是窮舉出的所有情形。

| A | B | C | AB | AC | BA | BC | CA | CB | ABC | ACB | BAC | BCA | CAB | CBA |

「窮舉所有情形」的問題乍看之下似乎與圖論沒有什麼關係，也不一定要轉換成圖來解決，但是許多問題一旦找到方法轉換為圖後，就可以運用圖論中已經建立起來的許多演算法（比如 BFS、DFS 等）直接解決。

10-4-3 LeetCode #46. 排列 Permutations

我們來做一題類似的題目，看廣度優先搜尋如何幫助我們窮舉所有可能！

【題目】

給定一個陣列 *nums*，當中有一些互不相同的整數。回傳這些整數所有可能的排列，回傳的順序不限。

【出處】

https://leetcode.com/problems/permutations/

【範例輸入與輸出】

輸入：nums = [1,2,3]

輸出：[[1,2,3],[1,3,2],[2,1,3],[2,3,1],[3,1,2],[3,2,1]]

範例程式碼

Chapter10/10_05_permute.cpp

排列 Permutations

```cpp
class Solution{
public:
    vector<vector<int>> permute(vector<int>& nums){
        // 取得 nums 的長度
        int len = nums.size();
        // BFS 使用的 queue
        queue<vector<int>> permutation;
        // 要回傳的結果
        vector<vector<int>> final_result;

        // 第一個數字（第一層）可以是 nums 中的每個元素
        for (int i = 0; i < len; i++){
            int number = nums[i];
            // 建立一個長度為 1 的向量 [number]
            vector<int> tmp(1, number);
            // 放到 queue 中
            permutation.push(tmp);
        }
        // 開始 BFS
        while(!permutation.empty()){
            // 取出 Queue 中第一筆元素
            vector<int> current = permutation.front();
            permutation.pop();

            // current 長度跟 nums 元素數目相同時為其中一組排列
            // Queue 中已經處理到樹中最下面一層的元素 [1,2,3]
            if (current.size() == len){
```

```
28          final_result.push_back(current);
29          continue;
30        }
31        // 要再加入其他數字時
32        for (int i = 0; i < len; i++){
33          // 繼續從 nums 中取出一個數字接在 current 後面
34          int number = nums[i];
35          // 檢查 current 裡面是否已經包含 number 了
36          // 比如 [1,2] 不可以再接一個 1 在後面
37          auto iter = find(current.begin(), current.end(),
38            number);
39          // 已經包含了，不能加進該排列裡
40          if (iter != current.end()){
41            continue;
42          }
43          else {
44            // 另一向量複製 current，後面再加上新的數字
45            vector<int> current_expand(
46              current.begin(),current.end()
47            );
48            current_expand.push_back(number);
49            permutation.push(current_expand);
50          }
51        } // end of for
52      } // end of while
53      // 回傳得到的所有排列
54      return final_result;
55    } // end of permute
56 }; // end of Solution
```

10-5 最短路徑

廣度優先搜尋另一個很常見的應用是「尋找最短路徑」。

所謂尋找最短路徑指的是給定兩個頂點，一個做為起點，一個做為終點，找出從起點到終點最少要花多少時間（或經過多少距離、花費多少成本等）。

10-5-1 尋找最短路徑的進行流程

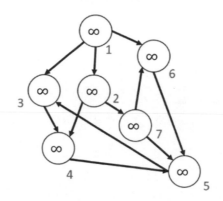

舉例來說，以上圖的頂點 1 做為起點、頂點 5 做為終點，找出起點到終點至少會花費多少時間或經過多少距離。

只有在無權重圖中，也就是每個邊等價的情形下，才能使用廣度優先搜尋來求解最短距離，如果邊上有權重，則要使用其他專門解決該問題的演算法，待後續章節介紹。

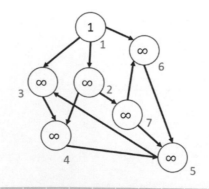

一開始，從起點 1 出發，進行廣度優先搜尋。首先，假設出發時的時間是
「時間 1」，因此在頂點 1 寫上「1」，並把頂點 1 放到 Queue 中。

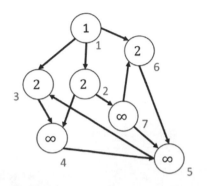

1	3	2	6											

因為頂點 1 與頂點 3、2、6 相鄰，所以這三個頂點被寫上「2」，代表時
間 2 就可以到達這三個頂點任一者（假設走每一條邊都需要一單位時
間），且這三個頂點被放 Queue 中。

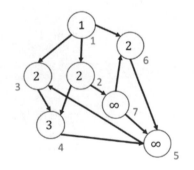

1	3	2	6	4										

Queue 中的頂點 1 已經處理完成，接著處理頂點 3，因為它與頂點 4 相
鄰，所以頂點 4 被寫上 3（代表至少要到時間 3 才能從起點走到頂點
4），且把頂點 4 加到 Queue 中。

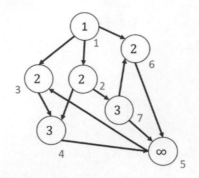

```
1 3 2 6 4 7
```

接著處理頂點 2，把相鄰的頂點 7 寫上 3 並放到 Queue 中，忽略另一個雖然相鄰，但已經放到 Queue 中過的頂點 4。

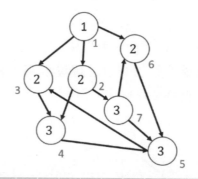

```
1 3 2 6 4 7 5
```

處理頂點 6 時，在相鄰的頂點 5 寫上 3，並且同樣將其放到 Queue 中。

透過這樣的「廣度優先搜尋」過程，把每個尚未造訪過的點都填上「上一個點的時間或成本加一」，就可以得到每個點至少需要的時間或成本。

過程中，一樣可以看成從起點「一輪輪向外擴散」。首先，第一輪是從起點擴散到所有與起點相鄰的頂點（3、2、6），接下來，第二輪擴散到所有「與起點相鄰的頂點」的相鄰頂點（4、7、5），依此類推，整個過程結束後，就可以得到從起點到圖上每個頂點的最短路徑（至少要經過幾個邊）。

因為過程基本上就是執行 BFS，因此時間複雜度同樣是 $O(|V| + |E|)$。

10-5-2 實作「尋找最短路徑」

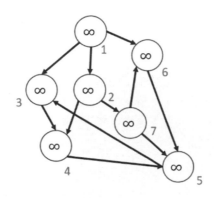

給定如上圖的數個城市與連接其間的道路，假設經過每一條道路需要花費的交通時間相等（即無權重圖），試找出從城市 1 到其他城市間的最短路徑。

使用先前實作的無向圖程式碼進行擴寫，你可以發現程式碼都差不多，但卻可以用在不同的場合或問題上！

範例程式碼

Chapter10/10_06_Shortest_Path.cpp

BFS 尋找最短路徑
1   `void Graph::Shortest_Path(int start){`
2   `// 0:white; 1:gray; 2:black`
3   `// 顏色初始化為白色`
4   `vector<int> color(vertex, 0);`
5   `// 距離初始化為 - 1`
6   `vector<int> distance(vertex, - 1);`
7   `queue<int> BFS_Q;`
8   `// 把起點置入 Queue 中，接著初始化`
9   `BFS_Q.push(start);`

```
10      color[start] = 1;
11      distance[start] = 1;
12
13      // 開始 BFS
14      while(!BFS_Q.empty()){
15          // 取出第一筆資料
16          int current = BFS_Q.front();
17          BFS_Q.pop();
18          // 找 current 的所有相鄰頂點
19          for(auto iter = edges[current].begin();
20              iter != edges[current].end();
21              iter++
22          ){
23              if(color[*iter] == 0){
24                  // current 的所有相鄰白點放入 Queue
25                  BFS_Q.push(*iter);
26                  color[*iter] = 1;
27                  distance[*iter] = distance[current] + 1;
28              }
29          }
30          color[current] = 2;
31      }
32  }
```

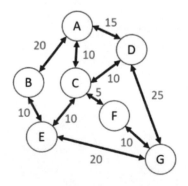

廣度優先搜尋找的其實是「邊數最少」的路徑，如果邊上有權重時（如上面的有權重圖），有時邊數比較少的路徑反而權重加起來比邊數多的路徑

更大（就像有些路雖然距離短但容易塞車，要花更多時間），尋找有權重圖中最短路徑的方法請參考後續章節。

10-5-3 LeetCode #1091. 二元陣列中的最短路徑 Shortest Path in Binary Matrix

【題目】

給定一個二維、大小為 $n \times n$ 的二元陣列 $grid$，回傳最短「通關路徑」的長度，如果該陣列沒有通關路徑，回傳 -1。

「通關路徑」定義為從左上角（座標 (0,0) 的方格）走到右下角（座標 $(n-1, n-1)$ 的方格）的路徑，且：

- 該路徑經過的所有方格值都是 0
- 該路徑經過的一個方格與下一個方格有邊相鄰，或者有角相鄰（往上下左右、左上、右上、左下或右下走）

通關路徑的長度指的是該路徑經過的方格數。

【出處】

https://leetcode.com/problems/shortest-path-in-binary-matrix/

【範例輸入與輸出】

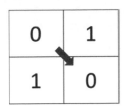

- 範例一：

輸入：grid = [[0,1],[1,0]]

輸出：2

■ 範例二：

輸入：grid = [[0,0,0],[1,1,0],[1,1,0]]

輸出：4

【解題邏輯】

本題問的是最短路徑「造訪幾個方格」，因此每個方格與相鄰方格間的距離都被看作是相同的，適用廣度優先搜尋。

每次要移動到下一個方格時，可往八個方向之一行進，而行進的過程中，把每個造訪的方格的值都從 0 改成「該格與起點的距離」，這樣一來，右下角方格被填上的值就是回傳值。

為了避免陣列中原本的 1 值和造訪後填上的距離「1」搞混，在開始進行 BFS 前，先把陣列中所有的 1 都改成 -1，另外因為只有在算出的距離比可以走的方格目前的值小時，才更新距離，所以把 0 都先改成無限大，方便後續更新（整數的最大值 $2^{31} - 1 = 2147483647$）。

範例程式碼

Chapter10/10_07_shortestPathBinaryMatrix.cpp

二元陣列中的最短路徑 Shortest Path in Binary Matrix

```
1    class Solution{
2    public:
3        int shortestPathBinaryMatrix(vector<vector<int>>& grid){
4            // 取出 grid 的大小
5            int rows = grid.size();
6            int cols = grid[0].size();
```

```
7        queue<int> Position;
8
9        // 例外處理：如果起點就是 1，沒有路徑，直接回傳 -1
10       if (grid[0][0]){
11          return -1;
12       }
13
14       // 一般情況，從左上角開始
15       Position.push(0);
16
17       // 把原本陣列中 1 都改成 -1，避免與距離 1 混淆
18       for (int i = 0; i < rows; i++){
19          for (int j = 0; j < cols; j++){
20             if (grid[i][j]){
21                grid[i][j] = -1;
22             } else {
23                // 把陣列中的 0 都改成 int_max
24                grid[i][j] = 2147483647;
25             }
26          }
27       }
28
29       // 起點的距離是 1，因為此時路徑經過了一個方格
30       grid[0][0] = 1;
31
32       // 八個方向：下、上、左、右、右下、左上、左下、右上
33       // 如索引值 7 的 (x,y)=(-1,1) 代表往右上移動
34       int direction_x[8] = {1,-1,0,0,1,-1,1,-1};
35       int direction_y[8] = {0,0,-1,1,1,-1,-1,1};
36       // 開始 BFS
37       while(!Position.empty()){
38          // 取出 Queue 中最前面的資料
39          int current = Position.front();
40          Position.pop();
41
```

```
42              // 把位置 P 轉換為 (x,y) 形式
43              // P = x * cols + y;
44              // (x, y) = (P / cols, P % cols)
45              int x = current / cols;
46              int y = current % cols;
47
48              // 要造訪的方向有 8 個
49              // 用設定好的八個方向的 x、y 偏移量來移動
50              for (int i = 0; i < 8; i++){
51                  // 計算出要造訪的下個方格的位置
52                  int new_x = x + direction_x[i];
53                  int new_y = y + direction_y[i];
54                  // 移動前的距離
55                  int distance = grid[x][y];
56
57                  // 如果移動之後超出邊界或者為牆 (-1)，不處理
58                  // 直接嘗試其他方向
59                  if (new_x < 0 || new_y < 0)
60                      continue;
61                  if (new_x >= rows || new_y >=cols)
62                      continue;
63                  if (grid[new_x][new_y] == -1)
64                      continue;
65
66                  // 移動後方格要填上的距離為舊距離 + 1
67                  int distance_now = distance + 1;
68                  // 如果目前的距離比較短
69                  if (distance_now < grid[new_x][new_y]){
70                      // 修改移動後方格的距離
71                      grid[new_x][new_y] = distance_now;
72                      // 把移動後的方格放入 Queue 中
73                      int P = new_x * cols + new_y;
74                      Position.push(P);
75                  }
76              }
```

```
77          } // end of while
78          //  如果右下角方格不是無限大，代表可以走到
79          if (grid[rows - 1][cols - 1] != 2147483647)
80              return grid[rows - 1][cols - 1];
81          else
82              return -1;
83      } // end of shortestPathBinaryMatrix
84 }; // end of Solution
```

10-6 環的判別

廣度優先搜尋也可以用來確認「圖中是否有環的存在」。

10-6-1 如何判斷環的存在

A. 無向圖：將頂點放入 Queue 時，若發現該頂點存在 Queue 中，代表有環

B. 有向圖：計算 BFS 過程中頂點的 in-degree，較麻煩。

「無向圖」中，如果要把頂點放入 Queue 時，發現先前就已經造訪過該頂點了，就像在森林裡撒麵包屑，結果走一走發現又走到已經有麵包屑的地方，就代表先前走的路形成了一個環。

但因無向圖可以很容易的被轉換成有向圖，而有向圖並沒有簡單的方法轉換成無向圖，所以解決有向圖就解決了無向圖，因此接下來我們會專注在找到適用於有向圖的方法上。

而且，「無向圖」中同樣的判別方法不能拿來確認「有向圖」中是否有環。

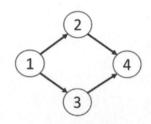

比如上面的有向圖中，一開始陣列中會放入 1，接下來，會放入 1 的相鄰頂點 2、3，變為 [1,2,3]（再移除 1），隨後在處理 2 時，會在 Queue 中加入 4，但是處理 3 時同樣會加入 4（這時頂點 4 已經是灰色，代表造訪過），就形成了剛才「遇到麵包屑」的情形，代表這張圖「如果是無向圖，一定有環」，但是有向圖中，這些指到頂點 4 的邊可能都以 4 為終點，並不形成環。

也就是說，針對有向圖必須另外尋找方法來確認環的存在。

10-6-2　判斷有向圖中是否有環

回憶先前提過的有向無環圖的拓樸排序，若排序後的圖中有邊 $e(u,v)$，u 必排在 v 之前，使得所有的邊在圖中都是從左邊指到右邊。

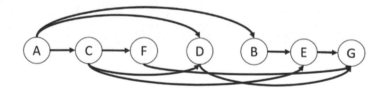

一個入度為 0 的頂點在找尋環時被視為是「安全的」，因為沒有任何邊指向這個頂點，所以從這個頂點出發後，不可能再回到原點，代表這個頂點一定不在任何環中。

相對的，若圖中一開始沒有入度為 0 的節點的話，必定有環存在（可以透過反面的論述來理解，一個「沒有環存在的圖」一定會有至少一個入度為 0 的節點）。

這樣一來，就可以擬定出一個策略：從入度為 0 的頂點出發後，把該節點 u 的所有相鄰節點入度都 -1，因為從 u 指向這個相鄰節點的邊不會是任何環的一部份。

等到其他頂點的入度被降為 0 時，就確定了該頂點也是「安全的」，因此可以再從這個新的頂點出發，把所有相鄰節點的入度 -1。

不斷重複上述步驟後，如果所有節點的入度都被降為 0，就代表圖中沒有環；無法全部降為 0 時，得知圖中有環。

10-6-3 Kahn's algorithm

上述的演算法稱為 Kahn's algorithm for Topological Sorting。

步驟如下：
A. 計算每個節點的入度 in-degree
B. 「已拜訪的節點數目」初始化為 0
C. 把入度為 0 的節點加入 Queue
D. 從 Queue 中 pop 出一個節點，「已拜訪的節點數目」+1
E. 把該節點的所有相鄰節點入度 -1
F. 如果某個節點入度被降為 0，將該點加入 Queue 中
G. 重複步驟 D 到 F，直到 Queue 為空
H. 如果「已拜訪的節點數目」=「總節點數」，沒有環，否則有環

「已拜訪的節點數目」代表的就是「安全的」頂點個數，如果所有頂點都是安全的，則圖中沒有環，反之有環。

不過，要確認環的存在，使用深度優先搜尋會更有效率，所以這個算法可以有概念即可。

Kahn's algorithm 的複雜度分析：
A. 計算每個節點的入度：O(|E|+|V|)
B. 從 Queue 中 pop 出一個節點：O(|V|)

C. 把該節點的所有相鄰節點入度 -1：O(|E|)

D. 總和：O(|E|+|V|)

我們在上一章圖論章節中所寫的「LeetCode #207. 課程安排 Course Schedule」，其實就是利用 Kahn's algorithm！確定某些可能有先修要求的課之間有沒有辦法全部修完。

如果圖中存在環，比如向 A 課老師加簽時，老師要求要先修過 B 課，向 B 課老師加簽時，老師又要求修過 A 課，則一定沒有辦法全部修完。此題可以使用上方的演算法來解決。

10-7 實戰練習

最後來看三題實戰練習做個小結。

10-7-1 LeetCode #404. 左葉節點的和 Sum of Left Leaves

【題目】

給定一個二元樹的根節點，回傳該樹中所有左葉節點的和。

【出處】

https://leetcode.com/problems/sum-of-left-leaves/

【範例輸入與輸出】

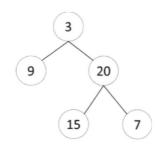

- 輸入：root = [3,9,20,null,null,15,7]
- 輸出：24
- 兩個左葉節點（葉節點中，是父節點的左節點者）9 和 15 的和為 24。

【解題邏輯】

本題可以把每個節點的子節點一個個放到 Queue 中，接下來依序取出 Queue 中的元素。

針對每個節點，檢查有沒有左節點，如果有，而且該左節點本身屬於葉節點（沒有子節點），就把值加到總和中。

範例程式碼

Chapter10/10_08_sumOfLeftLeaves.cpp

左葉節點的和 Sum of Left Leaves

```
1   class Solution{
2   public:
3       int sumOfLeftLeaves(TreeNode* root){
4           // 例外處理：樹是空的
5           if (root == 0)
6               return 0;
7           // 一般情形
8           int sum = 0;
9           queue<TreeNode*> BFS;
10
11          // 從根節點開始做 BFS
12          BFS.push(root);
13          while(!BFS.empty()){
14              // 從 Queue 中取出最前面的元素
15              TreeNode* current = BFS.front();
16              BFS.pop();
17              // 檢查目前的節點 current (比如範例中的 3) 的左節點
18              // 是否為葉節點 (如範例中 9 的左右節點都是空的)
```

```
19          // current->left!=0：current 有左節點
20          // current->left->left == 0：左節點的左節點是空的
21          // current->left->right == 0：左節點的右節點是空的
22          if (current->left != 0){
23              if (current->left->left == 0 &&
24                  current->left->right == 0)
25              {
26                  // 把該左節點的值加入 sum 中
27                  sum += current->left->val;
28              }
29          }
30          // 把 current 的子節點加入 Queue 中
31          // 使樹中每一階層的節點都被依序加入 Queue
32          if (current->left != 0){
33              BFS.push(current->left);
34          }
35          if (current->right != 0){
36              BFS.push(current->right);
37          }
38      } // end of while
39      return sum;
40  } // end of sumOfLeftLeaves
41  }; // end of Solution
```

10-7-2 LeetCode #1020. 飛地數目 Number of Enclaves

【題目】

給定一個二維、大小為 $m \times n$ 的二元陣列 $grid$，每個值為 0 的方格代表海，值為 1 的方格代表陸地。

一次「移動」是從一個陸地方格走到相鄰（上下左右四個方向）的陸地方格，或者走到邊界之外。回傳所有「從這裡出發時，不論走多少步，都無法走到邊界外」的陸地方格數量。

【出處】

https://leetcode.com/problems/number-of-enclaves/

【範例輸入與輸出】

0	0	0	0
1	0	1	0
0	1	1	0
0	0	0	0

- 範例一：
  - 輸入：grid = [[0,0,0,0],[1,0,1,0],[0,1,1,0],[0,0,0,0]]
  - 輸出：3
  - 中間的三個 1 連起來的陸塊上下左右都被海包圍，且沒有和邊界連接。左邊的 1 則因為與邊界相鄰，不算進飛地的數目中。

0	1	1	0
0	0	1	0
0	0	1	0
0	0	0	0

- 範例二：
  - 輸入：grid = [[0,1,1,0],[0,0,1,0],[0,0,1,0],[0,0,0,0]]
  - 輸出：0
  - 中間的陸塊因為往上與上方邊緣相接，所以不算飛地。

【解題邏輯】

飛地就是一個完全沒有和任何邊界透過陸地連接的陸地方格。

本題因為與邊緣相接的陸塊不算作飛地，因此可以先從邊緣一圈所有的 1 出發做 BFS，並且把一路上經過的 1 都塗成 0。

做完之後，圖上還剩下的 1 都屬於飛地，計算其數量即可。

你應該可以發現廣度優先搜尋的寫法都很類似，但卻可以拿來解決許多不同的問題，所以務必熟悉廣度優先搜尋的寫法！

範例程式碼

Chapter10/10_09_numEnclaves.cpp

飛地數目 Number of Enclaves

```
1   class Solution{
2   // BFS 的函式
3   void BFS(
4       vector<vector<int>>& grid,
5       int rows, int cols, int start)
6   {
7       queue<int> Position;
8
9       // 傳入的 start 是開始 BFS 的起點
10
11
12      // 透過兩個陣列設定上下左右四個方向的 x、y 偏移量
13      int direction_x[4] = {-1,1,0,0};
14      int direction_y[4] = {0,0,-1,1};
15
16      Position.push(start);
17      while(!Position.empty()){
18          // 取出 Queue 中最前面的元素，並轉換為 (x,y) 形式
19          int P = Position.front();
20          Position.pop();
21          int x = P / cols;
22          int y = P % cols;
23
24          // 把取出的點改為 0
25          grid[x][y] = 0;
```

```
26
27        // 透過 x、y 偏移量，往上下左右四個方向移動
28        for (int i = 0; i < 4 ; i++){
29            int new_x = x + direction_x[i];
30            int new_y = y + direction_y[i];
31            // 邊界處理
32            if (new_x < 0 || new_y < 0)
33                continue;
34            if (new_x >= rows||new_y >= cols)
35                continue;
36
37            // 如果移動後是 0，不需加到 Queue 中
38            if (grid[new_x][new_y] == 0){
39                continue;
40            }
41            // 移動後方格是 1 時需要加到 Queue 中處理
42            Position.push(new_x * cols + new_y);
43        }
44    } // end of while
45 } // end of BFS
46
47 public:
48     int numEnclaves(vector<vector<int>>& grid){
49        // 取得 grid 的大小
50        int rows = grid.size();
51        int cols = grid[0].size();
52        // 記錄飛地數目
53        int sum = 0;
54
55        for (int i = 0; i < rows; i++){
56            // Position = x*cols+y
57            // 檢查最左邊的直行
58            if (grid[i][0]){
59                // 對應的 Position 是 i*cols
60                BFS(grid, rows, cols, i * cols);
```

```
61              }
62              // 檢查最右邊的直行
63              if (grid[i][cols - 1]){
64                  // 對應的 Position 是 i * cols + (cols - 1)
65                  BFS(grid, rows, cols,
66                      i * cols + (cols - 1));
67              }
68          }
69
70          for (int j = 0; j < cols; j++){
71              // 檢查最上面的橫列
72              if (grid[0][j]){
73                  // 對應的 Position 是 j
74                  BFS(grid, rows, cols, j);
75              }
76              // 檢查最下面的橫列
77              if (grid[rows - 1][j]){
78                  // 對應的 Position 是 (rows-1)*cols+j
79                  BFS(grid, rows, cols,
80                      (rows - 1) * cols + j);
81              }
82          }
83          // 用雙重迴圈檢查剩下幾個 1
84          for (int i = 0; i < rows; i++){
85              for (int j = 0; j < cols; j++){
86                  if (grid[i][j])
87                      sum++;
88              }
89          }
90          return sum;
91      } // end of numEnclaves
92  }; // end of Solution
```

10-7-3 APCS：闖關路線 (2019/10 P3)

【題目】

有一個闖關遊戲，遊戲方式是在一條線上不斷左右移動角色，直到移動到終點。已知線上有 N 個位置，由左至右以 0 ~ N - 1 表示，開始時，會接收到 D、L、R，分別代表：終點位置、每次按下左鍵時左移的距離、每次按下右鍵時右移的距離，且角色會從位置 0 開始移動。

另外，每個位置 i 都有一扇傳送門可以瞬間移動角色至 $P(i)$，因此每次按下按鍵後，角色會先跟據按下的按鍵往左或往右移動到位置 i，接著角色就會被瞬間移動至 $P(i)$。

其中某些點的 $P(i) = i$，代表會在這些位置上停留不瞬間移動，這些點稱為停留點，並且起點與終點都一定是停留點，另外，瞬間移動後的位置也都一定是停留點，並不會持續瞬間移動。

現在的目標是用最少的按鍵數來操作角色，讓角色可以從起點到終點，移動過程中也不可以超過範圍 [0, N - 1]，且某些點的瞬間移動後的位置可能會超出範圍，所以移動到這些點同樣會導致闖關失敗。

【範例輸入與輸出】

- 輸入格式
  - 第一行有 4 個數字，分別為 N、終點 D、左移距離 L、右移距離 R，D、L、R 皆小於 N，且 $N < 10^8$。
  - 第二行有 N 個整數，依序是各位置的瞬間移動位置 $P(i)$
- 輸出格式
  - 到達終點需要的最少按鍵數
  - 如果無法到達終點，輸出 -1。
- 輸入
  10 5 1 1
  0 3 2 3 5 5 6 7 8 9

- 輸出

  2

【題目出處】

2019/10 APCS 實作題 #3

本題可於 一中電腦資訊研究社 Online Judge 中測試，網址如下：

https://judge.tcirc.tw/ShowProblem?problemid=d094

【解題邏輯】

因為本題需要步數最少的解法，所以可以利用廣度優先搜尋的特性搜索從起點到終點的最少步數，每次都有兩種選擇：左移與右移，依序從 Queue 中取出位置，並且把左移與右移的結果重新放回 Queue 中。

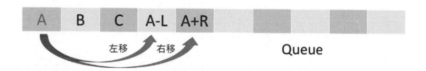

但如果此次左移或右移不合法或已經走過就不需要重新再放回 Queue 中，因此過程中也需要記錄每個點是否走過。

範例程式碼

Chapter10/10_10_闖關遊戲.cpp

闖關遊戲

```
1    #include <iostream>
2    #include <vector>
3    #include <queue>
4
5    using namespace std;
6
7    int main() {
8        ios_base::sync_with_stdio(false);
9        cin.tie(0);
```

```
10
11      int N, D, L, R;
12      cin >> N >> D >> L >> R;
13
14      vector<int> P(N);
15      for(int i = 0; i < N; i++){
16          cin >> P[i];
17      }
18      bool found = false;
19      vector<bool> visited(N, false);
20      // first: 移動次數
21      // second: 位置
22      queue<pair<int, int>> BFS;
23      BFS.push(make_pair(0, 0));
24      while (!BFS.empty()){
25          pair<int, int> current = BFS.front();
26          BFS.pop();
27          int times = current.first;
28          int position = current.second;
29          visited[position] = true;
30
31          // 走到終點了
32          if(position == D){
33              found = true;
34              cout << times << endl;
35              break;
36          }
37
38          // 往左走，合法且未走過
39          int left = position - L;
40          if(left >= 0 && !visited[left]){
41              // 瞬間移動後仍合法
42              if(P[left] >= 0 && P[left] < N){
43                  visited[left] = true;
44                  BFS.push(make_pair(times + 1, P[left]));
```

```
45              }
46          }
47
48          // 往右走，合法且未走過
49          int right = position + R;
50          if(right < N && !visited[right]){
51              // 瞬間移動後仍合法
52              if(P[right] >= 0 && P[right] < N){
53                  visited[right] = true;
54                  BFS.push(make_pair(times + 1, P[right]));
55              }
56          }
57      }
58      // 沒找到時，輸出 -1
59      if(!found)  cout << -1;
60
61      return 0;
62  }
```

1. 關於廣度優先搜尋(Breadth-First Search)的敘述哪些為真？(複選)

   A. 通常搭配 Queue 來實作

   B. 廣度優先搜尋只會有單一一種檢索順序

   C. 時間複雜度為 $O(|V| + |E|)$，其中 $|V|$ 代表頂點個數、$|E|$ 代表邊的個數

   D. 廣度優先搜尋不適用於存在環(Cycle)的圖中

   E. 可利用廣度優先搜尋找尋無權重圖中兩點間的最短路徑

   F. 在連通圖中進行一次廣度優先搜尋必可以搜尋到圖中的所有頂點

2.. 廣度優先搜尋的三種顏色(白、灰、黑)分別代表的意思是？(連連看)

   白　　　正在 Queue 中

   灰　　　從未被放入 Queue 中

   黑　　　曾被放入 Queue 中，但目前已移除

3. 若對一棵樹做廣度優先搜尋，則處理節點的順序雷同於何者？

   A. Pre-order Traversal

   B. In-order Traversal

   C. Post-order Traversal

   D. Level-order Traversal

   E. 以上皆非

4. 廣度優先搜尋的空間複雜度為？
   $|V|$ 代表頂點個數、$|E|$ 代表邊長個數

   A. $O(1)$

   B. $O(|V|)$

   C. $O(|E|)$

   D. $O(|V| + |E|)$

E. 以上皆非

5. 廣度優先搜尋的路徑皆是一棵樹。

A. 正確

B. 錯誤

6. 若自下圖的 A 點出發進行廣度優先搜尋，則首先會經過 C、E 兩點，則接下來會經過哪兩個點？

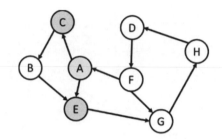

A. B

B. D

C. F

D. G

E. H

11

深度優先搜尋
Depth-First Search

本章首先會簡介並且實作經典的深度優先搜尋演算法（Depth-First Search, DFS），再來介紹一些深度優先搜尋的常見應用：

A. 環的確認
B. 二分圖的判別
C. 拓樸排序
D. 尋找強連通元件
E. 八皇后問題

最後，同樣來做幾題相關的實戰練習。

深度優先搜尋是相當常見且實用的演算法，除了在圖論中會用到外，在許多找尋最佳解的問題中也可以使用，因此務必自行實作一次深度優先搜尋演算法。

11-1 深度優先搜尋簡介與實作

在進入深度優先搜尋之前，必須先理解資料結構中的「堆疊 Stack」，這裡僅會簡單介紹堆疊的使用，如需要完整的實作請參閱資料結構一書。

11-1-1 堆疊 Stack

堆疊是一種資料結構,它的特色在於新增資料和刪除資料在「同側」。

像一個書堆一樣,增加一本書時,是把書放在「最上面」,拿掉一本書時,也是從「最上面」取走。

另一個例子是吃洋芋片時,每次都把洋芋片從圓筒的上方拿出來,吃不完要放回去時,也是從上面放;洗衣服也類似,把衣服洗完、堆好後,每次拿衣服出來穿是從最上面拿,髒衣服洗完後,也是繼續往上堆,這種配置會導致我們總是在穿衣服堆最上面的那幾件,這也是堆疊的一種特色。

這種操作又叫做 last-in-first-out(LIFO),最後放進去的會最先取出來,因為最後放進去的在「最上方」,要拿取資料時同樣也是從「最上方」。

常見的堆疊操作	
push(value)	新增一筆資料 value
pop()	刪除一筆資料
top()	回傳最末端(上面)的資料
empty()	確認 stack 裡是否有資料
size()	回傳 stack 內的資料個數

實際來看一個例子,表示堆疊時,通常會畫成下圖中像品客洋芋片的圓筒形,上面是開口,下面則是封閉的,push 時會從上面放入資料,pop 時也是從上面取出。

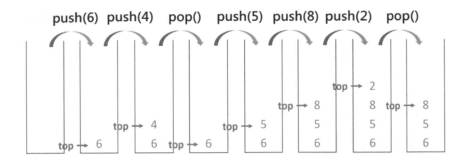

假設一開始執行 push(6)，代表新增一筆資料 6 到這個堆疊裡面，堆疊中多出 6 這筆資料。再來，執行 push(4)，把 4 這筆資料放進堆疊裡，這樣 4 就在 6 的上面。

pop() 是刪除一筆資料，要刪除時一樣從上面拿走，所以會把最上面的 4 拿掉，剩下 6。

接下來是 push(5)，把 5 放到堆疊裡，變成 5 和 6，push(8) 和 push(2) 依序把 8 和 2 放到堆疊裡，這時 pop() 把最上面的 2 取出來，堆疊從上而下剩下 8 5 6 三筆資料。

堆疊最常見的用途是用來依序紀錄先前的資訊。

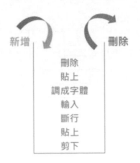

比方說在文書軟體中常會做一連串操作，依序執行剪下、貼上、斷行、輸入、調整字體、貼上、刪除。完成這些操作後，若想要復原應如何進行呢？需要從最後執行的「刪除」開始，進行反向操作。

對於堆疊而言，最後放入的資料在最上面，與復原時「最後做的操作應最先復原」的特性相同，因此堆疊特別適合用來實現這類工作。

另外，每次瀏覽一個網頁，或者遞迴呼叫函式的時候，也都是把這些操作放到一個堆疊 Stack 裡面，方便後續處理；深度優先搜尋使用的也是堆疊 Stack；相對的，上一章介紹的廣度優先搜尋則是使用佇列 Queue。

Stack 和 Queue 有一個共通特性：無法直接存取位於中間的資料，只能用 pop 函式一個一個依序把資料取出來後才能取得。

11-1-2 深度優先搜尋簡介

深度優先搜尋同樣是一種尋訪所有頂點的行為準則：先不斷尋訪頂點的「單一」相鄰頂點，移動到該相鄰頂點後，再繼續選擇該相鄰頂點的「一個」相鄰頂點繼續移動，直到無法尋訪時，返回之前頂點，並選擇「其他可供選擇的相鄰頂點」繼續進行。

如果用深度優先搜尋走迷宮時，每次遇到岔路，先選其中一條往下走，從這一條路往下又遇到岔路時，繼續往下選擇其中一條岔路走，直到遇到死胡同才退回之前的路口，選擇還沒走過的路線。

以找工作為例，要找到自己真的想做的工作，就先從所有工作中選一個，一直做到再也受不了，才去試其他工作。不同於廣度優先搜尋是把老師、藥師、...所有的工作都先做個一兩天，全部試過一點之後再做下一輪，深度優先搜尋是把一個工作做到完全確定不可行，才去換下一個。

通常深度優先搜尋會搭配堆疊來完成，因為走迷宮時一條路走到底，確定不能走之後，要「退回先前的路口」，這種「回復之前的狀態」的工作正適合使用堆疊，而為了避免陷入無窮迴圈，深度優先搜尋同樣要把頂點區分為三個顏色：

1. 白色 White：尚未尋訪過
2. 灰色 Gray：已尋訪過，但尚未處理完

3. 黑色 Black：已尋訪過，而且已經處理完

進行深度優先搜尋時，若有終點，進行到終點時就可以停止，若沒有終點，則待尋訪過所有頂點後才停止。

11-1-3 深度優先搜尋的過程

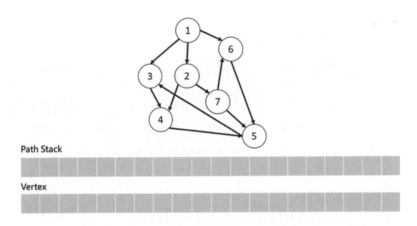

首先準備一個堆疊 Path 記錄路徑、向量 Vertex 用來記錄走過的頂點。

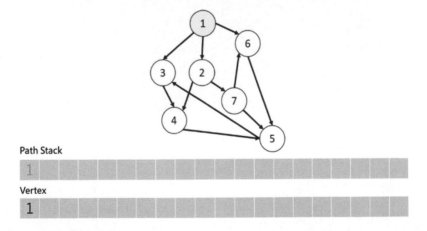

一開始任意選擇一個頂點 1 出發，先把頂點 1 放入 Path 與 Vertex 中，且把頂點 1 塗成灰色。

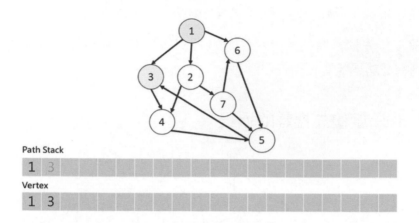

從頂點 1 有三條路可以向外走,像一個岔路一樣,分別連到頂點 3、2、6,假設選擇往頂點 3 移動,頂點 3 同樣被放到 Path 與 Vertex 中,且被塗成灰色。但如果選擇其它點就會產生不同的路徑,因此深度優先搜尋產生的順序不唯一。

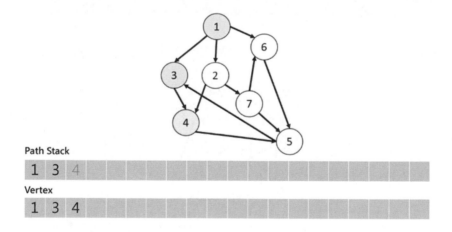

接著從頂點 3 出發,只能往 4 移動,因此緊接著把 4 放入 Path 與 Vertex 中,並塗成灰色。

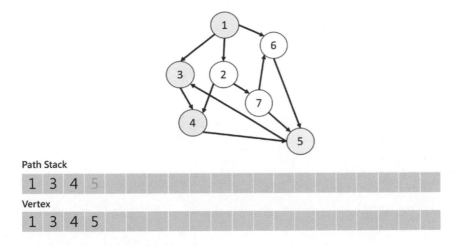

Path Stack

1	3	4	5															

Vertex

1	3	4	5															

頂點 4 只有一條出邊指向 5，因此往 5 移動，把 5 放入 Path 與 Vertex 中，並塗成灰色。

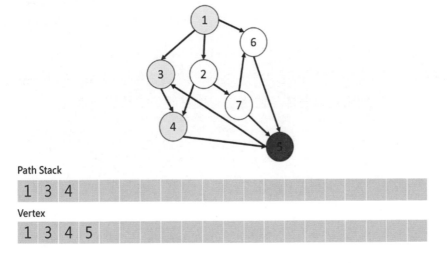

Path Stack

1	3	4																

Vertex

1	3	4	5															

接著從 5 出發，有一條出邊指向頂點 3，但是頂點 3 此時是灰色，代表已經造訪過，表示目前已經沒有可以移動的方向，需要退回上一個路口。要往回退時，因為 Path 這個堆疊中記錄了剛才走過的路徑，所以按照裡面的順序就可以順利按原路退回。

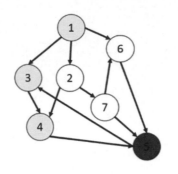

Path Stack

1	3	4											

Vertex

1	3	4	5										

返回時從堆疊 Path 中取出一筆資料，會取出最後放入的 5，代表要退回頂點 5 之前的 4，這時把頂點 5 塗成「黑色」，代表頂點 5 已經處理完成；退回頂點 4 後，因為頂點 4 沒有指向還是白色的頂點，因此還要再往回退，並且把頂點 4 塗成黑色，接著退回頂點 3 時，同樣沒有路可以向下走，再回退回 1。

回退的過程中，就是從堆疊中取出之前經過的路徑，依照取出的頂點倒著走回去，一直到有可以選擇其他路徑的頂點時，才再往下進行。

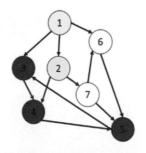

Path Stack

1	2												

Vertex

1	3	4	5	2									

直到回退到頂點 1 時才有其他路徑可以走，因為頂點 1 另外還指到兩個白色頂點 2 和 6，從中任意選擇 2 往下走，把 2 放入 Path 和 Vertex 中，並把 2 塗成灰色。

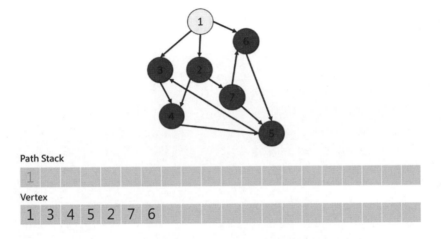

以此類推，最後頂點 1 被塗成黑色，整個搜尋完成。

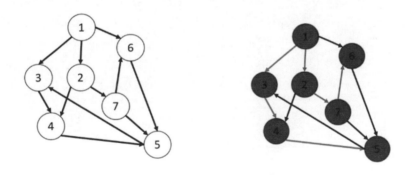

重新檢視一下剛才的流程：首先，從頂點 1 出發，走了 1 -> 3 -> 4 -> 5，到了頂點 5 時，因為無法再往下走，所以一路回退，直到有其他選擇的 1；回退到頂點 1 後，選擇往頂點 2 移動，經過路徑 2 -> 7 -> 6，到了頂點 6 時，又無法再往下走，因此回退到 1，發現所有頂點都已經被造訪過。

11-1-4　深度優先搜尋的複雜度

在計算深度優先搜尋的時間複雜度前，先列出 Pseudocode。

深度優先搜尋 Pseudocode

```
1    DFS(G,s):
2    // 把所有節點塗成白色
3    for each vertex(v) in G:          ┐ O(|V|)
4          color[v] = white            ┘
5    // 一開始 stack 中只有起點
6    path_stack = {s}
7    // 從 s 頂點開始搜尋
8    Visit(s)
9
10   // 搜尋 vertex 頂點的函式
11   Visit(G, vertex):
12       // 把 vertex 點塗成灰色
13       color[vertex] = gray
14       // 處理每個相鄰節點，一個「相鄰」關係對應一條邊
15       for each v in vertex.adjacent():
16           // 只針對其中白色的節點處理
17         if color[v] == white:          ┐
18             // 繼續從 v 點往下走        │ O(|E|)
19             Visit(G, v)                │
20       // 處理完後變成黑色               │
21       color[vertex] = black          ┘
```

可以發現深度優先搜尋的時間複雜度為：

A. 初始化所有頂點：$O(|V|)$

B. 處理該頂點的所有相鄰頂點：$O(|E|)$

- 一個「相鄰」關係對應圖上的一條邊

C. 合計：$O(|V| + |E|)$

初始化會把所有頂點塗成白色，需要 $O(|V|)$，用一個遞迴式來實現堆疊的效果，當中 for 迴圈試著往「相鄰頂點」移動的次數與邊數相同，為 $O(|E|)$，因此整個過程的複雜度共為 $O(|V| + |E|)$，與廣度優先搜尋相同。

11-1-5　深度優先搜尋的實作

範例程式碼

Chapter11/11_01_DFS.cpp

深度優先搜尋 DFS

```cpp
void Graph::DFS(int start){
    // 把所有顏色塗成白色，0: 白色
    fill(color.begin(), color.end(), 0);
    // 從起點開始做深度優先搜尋
    DFS_Visit(start);
}

void Graph::DFS_Visit(int vertex){
    // 印出目前所在的位置 vertex
    cout << vertex << "->";
    // 把目前所在位置塗成灰色，1: 灰色
    color[vertex] = 1;

    // 往 vertex 的相鄰頂點走
    for(auto iter = edges[vertex].begin();
        iter != edges[vertex].end();
        iter++)
    {
        int neighbor = *iter;
        // 但只能往相鄰的白點走
        if(color[neighbor] == 0){
            DFS_Visit(neighbor);
        }
    }
```

```
25        // 處理完 vertex 後把 vertex 變為黑色
26        color[vertex] = 2;
27    }
```

11-1-6 判斷環的存在

在深度優先搜尋的過程中,可以順帶判斷圖中是否有環:

將頂點放入 Stack 時,若發現該頂點已在 Stack 中,則有環;若從頂點的顏色來看,檢查相鄰頂點時,該相鄰頂點已經是灰色頂點,則有環。

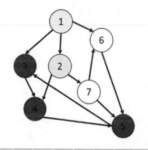

而頂點的三種顏色也可以用 Stack 的角度來檢視:比如上圖中,白色代表還沒有被放到 Stack 中過,灰色代表目前正在 Stack 中,黑色代表先前被放入 Stack 中,但是已經被移除了。

對於無向圖來說,如果往一個相鄰頂點移動,要把頂點放入 Stack 時發現該頂點正在 Stack 中,代表沿著目前的路徑走一走,又走到了路徑中間的地方,繞成了一個環。由於該灰色頂點按照 Path 裡面的順序,又可以重複回到同一個頂點,因此圖中有環。

有向圖也一樣,如果檢查相鄰頂點時,發現相鄰頂點已經是灰色,就代表圖中有環;但如果黑色則不然,黑色代表此路往下是死胡同,必定不會產生環,因此在確認環的時候,白色與黑色扮演的角色是一樣的。

用深度優先搜尋檢查圖中有沒有環，比用廣度優先搜尋時簡單許多，因此通常要確認環的存在，會優先使用深度優先搜尋。

11-1-7 LeetCode #207. 課程排序 Course Schedule

本題先前做過，可以改以深度優先搜尋檢查「環的存在」來解決本題。

範例程式碼

Chapter11/11_02_canFinish.cpp

課程排序 Course Schedule

```cpp
class Solution{
    // 儲存頂點顏色的向量
    vector<int> color;
    // 儲存邊的向量
    vector<vector<int>> edges;
    bool check(int vertex){
        // 把目前頂點 vertex 塗成灰色
        color[vertex] = 1;
        // 檢查頂點 vertex 的每個相鄰頂點
        for (int i = 0; i < edges[vertex].size(); i++){
            // 如果該相鄰頂點是白色
            if (color[edges[vertex][i]] == 0){
                // 從該相鄰頂點出發，再往下檢查是否有環
                bool cycled = check(edges[vertex][i]);
                // 往下找有環時，回傳 true，代表圖中有環
                if (cycled) return true;
            }
            // 如果該相鄰頂點是灰色
            else if (color[edges[vertex][i]] == 1){
                // 相鄰頂點是灰色，回傳 true，代表圖中有環
                return true;
            }
        }
        // 頂點 vertex 處理完成，塗黑
```

```
25        color[vertex] = 2;
26        // 從這個頂點向下都沒有遇到環時，回傳 false
27        return false;
28    }
29
30 public:
31    bool canFinish(
32        int numCourses,
33        vector<vector<int>>& prerequisites)
34    {
35        // 初始化 color 與 edges 向量
36        color.resize(numCourses);
37        edges.resize(numCourses);
38
39        // 取出先修資訊建立每條邊
40        for (auto edge:prerequisites){
41            // edge[1] -> edge[0]
42            edges[edge[1]].push_back(edge[0]);
43        }
44
45        // 不一定是連通圖
46        // 如果跑完一次 DFS 還有白色頂點，要再做另一次 DFS
47        for (int i = 0; i < numCourses; i++){
48            // 確定從頂點 i 出發會不會有環
49            if (color[i] == 0){
50                bool cycled = check(i);
51                // 有環時回傳 false，代表無法把所有課修完
52                if (cycled)
53                    return false;
54            }
55        }
56        return true;
57    } // end of canFinish
58 }; // end of Solution
```

11-1-8 LeetCode #785. 判別二分圖 Is Graph Bipartite?

【題目】

有一個共有 n 個節點的無向圖,每個節點分別被編號為 0 到 $n-1$。給定一個二維陣列 $graph$,其中 $graph[u]$ 是含有節點 u 所有相鄰節點的陣列。也就是說,如果 $graph[u]$ 中有節點 v,則節點 u 和節點 v 之間有一條無向邊。

如果一個圖是二分圖,該圖的所有節點可以被分到兩個獨立的集合 A 和 B 之一當中,使得該圖上的每一條邊都是連接一個「集合 A 中的點」與一個「集合 B 中的點」。

只有在該圖為二分圖時,回傳 true。

【出處】

https://leetcode.com/problems/is-graph-bipartite/

【範例輸入與輸出】

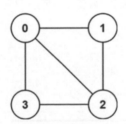

- 範例一:
  - 輸入:graph = [[1,2,3],[0,2],[0,1,3],[0,2]]
  - 輸出:false
  - 沒有辦法將頂點分成兩個符合要求的集合。

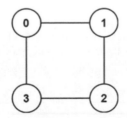

- 範例二：
  - 輸入：graph = [[1,3],[0,2],[1,3],[0,2]]
  - 輸出：true
  - 分為 {0,2}、{1,3} 兩個集合時，所有邊都跨越了兩個集合。

【解題邏輯】

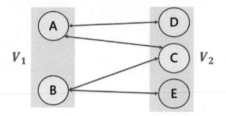

若要確認該圖是否為二分圖（把所有頂點都放入兩個集合 V_1、V_2 之一裡，使得所有邊 $e(v_1, v_2)$ 中 v_1 和 v_2 必不在同一集合，參考圖論章節），可以透過深度優先搜尋把相鄰的點交互塗成不同顏色（黑白染色），如果把整張圖的頂點都塗完後，不會發生同樣顏色頂點相鄰的情況，就代表該圖為二分圖。

範例程式碼

Chapter11/11_03_isBipartite.cpp

判別二分圖 Is Graph Bipartite?

```
1   class Solution{
2       // 頂點的顏色，只有 0, -1 或 1 三種
3       // -1, 1 代表顏色，0 代表還沒走過
4       vector<int> color;
5       bool DFS(int vertex, vector<vector<int>>& graph){
6           // 依序檢查相鄰節點
7           for (int neighbor : graph[vertex]){
8               // 如果相鄰節點的染色與 vertex 的染色衝突
9               // 比如 vertex 的染色是「1」，相鄰節點也被染為「1」
10              if (color[neighbor] == color[vertex])
```

```
11          return false;
12          // 如果相鄰頂點未造訪過
13          if (color[neighbor] == 0){
14              // 把相鄰頂點染上「相反」顏色
15              // vertex 染色為 1 時，相鄰頂點染上 -1
16              // vertex 染色為 -1 時，相鄰頂點染上 1
17              color[neighbor] = -1 * color[vertex];
18              // 往相鄰頂點繼續進行
19              bool flag = DFS(neighbor, graph);
20              if(!flag){return false;}
21          }
22      } // end of for
23      // 若從頂點 vertex 往下染色都不會發生衝突，回傳 true
24      return true;
25  }
26
27  public:
28      bool isBipartite(vector<vector<int>>& graph){
29          // 取出頂點個數
30          int vertex = graph.size();
31          // 0 代表還未著色過（黑白染色）
32          color.resize(vertex, 0);
33
34          // 對所有白色頂點進行 DFS
35          // 染色順序為 -1 1 -1 1...
36          for (int i = 0; i < vertex; i++){
37              if (color[i] == 0){
38                  color[i] = 1;
39                  // 從起點開始，檢查能不能順利進行黑白染色
40                  // 起點的染色為「1」
41                  bool flag = DFS(i, graph);
42                  // 如果染色過程中產生衝突，回傳 false
43                  // 代表非二分圖
44                  if(!flag){return false;}
45              }
46      } // end of for
```

```
47          // 沒有衝突時，代表為二分圖
48          return true;
49      } // end of isBipartite
50  }; // end of Solution
```

11-2 拓樸排序

接下來來看如何用深度優先搜尋列出拓樸排序。

之前在圖論的章節有介紹過拓樸排序的定義：若一個有向無環圖中有 $Edge(A,B)$，拓樸排序中 $Vertex(A)$ 必在 $Vertex(B)$ 之前。

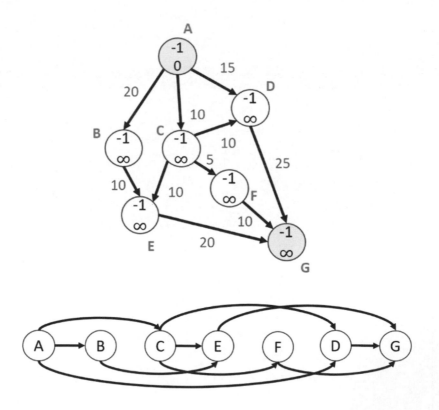

也就是說，把圖中的所有頂點加以排序，在排序結果中加上原先的邊，則所有的邊一定是從「左邊」指向「右邊」，不會有方向相反的邊。

經過拓樸排序後，可以把資料，如人口、車流等等的流動看作是由左往右。像「修課地圖」就是一個拓樸排序的應用。

類似的，安排編譯順序也會用到拓樸排序，比如把每個頂點看作一個 .cpp 檔，這些檔案之間可能相互引用，如果檔案 B 引用了檔案 A，那麼一定要先編譯完 A 才能編譯 B，因此，可以透過拓樸排序來決定哪些檔案應該先被編譯。工程各部分的「完工順序」也類似，可以用拓樸排序進行規劃。

在圖論的章節中，是利用「入度為 0 的頂點不可能形成環」的性質來依序將頂點放入排序當中，本節則探討如何利用深度優先搜尋得到拓樸排序。

11-2-1 深度優先搜尋與拓樸排序

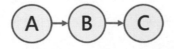

上圖中共有 A、B、C 三個頂點，進行深度優先搜尋時可以任選三者中之一做為起點開始搜尋。

	Start from A				
A					
	B				
		C			

如果從頂點 A 開始搜尋，會先造訪 A，隨後造訪 B，再造訪 C，如上圖所示。到了 C 之後，因為沒有繼續往下的可行路徑，所以 C 會先從堆疊中被移除，也就是「離開」C，接下來，也會依序離開 B 和 A。

Start from B					
B				A	
	C				

若改從頂點 B 開始，造訪 B 後會往下造訪 C，之後離開 C、離開 B，最後再從此時還是白色頂點的 A 再做一輪深度優先搜尋（這輪只會造訪 A 並離開 A）。

Start from C			
C		B		A	

改從頂點 C 開始，造訪 C 後，從 C 離開。假設接續從 B 再做一次深度優先搜尋，同樣造訪 B 後再離開。最後，再從 A 開始做一次深度優先搜尋，最後由 A 離開。

從上面三種情形可以發現，無論選擇從哪一點開始做深度優先搜尋直到造訪完圖中的所有頂點，「離開」頂點的順序都為拓樸排序的反向，即 C、B、A。

這是因為在深度優先搜尋中，離開一個頂點的時間點一定在該頂點的「下游」完全處理完之後，因此把該頂點放在拓樸排序的「上游」時，可以保證所有出邊方向都為由左往右。

11-2-2 利用深度優先搜尋產生拓樸排序

A. 進行深度優先搜尋時，把路過頂點的次序記錄下來

B. 依照離開每個頂點的時間戳記，就可以得到拓樸排序

C. 「進入」頂點（進入 Stack）指的是將頂點塗成灰色的瞬間，「離開」頂點（離開 Stack）是將頂點塗成黑色的瞬間

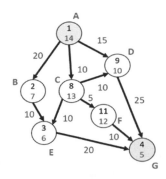

Vertex	進入	離開
A	1	14
B	2	7
C	8	13
D	9	10
E	3	6
F	11	12
G	4	5

進行深度優先搜尋的過程中，先離開的頂點位在拓樸排序的「下游」（右邊）。上表中，先從 A 出發，經過 $A \rightarrow B \rightarrow E \rightarrow G$ 的路徑，記錄進入時間，接下來，一路回退到 A 的過程中，記錄經過頂點的離開時間。

回退到 A 後，往 C 的方向移動，並接著走 D，因為 D 沒有往下的可行路徑，退回 C 並記錄 D 的離開時間，接下來從 C 移動到 F，離開 F 時記錄時間，最後記錄 C 的離開時間與 A 的離開時間。

Vertex	進入	離開
A	1	14
B	2	7
C	8	13
D	9	10
E	3	6
F	11	12
G	4	5
ACFDBEG		

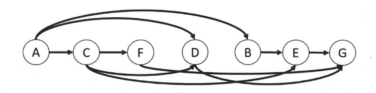

由離開的時間戳記「由大到小」排序，可以得到一個拓樸排序：$A ->$ $C -> F -> D -> B -> E -> G$，且圖的所有邊，方向皆為由左至右。但過程中有許多路徑是多選一，因此拓樸排序並不是唯一的。

實作上可以不用真的產生時間戳記，只需在深度優先搜尋的過程中每次離開一個頂點時，把頂點放進一個用於產生拓樸排序的 Stack 裡，待所有頂點都處理完並離開後，該 Stack「由上而下」正好是拓樸排序中的順序。

由於 Stack 後進先出的特性，正好是「由上而下取用」，只要一路用 pop() 將當中的資料取出，就會符合拓樸排序上游到下游的頂點順序。

11-2-3 LeetCode #210. 課程排序 II Course Schedule II

本題先前做過，這次改以深度優先搜尋來實作，直接改寫上一節中「LeetCode #207 課程排序」的程式碼。

範例程式碼

Chapter11/11_04_findOrder.cpp

課程排序 II Course Schedule II
1   `class Solution{`
2   `vector<int> color;`
3   `vector<vector<int>> edges;`
4   `// 儲存拓樸排序的向量`
5   `vector<int> topological_sort;`

```
6       bool check(int vertex){
7          color[vertex] = 1;
8          for (int i = 0; i < edges[vertex].size(); i++){
9             if (color[edges[vertex][i]] == 0){
10               // 從該相鄰頂點出發，再往下檢查是否有環
11               bool cycled = check(edges[vertex][i]);
12               // 回傳 true，代表圖中有環
13               if (cycled){return true;}
14
15            }
16            // 如果該相鄰頂點是灰色
17            else if (color[edges[vertex][i]]==1){
18               // 該頂點的相鄰頂點是灰色，回傳 true，圖中有環
19               return true;
20            }
21         }
22         // 頂點 vertex 處理完成
23         color[vertex] = 2;
24         // 這裡用的是向量，每次把資料插到向量「前端」
25         topological_sort.insert(topological_sort.begin(),vertex);
26         return false;
27      }
28
29   public:
30      vector<int> findOrder(
31         int numCourses,
32         vector<vector<int>>& prerequisites)
33      {
34         // 初始化 color 與 edges 向量
35         color.resize(numCourses);
36         edges.resize(numCourses);
37         // 取出先修資訊建立每條邊
38         for (auto edge : prerequisites){
39            // edge[1] -> edge[0]
40            edges[edge[1]].push_back(edge[0]);
41         }
```

```
42          // 從每個白色頂點出發作 DFS
43          for (int i = 0; i < numCourses; i++){
44              // 確定從頂點 i 出發會不會有環
45              if (color[i] == 0){
46                  bool cycled = check(i);
47                  // 有環時回傳空陣列 []，代表無法把所有課修完
48                  if (cycled) return vector <int>(0);
49              }
50          }
51          return topological_sort;
52      } // end of findOrder
53  }; // end of Solution
```

11-3 強連通元件

接下來探討如何使用深度優先搜尋來尋找強連通元件。

11-3-1 強連通元件定義

強連通元件（Strongly Connected Component, SCC）的定義：在一個強連通元件中，任兩點 (u, v) 間一定存在 $u \rightarrow v$ 及 $v \rightarrow u$ 的路徑。

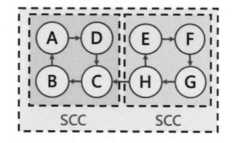

比方說，上圖中有兩個強連通元件：ABCD 是一個強連通元件，EFGH 也是一個強連通元件。

從 ABCD 中任一個頂點出發，都可以到其他任一個頂點，因此 ABCD 本身是一個強連通元件，但是從 ABCD 四個頂點出發，都沒辦法走到 EFGH 四個頂點，因此兩個元件間不能組成一個更大的強連通元件。

要怎麼找到圖中的強連通元件呢？從某個強連通元件的任意頂點出發作深度優先搜尋，必定會經過該元件中的「每個頂點」，因為既然有「強連通」的特性，任兩頂點間都有路徑，那麼在深度優先搜尋中就一定會尋訪到強連通元件內的所有頂點。比如上圖中從頂點 A 出發作深度優先搜尋，一定會走遍 ABCD 四個頂點。

11-3-2 利用深度優先搜尋找出強連通元件

在「適當的順序」下，每次深度優先搜尋走過的所有頂點都可以視為在同一個強連通元件內。

比如先從頂點 A 出發，經過 $A \to D \to C \to B$ 後結束，再從頂點 E 出發，經過 $E \to F \to G \to H$ 之後結束（因為 ABCD 被標記為已經處理完成了）。這樣就找到了圖中的兩個強連通元件。

然而，如果第一次就從頂點 E 出發，那麼深度優先搜尋就會把整張圖跑遍，但整張圖並不全部屬於一個強連通元件。

因此，如何選定每次深度優先搜尋的出發頂點，就顯得特別重要。

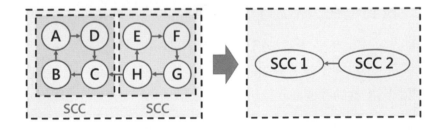

如右上圖所示，若把每個強連通元件看作「一個頂點」，則會形成「有向無環圖 DAG」。有向無環圖內並不會有環，比如 SCC2 有出邊連到

SCC1，但是 SCC1 沒有出邊連到 SCC2，因為若兩個 SCC 可以互通，那一開始就會屬於同一個 SCC 了。

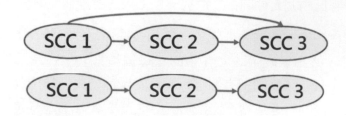

應用這個特性，如果先把上述由每個強連通元件組成的 DAG 列出，那麼從下游 SCC 的頂點出發做深度優先搜尋，以上圖為例就是從 SCC3→SCC2→SCC1 為順序依序做深度優先搜尋，這樣並不會做一做跑到上游強連通元件的頂點當中（因為該 DAG 中沒有由右往左的邊，所以不可能發生從 SCC3 內出發，卻有路徑走到 SCC2 或 SCC1 的情形），這樣一來，就可以保證每次深度優先搜尋都只跑遍一個強連通元件內的所有點，而不會誤跑入其他強連通元件中。

實作上，由 DAG 的下游開始，第一次深度優先搜尋會找出 SCC3 包含的所有頂點，第二次深度優先搜尋會找出 SCC2 的所有頂點，第三次深度優先搜尋則會找出 SCC1 的所有頂點，待所有頂點都處理完成後，就找出了所有個別的強連通元件。

11-3-3 找到位在「下游」的 SCC

根據上面的敘述，只要能夠分辨出哪些頂點會在「下游」的強連通元件中，哪些頂點會在「上游」的強連通元件中，就可以先跑完下游的強連通元件，再跑完上游的強連通元件，直到找到圖中所有強連通元件。

然而，如何知道哪些頂點位在下游，哪些頂點位在上游呢？

依據之前用深度優先搜尋產生拓樸排序的經驗，可能會產生一種假設：「深度優先搜尋中越早離開的頂點，會位在越下游的強連通元件中」，這

是不是正確的假設呢？（當然必須注意到，事實上只有「有向無環圖」才能做拓樸排序）。

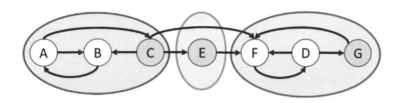

先看一個成功的例子，上面的圖中，預先知道 ABC 是一個強連通元件，E 是另一個強連通元件，FDG 是第三個強連通元件，而 *ABC -> E -> FDG* 是這三個強連通元件間的上下游關係。

任意選定頂點 B 出發做深度優先搜尋，進入每個頂點的順序是 BACEFDG，離開的順序則與此反向，為 GDFECAB。根據剛才的假設「越早離開的頂點位在越下游的強連通元件中」，可以分成三次做深度優先搜尋：

- 首先從最早離開的 G 做一次深度優先搜尋
  - 跑遍頂點 GFD
- 從還沒跑過的頂點中最早離開的 E 進行深度優先搜尋
  - 只會跑過 E 本身
- 由還沒跑過的頂點中最早離開的 C 出發做深度優先搜尋
  - 會跑過頂點 CBA。

這樣一來，就順利找到了圖中的三個強連通元件。然而剛才是任意選定頂點 B 出發做深度優先搜尋，如果選到其他頂點，假設還會成立嗎？

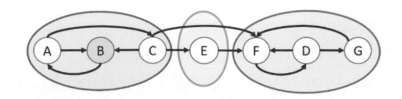

若任意選定到頂點 A，就會產生錯誤，由頂點 A 出發，進入順序可能是 ABCEFDG，那麼對應的離開順序是 BGDFECA。同樣根據假設「越早離開的頂點位在越下游的強連通元件中」：

從 B 開始做深度優先搜尋，試圖找到與 B 位於同一個強連通元件中的所有頂點，然而從 B 出發後，卻把 ABCDEFG 全部頂點都跑完了，而它們並非都與 B 在同一個強連通元件中。

這表示「深度優先搜尋中，越早離開的頂點位在越下游的強連通元件中」這個假設並不穩固，因為任選深度優先搜尋的起點時，有時會產生正確的離開順序，有時卻產生錯誤的離開順序。

11-3-4 顛倒圖 G^T

觀察剛才的兩次嘗試：

- 從 B 出發做 SCC（成功）
  - 進入：BACEFDG
  - 離開：GDFECAB

- 從 A 出發做 SCC（失敗）
  - 進入：ABCEFDG
  - 離開：BGDFECA

實際上強連通元件在 DAG 中的順序（上游 -> 下游）：

$$ABC \to E \to FDG$$

$$(SCC1 \to SCC2 \to SCC3)$$

雖然「最早離開的頂點」並不一定位在最下游的 SCC 當中，但是「最晚離開的頂點」卻會在最上游的強連通元件當中！

先看第一次嘗試，離開的順序是 GDFECAB，最晚離開的 CAB 三個頂

點，在最上游的 SCC1 當中，剩下頂點中最晚離開的 E 位在 SCC2 中，其餘的 GDF 則在最下游的 SCC3 中。

第二次嘗試裡，離開的順序是 BGDFECA，最晚離開的頂點 AC 在最上游的 SCC1，較早離開的 E 在 SCC 2，其餘的 GDF 在最下游的 SCC2。

「最晚離開的頂點會在最上游的 SCC 當中」是成立的，但是根據前面的討論，要完成找到所有強連通元件的目標，一定要從 DAG 「最下游」的強連通元件開始進行，不能從「最上游」開始進行，那該怎麼辦呢？

這時候就該「顛倒圖」登場救援了！

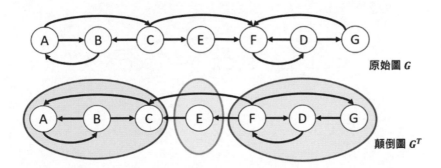

如果圖 G^T 是圖 G 的顛倒圖，那麼 G^T 中所有的頂點都與圖 G 相同，但是 G^T 中所有的邊是圖 G 中所有邊的反向。

可以想見，根據強連通元件的定義，顛倒圖的強連通元件會與原圖完全相同，因為兩個頂點間有路徑，那麼邊全部反向之後，仍然會有路徑，兩個頂點間如果沒有路徑，那麼邊全部反向之後，還是不會有路徑。

同時，把每個強連通元件看成一個頂點形成的 DAG 中，因為強連通元件間相互連接的邊方向反過來了，所以原圖中上游的強連通元件在顛倒圖中變成位在下游，原圖中下游的強連通元件在顛倒圖中則變成位在上游。

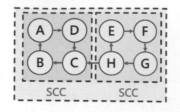 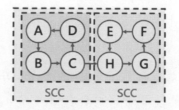

像上面的兩張圖中,把原圖左圖改為其顛倒圖如右圖,強連通元件仍然相同,只有上下游關係變成相反。

這樣一來,就建立出了尋找所有強連通元件的可行方式:以原圖的深度優先搜尋的離開順序(最晚離開的先做)在 G^T 上尋找強連通元件(先跑完下游的,然後依序往上游一個一個跑完)。

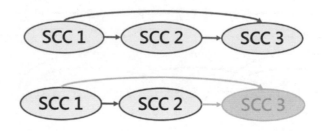

每輪深度優先搜尋做完後,都不再理會已尋訪過的所有頂點,而剩下的頂點中,最晚離開的必在 G^T 剩下圖形中的最下游,可以接續找到剩下最下游的強連通元件。

這樣一來,找到的強連通元件與原圖中所有的強連通元件相同,也就解決了「尋找所有強連通元件的問題」。

11-3-5 實作「利用深度優先搜尋找出強連通元件」

在這裡我們可以擴寫先前拓樸排序的程式碼,首先因為後續會使用到顛倒圖 G^T,因此一開始在圖初始化的時候如果有邊 A→B,就在顛倒圖 *edges_inverse* 上生成 B→A 的邊。

範例程式碼

Chapter11/11_05_SCC.cpp

生成顛倒圖
| ```
1  void Graph::Add_Edge(int from, int to){
2      edges[from - 1].push_back(to - 1);
3      edges_inverse[to - 1].push_back(from - 1);
4  }
``` |

再來是需要在原圖上生成拓樸排序，這裡一樣選擇利用深度優先搜尋中，「離開的順序」建立拓樸排序，並依序放入 *topological_sort* 中。

拓樸排序需用到的深度優先搜尋函式
| ```
1   void Graph::DFS_Visit_Topological(int vertex){
2       color[vertex] = 1;
3       // 從 vertex 的鄰邊中找白點繼續往下做深度優先搜尋
4       for(auto iter = edges[vertex].begin();
5           iter!=edges[vertex].end();
6           iter++)
7       {
8           int current = *iter;
9           if(color[current] == 0){
10              DFS_Visit_Topological(current);
11          }
12      }
13      color[vertex] = 2;
14      // 離開 vertex 後就插入拓樸排序內
15      topological_sort.push(vertex);
16  }
``` |

再來先把所有的頂點先塗上白色，接著選定任意一個起點開始做深度優先搜尋，再把所有還是白色的點都做過一輪深度優先搜尋，透過持續呼叫上面的函式便可以生成完整的拓樸排序。

生成拓樸排序需用到的函式

```
1   void Graph::Get_Topological_Sort(int start){
2       // 把所有點塗成白色
3       fill(color.begin(), color.end(), 0);
4       // 從起點開始做拓樸排序
5       DFS_Visit_Topological(start);
6       for(int i = 0; i < vertex; i++){
7           if(color[i] == 0){
8               DFS_Visit_Topological(i);
9           }
10      }
11  }
```

緊接著就需要在顛倒圖 G^T 上進行深度優先搜尋，且這裡的每一輪深度優先搜尋都會走遍某個特定的強連通元件，即一輪深度優先搜尋經過的點都屬於同一個強連通元件。

在顛倒圖 G^T 上進行深度優先搜尋

```
1   void Graph::DFS_SCC(int vertex){
2       // 進入時塗成灰色
3       color[vertex] = 1;
4       // 印出目前的頂點
5       cout << vertex << " ";
6       // 在 G^T 上搜尋所有 vertex 的相鄰節點
7       for(auto iter = edges_inverse[vertex].begin();
8           iter!=edges_inverse[vertex].end();
9           iter++)
10      {
11          int current_vertex = *iter;
12          // 如果相鄰節點是白色，就對該點繼續進行 DFS
13          if(color[current_vertex]==0){
14              DFS_SCC(current_vertex);
15          }
16      }
```

```
17        // 處理完時塗成黑色
18        color[vertex] = 2;
19   }
```

接著就可以來找出所有強連通元件，首先是利用 *Get_Topological_Sort* 函
式生成拓樸排序，接著把所有頂點重新塗回白色，再來每次都從拓樸排序
中取出一個白色頂點 current 做深度優先搜尋，該次搜尋經過的所有點都
同屬於同一個強連通元件，直到把所有頂點都處理完為止。

找出強連通元件

```
1    void Graph::Print_SCC(){
2        // 從頂點 1 開始取得拓樸排序
3        Get_Topological_Sort(1);
4        // 把所有頂點塗成白色
5        fill(color.begin(), color.end(), 0);
6
7        int SCC = 1;
8        // 以拓樸排序，在顛倒圖上跑深度優先搜尋
9        while(!topological_sort.empty()){
10           int current = topological_sort.top();
11           topological_sort.pop();
12           // 找到還沒探索過的點進行深度優先搜尋
13           // 每一輪深度優先搜尋跑遍的頂點都屬於同個強連通元件
14           if(color[current] == 0){
15               // 印出目前是第幾個強連通元件
16               cout << "SCC #" << SCC << ":" << endl;
17               DFS_SCC(current);
18               SCC++;
19               cout << endl;
20           }
21       }
22   }
```

11-4 N 皇后問題

本節來看深度搜尋演算法中相當經典的應用：八皇后問題。

11-4-1 八皇后問題簡介

八皇后問題源自於西洋棋，在西洋棋中，「皇后」是最強的棋種，因為她不僅可以前後左右移動，也可以進行斜角移動。在一個 $n \times n$ 的棋盤上，若要安排複數個皇后所在的位置，使得她們無法在一步之內互吃，則最多只能放上 n 個皇后。

這是很直覺的結果，因為每個皇后都可以吃「直的」和「橫的」，所以每個直行和橫列上，必定只會有一個皇后，$n \times n$ 的棋盤有 n 個直行、n 個橫列，最多自然只能放上 n 個皇后。

至於為什麼關注 $n = 8$ 的「八皇后」呢？這是因為西洋棋的棋盤正是 8×8 的棋盤。傳統的「八皇后問題」，就是要在 8×8 的棋盤上放上 8 個皇后，使她們之間不會處於同一直行、同一橫列，或者同一對角線上。

11-4-2 深度優先搜尋解決八皇后問題

要記錄棋盤上所有皇后的位置，可以只使用一個 Stack 來達成：

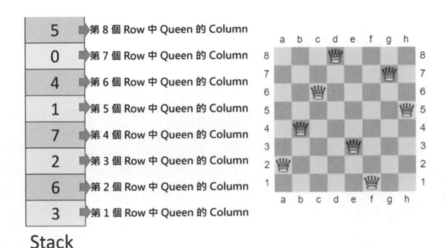

上面的 Stack 中，從下面數上來第 n 個元素代表「棋盤上第 n 個橫列中，皇后位在第幾個直行」，比如左邊的堆疊就對應了右邊的棋盤，但注意 Stack 裡的資料是從 0 開始計數。

在找尋可行解的過程中，可以先在第一個橫列（最上面的橫列）中放一個皇后，接下來，依序在第二個、第三個、第四個、…、第八個橫列都放一個皇后，並且每次都要把新的皇后放到不會與先前皇后產生衝突的位置，如果一直放到第八個都還沒有產生衝突，就代表找到了一組可行解。

如果過程中某個皇后完全找不到位置放，代表先前的選擇不能產生可行解，就要回退到還未產生衝突時，選擇其他方法往下放，這正是深度優先搜尋的思考方式：無法往下走時，就退回路口選擇其他可行路徑。

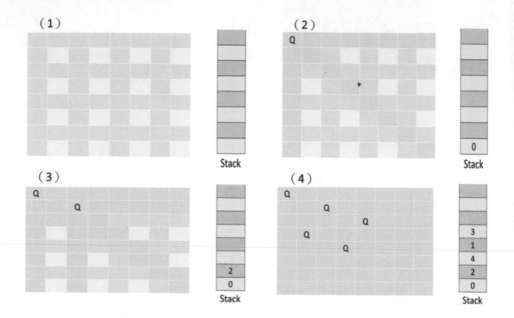

（1）上圖中的左上：左邊是棋盤，右邊是記錄每個皇后位置的堆疊。

（2）上圖中的右上：首先在堆疊中放入 0，代表第一個橫列的皇后放到第一個直行上。因為皇后可以吃前後左右與斜角，因此棋盤上第一直行、第一橫列和左上到右下的對角就不能再放其他皇后了。

（3）上圖中的左下：再來選擇把第二個橫列的皇后放到第三個直行（注意索引值與棋盤的對應），棋盤上又有更多位置不能再放接下來的皇后。

（4）上圖中的右上：選擇第三、第四個橫列的皇后放的位置，再把第五個皇后放到第四直行上。此時所有剩下的位置都不能放皇后了。

這代表先前五個皇后的位置安排是不能產生可行解的，必須回退選擇其他安排方式，回退時，先把堆疊最上面的（最後放上棋盤的）皇后移除，並且剛才選擇放的位置不能再選，所以只能試著把第五橫列的皇后放到第八個直行上。

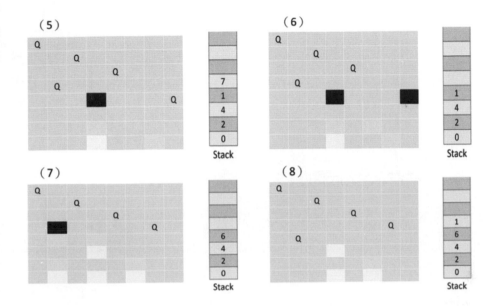

（5）上圖中的左上：但把第五個皇后放到第八個直行上後，發現第六個橫列的皇后仍然沒有位置放，所以必須再次回退。

（6）上圖中的右上：這時，發現如果前四個皇后在目前的位置上，不論第五個皇后放在哪裡，都不能產生可行解，因此要回退到第四個皇后還未被放到棋盤上的時候，選擇其他位置來擺放。

（7）上圖中的左下：剛才已經發現第四個皇后擺在第二個直行無法往下產生可行解，所以要改將其放在其他直行，比如放在第七個直行上。

（8）上圖中的右上：接下來，第五個皇后可以放在第二個直行。

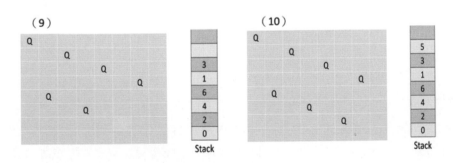

（9）上圖中的左上：第六個皇后可以放在第四個直行。

（10）上圖中的右上：此時第七個皇后只能放在第六個直行上。但是一旦放上第七個皇后之後，第八個皇后又沒有可以擺放的位置了，因此又要進行回退，同樣從堆疊上方開始把皇后移除，直到某個有可行解的擺放位置時，採取該選擇往下做看看。

11-4-3 實作 N 皇后問題

讓使用者輸入 N，輸出 N 皇后問題的所有解答。

稍後的實作中，會需要印出 stack 中的所有元素（並且印出後不改變 stack 內容），可以使用下列程式碼：

範例程式碼

Chapter11/11_06_NQueen.cpp

印出 stack 中的所有元素

```
1    void Print_Stack(stack<int>& s){
2        // 邊界條件：s 是空的
3        if (s.empty()){return;}
4        // 取出 s 中最上面的元素
5        int col = s.top();
6        s.pop();
7        // 遞迴取出下一個元素
8        Print_Stack(s);
9        // 印出當前元素
10       cout << col + 1 << " ";
11       // 將當前元素放回 stack 中
12       s.push(col);
13   }
```

接著我們需要一個函式來檢查某個放法是否合法：是否有皇后會在彼此的攻擊範圍之中，因此我們從 stack 中依序取出資料做檢查，檢查如果新皇

后放置在第 row 個橫列、第 col 個直行時，是否會與 stack 裡頭的皇后互相衝突，在這裡我們不希望 stack 的資料被函式修改，所以引數中的 stack 不能加參考。

因為皇后可以走直、橫、斜，所以只需要分別檢查是否有兩皇后所在的橫列與直行位置相同，以及斜向時代表兩皇后間的直行橫列差相同或差一個負號，比方說在下圖中的 A 代表皇后與該位置間的「橫列差」=「直行差」，B 則代表「橫列差」= -1×「直行差」。

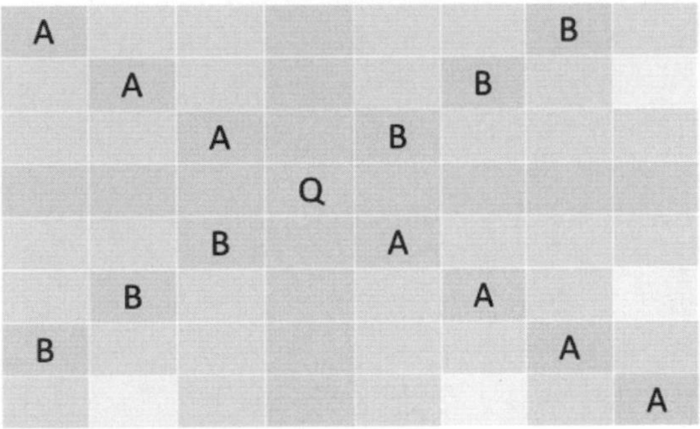

利用這個特性就可以檢查新皇后的位置 (row, col)，是否會與 stack 中的任一個舊皇后衝突。

檢查某個放法是否合法

```
1    // 檢查新皇后在 (row, col) 時，是否會與 stack 裡的皇后衝突
2    bool Available(stack<int> s, int row, int col){
3        // s 為空的時候一定不會衝突
4        if (s.empty()){return true;};
5
6        // 檢查新皇后是否會與 stack 最上面的皇后衝突
7        // 取出前一個皇后的位置 (s.size(), col_prev_queen)
8        int col_prev_queen = s.top();
9        s.pop();
10
11       // 先假設不會衝突，可以放該位置
12       bool result = true;
```

```
13
14      // 新皇后與先前的皇后位置比較
15      // 相差 diff_r 個橫列、diff_c 個直行
16      int diff_r = row - s.size();
17      int diff_c = col - col_prev_queen;
18
19      // 直行相同時代表位置衝突
20      if (col == col_prev_queen)
21        result = false;
22      // 新皇后在先前皇后右下角對角線上時
23      if (diff_c == diff_r)
24        result = false;
25      // 新皇后在先前皇后左下角對角線上時
26      if (diff_c == -1*diff_r)
27        result = false;
28      // 如果與現在比對的先前皇后沒有衝突
29      if (result){
30        // 繼續跟上一個橫列的皇后比對
31        // 注意上面執行過 s.pop()
32        // 因此傳入的 s 中,最上面是「再上一個橫列」的皇后
33        result = Available(s,row,col);
34      }
35      return result;
36  }
```

計算 N 皇后有幾種放法

```
1   int KQueens(stack<int>& s, int N){
2       // stack 已有 N 個元素,代表找到一組可行解
3       if (s.size() == N){
4           // 印出目前這組可行解
5           Print_Stack(s);
6           cout << endl;
7           return 1;
8       }
9
10      // stack 還未放滿時,往下執行
```

```
11        // 計算在不更動目前的皇后下，還有幾組解
12        int counts = 0;
13
14        // 檢查下一個橫列的某種放法是否可行
15        for (int i = 0; i < N; i++){
16          // s 是已放的前幾個皇后的位置
17          // s.size() 和 i 是下一個皇后的「橫列」和「直行」
18          if (Available(s, s.size(), i)){
19            // 擺放位置可行，把新的皇后放到該位置上
20            s.push(i);
21            // 放了新的皇后之後，往下繼續放下一橫列的皇后
22            counts += KQueens(s,N);
23            // 下一個橫列可能有好幾個可以放
24            // 因此要 pop 掉，才能接續試下一個可行位置
25            s.pop();
26          }
27        }
28        return counts;
29 }
```

將空的堆疊 s 與 N=8 傳入 KQueens，可得到八皇后問題共有 92 種解。

11-4-4 LeetCode #51. N 皇后問題 N-Queens

【題目】

「N 皇后問題」指的是要在 $n \times n$ 的西洋棋盤上放置 N 個皇后，使得皇后間不會互相攻擊。給定一個整數 n，以任意順序回傳「N 皇后問題」所有可行的解。

回傳時，需以 'Q' 和 '.'（分別代表擺放皇后的位置和空位）來表示整個棋盤上的分佈。

【出處】

https://leetcode.com/problems/n-queens/

【範例輸入與輸出】

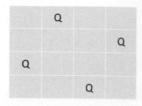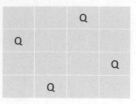

- 輸入：n = 4
- 輸出：[[".Q..","...Q","Q...","..Q."],

  ["..Q.","Q...","...Q",".Q.."]]
- 四皇后問題只有兩種不同的解。

【解題邏輯】

本題解法與剛才實作的「N 皇后問題」解法相同，只需調整輸出格式生成題目要求的形式。

範例程式碼

Chapter11/11_07_KQueens.cpp

用深度優先搜尋解決 N 皇后問題

```
1    class Solution{
2        // 儲存目前皇后位置的堆疊
3        stack<int> Positions;
4        // 回傳的結果
5        vector<vector<string>> result;
6        // 檢查新皇后位置 (row, col) 是否合法
7        bool Available(stack<int> s, int row, int col){
8            if (s.empty()){return true;}
9            int col_prev_queen = s.top();
10           s.pop();
11           bool result = true;
12
13           int diff_c = col - col_prev_queen;
14           int diff_r = row - s.size();
```

```
15
16        if (col==col_prev_queen)
17          result = false;
18        if (diff_c==diff_r)
19          result = false;
20        if (diff_c==-1*diff_r)
21          result = false;
22        if (result)
23          result = Available(s,row,col);
24        return result;
25      }
26
27      // 生成一個可行解用 'Q' 和 '.' 表示
28      vector<string> Add_Solution(stack<int>& s, int n){
29        if (s.empty()){return {};}
30        // 從可行解 s 中取出一個橫列的皇后位置
31        int col = s.top();
32        s.pop();
33        // 遞迴得到前面所有橫列產生的向量 this_solution
34        // 比如得到 ["..Q.","Q...","...Q"]
35        vector<string> this_solution = Add_Solution(s, n);
36        // 產生目前橫列的表達方式
37        string result_str;
38
39        // 除了要放的位置 col 外，用 '.' 補滿
40        // 比如得到 ".Q.."
41        for (int i = 0; i < col; i++){
42          result_str += '.';
43        }
44        result_str += 'Q';
45        for (int i = col + 1; i < n; i++){
46          result_str += '.';
47        }
48        s.push(col);
49        // 在 this_solution 中加上目前橫列的內容
50        this_solution.push_back(result_str);
51        return this_solution;
52      }
```

```
53
54      int KQueens(stack<int>& s, int N){
55          // 找到一個可行解
56          if (s.size() == N){
57              // Add_Solution 產生對應的向量後加到 result 中
58              result.push_back(Add_Solution(s,N));
59          }
60          int counts = 0;
61          for (int i = 0; i < N; i++){
62              if (Available(s, s.size(), i)){
63                  s.push(i);
64                  counts += KQueens(s,N);
65                  s.pop();
66              }
67          }
68          return counts;
69      }
70  public:
71      vector<vector<string>> solveNQueens(int n){
72          KQueens(Positions, n);
73          return result;
74      } // end of solveNQueens
75  }; // end of Solution
```

11-5 實戰練習

11-5-1 LeetCode #695. 最大島嶼的面積 Max Area of Island

【題目】

給定一個 $m \times n$ 的二元陣列 $grid$，一個「島嶼」是一些上下左右連接在一起的「1」，假設 $grid$ 的邊界外全部都是代表水的「0」。

一個島嶼的面積是組成整個島嶼的「1」的個數，回傳整個 $grid$ 中最大島嶼的面積，如果沒有任何島嶼，回傳 0。

【出處】

https://leetcode.com/problems/max-area-of-island/

【範例輸入與輸出】

■ 輸入：

grid = [

[0,0,1,0,0,0,0,1,0,0,0,0,0],

[0,0,0,0,0,0,0,1,1,1,0,0,0],

[0,1,1,0,1,0,0,0,0,0,0,0,0],

[0,1,0,0,1,1,0,0,1,0,1,0,0],

[0,1,0,0,1,1,0,0,1,1,1,0,0],

[0,0,0,0,0,0,0,0,0,0,1,0,0],

[0,0,0,0,0,0,0,1,1,1,0,0,0],

[0,0,0,0,0,0,0,1,1,0,0,0,0]

]

■ 輸出：6

【解題邏輯】

本題同樣可以從左上角開始一列一列進行深度優先搜尋，每遇到一個 1 就進行一次深度優先搜尋，且每一輪的深度優先搜尋都會跑遍島嶼內的所有點，並且得到每個島嶼的面積。在這過程中必須把每個經過的 1 都改成 -1，避免重複計算。

範例程式碼

Chapter11/11_08_maxAreaOfIsland.cpp

最大島嶼的面積 Max Area of Island
1   `class Solution{`   2   `// 從 (i, j) 開始深度優先搜尋，並同時計算面積`   3   `int Area(`   4   `vector<vector<int>>& grid,`

```
5          int i, int j, int row, int col)
6      {
7          // 超出邊界時，回傳面積 0
8          if (i < 0 || j < 0)
9              return 0;
10         if (i >= row || j >= col)
11             return 0;
12         // 遇到海洋或已經走過的陸地時，回傳 0
13         if (grid[i][j] == 0 || grid[i][j] == -1)
14             return 0;
15
16         // 把現在造訪的陸地值改為 -1
17         grid[i][j] = -1;
18
19         // 往四個方向移動
20         int up = Area(grid, i - 1, j, row, col);
21         int down = Area(grid, i + 1, j, row, col);
22         int left = Area(grid, i, j - 1, row, col);
23         int right = Area(grid, i, j + 1, row, col);
24
25         // 回傳的面積是目前方格面積 1
26         // 加上往四個方向移動後繼續處理所得面積
27         return up + down + left + right + 1;
28     }
29
30 public:
31     int maxAreaOfIsland(vector<vector<int>>& grid){
32         // 取出 grid 的大小
33         int row = grid.size();
34         int col = grid[0].size();
35         // 最大島嶼面積
36         int max_area = 0;
37
38         for (int i = 0; i < row; i++){
39             for (int j = 0; j < col ; j++){
40                 // 遇到陸地 1 時就進行深度優先搜尋
```

```
41          if (grid[i][j] == 1){
42             int tmp = Area(grid,i,j,row,col);
43             max_area = max_area > tmp ?
44                   max_area : tmp;
45          }
46
47        }
48     }
49     return max_area;
50   } // end of maxAreaOfIsland
51 }; // end of Solution
```

11-5-2　LeetCode #1267. 溝通伺服器的總數 Count Servers that Communicate

【題目】

給定一個 $m \times n$ 的整數陣列，代表了一個伺服器中心的地圖，陣列中每個 1 代表該處有伺服器，0 代表該處沒有伺服器。兩個伺服器只有位在相同直行或相同橫列時，被認為會互相「溝通」。回傳會和其他伺服器溝通的伺服器總數。

【出處】

https://leetcode.com/problems/count-servers-that-communicate/

【範例輸入與輸出】

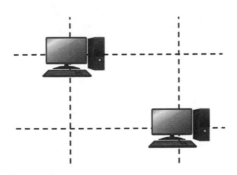

- 範例一：
  - 輸入：grid = [[1,0],[0,1]]
  - 輸出：0
  - 因為兩個伺服器不在同一直行或橫列上，沒有互相溝通的伺服器。

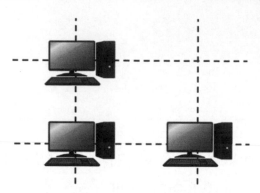

- 範例二：
  - 輸入：grid = [[1,0],[1,1]]（grid 中三個 1 就代表三個伺服器的位置）
  - 輸出：3

【解題邏輯】

本題同樣可以在遇到每個伺服器時，進行深度優先搜尋，造訪過的伺服器位置改填 -1。

範例程式碼

Chapter11/11_09_countServers.cpp

溝通伺服器的總數 Count Servers that Communicate
1　class Solution{
2　　　int Connected(
3　　　　vector<vector<int>>& grid,
4　　　　int i, int j, int row, int col)
5　　　{
6　　　　// 不處理的情形

```
7          if (grid[i][j] == -1)
8             return 0;
9          // 把目前伺服器標成 -1 代表已處理過
10         grid[i][j] = -1;
11         int row_sum = 0, col_sum = 0;
12
13         // 檢查同橫列的伺服器
14         for (int m = 0; m < col; m++){
15            if (grid[i][m] == 1){
16               row_sum += Connected(grid, i, m, row, col);
17            }
18         }
19         // 檢查同直行的伺服器
20         for (int n = 0; n < row; n++){
21            if (grid[n][j] == 1){
22               col_sum += Connected(grid, n, j, row, col);
23            }
24         }
25         return row_sum + col_sum + 1;
26      }
27
28  public:
29      int countServers(vector<vector<int>>& grid){
30         // 取得 grid 的大小
31         int row = grid.size();
32         int col = grid[0].size();
33         // 記錄會與其他伺服器溝通的伺服器數量
34         int counts = 0;
35         int tmp;
36
37         for (int i = 0; i < row; i++){
38            for (int j = 0; j < col; j++){
39               if (grid[i][j] == 1){
40                  // tmp 從現在這台伺服器向外深度優先搜尋
41                  // 得到過程中共有幾台有在溝通的伺服器
42                  tmp = Connected(grid, i, j, row, col);
43                  // tmp = 1 時，目前的伺服器沒有向外溝通
44                  // 有溝通時，counts 加上 DFS 找到的溝通伺服器總數
```

```
45                    if (tmp > 1)
46                        counts += tmp;
47                }
48          } // end of inner for
49      } // end of outer for
50      return counts;
51    } // end of countServers
52 }; // end of Solution
```

11-5-3 APCS：小群體 (2017/03/04 P2)

【題目】

Q 同學正在學習程式，P 老師出了以下的題目讓他練習。

一群人在一起時經常會形成一個一個的小群體。假設有 N 個人，編號由 0 到 N-1，每個人都寫下他最好朋友的編號（最好朋友有可能是他自己的編號，如果他自己沒有其他好友），在本題中，每個人的好友編號絕對不會重複，也就是說 0 到 N-1 每個數字都恰好出現一次。

這種好友的關係會形成一些小群體。例如 N=10，好友編號如下，

	0	1	2	3	4	5	6	7	8	9
好友編號	4	7	2	9	6	0	8	1	5	3

0 的好友是 4，4 的好友是 6，6 的好友是 8，8 的好友是 5，5 的好友是 0，所以 0、4、6、8 和 5 就形成了一個小群體。另外，1 的好友是 7 而且 7 的好友是 1，所以 1 和 7 形成另一個小群體，同理，3 和 9 是一個小群體，而 2 的好友是自己，因此他自己是一個小群體。總而言之，在這個例子裡有 4 個小群體：{0,4,6,8,5}、{1,7}、{3,9}、 {2}。本題的問題是：輸入每個人的好友編號，計算出總共有幾個小群體。Q 同學想了想卻不知如何下手，和藹可親的 P 老師於是給了他以下的提示：如果你從任何一人 x 開始，追蹤他的好友，好友的好友，....，這樣一直下去，一定會形成一個圈回到 x，這就是一個小群體。如果我們追蹤的過程中，把追蹤過的都

加以標記，就很容易知道哪些人已經追蹤過，因此，當一個小群體找到之後，我們可以再從任何一個還未追蹤過的人開始繼續找下一個小群體，直到所有的人都追蹤完畢。Q 同學聽完之後很順利的完成了作業。

在本題中，你的任務與 Q 同學一樣：給定一群人的好友，請計算出小群體個數。

【出處】

APCS 2017/03/04，實作題第 2 題

本題可以在 zerojudge 上測試與繳交，網址如下：

https://zerojudge.tw/ShowProblem?problemid=c291

【範例輸入與輸出】

- 輸入格式：
  - 第一行是一個正整數 N，說明團體中人數。
  - 第二行依序是 0 的好友編號、1 的好友編號、……、N-1 的好友編號。共有 N 個數字，
  - 包含 0 到 N-1 的每個數字恰好出現一次，數字間會有一個空白隔開。
- 輸出格式：
  - 請輸出小群體的個數。不要有任何多餘的字或空白，並以換行字元結尾。
- 範例一：
  - 輸入

    10

    4 7 2 9 6 0 8 1 5 3
  - 正確輸出

    4
  - 4 個小群體是 {0,4,6,8,5}, {1,7}, {3,9} 和 {2}。
- 範例二：

- 輸入

  3

  0 2 1

- 正確輸出

  2

- 2 個小群體分別是 {0}, {1,2}。

【解題邏輯】

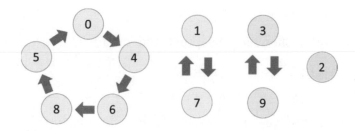

本題是簡化版的深度優先搜尋，每個同學最多只會有一個好朋友，如果把每個同學視作一個頂點，則每個頂點最多與其他另一個頂點相連結，只需要不斷往下探索直到發現環即可，而為了發現環的存在，需要開一個陣列紀錄哪些頂點已經有探索過。

時間複雜度為：O(n)，其中 n 為同學們的人數。

範例程式碼

Chapter11/11_10_小群體.cpp

小群體

```
1    #include <iostream>
2    #include <vector>
3
4    using namespace std;
5
6    int main(){
```

```
7      ios_base::sync_with_stdio(0);
8      cin.tie(0);
9
10     int N;
11     cin >> N;
12     vector<int> relationship(N);
13     // 輸入每個人的好朋友編號
14     for(int i = 0; i < N; i++){
15        cin >> relationship[i];
16     }
17
18     // 記錄每個點是否有被拜訪過
19     // 一開始沒有拜訪過任何點，初始化成 false
20     vector<bool> visited(N, false);
21
22     int groups = 0;
23
24     // 把每個還沒拜訪過的點進行深度優先搜尋
25     for(int i = 0; i < N; i++){
26        // 拜訪過就跳過不處理
27        if (visited[i])
28           continue;
29        // 每一輪深度優先搜尋就代表新的小群體
30        groups++;
31        // 記錄現在走到哪個點
32        int current = i;
33        // 開始深度優先搜尋
34        while(!visited[current]){
35           visited[current] = true;
36           current = relationship[current];
37        }
38     }
39     cout << groups;
40     return 0;
41  }
```

11-5-4 APCS：血緣關係 (2016/03/05 P4)

【題目】

小宇有一個大家族。有一天，他發現記錄整個家族成員和成員間血緣關係的家族族譜。小宇對於最遠的血緣關係 (我們稱之為"血緣距離") 有多遠感到很好奇。

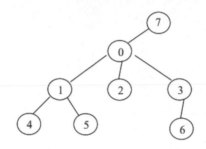

上圖為家族的關係圖。0 是 7 的孩子，1、2 和 3 是 0 的孩子，4 和 5 是 1 的孩子，6 是 3 的孩子。我們可以輕易的發現最遠的親戚關係為 4 (或 5) 和 6，他們的"血緣距離"是 4 (4~1，1~0，0~3，3~6)。

給予任一家族的關係圖，請找出最遠的「血緣距離」。你可以假設只有一個人是整個家族成員的祖先，而且沒有兩個成員有同樣的小孩。

【出處】

APCS 2016/03/05，實作題第 4 題

本題可以在 zerojudge 上繳交，注意需改成在同一程式內處理多筆測資。

https://zerojudge.tw/ShowProblem?problemid=b967

【範例輸入與輸出】

- 輸入格式：
  - 第一行為一個正整數 n 代表成員的個數，每人以 0~n-1 之間唯一的編號代表。
  - 接著的 n-1 行，每行有兩個以一個空白隔開的整數 a 與 b (0 ≤ a,b ≤ n-1)，代表 b 是 a 的孩子。

- 輸出格式：
  - 每筆測資輸出一行最遠「血緣距離」的答案。
- 範例一：
  - 輸入
    8
    0 1
    0 2
    0 3
    7 0
    1 4
    1 5
    3 6

  - 正確輸出
    4

【解題邏輯】
本題因為每個節點可能會有不定數目的子節點，且連接時從下到上、上到下兩個方向皆可，所以用圖論中的無向圖來記錄會較樹來得適合。

如題目所述，可以假設只有一個人是整個家族成員的祖先，且沒有兩個成員有同樣的小孩，所以可以假設整個圖只會有一個根節點，且不會有環。

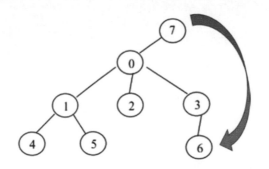

為了找出最遠兩頂點間的距離，我們可以分成兩次深度優先搜尋來處理，先從任意節點開始進行深度優先搜尋，找到深度最深的節點，以上圖為例

可以從根節點 7 出發找到 4、5、6 之一，假設找到節點 6。

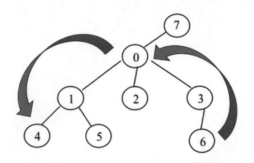

接著再從深度最深的節點開始做第二次的深度優先搜尋，在這裡從 4、5、6 開始皆可，計算並找出最遠的距離，比方説如果從節點 6 出發，可以找到 4 或 5 這兩個最遠節點，此時兩者的距離就是最遠的血緣關係。

時間複雜度為兩次深度優先搜尋，故為：$O(2(V+E))=O(V+E)$，又其為樹狀結構，故 $E = V - 1$，因此為 $O(V)$。

範例程式碼
Chapter11/11_11_血緣關係.cpp

血緣關係

```
1   #include <iostream>
2   #include <vector>
3
4   using namespace std;
5
6   void DFS(
7           vector<int>& distance,
8           vector<vector<int>>& relationship,
9           int current)
10  {
11      // 跑遍 current 的所有相鄰頂點
12      for(int neighbor : relationship[current]){
13          // distance[neighbor] = -1 代表還沒走過
```

```
14        if(distance[neighbor] != -1)
15            continue;
16        distance[neighbor] = distance[current] + 1;
17        DFS(distance, relationship, neighbor);
18    }
19 }
20
21 int main(){
22    ios_base::sync_with_stdio(0);
23    cin.tie(0);
24
25    int N;
26    while(cin >> N){
27        vector<vector<int>> relationship(N);
28        vector<int> distance(N, -1);
29        // 輸入每個人的孩子編號
30        for(int i = 0; i < N - 1; i++){
31            int parent, child;
32            cin >> parent >> child;
33            // 無向圖，A->B = B->A
34            relationship[parent].push_back(child);
35            relationship[child].push_back(parent);
36        }
37
38        // 從節點 0 出發作深度優先搜尋
39        distance[0] = 0;
40        DFS(distance, relationship, 0);
41        int index_max = 0, max_distance = 0;
42        // 找出最遠距離的頂點
43        for(int i = 0; i < N; i++){
44            if(distance[i] > max_distance){
45                index_max = i;
46                max_distance = distance[i];
47            }
48        }
49        // 重設距離
50        fill(distance.begin(), distance.end(), -1);
51        distance[index_max] = 0;
```

```
52          // 從 index_max 出發作深度優先搜尋
53          DFS(distance, relationship, index_max);
54          max_distance = 0;
55          // 找出最遠距離的頂點
56          for(int i = 0; i < N; i++){
57              if(distance[i] > max_distance){
58                  max_distance = distance[i];
59              }
60          }
61          cout << max_distance << endl;
62      }
63      return 0;
64  }
```

11-5-5 APCS：樹狀圖分析 (2017/10 P3)

【題目】

本題是關於有根樹(rooted tree)。在一棵 n 個節點的有根樹中，每個節點都是以 1~n 的不同數字來編號，描述一棵有根樹必須定義節點與節點之間的親子關係。一棵有根樹恰有一個節點沒有父節點(parent)，此節點被稱為根節點(root)，除了根節點以外的每一個節點都恰有一個父節點，而每個節點被稱為是它父節點的子節點(child)，有些節點沒有子節點，這些節點稱為葉節點(leaf)。當有根樹只有一個節點時，這個節點既是根節點同時也是葉節點。

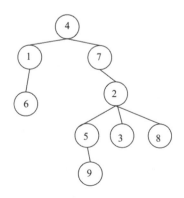

在圖形表示上，我們將父節點畫在子節點之上，中間畫一條邊(edge)連結。例如，上圖中表示的是一棵 9 個節點的有根樹，其中，節點 1 為節點 6 的父節點，而節點 6 為節點 1 的子節點；又 5、3 與 8 都是 2 的子節點。節點 4 沒有父節點，所以節點 4 是根節點；而 6、9、3 與 8 都是葉節點。

樹狀圖中的兩個節點 u 和 v 之間的距離 d(u,v) 定義為兩節點之間邊的數量。如上圖中，d(7, 5) = 2，而 d(1, 2) = 3。對於樹狀圖中的節點 v，我們以 h(v) 代表節點 v 的高度，其定義是節點 v 和節點 v 下面最遠的葉節點之間的距離，而葉節點的高度定義為 0。例如節點 6 的高度為 0，節點 2 的高度為 2，而節點 4 的高度為 4。

此外，我們定義 H(T) 為 T 中所有節點的高度總和，也就是說 $H(T) = \sum_{v \in T} h(v)$。給定一個樹狀圖 T，請找出 T 的根節點以及高度總和 H(T)。

【範例輸入與輸出】

- 輸入格式
  - 第一行有一個正整數 n 代表樹狀圖的節點個數，節點的編號為 1 到 n。
  - 接下來有 n 行，第 i 行的第一個數字 k 代表節點 i 有 k 個子節點，第 i 行接下來的 k 個數字就是這些子節點的編號。
  - 每一行的相鄰數字間以空白隔開
- 輸出格式
  - 輸出兩行各含一個整數，第一行是根節點的編號，第二行是 H(T)。
- 範例一
  - 輸入

    7
    0
    2 6 7
    2 1 4
    0

        2 3 2
        0
        0

- 輸出
  5
  4

■ 範例二

  - 輸入
    9
    1 6
    3 5 3 8
    0
    2 1 7
    1 9
    0
    1 2
    0
    0

  - 輸出
    4
    11

【題目出處】

2017/10 APCS 實作題 #3

本題可於 Zerojudge 中測試，網址如下：

https://zerojudge.tw/ShowProblem?problemid=c463

【解題邏輯】

首先我們需要找出整張樹狀圖的根節點，因為根節點本身不為任何頂點的子節點，因此在輸入資料的時候，一旦發現該節點是子節點，就可以從根節點的候選清單中剔除，到最後只會留下一個不為任何頂點的子節點的頂點，此即為根節點。

接下來可以使用深度優先搜尋，但因為此時需要回傳高度，所以每進行一步深度優先搜尋便把高度 ＋ 1，直至葉節點為止，如此便可以得到每個節點的高度，同時每對一個節點做深度優先，就把得到的高度加到最後的答案中。

範例程式碼

Chapter11/11_12_樹狀圖分析.cpp

樹狀圖分析

```cpp
1   #include <iostream>
2   #include <vector>
3
4   using namespace std;
5
6   long long int ans = 0;
7
8   // 深度優先搜尋
9   int DFS (vector<vector<int>>& adj_list, int idx)
10  {
11      int h, max = 0;
12      // 計算子樹們的高
13      for (int node : adj_list[idx])
14      {
15        h = DFS(adj_list, node);
16        if (h > max)
17          max = h;
18      }
19      ans += max;
20      max++;
21      return max;
22  }
23
24  int main ( ) {
25      ios::sync_with_stdio(false);
26      cin.tie(0);
```

```
27
28      int N, k, child, root;
29      cin >> N;
30      // 注意編號從 1 開始
31      vector<bool> root_candidate(N + 1, true);
32      vector<vector<int>> adj_list(N + 1);
33      for(int i = 1; i < N + 1; i++){
34        cin >> k;
35        for(int j = 1; j < k + 1; j++){
36          cin >> child;
37          adj_list[i].push_back(child);
38          // child 不可能為子節點
39          root_candidate[child] = false;
40        }
41      }
42      // 首先找出根節點
43      for(int i = 1; i < N + 1; i++){
44        if(root_candidate[i]){
45          root = i;
46          break;
47        }
48      }
49      // 從根節點開始深度優先搜尋
50      DFS(adj_list, root);
51      cout << root << endl << ans;
52      return 0;
53    }
```

習 題

1. 關於深度優先搜尋(Depth-First Search)的敘述哪些為真？(複選)

   A. 通常會搭配 Stack 或遞迴實作

   B. 深度優先搜尋只會有單一一種檢索順序

   C. 時間複雜度為 $O(|V| + |E|)$，其中 $|V|$ 代表頂點個數、$|E|$ 代表邊的個數

   D. 深度優先搜尋不適用於存在環(Cycle)的圖中

   E. 若對有向無環圖進行深度優先搜尋，則越晚離開的點會在整個有向無環圖中越上游的位置

   F. 在連通圖中進行一次深度優先搜尋必可以搜尋到圖中的所有頂點

2. 深度優先搜尋的三種顏色(白、灰、黑)分別代表的意思是？(連連看)

白	正在 Stack 中
灰	從未被放入 Stack 中
黑	曾被放入 Stack 中，但目前已移除

3. 若對一棵樹做深度優先搜尋，則處理節點的順序雷同於何者？

   A. Pre-order Traversal

   B. In-order Traversal

   C. Post-order Traversal

   D. Level-order Traversal

   E. 以上皆非

4. 深度優先搜尋的空間複雜度為？

   $|V|$ 代表頂點個數、$|E|$ 代表邊的個數

   A. $O(1)$

   B. $O(|V|)$

   C. $O(|E|)$

D. $O(|V| + |E|)$

E. 以上皆非

5. 深度優先搜尋的路徑皆是一棵樹。

A. 正確

B. 錯誤

6. 若自下圖的 A 點出發進行深度優先搜尋,若一開始選擇 C 點往下搜尋,則接下來的路徑為何?

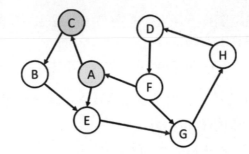

A. EBGHDF

B. BEGHDF

C. BEFGHD

D. BEGFDH

Chapter

12

最小生成樹 Minimal Spanning Tree

接下來的三章：最小生成樹、網路流、最短路徑都是面試或 APCS 中較少出現的題目，原因無它：這部分的演算法專注在解決特定問題上，如果考了只有辦法辨識出面試者或考生是否還記得這些算法的實作方式，對於鑑別考生的實力其實幫助不大。因此除非是為了準備競試或是大學課程，否則這三章的內容與題目都可以快速略過。

本章首先會說明最小生成樹的定義：什麼樣的樹可以被稱作一個「最小生成樹」，以及有什麼原理或準則可以用來找到一個最小生成樹。

接著會介紹兩種主要用來產生最小生成樹的演算法：Kruskal's Algorithm 和 Prim's Algorithm。

12-1 最小生成樹定義與原理

12-1-1 生成樹 Spanning Tree

在說明「最小生成樹」前，先探討一下什麼是「生成樹」。生成樹的定義如下：

A. 自圖中取出所有頂點與部分邊，使其形成一棵樹

B. 圖上的點能互相連通時，為「生成樹」

C. 圖上的點無法兩兩互相皆連通時，為「生成森林」

D. 生成樹有很多種可能

E. 通常以無向圖表示

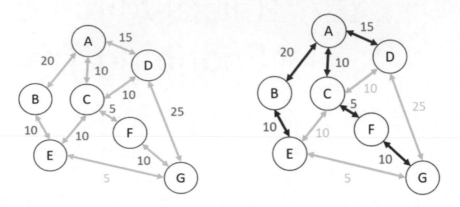

生成樹就是取出圖中所有的頂點和部分的邊，讓它們可以形成一棵樹。像左上圖由頂點和邊所構成，取出「所有」頂點 A-G，再取出其中一些邊，如果這些邊使得所有頂點互相連通，而且沒有環，那麼這就叫做一個「生成樹」，如右上圖。

反之，如果選取的邊無法使所有頂點兩兩都互相連通，就叫做生成森林，由很多生成樹構成。

生成樹並不唯一，因為邊的組合可以任取。另外，通常是在無向圖上建立生成樹。因為生成樹也是一種「樹」，所以必須符合樹的性質，包括不能有環，以及若有 $|V|$ 個頂點，則必定有 $|V| - 1$ 條邊。

12-1-2 最小生成樹 Minimal Spanning Tree, MST

在解釋何為「最小」前，我們必須先定義「生成樹的權重」，「生成樹的權重」即該生成樹中所有邊的權重總和。

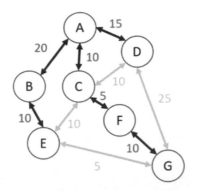

上圖中，生成樹的權重是六條邊的權重和： 20 + 10 + 15 + 10 + 5 + 10 ＝ 70。因此由不同的邊組成的生成樹各有自己的權重，有大小之分。

「最小生成樹」指的就是一張圖所有可能的生成樹中，「權重最小」的那個，若有複數個權重最小者，都算作最小生成樹。

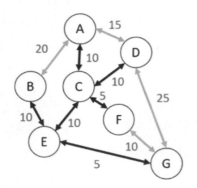

上圖為最小生成樹，權重為六個邊的權重和：5 + 10 + 10 + 10 + 10 + 5 = 50。

12-1-3 最小生成樹的應用

最小生成樹有什麼功能呢？

你可以把邊看作是成本，就可以拿來解決許多尋找「成本最小」方法的問題，看如何連接每個頂點，可以使總成本最低。

比如「修路問題」：需要建造哪幾條路，才能在最低的成本下連接起所有
城市。以及「礦井問題」：如何用最少的花費來打通所有礦井。另外，網
路通訊、水利工程等，都常應用到最小生成樹。

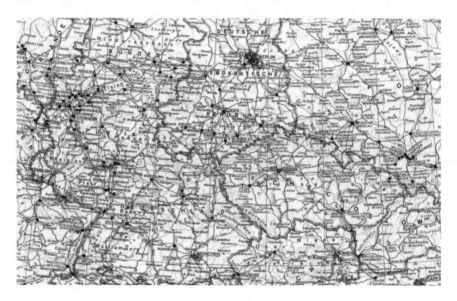

12-1-4 割 Cut

「割」是把圖中所有頂點分成兩個獨立集合，比如下圖中，所有頂點可以
被分為 $\{B, C, D\}$ 與 $\{A, E, F, G\}$ 兩個集合。

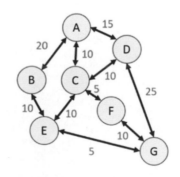

簡單來說，割就是把所有頂點任意分成「兩組」。

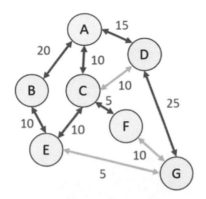

Crossing Edges 則是可以「連接割產生的兩個頂點集合」的邊。比如上面的例子裡，$\overline{AB}$、$\overline{AC}$、$\overline{AD}$、$\overline{BE}$、$\overline{CE}$、$\overline{CF}$、$\overline{DG}$ 這些邊都連接兩個頂點集合中的各一個點，因此都屬於 Crossing Edges。

「割的權重」被定義為割對應的所有 Crossing Edges 上的權重和，上例中，權重為 $20 + 10 + 15 + 10 + 10 + 5 + 25 = 95$。

如果一個特定的邊集合 A 中沒有任何一條邊屬於 Crossing Edges，比如 A 中所有的邊都連接割產生的兩個頂點集合 S、$V - S$ 中 S 含有的頂點，那麼就說這個割「Respect」邊集合 A。比如上例的割 Respect 邊集合 $\{\overline{EG}$、$\overline{FG}\}$（因為 $\overline{EG}$ 和 $\overline{FG}$ 都不是 Crossing Edges）。

Light Edge 則是所有 Crossing Edges 中權重最小者，有複數條權重同屬最小時，它們都是 Light Edge。

12-1-5 最小生成樹的定理

想要得到一個最小生成樹，需要從圖中所有的邊裡選取 $|V| - 1$ 條邊（$|V|$ 是頂點個數），過程中，所有邊會被區分為兩個集合：

- set A：屬於最小生成樹
- set B：不屬於最小生成樹

開始時，所有的邊都在 set B 中，進行過程中則從 set B 中逐步挑選邊放到 set A 裡。

如果某一次挑選了一條邊加入 set A 中後，set A 中的邊都還屬於最小生成樹，那麼這次挑選過程被稱作是「安全」的。

如何找出「安全」的邊呢？已知圖 $G(V,E)$ 是有權重、連通的無向圖。

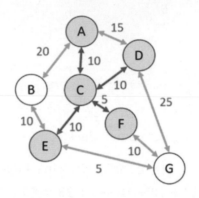

Set A 是當前（尚未完成）的最小生成樹中，「邊」的子集合（集合內的邊都屬於最小生成樹），比如上圖中，可以是 $\overline{AC}$、$\overline{CD}$、$\overline{CE}$、$\overline{CF}$。

Set S 是當前（尚未完成）的最小生成樹中，「頂點」的子集合（集合內的頂點都屬於最小生成樹），比如上圖中的 A、C、D、E、F。

如果 Set A 中的所有邊都只連接 Set S 裡的兩個頂點（比如上例中，已經取的四條邊只連接 A、C、D、E、F），即 $Cut(S, V-S)$ repect Set A，那麼此敘述成立：

把一個 Light Edge 邊 e 從 set B 放入 set A 中的過程是「安全」的。

也就是説，如果現在選到的邊集合 Set A 和頂點集合 Set S 都是某個最小生成樹的其中一部分，那麼觀察剩下的邊，可以向外連接到尚不屬於最小生成樹的頂點的所有邊裡（比如上圖中的 $\overline{AB}$、$\overline{BE}$、$\overline{DG}$、$\overline{EG}$、$\overline{FG}$），權重最小的那個邊也會屬於這個最小生成樹。

簡單證明上面的定理：把 S 看作是目前最小生成樹的頂點集合，$V-S$ 則是尚不屬於最小生成樹的頂點集合，且兩部分的權重和分別為 W_S、W_{V-S}，S 和 $V-S$ 兩部分內部各自都是連通的（若 V-S 內部不連通，則一次針對一個連通部分，分成數次處理）。

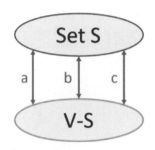

若 S 和 $V-S$ 間有數條 Crossing Edges a、b、c，其中 a 是三條邊中權重最小的 Light Edge。

因為最小生成樹是一種「樹」，任兩點間必定有路徑連通，要選擇一條邊讓 Set S 可以向外連到 $V-S$ 裡的頂點，使得兩個各自連通的樹變成一顆完整的最小生成樹，就必須選擇 a、b、c 其中一條邊，最多也只能選擇其中一條（否則就會形成環）。

那麼既然選擇任一條 Crossing Edge 都能把 S 和 $V-S$ 連接起來變成一顆完整的最小生成樹，那麼顯然必須選擇其中的 Light Edge 邊 a，得到的生成樹權重才會最小，為 $W_S + W(a) + W_{V-S}$。

根據上面的定理，只要一直選擇當前所有的 Crossing Edges 中權重最小者加入生成樹，就能得到一個「最小生成樹」，本章介紹的 Kruskal 和 Prim 演算法都運用了這個特性。

因為進行選擇時，都去找當下權重最小的 Crossing Edge，因此這些演算法本質上都是一種「貪婪演算法」。

12-2 集合的搜尋與合併

在進入 Kruskal 演算法的介紹前,需要先思考如何在資料結構裡有效率的記錄分屬於不同集合的頂點,以及如何讓不同集合可以被合併在一起。

方才也提到要不斷選取 Crossing Edges 來連接不同割分出的兩個點集合,那麼就必須要有一個資料結構來記錄當前每個頂點究竟從屬於哪個集合。

12-2-1 集合 Set

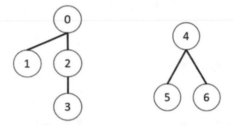

我們可以把每個集合各自看成一棵樹,比如上圖中,頂點 0、1、2、3 屬於一個集合,頂點 4、5、6 屬於另一個集合,0、1、2、3 組成了一個以頂點 0 為根節點的樹,4、5、6 則組成一個以頂點 4 為根節點的樹。

Vertex	0	1	2	3	4	5	6
set	-4	0	0	2	-3	4	4

這樣一來,就可以用一個陣列(取名叫 set)來存放圖中每個頂點所屬集合的資訊。當 $set[v] \geq 0$ 時,$set[v]$ 的值指的是該頂點 v 往根節點方向走的相鄰頂點,比如 $set[3]$ 的值是 2,代表頂點 3 接在頂點 2 下面。

只有根節點 0 和 4 的 set 值才會小於 0,當 $set[v] < 0$ 時,$|set[v]|$ 代表的是該集合的頂點總數,上例中,$set[0] = -4$ 代表以 0 為根節點的集合共有 4 個頂點,$set[4] = -3$ 代表以 4 為根節點的集合共有 3 個頂點。

根據陣列 set 的資訊,就可以畫出對應的頂點集合。

12-2-2 判別從屬的集合 Find_Set

要如何找到某個頂點 v 屬於哪個集合呢？我們通常會用根節點來代表集合，所以只要從該頂點出發後一路往根節點的方向移動，直到 $set[v] <$ 0，確定找到根節點後回傳即可。

Find_Set 的 Pseudocode

```
1  Find_Set(set, v){
2      while (set[v] >= 0)
3          // 讓 v 向上移動
4          v = set[v]
5      return v
6  }
```

12-2-3 樹的塌陷 Collapsing

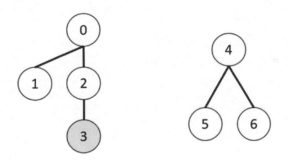

為了增進尋找根節點（集合編號）的效能，希望樹高被限制為 1，也就是說，所有屬於該集合的頂點都直接被連接在根節點上，使得之後都只需經過 1 次搜尋就可知道該點屬於哪個集合。上圖中，頂點 3 不符合我們的要求，所以需要對頂點 3 進行塌陷（Collapsing）的操作，使其可以直接連接到根節點上。

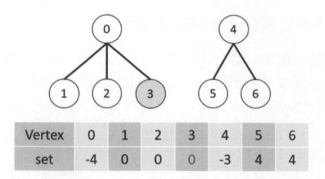

Vertex	0	1	2	3	4	5	6
set	-4	0	0	0	-3	4	4

完成塌陷（Collapsing）後，頂點 3 便會直接連到根節點 0 上，以 0 為根節點的樹高變為 1。

具體的作法是從頂點 v 出發往根節點 $root$ 移動的過程中，把中間經過的所有頂點（包括一開始的頂點 v）的 set 值都改為根節點的值。

透過優化後，我們就可以改進每次搜尋集合的效率。

Find_Set_Collapsing 的 Pseudocode

```
1    Find_Set_Collapsing(set, v){
2        // 先從 v 開始往上找到根節點
3        // 跳出迴圈時，root 就是根節點
4        root = v
5        while (set[root] >= 0)
6            root = set[root]
7        // 重新從 v 開始往上
8        // 把經過的每個頂點 set 值都寫成 root
9        while (v != root)
10           // 先記錄下 predecessor 的值
11           predecessor = set[v]
12           // 把 set[v] 改為根節點 root
13           set[v] = root
14           // v 往 predecessor 方向移動
15           v = predecessor
16       // 回傳根節點
17       return root
18   }
```

12-2-4 合併兩集合 Merge_Set

再來要如何合併兩個不同的集合呢？其實相當簡單，只要把其中一個集合的 *root* 指向另一個集合的 *root* 即可。

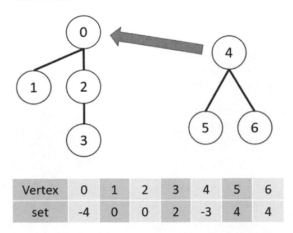

Vertex	0	1	2	3	4	5	6
set	-4	0	0	2	-3	4	4

但怎麼決定誰應該從屬於誰？因為「通常」頂點數越多的 *set* 樹高越大（但不一定），所以為了搜尋時的效能考量，會讓頂點個數少的 *set* 從屬於頂點個數多的 *set*，上例中，就是讓 *set*(4) 從屬於 *set*(0)。

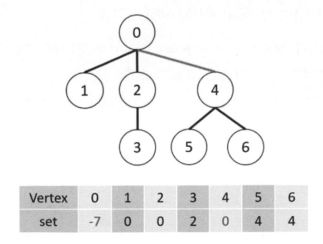

Vertex	0	1	2	3	4	5	6
set	-7	0	0	2	0	4	4

另外記得把合併後 *set*[0] 的值更新以對應兩個樹合併後的總頂點數。

Merge_Set 的 Pseudocode	
1	`Merge_Set(set, u, v){`
2	`    // 找到 u,v 兩個集合的根節點`
3	`    u_root = find_set_collapsing(set, u)`
4	`    v_root = find_set_collapsing(set, v)`
5	
6	`    // 如果 u 的頂點數比較多（絕對值較大）`
7	`    if (set[u_root] <= set[v_root])`
8	`      // 加總頂點數`
9	`      set[u_root] += set[v_root]`
10	`      // v 的根節點接到 u 上`
11	`      set[v_root] = u_root`
12	`    // 如果 v 的頂點數比較多`
13	`    else`
14	`      // 加總頂點數`
15	`      set[v_root] += set[u_root]`
16	`      // u 的根節點接到 v 上`
17	`      set[u_root] = v_root`
18	`}`

12-2-5 實作 Find_Set 與 Merge_Set

為了稍後可以順利實作最小生成樹演算法，我們可以在之前寫過的 Graph 中，先寫好 Find_Set 與 Merge_Set 兩個函式備用：

Find_Set & Merge_Set	
1	`int Graph::Find_Set(int u){`
2	`    int root = u;`
3	`    while (MST_Set[root] >= 0){`
4	`      root = MST_Set[root];`
5	`    }`
6	`    while (u != root){`
7	`      int predecessor = MST_Set[u];`
8	`      MST_Set[u] = root;`

```
9          u = predecessor;
10     }
11     return root;
12 }
13
14 void Graph::Merge_Set(int u, int v){
15     int u_root = Find_Set(u);
16     int v_root = Find_Set(v);
17     if (MST_Set[u] <= MST_Set[v]){
18        // u 的頂點數比較多時
19        MST_Set[u_root] += MST_Set[v_root];
20        MST_Set[v_root] = u_root;
21     } else {
22        // v 的頂點數比較多時
23        MST_Set[v_root] += MST_Set[u_root];
24        MST_Set[u_root] = v_root;
25     }
26 }
```

12-3 Kruskal 演算法

本節正式介紹 Kruskal 演算法。

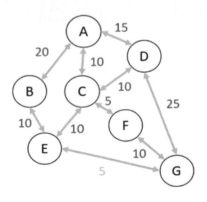

12-3-1 Kruskal 演算法的概念

Kruskal 演算法在起始時會把圖上的每個頂點都視為一個獨立的集合，每個集合都是一棵只有一個頂點的最小生成樹，也就是說，頂點 *A~G* 各自都是只含一個頂點的最小生成樹。

接下來逐步挑選適合的邊，以把這些獨立的集合合併，直到所有頂點都屬於同一個集合。

每次挑選的邊必定是 Crossing Edge，因為集合內部的頂點已經連通了，要加上一個邊的目的是要把其它集合給合併進來。

再來，為了符合「最小」的性質，挑選的邊會是目前所有 Crossing Edges 中權重最小者，也就是 Light edge。

總合來說，只要先將邊的權重由小到大排序，然後從權重最小的邊開始一路檢查每個邊目前是否還是 Crossing Edge，若是，就加入最小生成樹所需的邊中，若不是則跳過，直到選取到的邊數為「頂點數- 1」，即所有頂點都被連接時，就得到「最小生成樹」了。

12-3-2 Kruskal 演算法的進行過程

Kruskal 演算法需要三個變數：

- MST_Edges：記錄所有已挑選進最小生成樹的邊，即先前提過的 set A
- MST_Set：記錄目前每個頂點所屬的集合
- Sorted_Edges：把原圖中所有的邊依照權重由小到大排列

MST_Edges = {}

MST_Set：-1 表示該 MST 內只有自己一個點

Vertex	A	B	C	D	E	F	G
MST	-1	-1	-1	-1	-1	-1	-1

一開始，*MST_Edges* 中沒有邊，因此是空的。

MST_Set 中剛開始每個頂點對應到的值都是 -1，代表只含自己一個頂點的集合（前面提過若值 < 0，代表本身是根節點，該負值的絕對值是集合中的頂點數目）。

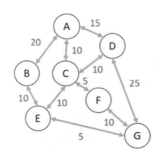

Sorted_Edges

Vertex	C	E	A	C	C	F	B	A	A	D
Weight	5	5	10	10	10	10	10	15	20	25
Vertex	F	G	C	D	E	G	E	D	B	G

Sorted_Edges 中則是各邊連接的兩個頂點與權重，且邊之間按照權重由小到大排列。

MST_Edges = {CF}

MST_Set：-1 表示該 MST 內只有自己一個點

Vertex	A	B	C	D	E	F	G
MST	-1	-1	-2	-1	-1	C	-1

Sorted_Edges

Vertex	C	E	A	C	C	F	B	A	A	D
Weight	5	5	10	10	10	10	10	15	20	25
Vertex	F	G	C	D	E	G	E	D	B	G

一開始從 *Sorted_Edges* 中取出權重最小的邊來檢查，發現 $\overline{CF}$ 跨越了兩個不同的集合，是一個 Crossing Edge，可以把它加入 *MST_edges* 中。

隨後，要用方才寫過的 Merge_Set 函式把 C 和 F 兩個集合合併在一起，合併後，*MST_Set* 裡 C 的值變為 -2，代表這個集合有兩個頂點（C 和 F），F 對應的值則變為 C，代表 F 現在屬於以 C 為根節點的集合。

MST_Edges = {CF,EG}

MST_Set：-1 表示該 MST 內只有自己一個點

Vertex	A	B	C	D	E	F	G
MST	-1	-1	-2	-1	-2	C	E

Sorted_Edges

Vertex	C	E	A	C	C	F	B	A	A	D
Weight	5	5	10	10	10	10	10	15	20	25
Vertex	F	G	C	D	E	G	E	D	B	G

再來，檢查其餘邊中權重最小的 $\overline{EG}$ 是不是 Crossing Edge，只要透過剛才的 Find_Set 函式，看兩個邊所屬的集合是否相同就可以得知。

因為 $\overline{EG}$ 也是一個 Crossing Edge，把它加入 *MSG_Edges* 中，並且合併 E 和 G 所屬的集合。

MST_Edges = {CF,EG,AC}

MST_Set：-1 表示該 MST 內只有自己一個點

Vertex	A	B	C	D	E	F	G
MST	C	-1	-3	-1	-2	C	E

Sorted_Edges

Vertex	C	E	A	C	C	F	B	A	A	D
Weight	5	5	10	10	10	10	10	15	20	25
Vertex	F	G	C	D	E	G	E	D	B	G

接下來，對 $\overline{AC}$ 做處理，因為 $\overline{AC}$ 是 Crossing Edge，所以同樣把 $\overline{AC}$ 加入 *MST_Edges* 中。接下來，合併兩個集合，因為 C 所屬集合含有的頂點個數比 A 所屬的集合多，因此是把 A 合併進 C 所屬的集合內。

MST_Edges = {CF,EG,AC,CD,CE}

MST_Set：-1 表示該 MST 內只有自己一個點

Vertex	A	B	C	D	E	F	G
MST	C	-1	-6	C	C	C	E

Sorted_Edges

Vertex	C	E	A	C	C	F	B	A	A	D
Weight	5	5	10	10	10	10	10	15	20	25
Vertex	F	G	C	D	E	G	E	D	B	G

再來，對 $\overline{CD}$ 與 $\overline{CE}$ 做一樣的處理。

MST_Edges = {CF,EG,AC,CD,CE}

MST_Set：-1 表示該 MST 只有自己一個點

Vertex	A	B	C	D	E	F	G
MST	C	-1	-6	C	C	C	C

Sorted_Edges　　　　順便把MST of G 改成C

Vertex	C	E	A	C	C	F	B	A	A	D
Weight	5	5	10	10	10	10	10	15	20	25
Vertex	F	G	C	D	E	G	E	D	B	G

接下來，檢查到 $\overline{FG}$，因為頂點 F 和頂點 G 透過 Find_Set 函式找到的集合編號都是 C（F−>C、G−>E−>C），所以 $\overline{FG}$ 此時不是 Crossing Edge，必須跳過，同時，透過 Collapsing 的過程把 MST_Set 中 G 對應的值改成 C。

接著檢查到 $\overline{BE}$，同樣加入 MST_Edges 中，並進行融合。

然後加入 $\overline{BE}$ 後，MST_Edges 中已經含有六個邊，也就是一個有七個頂點的圖的「最小生成樹」所需的邊數了，因此可以結束 Kruskal 演算法的處理，輸出最小生成樹中的所有邊。

實際上，剩下的幾個邊 $\overline{AD}$、$\overline{AB}$、$\overline{DG}$ 此時都已經不是 Crossing Edge，若再加入 *MST_Edges* 中，必定會形成環。而且因為同樣權重的邊之間，在排序時不一定誰在前誰在後，因此得到的最小生成樹的解並不唯一。

12-3-3 Kruskal 演算法的時間複雜度

在計算 Kruskal 演算法的時間複雜度前，我們先來看一下 Kruskal 演算法的 Pseudocode。

Kruskal 演算法的 Pseudocode

```
1   Kruskal(G,V,E){
2       // 已加入最小生成樹的邊數
3       edges_completed = 0
4       MST_edges = array of edge
5       // priority_queue 中存放的邊有順序
6       sorted_edges = priority_queue
7
8       // 初始化 MST_Set
9       for each v in V:
10          MST_set[v] = -1
11      // 初始化 Sorted_Edges
12      for each e in E:
13          sorted_edges.push(e)
14      // 從權重小的邊取到權重大的邊
15      for each e(u,v) in sorted_edges:
16          // 如果是 crossing edge
17          if (Find_Set(u) != Find_Set (v)):
18              // 把邊 e 加入 MST_Edges 中
19              MST_edges[edges_completed++] = e
20              // 合併兩個集合
21              Merge_Set(set,u,v)
22      return MST_edges
23  }
```

可以知道：

- 初始化：$O(E+V) = O(E)$
  - 把所有點的 set 設定成 -1：$O(V)$
  - `priority_queue` 加入所有邊：$O(E)$
- 依序取出所有邊：$O(E)$
  - 處理一個邊所需：$O(\log_2 E)$
- 總和：$O(E \log_2 E)$ 次

又 $E = O(V^2)$；$O(E \log_2 E) = O(2E \log_2 V) = O(E \log_2 V)$

把 *MST_Set* 中每個頂點值初始化為 -1 的過程複雜度為 $O(V)$，而根據 priority_queue 的結構特性，若用二元最小堆積把每個邊都加入其中的複雜度為 $O(E)$。

完成初始化後，還要對每個邊做處理，最多可能需要處理全部 E 個邊，而對每個邊做的處理所需複雜度平均不超過 $O(\log_2 E)$，因此這個迴圈的總複雜度是 $O(E \log_2 E)$。

總和來說，整個演算法的複雜度為 $O(E \log_2 E)$，或者因為 E 和 V 的關係，也可以表示為 $O(E \log_2 V)$。

12-3-4 實作 Kruskal 演算法

範例程式碼

Chapter12/12_01_Kruskal.cpp

Kruskal's Algorithm
1   `// 自訂邊的排序函式`
2   `class cmp{`
3   `public:`
4   `bool operator()(edge &e1, edge &e2){`
5   `// 依照邊的權重排序`

```
6          // 權重較小的邊排在 Priority Queue 前方
7          return e1.weight > e2.weight;
8      }
9  };
10
11 void Graph::MST_Kruskal(){
12     int edges_completed = 0;
13     MST_Edges.clear();
14     // 根據權重把邊排序
15     priority_queue<edge, vector<edge>, cmp> sorted_edges;
16
17     // 初始化
18     for(int i = 0; i < vertex; i++){
19         MST_Set[i] = -1;
20         // 把邊加入 priority_queue
21         for (auto iter = edges[i].begin();
22              iter!=edges[i].end();
23              iter++)
24         {
25             // iter 本身的類型是 list<edge*>::iterator
26             // iter: iterator
27             // *iter: edge*
28             // **iter: edge
29             // 把邊 push 進 queue 中
30             sorted_edges.push(**iter);
31         }
32     }
33
34     // 處理完所有邊，或者取的邊數已經到達頂點數-1 時結束迴圈
35     while (!sorted_edges.empty() &&
36         edges_completed < vertex - 1)
37     {
38         edge current = sorted_edges.top();
39         sorted_edges.pop();
40         // current 為 crossing edge
41         if(Find_Set(current.from) != Find_Set(current.to))
```

```
42          {
43              Merge_Set(current.from, current.to);
44              MST_Edges.push_back(current);
45              edges_completed++;
46          }
47      }
48
49      // 算出最小生成樹權重
50      int sum = 0;
51      for(int i = 0; i < vertex; i++){
52          // 輸出邊的資訊
53          cout << MST_Edges[i].from
54              << "->" << MST_Edges[i].to << endl;
55          sum += MST_Edges[i].weight;
56      }
57      cout << "Weight of this MST = " << sum << endl;
58  }
```

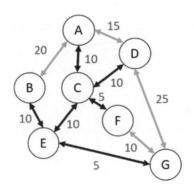

如上圖所示，得到的最小生成樹中六個邊的權重總和為 50。

12-3-5 LeetCode#1584. Min Cost to Connect All Points

【題目】

給定一個陣列 $points$，代表了二維平面上一些頂點的整數座標，
$points[i] = [x_i, y_i]$。

連接兩個頂點 $[x_i, y_i]$ 和 $[x_j, y_j]$ 的成本設定為 $|x_i - x_j| + |y_i - y_j|$，也就是 x 座標相減的絕對值與 y 座標相減的絕對值之和。

回傳要連接所有頂點的最小成本。

【出處】

https://leetcode.com/problems/min-cost-to-connect-all-points/

【範例輸入與輸出】

- 輸入：points = [[0,0],[2,2],[3,10],[5,2],[7,0]]
- 輸出：20

【解題邏輯】

本題根據設定的成本公式計算出每個邊的權重後，應用 Kruskal 演算法得到最小生成樹的權重即可。

範例程式碼

Chapter12/12_02_minCostConnectPoints_Kruskal.cpp

Min Cost to Connect All Points [Kruskal]

```
1    // 邊的結構
2    struct edge{
3        int from;
4        int to;
5        int cost;
6    };
7
8    // 邊的排序函式
9    class compare{
10   public:
11       bool operator()(edge &e1, edge &e2){
12           return e1.cost > e2.cost;
13       }
14   };
15
```

```
16   class Solution{
17      vector<int> MST_set;
18      // Find_Set
19      int Find_Set(int current){
20         int root = current;
21         while (MST_set[root]>=0){
22            root = MST_set[root];
23         }
24         while (current!=root){
25            int predecessor = MST_set[current];
26            MST_set[current] = root;
27            current = predecessor;
28         }
29         return root;
30      }
31      // Merge_Set
32      void Merge_Set(int u, int v){
33         int u_root = Find_Set(u);
34         int v_root = Find_Set(v);
35         if (u_root == v_root){ return ; }
36         if (MST_set[u_root] < MST_set[v_root]){
37            MST_set[u_root] += MST_set[v_root];
38            MST_set[v_root] = u_root;
39         } else {
40            MST_set[v_root] += MST_set[u_root];
41            MST_set[u_root] = v_root;
42         }
43      }
44   public:
45      int minCostConnectPoints(vector<vector<int>>& points){
46         // 已加入的邊數
47         int completed = 0;
48         int total_cost = 0;
49         int vertex = points.size();
50         MST_set.resize(vertex);
51         priority_queue<edge, vector<edge>, compare>
```

```
52          sorted_edges;
53
54          // 計算所有邊的成本，並生成該條邊
55          for (int i = 0; i < vertex; i++){
56              MST_set[i] = -1;
57              // 在任兩個點間都加上一條邊 edge(i, j)
58              for (int j = i + 1; j < vertex; j++){
59                  // 計算 cost
60                  int current_cost =
61                      abs(points[i][0] - points[j][0]) +
62                      abs(points[i][1] - points[j][1]);
63                  edge current = {i, j, current_cost};
64                  sorted_edges.push(current);
65              } // end of inner for
66          } // end of outer for
67          // 依序取出所有邊作處理
68          while (!sorted_edges.empty() &&
69                  completed < vertex - 1)
70          {
71              edge current = sorted_edges.top();
72              sorted_edges.pop();
73              // 若 current 為 crossing edge
74              if (Find_Set(current.from) != Find_Set(current.to))
75              {
76                  Merge_Set(current.from, current.to);
77                  total_cost += current.cost;
78                  completed++;
79              }
80          }
81          // 回傳最小成本
82          return total_cost;
83      } // end of minCostConnectPoints
84 }; // end of Solution
```

12-4 Prim 演算法

本節介紹另一種用來得到最小生成樹的演算法：Prim's Algorithm。

Kruskal 演算法一開始是把所有的頂點都看成獨立的集合，並且逐一挑選邊來把集合合併。

Prim 演算法則是從一個任選的頂點開始逐漸挑選其他「頂點」來加入集合，挑選的原則是找出離正在形成的最小生成樹「最近」的頂點，逐一把頂點加入，直到完成整個最小生成樹，進行過程很類似圖論章節中找關鍵路徑的演算法。

12-4-1 Prim 演算法的進行過程

Prim's Algorithm 中我們需要以下變數：

Vertex	A	B	C	D	E	F	G
Predecessor	-1	-1	-1	-1	-1	-1	-1
Distance	∞	∞	∞	∞	∞	∞	∞
Finished	0	0	0	0	0	0	0

A. *Predecessor*：每個頂點往最小生成樹移動的最短路徑上，會經過哪個頂點，用來記錄最小生成樹中有哪些邊。一開始最短路徑未知，初始化為 -1

B. *Distance*：目前該節點到最小生成樹最短的距離，初始值為 ∞

D. *Finished*：記錄哪些頂點已經加入最小生成樹中，初始值為 false / 0

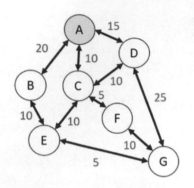

Vertex	A	B	C	D	E	F	G
Predecessor	-1	-1	-1	-1	-1	-1	-1
Distance	0	∞	∞	∞	∞	∞	∞
Finished	1	0	0	0	0	0	0

一開始，任意選擇頂點 A 加入最小生成樹，A 的角色類似根節點，因此 *Predecessor* 值維持 -1，且因為已經在最小生成樹中，與最小生成樹的距離 *Distance* 值設為 0，另外，*Finished* 值設為 1 代表此頂點已處理。

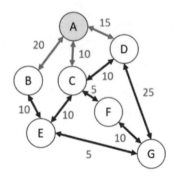

Vertex	A	B	C	D	E	F	G
Predecessor	-1	A	A	A	-1	-1	-1
Distance	0	20	10	15	∞	∞	∞
Finished	1	0	0	0	0	0	0

根據 A 點的全部三條出邊，更新 B、C、D 這三個相鄰點與最小生成樹的
距離，如果從 A 走到這幾個相鄰頂點的距離，比原本的距離（初始值 ∞）
來的短，那就把該值更新。

比如從最小生成樹中的頂點 A 只要透過 $\overline{AB}$ 就可以走到頂點 B，因此
$Distance[B]$ 被更新為 $\overline{AB}$ 的權重 20，類似的，C 和 D 點的 $Distance$ 被更
新為 10 和 15，過程中 B、C、D 點的 $Predecessor$ 都設為 A。

這樣一來對 A 點的處理就完成了，挑選此時「未完成」（$Finished$ 值為
0）的頂點中 $Distance$ 最小者作為下一個處理的頂點，此時候選頂點中以
$Distance[C]$ 最小，因此接續處理頂點 C。

同樣的，把頂點 C 加入最小生成樹，再來，將其 $Finished$ 值設為 1。

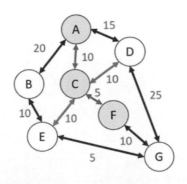

Vertex	A	B	C	D	E	F	G
Predecessor	-1	A	A	C	C	C	-1
Distance	0	20	10	10	10	5	∞
Finished	1	0	1	0	0	0	0

同樣檢視 C 的所有出邊，除了 A 已經處理完成，因此跳過以外，要更新
D、E、F 的距離，比如這時從最小生成樹中的 C 點出發只要透過 $\overline{CD}$ 就可
以到達 D 點，因此 D 的距離被更新為 $\overline{CD}$ 的權重 10，類似的，E 與 F 的
距離被更新為 10 和 5，因為 D、E、F 三點的距離都更新為較小的值，因
此 $Predecessor$ 都設為 C。

完成對 C 的處理後，重新檢視所有 *Finished* 值還是 0 的頂點，發現此時 *Distance* 最小的點是 F，因此對 F 點進行處理。F 的 *Finished* 值設為 1，因為有出邊 $\overline{FG}$，所以把 G 點的距離值更新為 10、*Predecessor*更新為 F。

再來，任選此時距離最小、同為 10 的 D、E、G 點之一加入最小生成樹，比如選擇 D 加入。更新 D 點的 *Finished* 值為 1，並檢查出邊 $\overline{AD}$ 和 $\overline{DG}$，因為 A 已經在最小生成樹中，不做處理，而 $\overline{DG}$ 不能使 G 點與最小生成樹的距離更近，因此也不做處理。

再挑選 E、G 中一點納入，比如納入 E 並做完對應處理後，B 點的距離變為 10、G 點的距離變為 5。

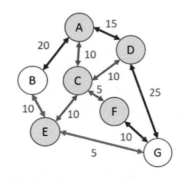

Vertex	A	B	C	D	E	F	G
Predecessor	-1	E	A	C	C	C	E
Distance	0	10	10	10	10	5	5
Finished	1	0	1	1	1	1	0

隨後依序將 G、B 兩點加入最小生成樹中，完成整個最小生成樹。

觀察整個過程，所有 Finished 的頂點被看作是已經加入正在擴展的最小生成樹中，增加的順序為：A→C→F→D→E→G→B，而所有由這些頂點向外連接的邊，都是由 Finished 連到 non-Finished 的 Crossing Edges。

在 Crossing Edges 間，需要挑選權重最小的 Light Edge 來加入，每輪加入一個邊並多連接到一個頂點，總共需要進行 $|V| - 1$ 輪。

12-4-2 Prim 演算法的時間複雜度

在計算 Prim 演算法的時間複雜度前，我們先來看一下 Prim 演算法的 Pseudocode。

Prim' Algorithm 的 Pseudocode

```
1    Prim(G,V,E,s){
2        // 初始化
3        for each v in V:
4            Predecessor[v]=-1
5            Distance[v] = ∞
6            Finished[v] = 0
7        // 起點 s 的距離設為 0
8        Distance[s] = 0
9
10       // 共要加上 V-1 條邊
11       for i = 0~V-2:
12           // 找到目前距離最近且尚未加入的頂點
13           u = Get_Min_Distance()
14           Finished[u] = 1
15           // 更新所有 u 的相鄰頂點的距離
16           for each vertex(v) in u.adjacent():
17               // 需要更新距離的情況
18               if (!Finished[v] && w(u,v) <= Distance[v]):
19                   Predecessor[v] = u
20                   Distance[v] = w(u,v)
21   }
```

各步驟需要的時間複雜度如下：

A. 建立資料結構並初始化所有點：$O(V)$

B. 找到最近頂點，共找 $V - 1$ 次，$O(V - 1) = O(V)$

■ 找到並取出「一次」最近頂點的複雜度為：

- 矩陣：$O(V)$
- Binary heap：$O(\log_2 V)$

- Fibonacci heap：$O(\log_2 V)$
C. 更新頂點距離，需要更新 $O(E)$ 次
- 更新「一次」頂點的複雜度
  - 矩陣：$O(1)$
  - Binary heap：$O(\log_2 V)$
  - Fibonacci heap：$O(1)$
D. 總計
  - 矩陣：$O(V^2)$
  - Binary heap：$O((E + V) \log_2 V) = O(E \log_2 V)$
  - Fibonacci heap：$O(E + V \log_2 V)$

12-4-3　實作 Prim 演算法

以上一節的程式碼為基礎，加上 Prim 演算法的函式，在這裡為方便理解，採用搜尋陣列的方式取出目前離最小生成樹最近的頂點：

範例程式碼

Chapter12/12_03_Prim.cpp

Prim's Algorithm

```
1    // 找到目前距離最小生成樹最近的點
2    int Graph::Find_Minimal_Distance(){
3        int minimal = INT_MAX;
4        int index = -1;
5        for(int i = 0;i < vertex;i++){
6            // 必須是 finish 值為 false 的點
7            if(distance[i] < minimal && !finished[i]){
8                // 回傳的頂點編號
9                index = i;
10               minimal = distance[i];
11           }
12       }
```

```
13        return index;
14    }
15
16    void Graph::MST_Prim(){
17        // 初始化
18        predecessor.resize(vertex);
19        distance.resize(vertex);
20        finished.resize(vertex);
21        for(int i = 0;i < vertex;i++){
22            predecessor[i] = -1;
23            distance[i] = INT_MAX;
24            finished[i] = false;
25        }
26        // 任意選一個起點開始，這裡選 0
27        distance[0] = 0;
28        int index = 0;
29        // 目前的總權重
30        int sum = 0;
31        for(int i = 0;i < vertex;i++){
32            // 找到目前最近的未加入頂點
33            index = Find_Minimal_Distance();
34            // 把要加入的最近頂點標為 true
35            finished[index] = true;
36            // 加上到該點的邊權重
37            sum += distance[index];
38            auto iter = edges[index].begin();
39            // 檢查 index 的所有出邊以更新距離值
40            for(; iter!=edges[index].end(); iter++){
41                // 出邊指到的頂點
42                int target = (*iter)->to;
43                // 該頂點目前離最小生成樹的距離
44                int current_weight = distance[target];
45                // 從 index 走到該頂點的距離
46                int cross_weight = (*iter)->weight;
47                // 出邊指向的點已完成時不處理
48                if(finished[target]) continue;
```

```
49              // 需要更新距離時
50              if(cross_weight < current_weight){
51                  // 更新距離
52                  distance[target] = cross_weight;
53                  // 更新 predecessor
54                  predecessor[target] = index;
55              }
56          } // end of inner for
57      } // end of outer for
58
59      // 透過 predecessor 得知 MST 中有哪些邊
60      for(int i = 0;i < vertex;i++){
61          if(predecessor[i]!=-1){
62              cout << i << "->" << predecessor[i] << endl;
63          }
64      }
65      cout << "Weight of this MST = " << sum << endl;
66  } // end of MST_Prim
```

12-4-4 比較 Kruskal 與 Prim 演算法

	Kruskal's Algorithm	Prim's Algorithm
初始化	每個點都視為獨立的最小生成樹	單一頂點開始逐步往外擴張
算法概要	挑最適合的邊納入	挑最適合的點納入
過程中	同時有許多最小生成樹	只有單一最小生成樹
挑選邊的方式	從 Crossing edges 中選最小的加以連接	
時間複雜度	$O(Elog_2E)$	$O(E + Vlog_2V)$
優勢	邊少的狀況	邊多的狀況

可以發現邊少時，$|E|$ 較小，使用 Kruskal 演算法（時間大多花在邊的排序上）有優勢，邊多時則採用 Prim 演算法有優勢。

12-4-5 LeetCode#1584. Min Cost to Connect All Points

【題目】

給定一個陣列 *points*，代表了二維平面上一些頂點的整數座標，$points[i] = [x_i, y_i]$。

連接兩個頂點 $[x_i, y_i]$ 和 $[x_j, y_j]$ 的成本設定為 $|x_i - x_j| + |y_i - y_j|$，也就是 x 座標相減的絕對值與 y 座標相減的絕對值之和。

回傳要連接所有頂點的最小成本。

【出處】

https://leetcode.com/problems/min-cost-to-connect-all-points/

【範例輸入與輸出】

- 輸入：points = [[0,0],[2,2],[3,10],[5,2],[7,0]]
- 輸出：20

【解題邏輯】

改用 Prim 演算法得到最小生成樹的權重即可。

範例程式碼

Chapter12/12_04_minCostConnectPoints_Prim.cpp

Min Cost to Connect All Points [Prim]
| ```
1    // 邊的結構
2    struct edge{
3        int from;
4        int to;
5        int cost;
6    };
7
8    class Solution{
9        vector<int> predecessor;
10       vector<int> distance;
``` |
```

```
11      vector<bool> finished;
12      vector<list<edge>> edges;
13      int vertex;
14
15      int Find_Minimal_Distance(){
16        int minimal = INT_MAX;
17        int index = -1;
18        for (int i=0 ; i<vertex ; i++){
19          if (distance[i]<minimal && !finished[i]){
20            index = i;
21            minimal = distance[i];
22          }
23        }
24        return index;
25      }
26  public:
27      int minCostConnectPoints(vector<vector<int>>& points){
28          // 初始化
29          int total_cost = 0;
30          vertex = points.size();
31          predecessor.resize(vertex);
32          distance.resize(vertex);
33          finished.resize(vertex);
34          edges.resize(vertex);
35
36          // 加入邊與權重
37          for (int i = 0; i < vertex; i++){
38              for (int j=i + 1; j < vertex; j++){
39                  int current_cost =
40                      abs(points[i][0]-points[j][0]) +
41                      abs(points[i][1]-points[j][1]);
42                  edge current1{i, j, current_cost};
43                  edge current2{j, i, current_cost};
44                  edges[i].push_back(current1);
45                  edges[j].push_back(current2);
46              }
```

```
47            }
48
49        for (int i = 0; i < vertex; i++){
50            predecessor[i] = -1;
51            distance[i] = INT_MAX;
52            finished[i] = false;
53        }
54
55        // 開始把頂點加入 MST 中
56        distance[0] = 0;
57        int index = 0;
58        for (int i = 0; i < vertex; i++){
59            index = Find_Minimal_Distance();
60            finished[index] = true;
61            total_cost += distance[index];
62            auto iter = edges[index].begin();
63            for (; iter != edges[index].end(); iter++){
64                int target = iter->to;
65                int current_weight = distance[target];
66                int cross_weight = iter->cost;
67                if (finished[target]) continue;
68                if (cross_weight < current_weight){
69                    distance[target] = cross_weight;
70                    predecessor[target] = index;
71                }
72            }
73        }
74        return total_cost;
75    } // end of minCostConnectPoints
76 }; // end of Solution
```

習 題

1. 關於最小生成樹(Minimum Spanning Tree)的敘述哪些為真？(複選)

   A. 最小生成樹具有原圖的所有頂點與部分的邊

   B. 任何圖都只有唯一一棵最小生成樹

   C. 極端狀況下，最小生成樹可能有環

   D. Kruskal 演算法本質上是一種貪婪演算法

   E. Prim 演算法本質上是一種貪婪演算法

2. 關於最小生成樹的敘述哪些為真？(複選)

   A. 當原圖中有環時，若 e 為該環中權重最小的邊，則 e 必出現在最小生成樹的邊裡

   B. 當原圖中有環時，若 e 為該環中權重最大的邊，則 e 必不會出現在最小生成樹的邊裡

   C. 若原圖中的所有邊的權重皆不重複，則產生的最小生成樹只有唯一一組解

   D. 移除最小生成樹的任意邊，必使原圖不再連通 (Disconnected)

3. 若原圖中有 50 個頂點與 200 條邊，且產生的最小生成樹權重為 800，如果把每條邊的權重統一加上 10，則後來的最小生成樹權重為？

   A. 800

   B. 1290

   C. 1300

   D. 1310

   E. 以上皆非

4. 如果有一完全圖(Complete Graph)共五個頂點，且每條邊的權重皆相同，請問該完全圖有幾種不同的生成樹？(Hint: Cayley formula)

A. 32

B. 64

C. 125

D. 128

E. 以上皆非

5. 下圖是一個有權重的無向圖，其中邊旁邊的數字代表該邊的權重，若對下圖使用 Kruskal 演算法找最小生成樹，請問哪些邊會依序被放入最小生成樹中？

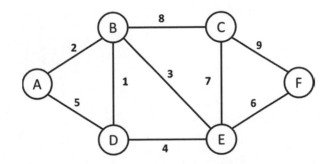

6. 下圖是一個有權重的無向圖，其中邊旁邊的數字代表該邊的權重，若對下圖使用 Prim 演算法找最小生成樹，並從 A 點開始，請問哪些邊會依序被放入最小生成樹中？

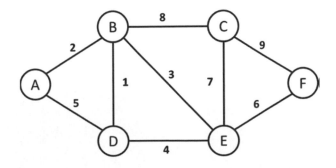

習 題

13

網路流 Flow Network

接下來會進入網路流的介紹。本章一開始一樣會先簡介何為網路流問題，以及重要的「最大流最小割」定理。

再來，會介紹兩種最重要產生網路流的演算法：Ford-Fulkerson 和 Edmonds-Karp 演算法。

同樣地，網路流在面試或 APCS 中較少出現，如果不是準備大學課程或競試，本章可以略過。

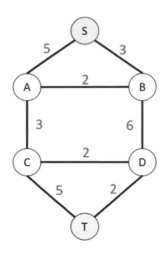

13-1 網路流問題簡介

在網路流問題中,圖一樣由頂點和邊組成。

其中,邊可以想像成是「水管」,許多水管共同組成了一個水管分布圖。邊上的權重是水管的容量上限,通過該水管的水不能超過這個正數。

若頂點也有權重,代表水管接合處的容量上限,但一般來說,網路流問題並不考慮頂點的權重。在所有的頂點中有兩個特殊的頂點「源點 Source」和「匯點 Sink」,源點縮寫為 S、匯點縮寫為 T,要找到的便是從源點到匯點能夠支撐的最大流量。

也可以把 S 想像成是家裡的電腦,T 想像成是公司的電腦,而每個邊上的權重則是頻寬限制,網路流問題要解決的就是如何能夠讓傳輸資料最快,達到頻寬的「最大化」。

或者把 S 當作「水庫」、T 當作「城市」,那要尋找的就是怎麼樣可以讓水庫運到城市的水流最大化。

13-1-1 網路流的例子

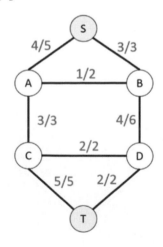

上圖中,從 S 到 T 的「水流」可以由四個「支流」構成:

- $S-> A-> C-> T : 3$
- $S-> A-> B-> D-> C-> T : 1$
- $S-> B-> D-> T : 2$
- $S-> B -> D-> C-> T : 1$

三單位的水流從 S 經過 A、C 流到 T，而一單位的水流由 S 出發、經過 A 後，改走 B、D、C 到 T，因此經過 $\overline{SA}$ 這個水流總量為 3+1=4，小於該邊的權重 5，代表邊可以承受這個水流。

類似的，$\overline{BD}$ 總共有 3 個支流經過，水流量分別為 1、2、1，總水量不超過它的權重 6。

網路流的演算法就是要能夠自動算出整個網路流的「最大流量」。

13-1-2 名詞定義

在實際著手網路流問題前，我們先定義幾個網路流問題中常見的名詞：

A. 網路 Network：一個有向圖 G

B. 源點與匯點 Source and Sink：源點 S 為網路流的起點、匯點 T 為網路流的終點，其餘點為中間點

C. 流量 Flow：每條邊／弧上的數值，表示目前經過該邊／弧的流量，記為 $F(u, v)$

D. 容量 Capacity：每條邊／弧上的數值，表示該邊／弧的流量上限，記為 $C(u, v)$

E. 剩餘容量 Residual Capacity：每條邊／弧上的容量減去流量，有 $C_f(u, v) = C(u, v) - F(u, v)$

F. 剩餘網路 Residual Network：剩餘容量的集合

G. 網路流量 Flow of Network：由源點出發至匯點的總流量，當其為該網路能達到的最大流量時，稱為最大流 Maximum Flow。

$$|f| = \sum f(s, v) = \sum f(v, t)$$

同時圖中的弧 Arcs 可以分成以下幾類：

A. 不飽和弧：弧上的流量小於其容量

$$F(u, v) < C(u, v)$$

B. 飽和弧：弧上的流量恰好等於其容量

$$F(u, v) = C(u, v)$$

C. 零流弧：弧上的流量為零

$$F(u, v) = 0$$

D. 非零流弧：弧上的流量不為零

$$F(u, v) \neq 0$$

E. 前向弧與後向弧：若 P 為源點 S 到匯點 T 的路徑，該路徑中，所有與路徑前進方向相同的弧，都稱為前向弧，方向相反的，稱為後向弧（見後述）

13-1-3 可行流 Positive Flow

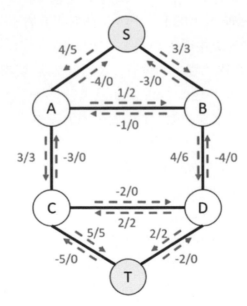

若一個流符合以下三個限制，就稱為一個可行流：

A. 容量限制 Capacity Constraints
- 每條邊上，流量不大於容量，即 $F(u,v) \leq C(u,v)$

B. 流量守恆 Flow Conservation
- 任意節點的流入量必等於流出量，因此從源點流出的總流量必等於流入匯點的總流量：$\sum F(i,u) = \sum F(u,j)$

C. 斜對稱性 Skew Symmetry
- u 到 v 的淨流量加上 v 到 u 的淨流量必為 0，$F(u,v) + F(v,u) = 0$。
- 比如由 x 向 y 的流量是 100，那麼 y 向 x 的流量就視為 -100。

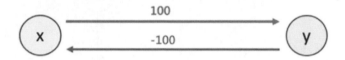

13-1-4 剩餘容量與殘餘網路

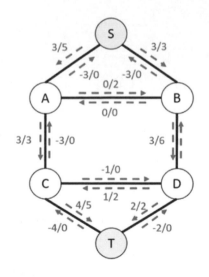
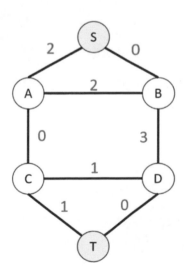

每條邊 / 弧上的容量減去流量，就是該邊 / 弧的剩餘容量，即 $C_f(u, v) = C(u, v) - F(u, v)$。

透過把每條邊的剩餘容量畫出，就可以得到「殘餘網路 Residual Network」，觀察右上圖中，每條邊上標示的數字都是左上圖中該邊的容量減去流量。

13-1-5 增廣路徑 Augmenting Path

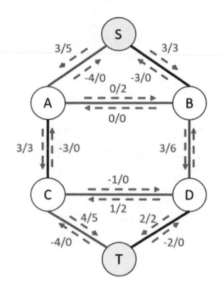

若 f 是一個可行流、P 是由源點到匯點的一條路徑，且 P 滿足以下條件，就稱 P 為可行流 f 的一條增廣路徑：P 上的每條前向弧都是非飽和弧，也就是說，「順著」P 的方向上走，不會遇到流量已經等於容量的弧。

因為 P 上的前向弧都是非飽和弧，有 $C_f(u_k, u_{k+1}) > 0$，還可以再加上多餘的流量，使得整個流仍是可行流，網路流中的總流量增加。

比如上圖中，一個增廣路徑是 S−> A−> B−> D−> C−> T，因為中間的每個前向弧剩餘容量至少都大於等於 1，還可以透過該路徑增加流量 1。

透過殘餘網路，就可以很容易看出是否存在增廣路徑。

13-2 網路流問題的演算法

13-2-1 Ford-Fulkerson method

Ford-Fulkerson 的概念是在殘餘網路中隨意找一條增廣路徑，並利用該增廣路徑來增加流量，隨後修正殘餘網路，不斷重複前述，直到找不到增廣路徑為止。

一條增廣路徑能夠增加的流量，會是該增廣路徑中還可以增加流量的邊中殘餘流量的最小值。這類似經濟學中的木桶原理，即一個木桶能夠裝的水的高度，由共同組成該木桶的木板中「長度最短」者決定，如果水面超過該最短木板，水就會向外溢出。

Ford-Fulkerson 演算法的時間複雜度為 $O(Ef)$，其中 E 為邊數、f 為最大流流量：因為每次搜尋增廣路徑的時間為 $V + E$（頂點數加上邊數），而搜尋到一個增廣路徑後，最少可能只能增加 1 單位流量，因此最多需要花費 $O((E + V)f)$ 的時間，又網路的 $E \geq V$，因此 $O((E + V)f) = O(Ef)$。

13-2-2 Edmonds-Karps algorithm

Ford-Fulkerson 並沒有指定找到增廣路徑的方式，而 Edmonds-Karps 演算法是採用「廣度優先搜尋 BFS」來實作 Ford-Fulkerson 方法。

由於廣度優先搜尋的特性，每次找到的增廣路徑必定會經過最少的邊/弧。

每次找出增廣路徑並修正殘餘網路後，其中一條路徑就被「消除」掉了，而可以證明網路中最多只有 $O(VE)$ 條增廣路徑、尋找一次增廣路徑的複雜度為 $O(E)$，因此 Edmonds-Karps 演算法的總複雜度為 $O(E(VE)) = O(VE^2)$。

13-2-3　最小割

在流量網路 $G = (V, A)$ 中（V 是頂點、A 是弧），可以把所有頂點 V 分為不相交（不相連）的兩個集合 S 與 S'，且源點在 S 中、匯點在 S' 中。

如果 A' 是 A 的最小子集，使得 G 中去除 A' 後，就成為兩個不相交的子圖 $G_1(S, A_1)$ 與 $G_2(S', A_2)$，則稱 A' 是 S 與 S' 的割集。

也就是說，A' 是 G 的其中一些邊，把這些邊拿掉後，G 裡面的所有頂點就被分成兩個集合 S 與 S'，兩個集合間沒有任何邊相連，而 A' 只含有需要達到這個目的所必須的邊，不會含有多餘的邊，因此是「最小子集」。

A' 中含有的弧容量總和，就是這個割的容量。符合上述條件的割集可能有複數個，當 A' 是這些割集中容量最小者時，就稱 A' 為該圖的最小割。

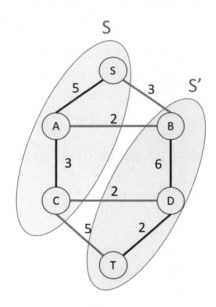

舉例來說，上圖中所有頂點被分為 $S = \{S, A, C\}$、$S' = \{B, D, T\}$，則 $A' = \{\overline{SB}, \overline{AB}, \overline{CD}, \overline{CT}\}$。

A' 的容量為四條邊的容量和，為 $3 + 2 + 2 + 5 = 12$。

13-2-4 最大流最小割定理 Maximum Flow Minimum Cut Theorem

最大流最小割定理說明在流量網路 $G = (V, A)$ 中，下面三個條件等價：

A. 一個流 f 為 G 的最大流
B. G 的殘餘網路中沒有增廣路徑
C. 存在一個割 C，其容量為流量 f

如果從 G 的殘餘網路中還可以找到增廣路徑，那麼流量就還可以增加，因此前兩個條件必定等價，而因為源點和匯點分別在兩個集合 S 和 S' 中，能夠產生的最大流必定要經過這個割集中的邊，即上頁圖中的 $\overline{SB}$、$\overline{AB}$、$\overline{CD}$、$\overline{CT}$。

已知 C 為圖中的最小割，產生最大流量時，C 中的每個邊的流量必定與容量相等，即 $C_f(u,v) = C(u,v) - F(u,v) = 0$，否則可以產生增廣路徑而使流量更大。

根據最大流最小割定理，尋找網路流中的最大流，與尋找網路流中的最小割是等價的，也就是說，最小割的容量就是該網路能夠產生的最大流量。

從源點開始，沿著殘餘網路的前向弧搜索，找到每條路徑中第一條容量為 0 的弧，這些弧已經不能再加入額外流量，因此這些弧的集合就是最小割。

13-2-5 網路流問題的變化

（1）點容量 Capacity of Vertices

一般的網路流問題只限制邊上的流量，但若頂點上亦有流量限制，要如何處理呢？

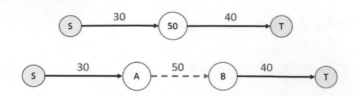

事實上，只要把該頂點拆成兩個點和一條邊，使得邊上的流量限制與原先頂點上的流量限制相同，就可以使其變回一般的網路流問題了。

（2）多個源點與匯點 Multiple Source / Sink Vertices

一般的網路流問題中，只有一個源點與一個匯點，如果同時給定多個源點與匯點，則可以把源點間同時連到一個新增的頂點，匯點間也同時連到一個新增的頂點，過程中加上的邊容量都設定為無限大，這樣一來，就可以使其變為一般的網路流問題。

上圖中，原先有 3 個源點 S_1、S_2、S_3，把它們各自用一條容量為無限大的邊連到新增的源點 S 上，匯點 T_1、T_2、T_3 也連接到新增的匯點 T 上，就成為一般的網路流問題。

13-3 Ford-Fulkerson method

Ford-Fulkerson 方法是不斷在殘餘網路中尋找增廣路徑，並利用該增廣路徑增加流量，直到找不到增廣路徑時，累積的流量就是該網路的最大流量。也就是說，最大流量是由許多小細流匯聚而成。

13-3-1 Ford-Fulkerson 方法的進行過程

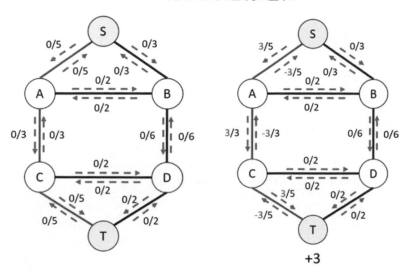

+3

一開始，在左上圖中隨意尋找一條增廣路徑，比如 $S -> A -> C -> T$，因為路徑中剩餘容量最小的弧 AC 只能再增加 3 單位流量，因此把 3 單位流量加到累積的流量中，並且修正各弧上目前的流量，如右上圖。

注意到，反向的弧上流量是負的，比如 SA 的流量是 3 時，反向的 AS 流量就是 -3。

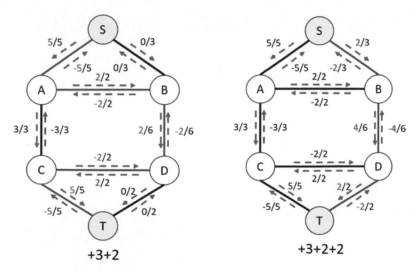

+3+2　　　　　　　　　　　　+3+2+2

接下來，再任意尋找一條增廣路徑，如 $S-> A-> B-> D-> C-> T$，因為該路徑上包括 SA、AB、DC、CT 等弧的剩餘流量都只有 2，因此把累積流量加上 2 單位，並且修正各弧上的流量。

繼續尋找增廣路徑，如 $S-> B-> D-> T$ 還可以增加 2 單位流量，因此累積流量加上 2 單位，並修正各弧上流量。

這時在殘餘網路上已經找不到增廣路徑，最大流量就是 $3 + 2 + 2 = 7$。

13-3-2 Ford-Fulkerson 方法的步驟

A. 初始化所有 flow，$f(u,v) = 0$

B. 找出一個從 $S-> T$ 的增廣路徑
- 該路徑上所有弧都滿足 $C_f(u,v) > 0$
- 找出路徑上殘餘容量最小的弧
- $C_f(p) = min\{C_f(u,v) : (u,v) \in p\}$

C. 對路徑上的所有弧 $e(u,v) \in p$，更新流量
- $f(u,v) = f(u,v) + C_f(p)$
- $f(v,u) = f(v,u) - C_f(p)$

透過上述步驟累積的總流量就是最大流量，時間複雜度為 $O(Ef)$。

13-3-3 Ford-Fulkerson 方法的限制

Ford-Fulkerson 方法並沒有指定一種找到增廣路徑的方式，因此視採用的尋找方法而定，有時會需要重複尋找非常多次。

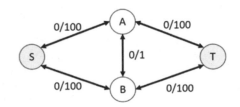

比如上圖中，如果第一次找到的路徑是 $S\text{->}A\text{->}B\text{->}T$，因為弧 AB 只能增加 1 單位流量，因此把累積流量增加 1，並修正剩餘流量。

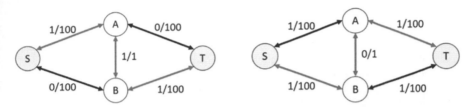

接下來，可以再找到一個增廣路徑 S -> B -> A -> T（注意這次走的是 BA，為 AB 的反向弧，所以 AB 的「流量/容量」由上一輪處理完時的 1/1 重新變為 0/1，BA 的流量由上一輪的 -1/1 變為 0/1），同樣只能再增加 1 單位累積流量。

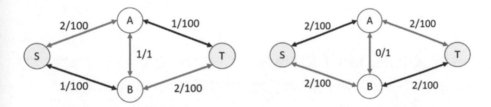

之後重複許多次這個步驟，直到 SA、AT、SB、BT 都變為 100/100 為止，因為每次都只增加一單位累積流量，而最後發現最大流量為 200，所以總共尋找了 200 次增廣路徑，時間複雜度為 $O(Ef)$，因為找尋一次增廣路徑要花費 $O(E)$ 的時間，而總共尋找了 $O(f)$ 次。

使用不適當的方式來找尋增廣路徑，可能導致花費大量時間。

13-4 Edmonds-Karp Algorithm

Edmonds-Karp 演算法採用「廣度優先搜尋 BFS」來尋找增廣路徑，因為 BFS 會優先找到邊數最少的路徑，可以避免尋找非常多次增廣路徑的情況。

13-4-1 Edmonds-Karp 演算法的進行過程

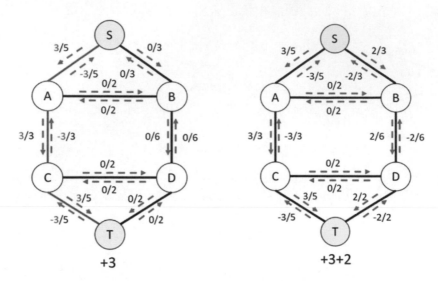

首先，在上圖中透過 BFS 來尋找增廣路徑，會找到邊數最少的增廣路徑之一 $S-> A-> C-> T$，使得累積流量增加 3 單位，並修改目前流量。

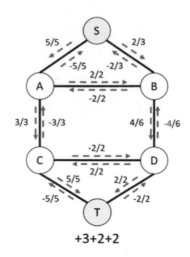

再來，BFS 會找到此時邊數最少的增廣路徑 $S-> B-> D-> T$，使得累積流量增加 2 單位。

最後，BFS 找到此時剩下的增廣路徑 $S-> A-> B-> D-> C-> T$，使累積流量增加 2 單位，且發現圖中沒有其他增廣路徑，因此最大流量為 $3 + 2 + 2 = 7$。

Edmonds-Karp 方法的步驟如下：

A. 初始化所有 flow，$f(u, v) = 0$
B. 以「廣度優先搜尋 BFS」找出一個從 $S-> T$ 的增廣路徑
   - 該路徑上所有弧都滿足 $C_f(u, v) > 0$
   - 找出路徑上殘餘容量最小的弧
   - $C_f(p) = min\{C_f(u, v) : (u, v) \in p\}$
C. 對路徑上的所有弧 $e(u, v) \in p$，更新流量
   - $f(u, v) = f(u, v) + C_f(p)$
   - $f(v, u) = f(v, u) - C_f(p)$

總時間複雜度為 $O(VE^2)$，$O(V + E) = O(E)$ 為每次搜尋增廣路徑的時間，增廣路徑最多可能有 $O(VE)$ 條。

13-4-2 Edmonds-Karps 演算法避免 Ford-Fulkerson 方法的問題

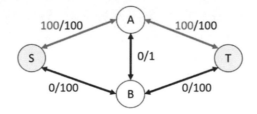

在上例中，因為廣度優先搜尋會優先找到邊數最短的增廣路徑，所以先找到路徑 $S-> A-> T$，並增加累積流量 100。

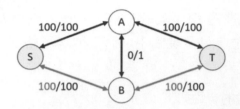

再來，找到此時邊數最少的增廣路徑 $S-> B-> T$，增加累積流量 100，得到最大流量為 $100 + 100 = 200$，避免了選擇增廣路徑方法不當導致花費時間過多的問題。

但為何最多只有 $O(VE)$ 條增廣路徑？

在 Edmonds-Karps 演算法中，首先尋找一條增廣路徑，如果這條路徑中的數個弧裡，由頂點 u 連到頂點 v 的弧 $e(u, v)$ 為路徑中剩餘容量最小的弧，那經過這輪處理之後，$e(u, v)$ 就變成了一個飽和弧，剩餘流量為 0，導致下一輪在尋找增廣路徑時，路徑中一定不會出現弧 $e(u, v)$。

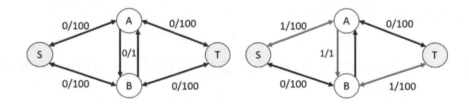

比如上圖中，第一次找到的增廣路徑如果是 $S-> A-> B-> T$，其中 $e(A, B)$ 為 $\overline{SA}$、$\overline{AB}$、$\overline{BT}$ 三者中剩餘流量最小的弧，所以經過這次增廣後，$e(A, B)$ 的流量等於其容量，標示為 $1/1$，這導致下一輪一定不能走 $e(A, B)$。

但是這並不代表之後的任何增廣路徑都不會再出現 $e(A, B)$，因為一旦走了 $B-> A$ 這個方向，就會使 $e(B, A)$ 的流量增加，相對的 $e(A, B)$ 的流量就會減少，比如若下一輪走 $S-> B-> A-> T$，那 $e(A, B)$ 就從 $1/1$ 重新變回 $0/1$，而可能出現在後續找到的增廣路徑中。

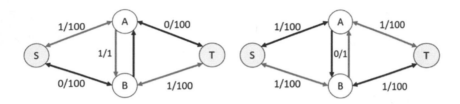

一開始讓 $e(u,v)$ 變成飽和弧的那條增廣路徑裡，一定是由頂點 u 走到頂點 v，比如 $S{-}{>}A{-}{>}B{-}{>}T$ 這條路徑中，是由頂點 A 經過 $e(A,B)$ 走到頂點 B，所以該路徑中，$\delta f(s,v) = \delta f(s,u)+1$，其中 $\delta f(s,u)$ 代表的是增廣路徑中由源點 S 走到頂點 u 的邊數，$\delta f(s,v)$ 是由 S 走到頂點 v 的邊數。比如 $S{-}{>}A{-}{>}B{-}{>}T$ 中，$\delta f(s,B) = 2 = \delta f(s,A)+1$。

走了 $S{-}{>}A{-}{>}B{-}{>}T$ 後，AB 弧變成飽和弧，若之後有一條增廣路徑會使其變成不飽和弧，路徑中一定有 $B{-}{>}A$，比如走 $S{-}{>}B{-}{>}A{-}{>}T$ 使得 AB 弧由 1/1 變為 0/1，重新變成不飽和弧。

在 $S{-}{>}B{-}{>}A{-}{>}T$ 中，$\delta f'(s,A) = 2 = \delta f'(s,B)+1$，$\delta f'(s,A)$ 表示由 S 走到 A 經過的邊數，$\delta f'(s,B)$ 表示由 S 走到 B 經過的邊數。一般來說，讓 $e(u,v)$ 由飽和弧變為不飽和弧的增廣路徑中，$\delta f'(s,v) = \delta f'(s,u) - 1$，因為該路徑是由頂點 v 往頂點 u 方向走。

綜合上述，有兩個關係式

$$\delta f(s,v) = \delta f(s,u)+1$$

$$\delta f'(s,v) = \delta f'(s,u)-1$$

又因為廣度優先搜尋會優先找到邊數最少的增廣路徑（對整條增廣路徑中的一部分，如從 S 到頂點 v 也成立），所以後面找到的增廣路徑邊數一定與前面找到的增廣路徑邊數相同或更多。

這使得 $\delta f(s,u)+1 \le \delta f'(s,u)-1$，整理一下，有 $\delta f(s,u)+2 \le \delta f'(s,u)$。

又邊數最多的增廣路徑可能有 $|V|-1$ 個邊（走過全部共 $|V|$ 個頂點），所

以既然每次增廣路徑經過 $e(u, v)$ 時，$\delta f(s, u)$ 會至少比前一次增加兩個邊，那麼 $e(u, v)$ 是增廣路徑中容量最小的弧（critical edge）的次數不會超過 $\frac{|V|-1}{2}$ 次。

比如找到的所有增廣路徑當中，有些含有 $e(u, v)$。當中第一個從 s 出發只走一個邊就到 u、第二個走三個邊才到 u、...，若圖中總共有 8 個頂點，且最長的增廣路徑有 7 個邊，那麼含有 $e(u, v)$ 的增廣路徑最多只能出現 $\frac{7-1}{2} = 3$ 次，這三次中 $\delta f(s, u)$ 分別為 1、3、5。

再來，每次增廣時，一定至少有一個弧作為 Critical Edge，弧的總數（包含正向與反向）是邊數的兩倍，即 $2|E|$。有 $2|E|$ 個弧，每個弧成為 Critical Edge 的次數最多 $\frac{|V|-1}{2}$ 次，因此總增廣次數為 $O(2|E| \times (\frac{|V|-1}{2})) = O(|E|(|V|-1)) = O(VE)$。

13-4-3 實作 Edmonds-Karps 演算法

範例程式碼

Chapter13/13_01_Edmonds_Karp.cpp

Edmonds-Karps 演算法

```
1    // 邊的結構
2    typedef struct{
3        int from;
4        int to;
5        // 目前流量
6        int flow;
7        // 容量
8        int capacity;
9    }edge;
10
11   int Graph::Network_Flow(int s, int t){
12       // 記錄最大流流量
13       int max_flow = 0;
```

```
14      while(true){
15          // Step 1: 用廣度優先搜尋找到新的增廣路徑
16          queue<vector<int>> data;
17          // 記錄是否找到增廣路徑
18          bool found = false;
19          vector<int> initial_path;
20          vector<int> current;
21          vector<int> visited(vertex);
22          initial_path.push_back(s);
23          // 沒走過：0、有走過：1
24          visited[s] = 1;
25          data.push(initial_path);
26          while(!data.empty()){
27              // 取出 queue 中的第一個路徑
28              current = data.front();
29              data.pop();
30              int now = current.back();
31              // 檢查目前頂點是否已經到達匯點 t
32              // 若已經到達匯點 t
33              if(now == t){
34                  found = true;
35                  break;
36              }
37              // 還未到達匯點 t
38              else{
39                  for(auto iter=edges[now].begin();
40                      iter!=edges[now].end();
41                      iter++)
42                  {
43                      auto target = *iter;
44                      // 往有剩餘流量、還未造訪過的頂點方向移動
45                      if(target->capacity > target->flow &&
46                          visited[target->to] == 0)
47                      {
48                          // 在原本的路徑後加上新造訪的頂點
49                          vector<int> new_path = current;
50                          new_path.push_back((*iter)->to);
51                          // 記錄該頂點已經造訪過
```

```
52                          visited[(*iter)->to] = 1;
53                            data.push(new_path);
54                      } // end of inner if
55                  } // end of for
56              } // end of outer if
57          } // end of while
58          // 沒有找到增廣路徑
59          if(!found)
60              break;
61          // Step2: 找到增廣路徑中剩餘容量最小的邊
62          int minimal = 2147483647;
63          for(int i = 0; i < current.size() - 1; i++){
64              int u = current[i];
65              int v = current[i + 1];
66              // 要得到邊(u,v)的剩餘容量，只能從 edges 中尋找
67              // 若改用矩陣方式儲存圖，會較方便
68              for(auto iter=edges[u].begin();
69                  iter!=edges[u].end();
70                  iter++)
71              {
72                  // 在 u 的出邊中找到指向 v 的那條
73                  // 比較 minimal 與邊的剩餘容量
74                  int residual = (*iter)->capacity -
75                                  (*iter)->flow;
76                  if((*iter)->to == v && residual < minimal)
77                  {
78                      minimal = residual;
79                  }
80              } // end of inner for
81          } // end of outer for
82          // Step3: 更新殘餘網路
83          for(int i = 0; i < current.size() - 1; i++){
84              int u = current[i];
85              int v = current[i + 1];
86              for(auto iter=edges[u].begin();
87                  iter!=edges[u].end();
88                  iter++)
89              {
```

```
90                    // 在 u 的出邊中找到指向 v 的那條
91                    if((*iter)->to == v){
92                        (*iter)->flow += minimal;
93                    }
94                }
95            }
96            max_flow += minimal;
97        // end of while
98        return max_flow;
99    }
```

13-5 二分圖最大匹配

13-5-1 二分圖最大匹配問題

在了解二分圖最大匹配前，必須先知道何為「二分圖 Bipartite Graph」，深度優先搜尋一章的例題中已經解釋了何為二分圖以及如何利用深度優先搜尋判別二分圖，在此就不另外贅述二分圖的定義。

但還有另一個名詞「匹配 Matching」，這裡的「匹配」有成雙成對的意涵，指的是在原圖 G 裡找出一組邊，使得任兩條邊不會有共用點，即每個點最多連結到一條邊或甚至沒有接觸到任何邊。

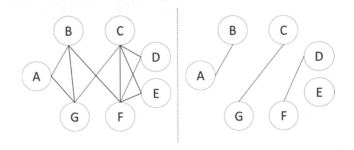

比方說在上圖中，挑出三條邊 $\overline{AB}$、$\overline{CG}$、$\overline{DF}$，使得任兩條邊不會有共用點，這便是「匹配」的一種，可以想像每條邊代表互相暗戀的組合，我們

要找出的就是裡頭最多可以撮合出幾對情侶，此時也可以說上右圖裡的邊是上左圖的「匹配 Matching」。

因此又可以據此定義出四種不同的名詞：

A. 匹配邊：「匹配 Matching」中的邊
   - $\overline{AB}$、$\overline{CG}$、$\overline{DF}$

B. 未匹配邊：未被選入「匹配 Matching」中的邊
   - $\overline{AG}$、$\overline{BG}$、$\overline{BF}$、$\overline{CF}$、$\overline{CD}$、$\overline{CE}$、$\overline{EF}$

C. 匹配點：連接到匹配邊的所有頂點
   - A、B、C、D、F、G

D. 未匹配點：未連接到匹配邊的所有頂點
   - E

當然「匹配 Matching」有許多種可能，其中：

A. 極大匹配：在目前的「匹配 Matching」中，已經沒有辦法再從原圖 G 中的未匹配邊挑選出任何邊加入目前「匹配 Matching」，且使其仍滿足「匹配 Matching」的要求。
   - 上右圖即為極大匹配，因為已無法從未匹配邊中挑選出任何一條加入目前的「匹配 Matching」且仍滿足「匹配 Matching」要求，也可以說，已經無法再找出一條連接兩未匹配點的邊。

B. 最大匹配：
   - 在所有的「匹配 Matching」中，該「匹配 Matching」含有的匹配邊數目是最多的，上右圖亦為最大匹配，具有三條匹配邊。

C. 完美匹配：
   - 目前的「匹配 Matching」中已經包含了原圖 G 中的所有頂點，也就是說原圖 G 中的所有頂點都已經是匹配點。

其中，在「二分圖 Bipartite Graph」中找尋最大匹配就是我們這裡要討論的二分圖最大匹配問題。

那這個問題跟網路流有甚麼關係呢？如果我們把二分圖裡再加入兩個頂點：源點與匯點，且把所有頂點依照二分圖的兩個頂點集合，分成靠近源點、靠近匯點兩組，並且分別與源點、匯點加以連結，如果把所有邊的容量看做 1，那麼此時就會變成最大流問題！

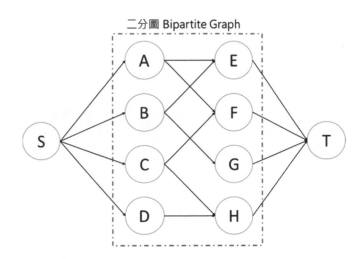

在上圖裡原有 A、B、C、D、E、F、G、H 及其邊構成的二分圖，如果想知道最大匹配，可以把 A、B、C、D 四個點與源點 S 連接；E、F、G、H 四個點與匯點 T 連接，且每條邊的容量皆設定為 1，此時網路流的最大流就是盡可能挑出最多的匹配邊，因此最大流就是最大匹配！

13-5-2 匈牙利演算法 Hungarian algorithm

除了使用最大流來解決二分圖的最大匹配外，還可以使用「匈牙利演算法」，惟「匈牙利演算法」通常在演算法競賽或大學課程中才會出現，因此若非準備這兩者的話本節可以跳過無妨。

在介紹「匈牙利演算法」前必須先了解兩條路徑的定義：

A. 交錯路徑（Alternating Path）：從一個未匹配點出發，依序經過未匹配邊、匹配邊、未匹配邊……，形成的路徑稱為交錯路徑。

B. 增廣路徑（Augmenting Path）：在一條交錯路徑中，起點和終點都是未匹配點，所以第一條邊和最後一條邊也都是未匹配邊。

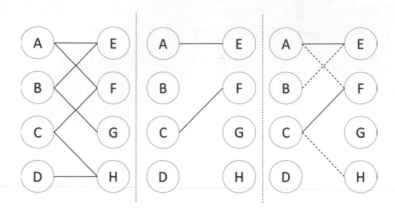

以上圖為例，上左圖代表原圖 G、上中圖已經找出兩條匹配邊分別為 $\overline{AE}$、$\overline{CF}$，上右圖中若以實線代表匹配邊、虛線代表未匹配邊，可以找出一條交錯路徑：

$$B \to E \to A \to F \to C \to H$$

其中起點 B 與終點 H 都是未匹配點，所以這條交錯路徑亦為增廣路徑！之所以要找出增廣路徑，是因為 *Claude Berge* 提出的 Berge 定理(Berge's Lemma)：

目前的匹配裡不存在增廣路徑，若且唯若目前的匹配為「最大匹配」

原先的增廣路徑中因為起點與終點都是未匹配點，所以起始邊與結束邊亦為未匹配邊，就像是上面路徑中的 B→E、A→F、C→H 為未匹配邊，而匹配邊又會與未匹配邊交錯出現，所以未匹配邊的數目會比匹配邊的數目多 1，這時如果我們反轉增廣路徑上的匹配邊和未匹配邊，就可以讓匹配數目多 1。

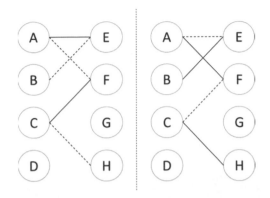

上圖即為反轉後的結果,可以發現原先(上左圖)的虛線(未匹配邊)比實線(匹配邊)多 1,經過反轉後實線(匹配邊)反而比虛線(未匹配邊)多 1,代表每條增廣路徑反轉過後都可以讓匹配數目多 1,因此如果存在增廣路徑,此時必不會是最大匹配。

這便是匈牙利演算法的核心:不斷找尋增廣路徑以增加最大匹配,直到找不到增廣路徑為止,但接下來的問題是:如何有效率地找尋增廣路徑?

因為增廣路徑一定是交錯路徑,且我們必須從一個未匹配點 u 出發,最後再停留在一個未匹配點,在這裡我們可以先把圖轉成「交錯樹」,「交錯樹」便是以未匹配點 u 為根節點,且由交錯路徑形成的樹。

因此如果增廣路徑存在,代表存在一條由根節點往下的路徑,且該路徑會結束在一個非匹配點上,這代表只要我們從一個非匹配點的葉節點出發,一路往上回到根節點的路徑就是增廣路徑!

一直重複這個操作,直到無法找到增廣路徑為止,此時的「交錯樹」就稱為「匈牙利樹」,且「匈牙利樹」有一個特質:

目前的匹配裡不存在任何經過匈牙利樹的增廣路徑

這讓我們可以在找到一個匈牙利樹後,把整棵匈牙利樹從圖中拔掉而不影響後續的匹配,這種利用交錯樹不停成長找尋增廣路徑的方法又叫做「匈牙利樹演算法 Hungarian Tree Algorithm」。

13-5-3 匈牙利演算法的過程

上述過程中看起來很複雜，沒關係，我們來實際跑一次匈牙利演算法！

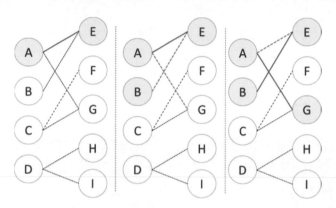

首先從上圖中的左圖開始，把左側的 A、B、C、D 看作男生、右側的 E、F、G、H、I 看作是女生，裡頭的所有邊代表哪個男生或女生互有好感，此時的目標就是想辦法撮合最多對的情侶！一開始先從 A 點開始尋找增廣路徑，這時候搜尋到 A→E，並且反轉增廣路徑後得到 A、E 的匹配。

上中圖代表接下來從 B 點開始尋找增廣路徑，搜尋到 B→E→A→G 這條增廣路徑，並且反轉增廣路徑後得到 A、G 與 B、E 的匹配。

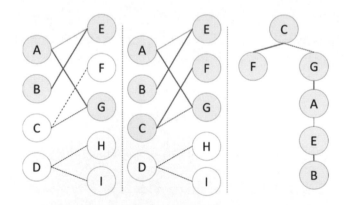

繼續從 C 點開始尋找增廣路徑，搜尋到 C→F 這條增廣路徑，反轉後得到 C、F 的匹配，此時可以發現如果把搜尋增廣路徑的過程畫為一棵樹，可

得上右圖，這時候已無法從這棵樹找到任何增廣路徑，便可以稱這棵樹為「匈牙利樹」，也可以發現如果把「匈牙利樹」上的所有頂點 A、B、C、E、F、G 自圖中移除後，並不會影響到後續執行的結果。

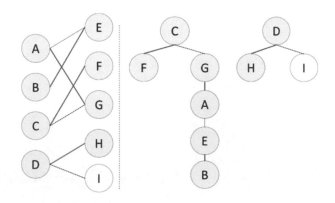

接著從 D 點開始尋找增廣路徑，搜尋到 D→H 這條增廣路徑，並且反轉增廣路徑後得到 D、H 的匹配，此時就可以結束搜尋並得到兩棵匈牙利樹。

13-5-4 質數伴侶問題

如果兩正整數的和為一質數，則可以稱這兩正整數為「質數伴侶」，比如說 3 + 4 = 7，這時候 3 與 4 互為質數伴侶。質數伴侶可以應用在密碼學上，現在的問題是要從多個整數中挑選出多對「質數伴侶」，比方如果現在有四個整數：3、4、6、7，這時候可以「同時」挑出兩對「質數伴侶」分別為 3、4 與 6、7。

「質數伴侶」問題指的是若給你一堆數字，請問最多能從這些數字中找出幾對「質數伴侶」？

首先可以想出：「質數伴侶」必是由一奇數與一偶數構成（1 + 1 = 2 時雖例外，但此時兩個 1 會相同），所以我們可以先把所有數字分成奇數與偶數兩不同的集合，並且每一對「質數伴侶」都是跨越兩集合的邊，因此「質數伴侶」問題便是從二分圖中找出最大匹配！

比方說如果給定 2、7、8、13、14、16、17、19、22 這九個數字，首先把所有數字分成奇數與偶數兩集合，再利用窮舉法找出哪兩個奇數與偶數的和是質數，如下圖：

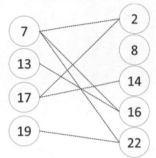

便成為二分圖最大匹配問題，可以用匈牙利演算法解決，程式碼如下：

範例程式碼

Chapter13/13_02_質數伴侶.cpp

質數伴侶問題

```
1    #include<iostream>
2    #include<vector>
3
4    using namespace std;
5
6    // 判斷 input 是否為質數
7    bool Is_Prime(int input){
8        for(int i = 2; i * i <= input; i++){
9            // 找到 input 的因數，回傳 false
10           if(input % i == 0)
11               return false;
12       }
13       return true;
14   }
15
16   // 從奇數 odd 找尋增廣路徑
17   bool Find(int odd, vector<int>& even, vector<bool>& used,
```

```
18   vector<int>& match){
19       // 試圖與每個偶數都配對看看
20       for(int i = 0; i < even.size(); i++){
21           // 看與目前的偶數 even[i] 能否合成質數
22           if(Is_Prime(odd + even[i]) && !used[i]){
23               used[i] = true;
24               // 如果該偶數還沒配對過
25               // 或與該偶數配對的奇數還有其他選擇
26               if(match[i] == 0 ||
27                   Find(match[i], even, used, match))
28               {
29                   match[i] = odd;
30                   return true;
31               }
32           }
33       }
34       return false;
35   }
36
37   int main(){
38       int N;
39       // 輸入有幾個整數
40       cin >> N;
41
42       // 存放所有數的集合
43       vector<int> data(N);
44       // 存放奇數與偶數的集合
45       vector<int> odd;
46       vector<int> even;
47
48       // 輸入所有數字
49       for(int i = 0; i < N; i++){
50           cin >> data[i];
51           if(data[i] % 2)
52               odd.push_back(data[i]);
53           else
```

```
54              even.push_back(data[i]);
55          }
56      // 質數伴侶的數目
57      int counts = 0;
58
59      // 紀錄每個偶數的配對狀況
60      vector<int> match(even.size(), 0);
61      // 依序從每個奇數開始搜尋增廣路徑
62      for(int i = 0; i < odd.size(); i++){
63          // 開始時，所有偶數都沒用過
64          vector<bool> used(even.size(), false);
65          // 是否能從第 i 個奇數出發找出增廣路徑
66          if(Find(odd[i], even, used, match))
67              // 能找到增廣路徑，質數伴侶數目 +1
68              counts++;
69      }
70      cout << counts << endl;
71      return 0;
72  }
```

執行結果

```
9
2 7 8 13 14 16 17 19 22
3
```

此時執行結果如下：

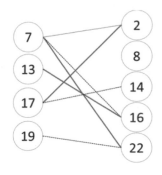

習 題

1. 關於網路流(Network Flow)問題的敘述哪些為真？(複選)

   A. Ford-Fulkerson Method 沒有限定找到增廣路徑的方式

   B. Edmonds-Karp Algorithm 限定使用廣度優先搜尋來尋找增廣路徑

   C. 不論是 Ford-Fulkerson Method 或 Edmonds-Karp Algorithm，其原理都是不斷在殘餘網路中搜尋增廣路徑

   D. 根據斜對稱性原則，若現在有一流 A->B 流量為 100，則可想成 B->A 有流量 -100

   E. 遇到多個源點與多個匯點的網路流問題時，可以轉成單一源點與單一匯點以適用 Edmonds-Karp Algorithm

2. 請問 Edmonds-Karp Algorithm 如何決定何時該停止？

   A. 找到的增廣路徑與之前重複時

   B. 無法以廣度優先搜尋算法找到增廣路徑時

   C. 某條路徑上的流量為負值時

   D. 廣度優先搜尋到的增廣路徑中有一條邊的殘餘流量為 0

3. 網路流問題中，若一割(Cut)把源點與匯點分成兩不同的點集合，則割的權重必：

   A. 小於最大流

   B. 大於最大流

   C. 等於最大流

   D. 大於等於最大流

   E. 小於等於最大流

4. 網路流問題中,若一割(Cut)把源點與匯點分成兩不同的點集合 A,B,則從 A 至 B 的總流量(Net Flow)必:

A. 小於最大流

B. 大於最大流

C. 等於最大流

D. 大於等於最大流

E. 小於等於最大流

5. 若目前有 N 個男性想要配對 N 位女性,此時需進行二分圖最大匹配,在最壞狀況下須找尋幾條增廣路徑才能達到要求?

A. N

B. N^2

C. $0.5N^3$

D. N^3

E. 以上皆非

6. 若目前有 N 個男性想要配對 2N 位女性,此時需進行二分圖最大匹配,在最壞狀況下須找尋幾條增廣路徑才能達到要求?

A. N

B. 2N

C. N^2

D. N^3

E. 以上皆非

最短路徑 Shortest Path

本章介紹最短路徑問題，首先會先介紹最短路徑問題的定義，以及一些可用來解決此問題的技巧。

再來，介紹與最短路徑有關的重要演算法：Bellman-Ford、SPFA、DAG、Dijkstra、Floyd-Warshall。

14-1 最短路徑問題簡介

14-1-1 用廣度優先搜尋求解最短路徑問題

在廣度優先搜尋的章節，有提過可以利用廣度優先搜尋來找尋最短路徑。但廣度優先搜尋找到的是「經過的邊數最少」、而非「各邊權重總和最小」的路徑，因此當各邊權重不同（比如開車走每條道路的時間成本不同），而欲求的是權重總和最小的路徑時，廣度優先搜尋就不適用。

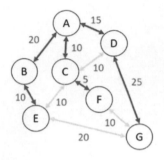

上圖中，從 A 點出發進行 BFS，欲求到 G 點的路徑。第一輪會從 A 點向外擴展到 B、C、D 三點，第二輪擴展到 E、F、G 三點，得到「邊數最少」的路徑為 $A-> D-> G$。

但是事實上，$A-> D-> G$ 經過的兩條邊權重和為 $15 + 25 = 40$，而 $A-> C-> F-> G$ 雖然經過三條邊，但權重總和僅 $10 + 5 + 10 = 25$，可見廣度優先搜尋只有在把每條邊權重看作相等時，才能解決「權重和最小」的最短路徑問題，當每條邊權重不同時，必須尋找其它方法。

14-1-2　最短路徑問題的定義

在解決最短路徑問題前，我們必須先定義何為「最短路徑」，如果在圖上尋找兩頂點間的最短路徑，其中：

A. 路徑 $p(v_1, v_n) = (v_1, e_1, v_2, e_2, v_3, \dots, e_{n-1}, v_n)$，由頂點與連接其間的邊組成

B. 邊 e_i 的權重以 $w(e_i)$ 表示

C. 路徑 p 的權重 $w(p(v_1, v_n)) = \sum_{i=1}^{n-1} w(e_i)$，即路徑上各邊權重的和

D. $p(v_1, v_n)$ 的最短距離 $\delta(v_1, v_n)$ 定義為下式：

$$\delta(v_1, v_n) = \begin{cases} min\left(w(p(v_1, v_n)) : v_1 \xrightarrow{p(v_1, v_n)} v_n\right), \exists \, path \; from \; v_1 \; to \; v_n \\ \infty, otherwise \end{cases}$$

上式表示當頂點 v_1 到 v_n 之間有路徑時，最短路徑是所有路徑之間權重最小的那個，反之，若 v_1 到 v_n 之間沒有路徑，則定義 $\delta(v_1, v_n)$ 的值為無限大。

最短路徑的應用很多，諸如安排管線、縮短交通時間、寄信、瓦斯抄錶等等，都需要尋找最短路徑，以找到兩點之間最節省時間／金錢的往來方式。另外，在最近相當熱門的自然語言處理領域中，要透過知識圖譜或規則系統來產生過程最短或成本最低的推論，一樣會需要尋找最短路徑。

之前提過可以透過將無向圖上的每條邊視作兩條相反的邊來轉為有向圖，但有向圖則無法轉為無向圖，同時，邊上無權重時可以把所有邊全部指定為相同權重來轉換為有權重圖，但有權重的圖則無法轉換為無權重的圖。

因此，只要某個演算法解決了「有權重」的「有向圖」上最短路徑的問題，就可以應用在尋找其他類型的圖上的最短路徑上。

同時，最短路徑問題又可以分成以下幾類：

1. Single-Source：找尋從特定一個頂點到其餘所有頂點的最短路徑
2. Single-Pair：從特定一個頂點走到另一個特定頂點的最短路徑，屬於 Single-Source 的子問題（因為一個 Single-Source 的解會包含該頂點出發的所有 Single-Pair 的解）
3. Single-Destination：從所有其餘頂點到一個特定頂點的最短路徑，如果把圖上的所有邊方向倒過來，就與 Single-Source 相同
4. All-Pairs：所有頂點到所有其餘頂點的最短路徑，即求出所有頂點對之間的 Single-Pair

14-1-3 最短路徑的性質

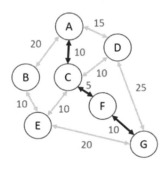

頂點 v_1 和 v_n 之間的最短路徑 $p(v_1, v_n)$ 中必不存在環：最短路徑會是一個以起點 v_1 為根節點的樹，而因為最多只會經過所有頂點一次（否則即有環），所以最多由 $|V| - 1$ 條邊組成。

為何最短路徑中一定不存在環呢？這裡可以分成兩個情況討論：若環的各邊權重和為正，那麼走過這個環不僅回到原處沒有前進，而且成本還增加，所以不會比不走環時更有利；若環的各邊權重和為負，那麼不斷的在環當中繞圈，就可以讓成本降為負無限大，只要任何路徑可以走到這個環內，都同為最短路徑，並沒有求解的意義。

此外，若頂點 v_1 和 v_n 間存在最短路徑 $p(v_1, v_n)$，則此路徑上所有的「子路徑」皆為最短，比如 $p(A, D)$ 是由 A 出發，依序經過 B、C 兩點再到達 D，那麼 A 與 C 之間的最短路徑一定是 $A \to B \to C$，B 與 D 之間的最短路徑一定是 $B \to C \to D$，這在其餘所有頂點對之間也都成立。

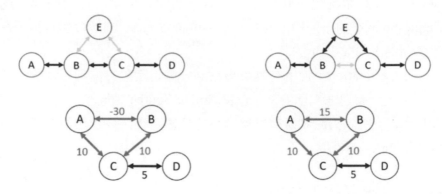

比如上圖中，如果 $\overline{BC}$ 的成本比 $\overline{BE}$ 和 $\overline{EC}$ 的成本和來得大，代表 $\overline{BC}$ 之間的最短路徑並非 $B \to C$，而應該是 $B \to E \to C$，但若如此，則 $A \to B \to C \to D$ 的成本一定大於 $A \to B \to E \to C \to D$，$A \to B \to C \to D$ 就不會是 A 到 D 的最短路徑。反過來說，若已知 $A \to B \to C \to D$ 是 A 與 D 間的最短路徑，那麼 B 和 C 點間不會存在比走 $\overline{BC}$ 成本還低的路徑。

一般來説，若 $0 \leq i < j \leq n$，則 $p(v_1, v_n)$ 的子路徑
$(v_i, e_i, v_{i+1}, e_{i+1}, \ldots, e_{j-1}, v_j)$ 也是 v_i 與 v_j 兩點間的最短路徑，即 $p(v_i, v_j)$。

14-1-4 Relaxation

處理最短路徑問題時通常會以一個陣列 *Distance* 來記錄起點與其餘每個
頂點的距離，另外以一個陣列 *Predecessor* 來記錄每個頂點往起點方向的
上一個頂點為何。

Relaxation 是比較走到同一頂點的兩路徑之間何者成本（權重和）較小，
並依此更新該頂點對應的 *Distance*。

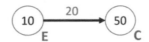

假設在前幾輪處理中，發現從起點 A 出發要走到頂點 C 的成本至少需要
50 單位、走到頂點 E 的成本至少需要 10 單位，但是在這個前提下，又發
現邊 EC 的權重只有 20，也就是説，若不走先前找到的某個花費 50 由 A
到 C 的路徑，而改為先花費 10 由 A 走到 E，再花費 20 走 EC 這條邊，就
可以把 A 到 C 的成本降為 $10 + 20 = 30$，這個過程就稱為 Relax。

透過不斷對所有頂點與它們的所有出邊進行 Relax，就可以找到各頂點對
間的最短路徑，而根據前述性質，起點到目標頂點的最短路徑就是由這些
子路徑中的某些共同組成。

Relax 的 Pseudocode
| ```
1   Relax (E, C, weight){
2       // 比較原先 C 的成本，與先走到 E 再走邊 EC 何者較高
3       if (Distance[C] > Distance[E] + weight of E-C){
4           // 若先到 E 再走 EC 較好，更新 C 與頂點的距離
5           Distance[C] = Distance[E] + weight of E-C;
6           // 記錄路徑上頂點 C 的上一個頂點是 E
``` |
```

```
7          Predecessor[C] = E;
8      }
9  }
```

由 Relax 的概念，可以看出幾個性質：

A. Triangle inequality

$\delta(v_1, v_n) \leq \delta(v_1, v_x) + w(v_x, v_n)$，可由 Relax 的條件推知

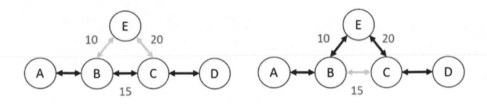

比如經過 Relax 後，$\delta(v_B, v_C) \leq \delta(v_B, v_E) + w(v_E, v_C)$

B. Convergence property

如果由 A 到 C 的最短路徑 $p(A, C)$ 必會先經過頂點 B，且 $distance[B] = \delta(A, B)$，代表已經找到了 AB 之間的最短路徑，那麼此時對 B 到 C 的所有路徑進行 Relax，就可以讓 $distance[C] = \delta(A, C)$，亦即就可以找到 A、C 之間的最短路徑。

舉例來說，若「已知」由高雄出發到紐約的最短路徑中包含「左營高鐵 -> 桃園機場」這段，那麼對從桃園機場到紐約的所有可能路徑進行 Relax 後，就可以找到高雄到紐約整個行程的最短路徑（會由「左營高鐵 -> 桃園機場」與「桃園機場到紐約的最短路徑」兩段子路徑組成）。

根據 Convergence property，如果「已知」v_1 到 v_n 之間的最短路徑必定經過 v_1、v_2、v_3、...、v_{n-1} 這些點，那麼依序執行 $Relax(v_1, v_2, w_1)$、$Relax(v_2, v_3, w_2)$、...、$Relax(v_{n-1}, v_n, w_{n-1})$ 之後，就會得到 v_1 到 v_n 的最短路徑。

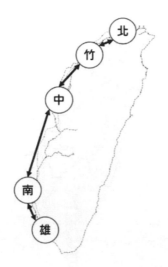

比如「已知」從台北開車到高雄，中間必定經過新竹、台中、台南幾個城市，那麼依序對「台北 -> 新竹」、「新竹 -> 台中」、「台中 -> 台南」、「台南 -> 高雄」進行 Relax，就會得到台北到高雄最短路徑距離。

14-2 Bellman-Ford Algorithm

14-2-1 Bellman-Ford 演算法的原理

Bellman-Ford 演算法是每一輪都對「所有邊」進行 Relax，因為沒有按照剛才提過的「正確順序」（如新竹、台中、台南的順序）來進行，所以必須進行共 $|V| - 1$ 輪以確保每個邊會在適當的條件下被 Relax 過（稍後會說明為何是 $|V| - 1$ 輪），Pseudocode 如下：

Bellman-Ford 的 Pseudocode
1   Bellman-Ford(G,w,s){
2   initialize(G,s)
3   // 對所有邊 Relax |V|-1 輪
4   for i = 1 to |V|-1:

```
5         for edge(u,v) ∈ E
6            Relax(u,v,w)
7
8      // 檢查負迴圈
9      for edge(u, v) in Graph
10        if d[v] > d[u] + w(u, v)
11           return false
12      return true
13 }
```

注意到最後須檢查負環存在與否，這同樣會在稍後說明。在這裡可以先分析 Bellman-Ford 演算法的時間複雜度：

A. 初始化所有頂點與邊：$O(|V| + |E|)$
B. 一輪中，對所有邊進行 Relax：$O(|E|)$
   - 重複 $|V| - 1$ 輪：$O(|V| - 1)$
C. 總和：$O((|V| - 1)|E|) = O(|V||E|)$

14-2-2 Bellman-Ford 演算法的進行過程

因此，Bellman-Ford 演算法的大致流程為：

A. 初始化所有 Vertex（initialize 函式）
   - *Predecessor* 設為 -1，代表目前沒有 Predecessor
   - *Distance* 設為 ∞，起點的 *Distance* 設為 0
B. 對所有 Edge 進行 Relax
C. 重複上一步驟 $|V| - 1$ 次，以確保得到最短路徑
D. 檢查沒有負迴圈

因為 Edge relax 沒有按照最短路徑的順序，所以必須進行 $|V| - 1$ 輪，$|V| - 1$ 是最短路徑可能有的最長邊數。也就是說，Bellman-Ford 演算法類似一種暴力解。

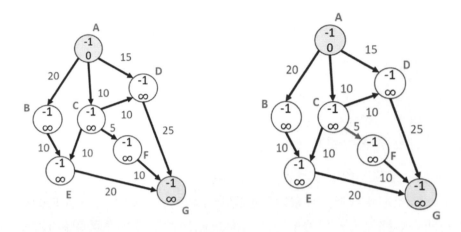

第一輪 Relax 中，會對上圖的所有邊進行一次 Relax，但順序是任意選定，假設首先對 $\overline{CF}$ 這條邊進行 Relax，因為 C 點的 *Distance* 是無限大、加上 $\overline{CF}$ 的成本 5 後，並沒有比此時 E 點的 *Distance* 無限大來的小，因此 E 點的距離不會被更新，類似的，如果接下來對 $\overline{FG}$ 進行 Relax，一樣不會更新 G 點的 Distance。

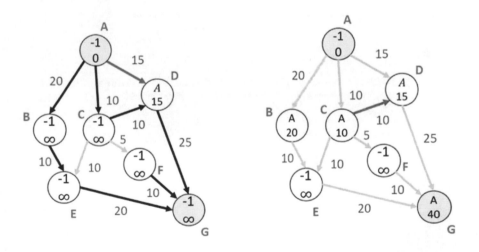

等到第一輪中對邊 $\overline{AD}$ 進行 Relax 時，因為 A 的 *Distance* 在初始化時設為 0，加上邊 $\overline{AD}$ 的成本 15 後，仍然比 D 點的 *Distance* 無限大來得小，因此 D 點的 *Distance* 會被更新為 15。

類似的，第一輪中，B、C、D 點的距離會分別被更新為 20、10、15，其他頂點的距離是否被更新則視任意選定的 Relax 順序而定。

比如第一輪中，如果對 $\overline{DG}$ 進行 Relax 的時間點在邊 $\overline{AD}$ 之後，則對 $\overline{DG}$ 的 Relax 會使點 G 的 $Distance$ 被更新為 40，然而 40 並不是實際的最短路徑成本 25，需要接著往下進行，直到進行 $|V| - 1$（頂點數-1）輪後，才能確保 $Distance[G]$ 就是最短路徑的成本。

至於為什麼需要 $|V| - 1$ 輪？這是因為在 Worst Case 下，每一輪對所有邊的 Relax 順序正好與實際最短路徑的順序相反，這會導致一輪 Relax 後只會完成最短路徑上一個邊的更新，而整個最短路徑最多可能有 $|V| - 1$ 個邊，就使得對所有邊的 Relax 必須進行 $|V| - 1$ 輪。

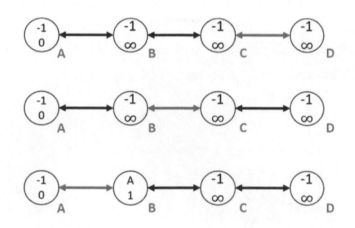

比方說在上圖中，實際的最短路徑是 $A-> B-> C-> D$，但是如果每一輪中都是按照 $\overline{CD}$、$\overline{BC}$、$\overline{AB}$ 的順序來 Relax，那麼第一輪只有對 $\overline{AB}$ Relax 時會更新到 B 的距離，第二輪對 $\overline{BC}$ Relax 時才會更新到 C 的距離，第三輪對 $\overline{CD}$ Relax 時才會更新到 D 的距離。

在 Worst Case 下，每一輪 Relax 都只會完成最短路徑上一條邊的更新，而整條最短路徑最多有 $|V| - 1$ 個邊，自然使 Relax 必須進行 $|V| - 1$ 輪。

完成 Relaxation 後，還要檢查圖中是否有負環。沒有負環時，根據 Triangle inequality，每個邊都會滿足 $d[v] <= d[u] + w(u,v)$，意即先走到 u 再走 $\overline{uv}$ 到 v，一定會比 v 的距離來得大，否則圖中必有負環。

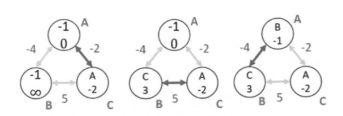

$$d[C] > d[A]+w(A,C)$$

上圖中存在負環 ABCA，依序對 $\overline{AC}$、$\overline{CB}$、$\overline{BA}$ 三條邊進行 Relax 後，發現 $-2 = d[C] > d[A] + w(A,C) = -1 + -2 = -3$，因此發現負環存在，讓函式回傳 false 以利後續處理。

14-2-3 實作 Bellman_Ford 演算法

首先我們需要撰寫 Relax 函式以便以後呼叫：

範例程式碼

Chapter14/14_01_Bellman_Ford.cpp

Relax 函式
| ```
1  bool Graph::Relax(int from, int to, float weight){
2      if(distance[to] > distance[from] + weight){
3          distance[to] = distance[from] + weight;
4          predecessor[to] = from;
5          return true;
6      }
7      return false;
8  }
``` |
```

接著是初始化，可以把所有頂點的 *Predecessor* 設為 -1，*Distance* 設為 ∞，起點的 *Distance* 另外設為 0。

Initialize 函式

```
1   void Graph::Initialize(int initial){
2       distance.clear();
3       predecessor.clear();
4       // N 為頂點個數
5       for(int i = 0; i < N; i++){
6           distance[i] = numeric_limits<float>::max();
7           predecessor[i] = -1;
8       }
9       // 起點距離為 0
10      distance[initial] = 0;
11  }
```

接著利用 Bellman_Ford 演算法對所有邊進行 Relax，並重複 |V| − 1 輪。

Bellman_Ford 演算法

```
1   bool Graph::Bellman_Ford(int initial){
2       // 初始化
3       Initialize(initial);
4       list<edge*>::iterator it;
5       // 重複 v - 1 輪
6       for(int i = 0; i < N - 1; i++){
7           // 每一輪對所有邊進行 Relax
9           for(int j = 0; j < N; j++){
10              for(it = edges[j].begin();
11                  it != edges[j].end();
12                  it++)
13              {
14                  Relax(j, (*it)->to, (*it)->weight);
15              }
16          }
17      }
```

```
18        // 判斷負環是否存在
19        for(int j = 0; j < N; j++){
20            for(it = edges[j].begin();
21                it != edges[j].end();
22                it++)
23            {
24                // 負環存在
25                if(distance[(*it)->to] >
26                    distance[j] + (*it)->weight)
27                     return false;
28            }
29        }
30        return true;
31  }
```

為了知道程式執行結果，還需要一個函式可以幫我們印出從起點到終點 dest 間的所有最短路徑，原理就是沿著 predecessor 一路往上游走即可。

Print_Path

```
1   void Graph::Print_Path(int dest){
2       if(distance[dest] != numeric_limits<float>::max()){
3           cout << "Distance:" << distance[dest] << endl;
4           stack<int> path;
5           path.push(dest);
6           while(predecessor[dest] != -1){
7               path.push(predecessor[dest]);
9               dest = predecessor[dest];
10          }
11          cout << "Path:";
12          while(!path.empty()){
13              int vertex_now = path.top();
14              path.pop();
15              cout << vertex_now << " ";
16          }
17          cout << endl;
18      }
19  }
```

14-3 SPFA (Shortest Path Faster Algorithm)

14-3-1 SPFA 演算法的原理

因為 Bell-Ford 演算法會浪費很多時間計算不會被更新的點（比如距離為無限大的點指向另一個距離為無限大的點的情形），因此一種改良方式就是挑出先前有被更新過距離的頂點，只對這些頂點的出邊進行 Relax。

SPFA 的步驟如下：

A. 把起點 Push 到 Queue 中

B. 從 Queue 中 Pop 出一筆資料處理

C. 對該資料的所有出邊進行 Relax

D. 把被出邊指到，因此距離被 Relax 更新的頂點放到 Queue 中

E. 重複步驟 B~D，直到 Queue 為空

F. 同樣需要檢查負環

SPFA 的 Pseudocode
<pre>1   SPFA(G,w,s){
2   initialize(G,s)
3   push s to Queue(Q)
4   while Q is not empty:
5   // 從 queue 中取出有被更新過距離的點
6   u = Q.pop()
7   // 針對 u 的出邊進行 relax
8   for each edge in Adj[u]:
9   // 有更新
10   if (Relax(u,v,w))
11   update[v] += 1
12   // 有負環時會導致無窮迴圈
13   // 被 Relax 的總次數 >= |V| 時，就代表有負環
14   if update[v] == |V|
15   return false
16   push v into Q
17   return true
18 }</pre> |

SPFA 的 Worst Case 發生在處理一些權重特殊的完全圖時，因為對於 *Queue* 中的每個頂點，都要考慮所有出邊，而對這些出邊進行 Relax 又會導致許多頂點被加入 *Queue* 中，這時 SPFA 的表現不會比一般的 Bellman-Ford 來得好多少，時間複雜度同樣為 $O(|V||E|)$。

不過在處理一般的圖時，平均來說 SPFA 的複雜度為 $O(|E|)$。

14-3-2　SPFA 演算法的進行過程

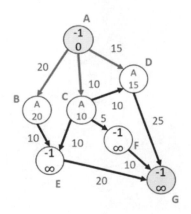

初始化之後，起點 A 被放到 *Queue* 中，取出 A 並對 A 的所有出邊作 Relax，這會使 B、C、D 三點的距離被更新且被放到 Queue 中，使得 $Queue = \{B, C, D\}$。

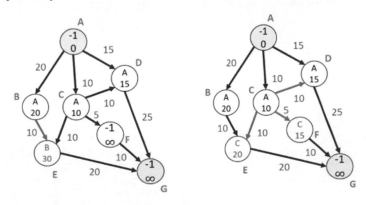

再來，取出 Queue 中的 B 並對出邊作 Relax，使得 E 點的距離被更新，且 *Queue* 變為 $\{C, D, E\}$。

接著取出 *Queue* 中的 C 並對出邊作 Relax，E、F 兩點的距離被更新，並被放到 *Queue* 中，CD 邊則不會使 D 點的距離變小，因此 D 點不會被加到 *Queue* 中，此時 $Queue = \{D, E, E, F\}$。

再對 *Queue* 最前方 D 的所有出邊作更新，G 點的距離被更新並放到 *Queue* 中，$Queue = \{E, E, F, G\}$。

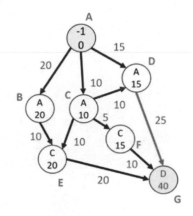

繼續往下處理，對 E 的出邊作 Relax 時不會更新，對 F 的出邊作 Relax 時，G 點的距離被更新為 25，且 $Queue = \{G, G\}$，而 G 點沒有出邊，因此處理完後 *Queue* 為空，跳出迴圈。

14-3-3 實作 SPFA 演算法

範例程式碼

Chapter14/14_02_SPFA.cpp

SPFA (Shortest Path Faster Algorithm)
1　　`bool Graph::SPFA(int initial){` 2　　　　`// 初始化`

```
3        Initialize(initial);
4        // 有被更新的頂點放入 Queue
5        queue<int> candidate;
6        // 記錄更新次數
7        vector<int> update(N, 0);
8        // 從起點開始
9        candidate.push(initial);
10       while(!candidate.empty()){
11          int vertex = candidate.front();
12          candidate.pop();
13          auto it = edges[vertex].begin();
14          // 跑遍從 vertex 出發的所有邊
15          for(; it != edges[vertex].end(); it++){
16             bool relaxed =
17                Relax(vertex, (*it)->to, (*it)->weight);
18             if(relaxed && (*it)->to != candidate.back()){
19                // 更新次數 + 1
20                update[(*it)->to] += 1;
21                // 有負環
22                if(update[(*it)->to] == N)
23                   return false;
24                candidate.push((*it)->to);
25             }
26          }
27       }
28       return true;
29  }
```

14-3-4 LeetCode #787. K 次轉機內的最便宜航班
Cheapest Flights Within K Stops

【題目】

有 n 個城市中間由航班連接，給定一組資料 $flights$，其中 $flights[i] = [from_i, to_i, price_i]$，分別代表該航班的起點、終點、價格。

今天另外給一個出發城市 *src* 與目的地城市 *dst*，請找出一條航線最多經過 *K* 次轉機，且該條航線是所有可行航線中價格最便宜的，如果存在這麼一條航線就回傳該航線的價格，若否則回傳 -1。

【出處】

https://leetcode.com/problems/cheapest-flights-within-k-stops/

【範例輸入與輸出】

- 範例一：

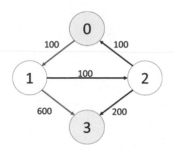

- 輸入：n = 4, flights =
  [[0,1,100],[1,2,100],[2,0,100],[1,3,600],[2,3,200]], src = 0, dst = 3, k = 1
- 輸出：700

- 範例二：

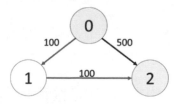

- 輸入：n = 3, flights = [[0,1,100],[1,2,100],[0,2,500]], src = 0, dst = 2,
  k = 1
- 輸出：200

【解題邏輯】

本題有只能經過 K 次轉機的限制，又 K 次轉機代表所求的路徑最多經過 K + 1 條邊，既然有經過邊數目上的限制，我們分別採用廣度優先搜尋、Bellman-Ford 演算法、SPFA 演算法來嘗試。

Bellman-Ford 演算法因為路徑最多經過 K + 1 條邊，所以最多對圖上的所有邊進行 K + 1 輪 relax，但每一輪 relax 只能往外擴展一條邊，所以每一輪 relax 都需把上一輪的距離當作參數來做 relax。

廣度優先搜尋中每一輪向外探索都會使經過的邊增加 1，因為路徑最多經過 K + 1 條邊，所以往外 K + 1 次時便可以停止搜尋。但每一輪同樣只能往外擴展一條邊，所以每一輪搜尋也需用上一輪的距離來做 relax。且為了方便搜尋，一開始須把邊改以鄰接列表的方式儲存。

SPFA 時也一樣，修改 Bellman-Ford 演算法，只有在修正距離時才需要進行下一輪的 relax，且最多進行 K + 1 輪。與廣度優先搜尋類似，須改以鄰接列表的方式儲存航線。

範例程式碼

Chapter14/14_03_findCheapestPrice_Bellman_Ford.cpp

K 次轉機內的最便宜航班 Cheapest Flights Within K Stops（Bellman-Ford）

```
1   class Solution {
2   public:
3       int findCheapestPrice(int n,
4           vector<vector<int>>& flights,
5           int src, int dst, int K)
6       {
7           // 起點至每個點的最短距離
8           vector<int> distance(n, INT_MAX);
9           // 把起點的最短距離設成 0
10          distance[src] = 0;
11
```

```
12          // 對所有邊進行 K+1 輪 relax
13          for(int i = 0; i <= K; i++)
14          {
15              // 用上一輪的 distance 進行 relax
16              vector<int> current(distance);
17              // 對所有邊進行 relax
18              for(auto e : flights){
19                  int s = e[0];
20                  int f = e[1];
21                  int p = e[2];
22                  // 目前還沒有找到抵達 start 的方式
23                  if(distance[s] == INT_MAX)
24                      continue;
25                  if(current[f] > distance[s] + p)
26                      current[f] = distance[s] + p;
27              }
28              distance = current;
29          }
30          // 最後還是到不了 dst
31          if (distance[dst] == INT_MAX)
32              return -1;
33          return distance[dst];
34      }
35  };
```

Chapter14/14_03_findCheapestPrice_SPFA.cpp

K 次轉機內的最便宜航班 Cheapest Flights Within K Stops（BFS & SPFA）

1　class Solution {
2　public:
3　　int findCheapestPrice(int n,
4　　　vector<vector<int>>& flights,
5　　　int src, int dst, int K)
6　　{
7　　　// 用鄰接列表的方式儲存邊
8　　　vector<vector<pair<int, int>>> edges(n);

```
 9
10          // pair 中的 first 為航線的終點
11          // pair 中的 second 為航線的費用
12          for(auto e : flights){
13              edges[e[0]].push_back(make_pair(e[1], e[2]));
14          }
15
16          // 起點至每個點的最短距離
17          vector<int> distance(n, INT_MAX);
18          // 把起點的最短距離設成 0
19          distance[src] = 0;
20          queue<int> BFS;
21          // 從起點開始
22          BFS.push(src);
23
24          // 往外 K + 1 輪
25          for(int i = 0; i <= K; i++){
26              // 此輪開始前，Queue 中有幾個點
27              int v = BFS.size();
28              // 上一輪算完後各頂點的距離
29              vector<int> tmp(distance);
30              // 處理該輪的所有頂點
31              for(int j = 0; j < v; j++){
32                  int current = BFS.front();
33                  BFS.pop();
34                  for (auto e : edges[current]) {
35                      int new_dist =
36                          distance[current] + e.second;
37                      if (new_dist < distance[e.first] &&
38                          new_dist < tmp[e.first])
39                      {
40                          // 只有更新的點需要進行下一輪 relax
41                          tmp[e.first] = new_dist;
42                          BFS.push(e.first);
43                      }
```

```
44              }
45          }
46          distance = tmp;
47      }
48
49      // 最後還是到不了 dst
50      if (distance[dst] == INT_MAX)
51          return -1;
52      return distance[dst];
53    }
54 };
```

14-4 DAG Algorithm

Bellman-Ford 的 Relax 過程並沒有按照最短路徑的順序，因此效率不佳，如果事先知道最短路徑中各頂點的順序，就可以減少進行 relax 的次數。

14-4-1 DAG 演算法的原理

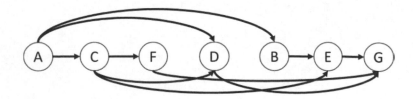

DAG 的原理就是先對頂點進行拓樸排序（見圖論或深度優先搜尋章節），接著按照排出的順序依序對各頂點的出邊進行 Relax，比如上圖中，按照 A、C、F、D、B、E、G 的頂點順序進行 Relax。

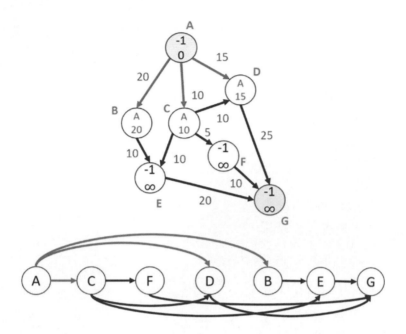

首先對 A 的出邊 $\overline{AB}$、$\overline{AC}$、$\overline{AD}$ 進行 Relax，更新 B、C、D 點的距離。

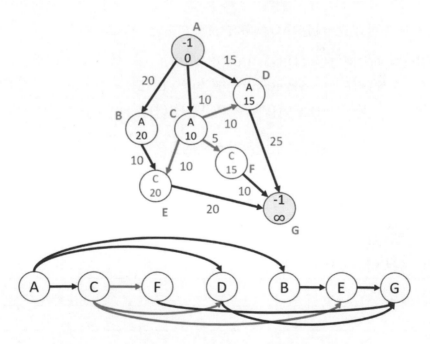

接著,對 C 點的出邊 $\overline{CF}$、$\overline{CD}$、$\overline{CE}$ 進行 Relax,同樣更新各點距離。

依此類推,接下來會依序對 $\overline{FG}$、$\overline{DG}$、$\overline{BE}$、$\overline{EG}$ 進行 Relax。

拓樸排序只能應用在有向無環圖上,也因此只有「有向無環圖」的最短路徑才能應用 DAG 演算法。

DAG 的 Pseudocode

```
1   DAG(G,w,s){
2       // 先進行拓樸排序
3       Topological Sort(G,s)
4       initialize(G,s)
5       // 按照拓樸排序的順序進行 relax
6       for vertex(u) in Topological Sort:
7         for vertex(v)∈ Adj[u]
8             Relax(u,v,w)
9       return true
10  }
```

在這裡同樣可以先分析 DAG 演算法的時間複雜度:

1. 拓樸排序的複雜度(DFS):$O(|V| + |E|)$
2. 按照拓樸排序把所有邊 Relax 的複雜度:$O(|E|)$
3. 總計:$O(|V| + |E|) + O(|E|) = O(|V| + |E|)$

再提醒一次,DAG 演算法不適用於有環的圖形中。

14-4-2 實作 DAG 演算法

範例程式碼

Chapter14/14_04_DAG.cpp

DAG 演算法

```
1   void Graph::DAG(int initial){
```

```
2        // 初始化
3        Initialize(initial);
4        // 利用深度優先搜尋生成拓樸排序
5        DFS(initial);
6        cout << "Topological sort:";
7        // 依照拓樸排序的順序進行 Relax
8        while(!topological_sort.empty()){
9            int index = topological_sort.top();
10           cout << index << " ";
11           topological_sort.pop();
12           // Relax 頂點 index 的 所有出邊
13           auto it=edges[index].begin();
14           for(; it!=edges[index].end(); it++){
15               Relax(index,(*it)->to,(*it)->weight);
16           }
17       }
18       cout << endl;
19   }
```

14-5 Dijkstra's Algorithm

14-5-1 Dijkstra 演算法的基本概念

Dijkstra 演算法假定圖中沒有負邊，則經過邊數越多成本必定增加。

因此，可以把頂點分成「已經找到最短路徑」和「還未找到最短路徑」兩組，並利用 Convergence Property，從已經找到最短路徑的組別，往還沒找到最短路徑的頂點進行 Relax。

因為要取出「未找到」組中 *Distance* 最短的頂點，頂點之間要有順序，通常會以 Priority Queue 實作，而且 Dijkstra 演算法每輪都以當前的最佳選擇（未找到最短路徑組中，距離最短的頂點）為下一步，是一種貪婪演算法。

Dijkstra 演算法的步驟如下：

A. 初始化 Distance 為（無限大）與 Predecessor 為（-1）
B. 把頂點分成「已經找到最短路徑」和「還未找到最短路徑」兩組
C. 從還沒找到最短路徑的組別中，找到 Distance 最小的頂點 V
D. 對頂點 V 進行 relax 並放到已經找到最短路徑組
E. 重複前兩步驟共 $|V| - 1$ 次
F. 所有頂點都被放到已經找到最短路徑組時完成

因為要一路取出目前「未找到」組中距離最小的頂點，所以通常使用 priority_queue 來存放所有頂點，並依照距離排序。

Dijkstra 演算法的 Pseudocode 如下：

Dijkstra 演算法的 Pseudocode

<pre>1   Dijkstra(G,w,s){
2   initialize(G,s)
3   // 把頂點按照 Distance 排列
4   priority_queue = V[G]
5
6   while priority_queue is not empty:
7   // 取出 Distance 最小的頂點 u
8   u = priority_queue.pop()
9   for vertex(v)∈Adj[u]
10   Relax(u,v,w)
11   return true
12 }</pre>

Dijkstra 演算法的時間複雜度取決於 priority_queue 使用的資料結構而有所不同，可以拆成兩個部分來看，一部分是建立 Priority Queue 並依序把所有頂點取出，另一部分是對每個邊進行一次 Relax。

- 把頂點放到 priority queue 中，隨後取出並刪除距離最近的頂點 $|V|$ 次
  - 陣列：單次 $O(|V|)$，總計 $O(|V|^2)$

- 紅黑樹：單次 $O(\log_2 |V|)$，總計 $O(|V| \log_2 |V|)$
- 費波納契堆疊：單次 $O(\log_2 |V|)$，總計 $O(|V| \log_2 |V|)$

■ 對圖上的每個邊進行一次 Relax，更新 priority queue 共 $|E|$ 次
- 陣列：$O(|E|)$
- 紅黑樹：$O(|E| \log_2 |V|)$
- 費波納契堆疊：$O(|E|)$

■ 總計
- 陣列：$O(|V|^2 + |E|) = O(|V|^2)$
- 紅黑樹：$O(|V| \log_2 |V| + |E| \log_2 |V|) = O(|E| \log_2 |V|)$
- 費波納契堆疊：$O(|V| log_2 |V| + |E|)$

14-5-2 Dijkstra 演算法的進行過程

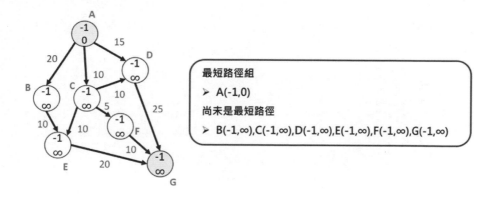

一開始只有起點 A 點在最短路徑組中，*predecessor* 是 -1，距離是 0，其他頂點的距離都是無限大。此時對 A 點的所有出邊作 relax，完成後 B、C、D 點的 *predecessor* 都是 A，距離分別為 20、10、15。

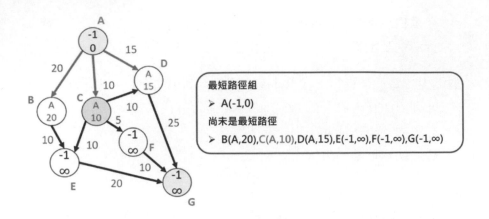

接下來,從「未找到最短路徑組」取出目前距離最短的 C,放到最短路徑組中,代表已經找到由 A 到 C 的最短距離。

之所以可以確定由 A 到 C 的最短距離就是邊 AC 的權重 10,是因為 Dijkstra 演算法假設圖上沒有負邊,既然如此,從 A 出發先經過 B 或 D 再走到 C,光是經過的第一個邊 $\overline{AB}$ 或 $\overline{AD}$ 權重就已經比 $\overline{AC}$ 的權重 10 來得大了,也就是說,從 A 出發繞路到 B 或 D 再到 C,一定不會比直接走 $\overline{AC}$ 來得好。

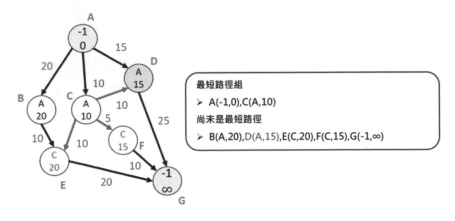

接下來繼續對 C 點的出邊作 relax,更新 E 和 F 點的距離為 $10 + 10 = 20$ 和 $10 + 5 = 15$,且 *predecessor* 設定為 C(雖然也處理 $\overline{CD}$,但 D 點的距離沒有變短,所以 D 點的 *predecessor* 仍為 A)。

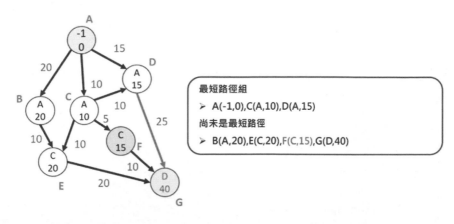

此時尚未是最小路徑組中距離最短的是 D 和 F，距離同為 15。任意選擇 D 點放到最短路徑組，並對 D 的出邊進行 relax，使 G 點的距離被更新為 $15 + 25 = 40$、*predecessor* 為 D。

接下來，選到 F 加入最短路徑組，更新 G 點的距離為 $15 + 10 = 25$，且此時 *predecessor* 值改為 F。

隨後依序挑選到 B、E、G 進行處理，直到所有頂點都被加到最短路徑組中，就完成整個演算法的過程。

14-5-3 Johnson's Algorithm

Dijkstra 演算法假設沒有負邊，所以一旦圖中有負邊就不再適用，而 Johnson 提出了修改權重的方式來增加 Dijkstra 演算法的適用範圍，使其可以處理有負邊，但不存在負環的情形。

調整方式為：$W'(u,v) = W(u,v) + (h(u) - h(v))$，把圖上每個邊原本的權重 $W(u,v)$ 都換成新的權重 $W'(u,v)$ 後，所有負權重的邊都會變為非負權重的邊，其中 $h(u)$ 和 $h(v)$ 是由起點到 u 和 v 的最短距離，可由 Bellman-Ford 演算法得到。

14-5-4 實作 Dijkstra 演算法

範例程式碼

Chapter14/14_05_Dijkstra.cpp

Dijkstra's Algorithm

```
1    // 每個頂點 vertex 有編號、predecessor 和 distance
2    typedef struct{
3        int index;
4        int predecessor;
5        float distance;
6    }vertex;
7
8    // 排序函式，供 priority_queue 使用，注意使用 > 才能從距離最近者開始取
9    class compare{
10       public:
11           bool operator()(vertex* v1, vertex* v2){
12               return v1->distance > v2->distance;
13           }
14   };
15
16   void Graph::Dijkstra(int initial){
17       priority_queue<vertex*, vector<vertex*>, compare>
18           candidates;
19       unordered_set<int> already_shortest;
20       vertex* vertex_now;
21       // 初始化
22       Initialize(initial);
23       // 從起點 initial 開始
24       candidates.push(new vertex{initial, -1, 0});
25       // 不斷取出距離最近的頂點
26       while(!candidates.empty()){
27           int index = candidates.top()->index;
28           // index 已經在最短路徑組中
29           if(already_shortest.find(index) !=
```

```
30              already_shortest.end())
31          {
32              candidates.pop();
33              continue;
34          }
35          // 把 index 加入最短路徑組
36          already_shortest.insert(index);
37          auto it = edges[index].begin();
38          // Relax index 的所有出邊
39          for(; it!=edges[index].end(); it++){
40              bool relaxed =
41                  Relax(index, (*it)->to, (*it)->weight);
42              if(relaxed)
43                  candidates.push(
44                      new vertex{
45                          (*it)->to,
46                          predecessor[(*it)->to],
47                          distance[(*it)->to]
48                      }
49                  );
50          }
51          candidates.pop();
52      }
53  }
```

14-5-5 LeetCode #743. 網路的延遲時間 Network Delay Time

【題目】

網路中有 n 個節點,編號從 1 到 n,另外 *times* 代表網路中節點跟節點之間的訊號延遲時間,其中 $times[i] = (u_i, v_i, w_i)$,$u_i$ 代表訊號起點、v_i 代表訊號終點、w_i 代表訊號的延遲時間,請問從節點 k 發出訊號之後,直到網路中所有節點都收到訊號至少需要多少時間?如果無法讓全網路都收到訊號,則回傳 -1。

【出處】

https://leetcode.com/problems/network-delay-time/

【範例輸入與輸出】

■ 範例一：

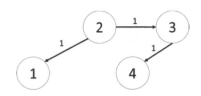

- 輸入：times = [[2,1,1],[2,3,1],[3,4,1]], n = 4, k = 2
- 輸出：2

■ 範例二：

- 輸入：times = [[1,2,1]], n = 2, k = 1
- 輸出：1

【解題邏輯】

本題是典型的 Dijkstra's Algorithm，在沒有負值的狀況下計算出從起點出發到其餘所有頂點的最短時間。

在現實生活裡邊上的權重多半代表成本或時間，並不會有負值，所以 Dijkstra's Algorithm 適用在大部分計算成本、時間的網路中，這也是為什麼 Dijkstra's Algorithm 是所有最短路徑演算法中出題頻率最高的。

範例程式碼

Chapter14/14_06_networkDelayTime.cpp

網路的延遲時間 Network Delay Time
1　// 每個頂點 vertex 有編號、predecessor 和 distance
2　typedef struct{
3　　　int index;
4　　　int distance;
5　}vertex;

```
6
7     // 排序函式，供 priority_queue 使用
8     class compare{
9         public:
10            bool operator()(vertex* v1, vertex* v2){
11                return v1->distance > v2->distance;
12            }
13    };
14
15    class Solution {
16    public:
17        int networkDelayTime(
18            vector<vector<int>>& times,
19            int n, int k)
20        {
21            priority_queue<vertex*, vector<vertex*>, compare>
22                candidates;
23            unordered_set<int> already_shortest;
24            // 起點至每個點的最短距離
25            vector<int> distance(n + 1, INT_MAX);
26            int result = 0;
27
28            // 改用鄰接列表儲存資料
29            vector<vector<pair<int, int>>> edges(n + 1);
30            // pair 中的 first 為連線的終點
31            // pair 中的 second 為連線的所需時間
32            for (auto e : times)
33                edges[e[0]].push_back(make_pair(e[1], e[2]));
34
35            // 從起點 k 開始
36            candidates.push(new vertex{k, 0});
37            distance[k] = 0;
38            // 不斷取出距離最近的頂點
39            while(!candidates.empty()){
40                int index = candidates.top()->index;
```

```
41        candidates.pop();
42        // index 已經在最短路徑組中
43        if(already_shortest.find(index) !=
44          already_shortest.end())
45        {
46          continue;
47        }
48        // 把 index 加入最短路徑組
49        already_shortest.insert(index);
50        // 記錄下最後找到最短路徑時的距離
51        result = distance[index];
52        // Relax index 的所有出邊
53        for(int i = 0; i < edges[index].size(); i++){
54          int target = edges[index][i].first;
55          int w = edges[index][i].second;
56          if(distance[target] > distance[index] + w){
57            distance[target] = distance[index] + w;
58            candidates.push(
59              new vertex{
60                target,
61                distance[index] + w
62              }
63            );
64          }
65        }
66      }
67      // 全部的頂點都有找到最短路徑
68      if(already_shortest.size() == n)
69        return result;
70      else
71        return -1;
72    }
73 };
```

14-5-6 LeetCode #1514. 機率最大的路徑 Path with Maximum Probability

【題目】

給定一無向圖有 n 個節點，編號從 0 開始，另外給一陣列 *edges* 紀錄邊，其中 *edges*[i] = [a,b]，代表 a、b 之間的成功機率，且其成功機率為 *succProb[i]*。

請計算出從 *start* 節點到 *end* 節點的最大成功機率，要是中間沒有任何路徑請回傳 0。

【出處】

https://leetcode.com/problems/path-with-maximum-probability/

【範例輸入與輸出】

■ 範例一：

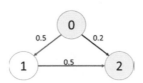

- 輸入：n = 3, edges = [[0,1],[1,2],[0,2]], succProb = [0.5,0.5,0.2], start = 0, end = 2
- 輸出：0.25

■ 範例二：

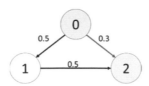

- 輸入：n = 3, edges = [[0,1],[1,2],[0,2]], succProb = [0.5,0.5,0.3], start = 0, end = 2
- 輸出：0.3

【解題邏輯】

本題是 Dijkstra's Algorithm 很常見的變形，可以把整個網路想成產品的製程，而邊上的機率就代表各製程間的良率，目標是找出一條路徑來極大化最終產品的良率。

要在沒有負值的狀況下計算出從起點出發到終點的最大機率，所以一開始起點的機率設定成 1，其餘則設定成 0，距離從相加改成相乘，不斷找出目前機率最大的節點進行 relax 後即可得到答案。

範例程式碼

Chapter14/14_07_maxProbability.cpp

機率最大的路徑 Path with Maximum Probability

```
1   // 每個頂點 vertex 有編號、predecessor 和 prob
2   typedef struct{
3       int index;
4       double prob;
5   }vertex;
6
7   // 排序函式，供 priority_queue 使用，注意不等號與先前反向
8   class compare{
9       public:
10          bool operator()(vertex* v1, vertex* v2){
11              return v1->prob < v2->prob;
12          }
13  };
14
15  class Solution {
16  public:
17      double maxProbability(
18          int n,
19          vector<vector<int>>& edges,
20          vector<double>& succProb,
21          int start, int end)
```

```
22      {
23          priority_queue<vertex*, vector<vertex*>, compare>
24            candidates;
25          unordered_set<int> already_shortest;
26          // 起點至每個點的最大機率
27          vector<double> prob(n, 0);
28
29          // 改用鄰接列表儲存資料
30          vector<vector<pair<int, double>>> graph(n);
31          // pair 中的 first 為邊的終點
32          // pair 中的 second 為邊的成功機率
33          for (int i = 0; i < edges.size(); i++) {
34              auto e = edges[i];
35              graph[e[0]].push_back(
36                  make_pair(e[1], succProb[i]));
37              graph[e[1]].push_back(
38                  make_pair(e[0], succProb[i]));
39          }
40
41          // 從起點 start 開始
42          candidates.push(new vertex{start, 1});
43          prob[start] = 1;
44          // 不斷取出機率最大的頂點
45          while(!candidates.empty()){
46              int index = candidates.top()->index;
47              candidates.pop();
48              // index 已經在最短路徑組中
49              if(already_shortest.find(index) !=
50                  already_shortest.end())
51              {
52                  continue;
53              }
54              // 把 index 加入最短路徑組
55              already_shortest.insert(index);
56              // 找到終點時的機率
57              if(index == end)
```

```
58          return prob[index];
59       // Relax index 的所有出邊
60       for(int i = 0; i < graph[index].size(); i++){
61          int target = graph[index][i].first;
62          double w = graph[index][i].second;
63          // 保留機率最大者
64          if(prob[target] < prob[index] * w){
65             prob[target] = prob[index] * w;
66             candidates.push(
67                new vertex{
68                   target,
69                   prob[index] * w
70                }
71             );
72          }
73       }
74    }
75    return 0;
76 }
77 };
```

14-6 Floyd-Warshall Algorithm

Floyd-Warshall 是 All-Pairs Shortest Path 的演算法,會一次算出所有頂點到其餘所有頂點的最短路徑,屬於一種動態規劃的應用。

14-6-1 Floyd Warshall 的原理

Floyd_Warshall 會依序加入中繼點到某個頂點對間,看距離會不會縮短。如果經過中繼點的距離比原距離短,則把該頂點對間的距離更新(即Relax)。

Floyd_Warshall 演算法屬於動態規劃，藉由最小化頂點與頂點對間的距離，得到最小距離矩陣，觀察得到的矩陣，會發現任一最短路徑必由經過中間所有頂點對的每段最短路徑共同組成。

$$d_{ij}^k = min(d_{ij}^{k-1}, d_{ik}^{k-1} + d_{kj}^{k-1})$$

例如原本頂點 i 和 j 之間的距離是 d_{ij}^{k-1}，如果發現加上 k 後，由 i 先走到 k，再由 k 走到 j 的距離 $d_{ik}^{k-1} + d_{kj}^{k-1}$ 比 d_{ij}^{k-1} 更短，那就把新的距離 d_{ij}^k 設為 $d_{ik}^{k-1} + d_{kj}^{k-1}$。

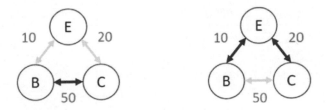

上圖中，原本還未加入（還沒考慮）E 點時，B 到 C 的距離為經過 $\overline{BC}$ 的 50，但加入 E 點後，發現可以走 $B\text{-}>E\text{-}>C$，兩段權重和只有 $10 + 20 = 30$，因此把 B 到 C 的距離更新為 30，即 $d_{BC}^k = min(d_{BC}^{k-1}, d_{BE}^{k-1} + d_{EC}^{k-1}) = min(50, 10+20) = 30$。

回憶一下在本章最開頭提過的：

「若頂點 v_1 和 v_n 間存在最短路徑 $p(v_1, v_n)$，則此路徑上所有的「子路徑」皆為最短，比如 $p(A, D)$ 是由 A 出發，依序經過 B、C 兩點再到達 D，那麼 A 與 C 之間的最短路徑一定是 $A\text{-}>B\text{-}>C$，B 與 D 之間的最短路徑一定是 $B\text{-}>C\text{-}>D$，這在其餘所有頂點對之間也都成立。」

也就是透過不斷找尋每個節點與節點間的最短路徑來達到我們的目標。

因此 Floyd_Warshall 的步驟如下：

A. 初始化一個 Adjacent matrix
B. 記錄每個頂點的 predecessor（輸出路徑時才會用到）
C. 加入一個點為中繼點，進行 $|V|^2$ 次更新
D. 重複上個步驟 $|V|$ 次，直到把每個頂點都加入作為中繼點
E. 得到最短距離矩陣

Floyd_Warshall 演算法的 Pseudocode

<pre>1   Floyd_Warshall(G,w){
2   Initialize D
3   // 加入一個點 k 作為中繼點
4   for k = 1~|V|:
5   // 更新 |V|^2 大小的矩陣
6   for i = 1~|V|:
7   for j = 1~|V|:
8                    $d_{ij}^k = \min(d_{ij}^{k-1}, d_{ik}^{k-1} + d_{kj}^{k-1})$
9
10   // 檢查是否存在負環
11   for i = 1~|V|:
12   if D[i,i] < 0:
13   return False
14   return D
15   }</pre>

時間複雜度為跑完三層迴圈所需的 $O(|V|^3)$。

要檢查是否存在負環，只要檢查矩陣中對角線的值是否為負即可，因為沿著負環走一圈，會回到原來的頂點，且得到的距離小於 0。

14-6-2 Floyd-Warshall 演算法的進行過程

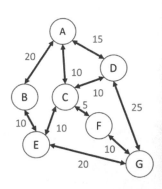

From\To	A	B	C	D	E	F	G
A	0	20	10	15	∞	∞	∞
B	20	0	∞	∞	10	∞	∞
C	10	∞	0	10	10	5	∞
D	15	∞	10	0	∞	∞	25
E	∞	10	10	∞	0	∞	20
F	∞	∞	5	∞	∞	0	10
G	∞	∞	∞	25	20	10	0

一開始要開一個最短距離矩陣，大小為|V| × |V|，記錄了每個頂點到頂點間的最短路徑；初始化時，如果一開始沒有任何邊存在，則把兩點間的距離設定成無限大，若有邊存在，則兩點間的距離即為邊上的權重，且所有自身到自身的距離皆是 0。注意上圖是無向圖，所以 A→B 等於 B→A。

接下來從 A→B→C→…G 的順序加入中繼點，但中繼點的加入順序本身不影響最後結果，只需確保每個頂點都至少以中繼點的身份處理過一次。

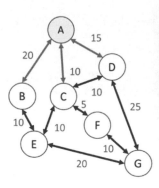

From\To	A	B	C	D	E	F	G
A	0	20	10	15	∞	∞	∞
B	20	0	30	35	10	∞	∞
C	10	30	0	10	10	5	∞
D	15	35	10	0	∞	∞	25
E	∞	10	10	∞	0	∞	20
F	∞	∞	5	∞	∞	0	10
G	∞	∞	∞	25	20	10	0

首先選擇 A 點當中繼點，可以發現經過 A 點的話會產生 B-A-C、B-A-D 兩條路徑可以縮短原本 B、C 與 B、D 間的最短距離，因此更新 B、C 與 B、D 間的最短距離分別為 20 + 10 = 30 與 20 + 15 = 35。

但通常我們無法從上帝視角來看加入中繼點後會產生哪些可以縮短最短距離的路徑,所以實作時仍然要整個矩陣都透過以下公式檢查過一次:

$$d_{ij}^k = min(d_{ij}^{k-1}, d_{ik}^{k-1} + d_{kj}^{k-1})$$

其中 k 代表採納第 k 個中繼點時所產生的距離矩陣,因最短距離矩陣大小為 |V| × |V|,故每次產生新的最短距離矩陣都需要 $O(|V|^2)$。

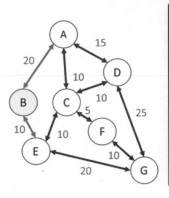

From\To	A	B	C	D	E	F	G
A	0	20	10	15	30	∞	∞
B	20	0	30	35	10	∞	∞
C	10	30	0	10	10	5	∞
D	15	35	10	0	45	∞	25
E	30	10	10	45	0	∞	20
F	∞	∞	5	∞	∞	0	10
G	∞	∞	∞	25	20	10	0

接著選擇 B 點當中繼點,原本 A-E 間是到不了的,但如果透過 B 得到 A-B-E 的新路徑,就可以把 A-E 間的距離縮短成 10 + 20 = 30。同樣地,原本 D-E 間是到不了的,但如果透過 B 得到 E-B-A-D 的新路徑,就可以把 E-D 間的距離縮短成 10 + 20 + 15 = 45。

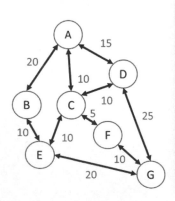

From\To	A	B	C	D	E	F	G
A	0	20	10	15	20	15	25
B	20	0	20	30	10	25	30
C	10	20	0	10	10	5	15
D	15	30	10	0	20	15	25
E	20	10	10	20	0	15	20
F	15	25	5	15	15	0	10
G	25	30	15	25	20	10	0

把最後所有頂點都當作中繼點後，就會得到所有頂點到頂點間的最短距離。

Floyd-Warshall 演算法本質上就是不斷檢查與更新經過特定節點後所有頂點與頂點間的距離，用到的原理是最短路徑上所有的「子路徑」皆為最短，比如 A-D 間的最短路徑若是由 A 出發，依序經過 B、C 兩點再到達 D，即 A-B-C-D，那麼 A 與 D 之間的最短路徑一定是 A-B、B-C、C-D 這三個最短路徑的和、分別加入每個頂點作為中繼點後就可以找出 A-B、B-C、C-D 間的最短距離，這三個最短距離和即 A-D 間的最短距離。

14-6-3 實作 Floyd-Warshall 演算法

範例程式碼

Chapter14/14_08_Floyd_Warshall.cpp

Floyd-Warshall's Algorithm

```
1   void Graph::Floyd_Warshall(){
2       for(int k = 0; k < vertex; k++){
3           for(int i = 0; i < vertex; i++){
4               for(int j = 0; j < vertex; j++){
5                   if(distance[i][k] ==
6                           numeric_limits<int>::max())
7                       continue;
8                   else if(distance[k][j] ==
9                           numeric_limits<int>::max())
10                      continue;
11                  else if(distance[i][j] >
12                          distance[i][k] + distance[k][j]){
13                      distance[i][j] =
14                          distance[i][k] + distance[k][j];
15                      predecessor[i][j] = k;
16                  }
17              }
18          }
19      }
20  }
```

14-6-4 LeetCode #1334. 閾值距離內鄰居最少的城市 Find the City With the Smallest Number of Neighbors at a Threshold Distance

【題目】

圖上有 n 個城市，城市的編號從 0 到 n - 1，另外給一個 $edges$ 陣列，其中 $edges[i]$ = $[from_i, to_i, weight_i]$，分別代表 $from_i$ 城市與 to_i 城市間的最短距離 $weight_i$。

若給定另外一整數 $distanceThreshold$，定義若兩城市間的最短距離落在 $distanceThreshold$ 內（包含 $distanceThreshold$），則代表這兩個城市互為「鄰居」，現在請試著找出有最少的「鄰居」的城市，如果有超過一個城市符合，回傳其中編號最大者。

【出處】

https://leetcode.com/problems/find-the-city-with-the-smallest-number-of-neighbors-at-a-threshold-distance/

【範例輸入與輸出】

- 範例一：

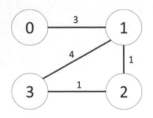

  - 輸入：n = 4, edges = [[0,1,3],[1,2,1],[1,3,4],[2,3,1]]，distanceThreshold = 4
  - 輸出：3
  - 說明：0 號與 3 號城市都只有兩個「鄰居」1、2，回傳編號較大的城市 3。

■ 範例二：

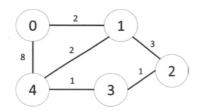

- 輸入：n = 5, edges = [[0,1,2],[0,4,8],[1,2,3],[1,4,2],[2,3,1],[3,4,1]], distanceThreshold = 2
- 輸出：0
- 說明：0 號城市只有一個「鄰居」1

【解題邏輯】

本題可利用 Floyd-Warshall 計算出所有城市與城市間的最短距離，接著計算每個城市的鄰居個數。

範例程式碼

Chapter14/14_09_findTheCity.cpp

閾值距離內鄰居最少的城市
| ```
1   class Solution {
2   public:
3       int findTheCity(int n,
4               vector<vector<int>>& edges,
5               int distanceThreshold)
6       {
7         // n x n 的最短距離陣列
8         vector<vector<int>> dist(n,
9                     vector<int>(n, INT_MAX));
10        for(auto e: edges){
11          dist[e[0]][e[1]] = e[2];
12          dist[e[1]][e[0]] = e[2];
13        }
14        // 自身到自身的距離為 0
``` |
```

```
15      for(int i = 0; i < n; i++)
16        dist[i][i] = 0;
17
18      // Floyd Warshall
19      // 採納第 k 個頂點為中繼頂點
20      for(int k = 0; k < n; k++){
21        for(int i = 0; i < n; i++){
22          for(int j = 0; j < n; j++){
23            if(i == j)
24              continue;
25            if(dist[i][k] == INT_MAX)
26              continue;
27            if(dist[k][j] == INT_MAX)
28              continue;
29            int new_dist = dist[i][k] + dist[k][j];
30            if(dist[i][j] > new_dist)
31              dist[i][j] = new_dist;
32          }
33        }
34      }
35
36      int min_neighbor = INT_MAX;
37      int min_city = -1;
38      // 計算每個城市的鄰居個數
39      for(int i = 0; i < n; i++){
40        int neighbors = 0;
41        for(int j = 0; j < n; j++){
42          if(i == j)
43            continue;
44          if(dist[i][j] <= distanceThreshold)
45            neighbors++;
46        }
47        // 記錄下最少的鄰居
48        if(min_neighbor >= neighbors){
49          min_neighbor = neighbors;
50          min_city = i;
51        }
52      }
```

```
53
54          return min_city;
55      }
56  };
```

14-7 最短路徑問題總結

14-7-1 時間複雜度比較

	BFS & DFS	Bellman-Ford	SPFA	DAG	Dijkstra's
Single-Source	$O(V+E)$	$O(VE)$	$O(VE)$	$O(V+E)$	$O(Vlog_2 V + |E|)$
All-Pairs	$O(V^2+VE)$	$O(V^2E)$	$O(V^2E)$	$O(V^2+VE)$	$O(V^2log_2 V + VE)$
$E=O(V^2)$	$O(V^2+V^3)$	$O(V^4)$	$O(V^4)$	$O(V^3)$	$O(V^3)$
	不能處理權重			不能處理環	不能處理負邊

上表中 Single-Source 是求解由一個特定頂點到所有其他頂點的最短距離，對全部 $|V|$ 個頂點作 Single-Source，就可以得到 All-Pairs，因此 All-Pairs 的複雜度都是 Single-Source 乘上 $|V|$ 倍。

14-7-2 各情況下的演算法適用

	BFS	Bellman-Ford	SPFA	DAG	Dijkstra's	Floyd-Warshall
Complexity	$O(V+E)$	$O(VE)$	$O(VE)$	$O(V+E)$	$O(V^2+E)$	$O(V^3)$
Weighted Edge	X	O	O	O	O	O
Negative Edge	X	O	O	O	X	O
Negative Cycle	All able to detect negative cycle.					
Positive Cycle	O	O	O	X	O	O
評析	只適用 Unweighted edge	無限制的暴力解 唯一能處理負環	優化後的暴力解 唯一能處理負環	適用有向無環	不能用在負邊	All-Pairs

1. 各邊無權重或權重相同：BFS
2. 權重不同，但皆為正值：Dijkstra
3. 權重有負，但無環：DAG
4. 權重有負，有環：SPFA
5. 需要印出負環的順序：Bellman-Ford
6. All-pairs 問題：Floyd-Warshall

14-7-3 外匯套利的應用

Introduction to Algorithms 這本演算法教科書中的習題有提到一個非常有趣應用到最短路徑的例子：金融外匯套利。

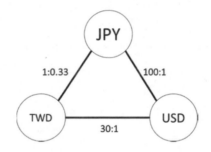

金融外匯套利指的是透過不斷換匯之後，可以使得原本手上的幣值增加，比方說在上圖中：

1. 日幣：美金 = 100：1
2. 台幣：美金 = 30：1
3. 日幣：台幣 = 1：0.33

這時候如果我們手上一開始有 30 台幣，則可以先換成 1 美金，接著再換成 100 日幣，最後再換回 33 台幣，手上的台幣就變多了！

$$30 \text{ TWD} \rightarrow 1 \text{ USD} \rightarrow 100 \text{ JPY} \rightarrow 33 \text{ TWD}$$

當然現實生活裡不太存在這種狀況，即便有也只存在很短的一段時間便會被套利磨平匯差，因此我們這裡專注在演算法上就好，該如何用本章所學的最短路徑來解決金融外匯套利問題呢？

首先，若有 i 個貨幣，先把幣幣之間的匯率轉換成一個 $i \times i$ 的矩陣如下。

$$rate(R) = \begin{pmatrix} c_{1,1} & \cdots & c_{1,i} \\ \vdots & \ddots & \vdots \\ c_{i,1} & \cdots & c_{i,i} \end{pmatrix}$$

這時候想找到當中是否有套利的空間，就相當於想找到一條路徑，經過不斷換匯後最後換回來的幣值會大於 1。

$$R[i_1, i_2] \times R[i_2, i_3] \times R[i_3, i_4] \ldots \times R[i_n, i_1] > 1$$

為了方便後續運算，首先把這個不等式都取倒數變成：

$$\frac{1}{R[i_1, i_2]} \times \frac{1}{R[i_2, i_3]} \times \frac{1}{R[i_3, i_4]} \ldots \times \frac{1}{R[i_n, i_1]} < 1$$

因為最短路徑問題處理的是**加法**，也就是該路徑中的權重總和，為了把乘法變成加法，再對上面這段不等式取 ln。

$$\ln\left(\frac{1}{R[i_1, i_2]}\right) + \ln\left(\frac{1}{R[i_2, i_3]}\right) + \ln\left(\frac{1}{R[i_3, i_4]}\right) + \cdots \ln\left(\frac{1}{R[i_n, i_1]}\right) < \ln(1) = 0$$

就變成是圖論中的負環！透過一些簡單的數學轉換，就可以把找尋是否有套利空間的問題轉成檢查負環存在與否的問題，後續可以使用 Bellman-Ford 演算法來實作，複雜度為 O(n³)。

習 題

1. 關於最短路徑(Shortest Path)問題的敘述與相關演算法，哪些為真？(複選)

   A.　Dijkstra Algorithm 是貪婪演算法的應用

   B.　Floyd-Warshall Algorithm 是動態規劃的應用

   C.　SPFA (Shortest Path Faster Algorithm)常搭配 Stack 使用

   D.　DAG Algorithm 透過調整 Relax 的順序來優化 Bellman-Ford Algorithm

2. 已知 Distance[u] = 8，Distance[v] = ∞，且 e = u → v，e 的權重= 10，若對 e 進行 relax 後，Distance[v]為？

   A.　8

   B.　10

   C.　18

   D.　∞

3. 已知 Distance[u] = ∞，Distance[v] = 8，且 e = u → v，e 的權重= 10，若對 e 進行 relax 後，Distance[v]為？

   A.　8

   B.　10

   C.　18

   D.　∞

4. 如果圖上的所有邊權重皆一致，採用哪種最短路徑演算法最有效率？

   A.　Dijkstra Algorithm

   B.　Breadth-First Search

   C.　Shortest Path Faster Algorithm (SPFA)

   D.　DAG Algorithm

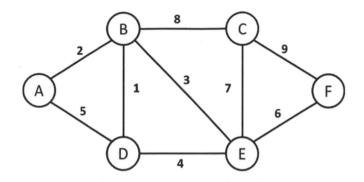

5. 若使用 SPFA (Shortest Path Faster Algorithm)在下圖中找 A→F 的最短路徑，則：

   A. SPFA 中，B 點的距離會被更新幾次？更新過程為何？

   B. SPFA 中，D 點的距離會被更新幾次？更新過程為何？

6. 若使用 Dijkstra Algorithm 在下圖中找 A→F 的最短路徑

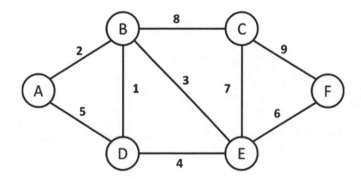

   A. Dijkstra Algorithm 的過程中會依序找到哪些點到 A 的最短距離？

   B. A 到 D 點的最短距離為？

   C. A 到 E 點的最短距離為？

   D. A 到 F 點的最短距離為？

習 題

7. 請配對各最短路徑演算法及其特色。(連連看)

特色 演算法

僅適用於無權重或等權重的圖 Floyd-Warshall

無負邊時適用 Breadth-First Search

適用於含負邊且無環的圖 Shortest Path Faster Algorithm (SPFA)

All-Pairs Dijkstra Algorithm

適用於含負邊且有環的圖 DAG Algorithm

Note

Note

Note

Note